花素水餃餡 P.182

三鮮水餃餡 P.183

餛飩 P.184

鮮肉餛飩餡 P.188

蔥油餅 P.192

蛋餅 P.194

荷葉餅 P.196

烙餅 P.198

蔥烙餅 P.200

鍋貼 P.202

韭菜盒 P.205

豬肉餡餅 P.208

蒸餃 P.211

燒賣 P.213

四喜燒賣 P.216

白饅頭 P.228

全麥饅頭 P.230

胚芽饅頭 P.232

雜糧饅頭 P.234

芋頭饅頭 P.236

紅豆饅頭 P.238

雙色饅頭 P.240

花捲 P.242

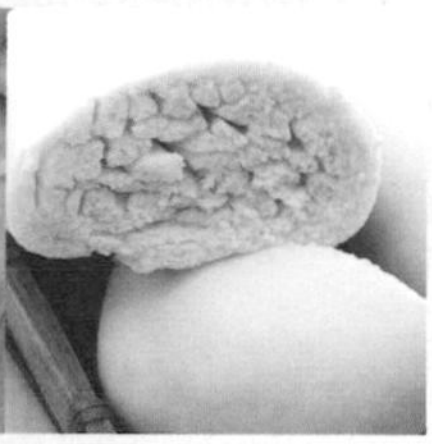
銀絲捲 P.244

千層油糕 P.247

肉包 P.252

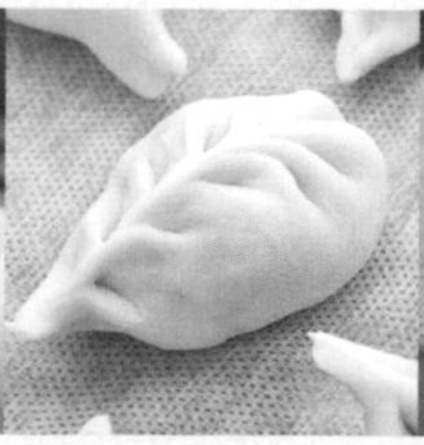
麥穗包 P.255

發麵小籠包 P.258

叉燒包 P.260

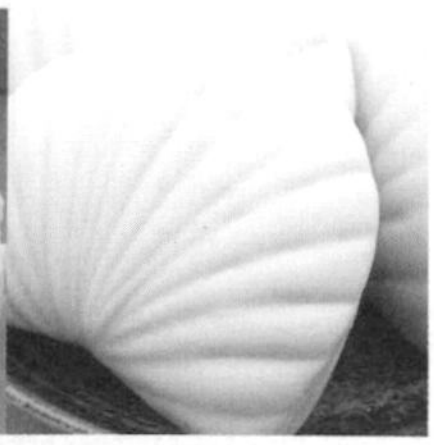
刈包 P.262

水煎包 P.264

三角糖包 P.266

豆沙包 P.268

麵龜系列 P.270

兔子包 P.272

國寶級大師的
—中式麵食聖經—

THE CHINESE WHEAT FOODS BIBLE BY MASTER CHEF CHOU

日常到經典、基礎到專業，131 款麵點 & 麵食製作技巧傾囊相授

周清源／著

suncolor
三采文化

推薦序

一本添加物用量最少、最健康的麵食經典

與周清源老師相識已有30年，第一次與他相見是在桃園縣龜山鄉（現已改名為桃園市龜山區）農會所辦理的美食講習活動，那時周老師擔任傳統麵食的課程講座，他當時給我的感覺是，這位老師真是不簡單，超專業且口才超好。

我那時對周老師的出身很好奇，探聽之下，才知道他當時的職位是中華穀類食品工業技術研究所（簡稱穀研所）傳統食品組組長，同時也是勞動部勞動力發展署中式麵食、中式米食技能檢定委員，真可謂國寶級大師。

30年前周老師在傳統麵食就有如此崇高的專業，再經30年的淬鍊，功力更為精進。今年初我與周老師相見時，才知道他有自己的麵食製作實驗室，如果當天沒有指導課程，他都會沉浸在麵食製作實驗室，為台灣傳統美食做一個「好吃好做，但沒添加或添加最低量添加物的中式傳統食品」，達到提升業者專業知能並維護國人飲食健康之最高境界。

部分台灣美食常為人詬病，究其原因，就是添加物放得太多，中式麵食亦不例外，每年從各市縣衛生局取締違規的數據資料，吾人即可得知添加物濫用之情形，添加物不是不能用，使用的原則是：該用的時候用，不該用時不要用。我與周老師在一起時，他經常感慨，為什麼食品業者於食品加工時，添加物不能少放一點。於是，一本為台灣民眾健康盡點心力、為業者創業最佳捷徑的中式麵食書籍，在周老師內心深處已孕育多時。

周老師民國99年底從穀研所傳統食品組的組長職位退休，退休後立即每週至少二天沉浸在麵食製作實驗室，研究少食品添加物且又可口之傳統中式麵食製作，我非常喜歡聽他的研究心得，尤其是麵條。周老師常說麵條只要添加鹽即可，為什麼要添加食品添加物呢？經過6年的苦心研究，終於將他畢生研究精髓付梓公諸於社會大眾，相信這一本書的出版一定會對國民健康有相當大的助益。

一本書的寫作，說起來容易，寫起來卻很難，周老師在寫本書前，就已進行6年的試做實驗，並耗了1個月的時間在攝影，俟一切資料整理完成，光是書寫就花了1年多的時間才得以完成付梓，本書可謂集其畢生之精華，與坊間其他的書大不相同。本書不但整合所有的中式麵食，亦是使用添加物最少的一本，不但適合有意從事中式麵食之從業人員使用，更是各大學餐飲、觀光科系的一本良好教科書。「健康飲食、簡單製作、好吃可口、賞心悅目」即是本書之訴求重點。

周老師於書中明白教民眾如何於最短時間內，有效製作對的中式麵食食物、吃對食物，減少不當中式麵食對身體的負擔，期望藉由本書，能讓讀者於享受美食的同時，更能在加工、飲食與健康等各方面，對各種食品有更深一層的認識，達到「餐飲安全好、放心吃到老」之境界。

《國寶級大師的中式麵食聖經》這是一本超棒的好書，精讀這本書，可以讓我們擺脫中式麵食過度加工食品對身體的危害，進而達到養生愉悅之目的。

文長安

輔仁大學食品科學研究所、餐旅管理系兼任講師

衛生福利部食品藥物管理署技正退休

適合初學者及有經驗者的中式麵食專書

民國51年，中華穀類食品工業技術研究所為改善國民健康，開始推廣麵食，歷經50多個年頭，一個吃米不吃麵食的國家，變成小麥的進口量和稻米的消費量持平，這裡頭應該有很多因素值得探討，但有一點不可否認，麵粉製品中的麵條、水餃、包子、饅頭已成為每日生活的一部分。

周清源老師是本所搬到八里之後，負責傳統麵食的訓練和推廣工作，中式食品的配方經由他在美國烘焙學院學到的科學基礎建立標準化，教學過程中遇產品有問題，立即著手測試、改良、修訂配方，追求產品讓所學者易於上手的精神，深植我心；為了追求麵食根源，他於1991大陸開放後，多次赴大陸各省探詢、蒐集各種資訊，在穀研所期間也出版很多麵食專業書籍，因此知識之淵博、技術之精湛無人能出其右。很多接受他指導過的學員結業後，都樂於製作麵食創業或分享親朋好友，今日中式麵食能有如此蓬勃發展，周老師對穀研所及業界的貢獻是不可抹滅的。

編輯一本書從策劃到付梓是頂著壓力跟時間賽跑，尤其對過著閒雲野鶴生活的退休人員更難期望，但周老師不一樣，退休後更積極工作以推廣麵食，希望出版一本能超越他以前的著作，因此本書範圍之廣，產品之豐富性，變化性及操作容易性，都值得初學者或有經驗的人，應用在家庭製作、學校教學及專業生產。

現在已走入老年化時代，麵食也是很好的銀髮族食品，本書強調健康美味，一定能符合銀髮族需求。

一本書能夠開拓麵食知識與技巧，滿足不同年齡層嗜好需求，增進家庭美滿幸福，你是否心動，想一窺究竟？

施坤河

中華穀類食品工業技術研究所所長

以科學觀點闡述，深入淺出、易學易懂！

本書作者周清源老師，自穀研所退休後，全心彙集整理過去在穀研所對中國麵食之教材，以及從事麵食教學四十餘年之經驗，併合多次赴中國各省考察、訪問，綜合各地對於麵食加工之差異，手藝與心得，潛心編寫完整的《國寶級大師的中式麵食聖經》。

本書最大之優點，除將中國傳統麵食，詳盡分類，各依不同製品性質，詳做說明，尤對製作過程，多以科學的觀點敘述，例如：為使產品口感軟、硬、鬆、韌的要求不同，雖使用同一原料和配方，而以不同溫度做為調整之依據，此為最值得稱讚之處，其他對每種原料的性質、工具之使用、操作手法之教習，不嫌其煩地用圖照表示，務使初學者能簡易了解，可立即上手製作，書中敘述文句，深入淺出、簡單扼要、易學易懂，實為一本值得推薦的好書。

周清源老師半生奉獻「中華穀類食品工業技術研究所」，為人謙虛，教學認真，其個人特長，除中國傳統麵食教學與加工外，也曾擔任西式烘焙教學多年，具有西式麵食加工之經驗，並兼具穀類化驗與品管之專長；在穀研所服務期間，曾由「美國小麥協會」保送美國「芝加哥美國烘焙學院」深造，也曾多次派赴中國各省實地考察中國傳統麵食的文化，對麵食加工博學多藝，為國內首屈一指之麵食加工人才，特予表揚與推薦。

徐華強

中華穀類食品工業技術研究所前副董事長

一同重現記憶裡的美好風味！

尋常日子裡，隨時來碗中式麵食或饅頭小食，是生活裡的慣性，而過往麵香風味，隨著時代的變遷，許多風味僅存在於記憶中，任教穀研所數十年的周師傅，執筆傳承記憶裡的麵香，讓更多喜愛中式麵食，與手作的朋友們能在家重現記憶裡的美好風味！

黃凱特

「幸福宣言烘焙室」負責人

有意一窺麵食堂奧的人，不可錯過的一本書！

常聽人以「博大精深」形容中華美食。就以看似簡單不過的麵點類來說，從最源頭的食材品質、製作方法，直到烹調的火候，各項環節都得掌控到恰如其分，才能呈現中式麵點的深厚底蘊和溫純樸實。

四十逾年來，鼎泰豐為追求一切近乎完善，持續致力於食品安全、器物衛生、餐飲美味，而倖獲國內外諸多消費民眾關懷及惠顧；然而有時某項製作流程細節，即使已經同仁費心探討，依然不明究竟。這時唯有藉重餐飲領域的學者專業，始望開解疑惑；周清源先生便是鼎泰豐有時請益的一位麵食專家。

周先生偶而指點迷津，我已獲益良多。如今再拜讀周先生這本經典之作，更令我廣開麵食眼界。本書第一層次以「照片」忠實紀錄麵點的外觀和製作步驟；第二層次讓讀者「眼見為憑」，既可按圖索驥又能看見實作後的成果；第三層次著墨於「心靈」的感受－－投以專注與情感的料理，自成美味。

周清源先生就麵點的製作精要鑽研到細緻透徹，堪稱中式麵點界翹楚。現在又將奧妙的製作流程以淺顯易解的文字闡述得淋漓盡致；讓有意一窺麵食堂奧的人們不致「失之毫釐，謬以千里」，本書實可視為麵食精典。

楊紀華

鼎泰豐董事長

| 作者序 |

將一生所知所學的知識技術，傳承後代

本書的出版，感觸良多，自學校出來後，起蒙於「中華穀類研究所的前身——台灣區麵食推廣委員會南港烘焙訓練班」，沒想到一腳踏入的麵粉界，一晃40～50年，起因於「穀研所苗創辦人的一席話，技術是你的終身，一定要專注」，加上我的恩師徐華強副董事長的培育、教導而引我在麵食的領域待了一輩子。

由烘焙基礎訓練、穀類化驗、烘焙教學、麵食教學及退休後的麵粉研發，一路走來，總覺得好像少了什麼東西，為什麼走得那麼辛苦，因為一切的學習都因師徒相互傳授，什麼產品都是「祖傳祕方」不傳外人，因此要靠自己的試驗與資料的收集。退休後，因僑泰興林董的盛情，專職於麵粉的應用研發，他希望我將技術與經驗能傳承給年輕人，他的談話給予我很大的啟發，激起我傳承的使命，認為這些手藝與知識用於教學訓練是不夠的，而是要將一生所知所學的知識技術傳給後代，剛好三采文化的編輯們來廠參訪，加上林董事長的一句話，才有本書的出版。

於穀類研究所服務期間，曾受過眾多培訓，如美國、瑞士、日本、香港都有培養我的機構，菲律賓、泰國、馬來西亞、印尼、新加坡、日本、韓國、澳洲等也都有我中式麵食講習的足跡，農委會、農糧署、僑委會、美國小麥協會、大麥協會等也都是贊助我推廣研發計畫的單位。

40多年一路走來，訓練的學員數以萬計，因此清楚知道大家需要的是什麼，正是麵食材料的特性與作用、製作的技巧，但麵粉對麵糰與產品的影響，則是另一個領域；退休後，僑泰興麵粉廠正好彌補我教學上最不熟的領域，這些資訊若能傳承，將是後學的福氣，也是我的最大心願。

本書編著的特色，有以下幾點：

一、以製作簡化、配料簡單、原汁原味、容易上手及健康飲食為導向。

二、將原料分類為，不會形成麵糰或麵糊的乾性原料，與會形成麵糰或麵糊的濕性原料，原因如下：

1. 所用的原料，是用麵粉100公克為基準，配料容易記。
2. 只要用標準配方，乘以幾倍就可計算出可製作的產品數量。
3. 可將乾性原料混合，製成預拌粉，只要加入濕性原料，即可製作產品（油歸類在乾性原料，製作時需改用粉狀油脂）。
4. 用標準配方，很容易計算營養或熱量。
5. 想要製作自己特色或特殊風味的產品，可以任意調整原料的比例。

三、傳統配方為主，減少添加物的使用。
四、以最簡單的取材製作產品。
五、用point來解答製作原理及製作者常出現的問題。
六、以示範製作者的角度，呈現製作技巧及手法，好處是可以用師傅的角度來看產品的製作，而非站在對面模仿，所看到的才是真正傳承者的手法。
七、以簡單、家中常見的工具來製作多數產品。

因傳統的師徒制，所有的配方與製作方法都是長期摸索改善而來的，這是我的痛苦，因此萌生要將所知所學，毫不藏私的傳承給下一代，尤其製作的原理及原料對麵糰或麵糊的特性，更是實務製作的經驗累積，但因學識與學習及工作環境等因素，無法全面顧及，希望本書的拋磚引玉，能有更專業、實用的資訊，將傳統麵食文化傳承下去。

本書產品的拍照，非常感謝僑泰興（嘉禾）麵粉廠，提供烘焙試驗室、材料、設備、所有產品用的麵粉及相關資訊與人力，及研發部張祥斌師傅的全力協助，當然，加上我的雙手及三采文化的工作團隊，於短時間完成不可能的任務，特致上萬分感謝。

周清源

2016年11月於台北

作者

周清源

現任 僑泰興麵粉廠顧問、文化大學海青班教師
勞動部勞力發展署中式麵食・中式米食技能檢定委員

經歷

本職

- 中華穀類研究所企劃及招生組組長
- 中華穀類研究所企劃組督導
- 中華穀類研究所傳統食品組組長
- 中華穀類研究所烘焙組助教、教師、代組長
- 中華穀類研究所化驗組化驗員

外職

- 1990～2016勞動部勞力發展署中式麵食・中式米食技能檢定委員
- 1985～2008僑務委員會、美國小麥協會 中式麵點顧問（赴泰國、馬來西亞、印尼、新加坡、菲律賓、韓國、日本、澳洲等地講習）
- 中秋月餅、優良食品、台灣稻米品質、鳳梨酥、伴手禮、發酵麵食等競賽評審委員
- 台灣農政單位（農改場、農會）講座與生產輔導

特殊經歷

中華穀類食品工業技術研究所

- 烘焙工業雜誌（編輯委員、作者、主編）
- 蛋糕裝飾叢書（編輯與攝影）
- 中式麵點製作技術叢書一冊（編著、編輯與攝影）
- 中式麵食製作技術叢書一至四冊（編著、編輯與攝影）

推廣計畫及相關經歷

- 傳統米製食品、畜產燒滷製品訓練推廣
- 中式飯糰研發與訓練推廣
- 中式傳統營養米飯研發、營養午餐學校米食推廣
- 米食教作電視節目與教師米食推廣
- 米麵技術研發、藥膳應用於中式傳統食品研究
- 美國穀物大麥計劃推廣
- 行政院農委會--農業便覽米食、麵食篇主筆
- 積木文化公司--月餅製作祕笈審訂
- 華珍食品公司顧問

目錄

第4章
製作技術

第5章
水調麵製作

第6章

發麵製作

第7章

油炸類製作

第 8 章
燒餅類製作

第 9 章
酥油類製作

第 10 章
糕漿皮麵食製作

中點小百科

第1章

中式麵食的歷史與未來發展

01

中式麵食的歷史

中式麵食經過歷代演變與交流，形成不同地方特色及區域性麵食，可分為「主食」、「小吃」和「糕點」三大類。製作原料、熟製方法及外表形態為其主架構，再延伸出麵糰、內餡、表飾及各種熟製方式的方法，組合而成各個特色的麵食。順應時代的進步與麵食製作的周延性，以乾性與濕性原料作為材料的分類，運用以上的架構作為麵食製作分類，中式麵食會呈現千變萬化與各具特色的發展。

麵食之母——小麥

小麥原產地在西亞和中亞，從土耳其斯坦通過新疆、蒙古，南經印度通過雲南、四川，傳入至中國，再由黃河擴展到長江以南，並進入到朝鮮（韓國）、日本。

中式麵食的發展源自小麥，也就是說，沒有小麥就沒有麵食。遠古時代，先民過的是原始生活，發明用火之後，將生食變成熟食，食物來源變得更為寬廣，到了神農氏，教導民食五穀，學會了種植麥黍技巧。

小麥是古老穀物，遠在七千年前左右，歷史遺址中即已發現炭化小麥種子遺跡，由此可見，史前祖先已經開始食用小麥。中式麵食發源地最早開始於中國北方，隨著政治、征戰、遷徙、經濟、通婚等因素的交流，逐漸發展到了東北、南方等地，目前已是普遍性食品。

中式麵食歷代發展重點

秦漢魏晉南北朝時期

秦漢時期發展出麥子磨成麵粉的方法，由粒食改為粉食的作法，是中華民族飲食史的一大進步，此一時期出現石磨、蒸籠等磨粉及烹製器具。小麥由粗食轉變為細食，而且普遍使用酸漿和酒粥發酵法，目前普及的燒餅、麵條、餛飩、水餃、饅頭、包子等都出現在此一時期，小麥成了主食之一。

關於麵食的發展，漢魏歷史的記述較多，《四民月令》、《荊楚歲時記》、《齊民要術》文史中，系統性介紹白餅、粉餅等二十餘種麵點的製作方法，開啟了詳細記載食譜的先例。《餅賦》則是我國第一篇謳歌麵點的文學作品，描述的麵食花色豐富，有「胡

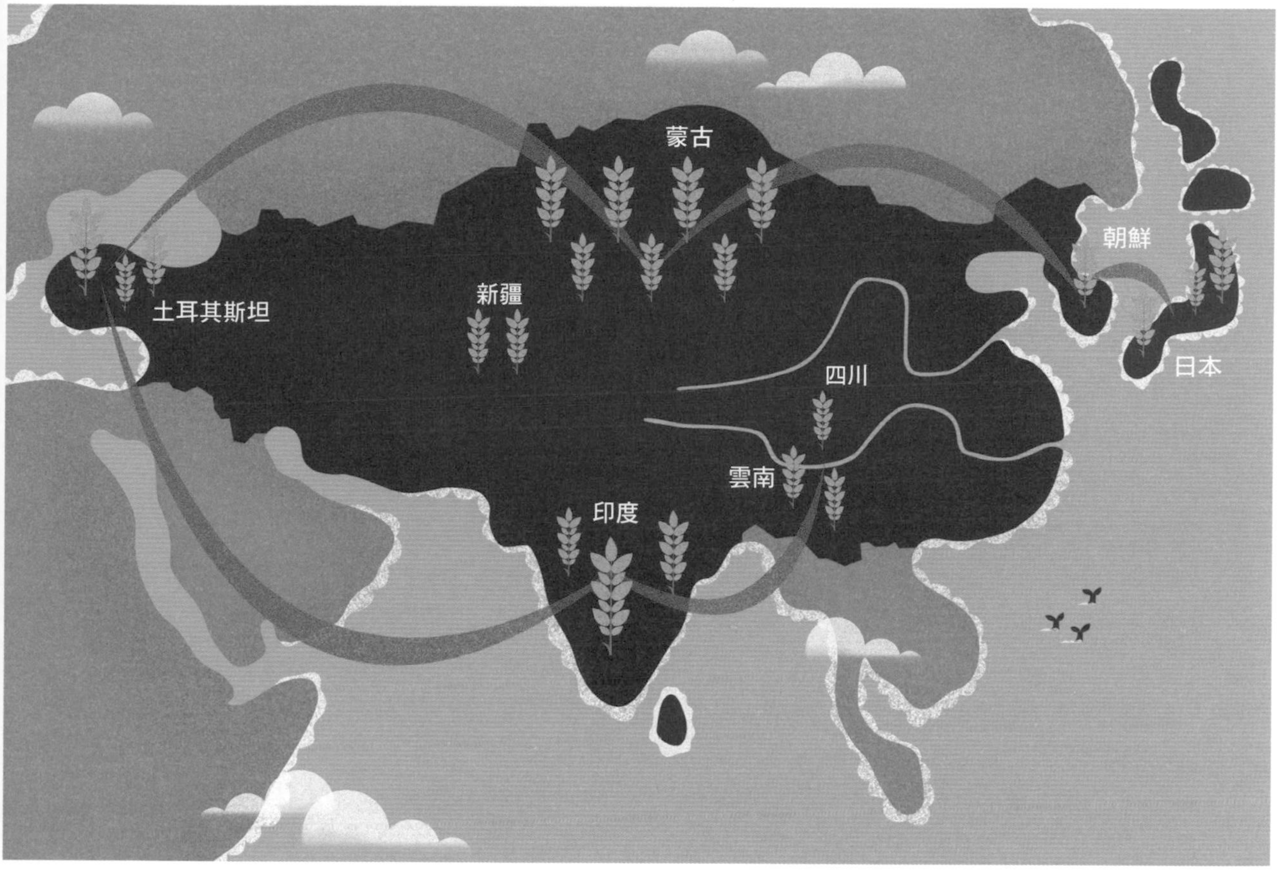

餅（燒餅）」、「蒸餅（饅頭）」、「湯餅（揪片）」、「春餅（春捲）」、「索餅（生麵條）」、「環餅（麻花）」、「麵起餅（酸漿發酵）」、「酒溲餅（酒粥發酵）」等。

春秋戰國時期

承襲南北朝時期的麵食製法，春秋戰國時期已經普遍使用蒸籠做的「蒸餅」、水煮的「湯餅」，此一時期，由於中國南北方所採用的主食原料的不同，形成北麵、南米的食俗，也就是北方人天天吃麵食，南方人餐餐吃米食的飲食風俗。加上烹飪食材器皿的精進改良，出現「平底釜（鍋）」，使得麵食種類更加豐富與多元。

唐宋元明清時期

唐、宋時期是麵食製作的蓬勃發展期，出現蒸、煮、烤、炸、煎、烙等熟製方法，使麵點製作技術日臻完善；宋、元時期，各式麵食作坊紛紛出籠，為麵食奠定穩固基礎；明、清時期更發展出各種精緻麵食，有不少驚豔的麵食趣味，令人目不轉睛、應接不暇。

漫長的歷史發展，反映出歷代社會經濟、飲食文化、生活習俗特色及不同飲食文化的寫照，先民流傳下來的珍貴文化資產，不僅心懷感恩，更需要發揚光大及傳承給下一代。

中式麵食 4 大變革

隨著社會變遷，生活水準提升，及世界食品科技不斷創新，中式麵食必須積極變革，躋身世界潮流。

中式麵食是文化與藝術的結晶，經歷數千年的傳承和發展，已經成為飲食生活中不可或缺的一部分，發展過程中流傳了不少技藝和珍品，如何保存及承續是長期任務，如發酵法的研發技術，油炸品口感的酥脆，還有許多細微的製程、方法，每一項都值得探討、創新及發展。

中式麵食花色獨特、品種多、取材廣、造型美，口感豐富又加上地方獨特風味，形成多樣面貌，儘管麵食特色各不相同，但所用的原料、製作原理及熟製方法都有類似之處，從因應飲食需求來論，目前已有諸多變革，值得繼續研發，配合社會的需求。

變革 1 ｜原料營養

麵點的製作過程中，應充分利用原料中所含的營養進行合宜搭配，必須做到均衡飲食的準則。

首要步驟是原料的選用，不同品種的原料，營養成分有差異，需先了解再進行選用，可以提高麵糰和餡料的品質。其次是注重健康，而非一味強調口感，比如開發低糖、低鹽、低脂肪，或含高蛋白、多種維生素與礦物質的營養麵食，就是針對現代人對健康需求的新產品。再者是將常用原料以混搭作法製成新的麵食，並賦予產品獨特營養價值。

變革 2 ｜重視食療保健

依據中醫「藥食同源」的醫理，將有利身體健康的機能性食材應用在麵食製作，如薑黃、芝麻、番茄等，作為健康、增強體能及預防疾病的麵食，拓展中式麵食，不只是飽腹而已。

變革 3 ｜繽紛色彩搭配

中式麵點是文化遺產，利用造型生動、色彩鮮豔，常給人藝術的視覺享受及誘發食慾的魅力。目前利用果蔬雜糧天然色彩製作不同色彩麵點已屬常態，不僅可使麵點達到誘食效果，另外，這類色彩繽紛食物還含有豐富維生素、礦物質及其他營養，同樣具有促進健康之效。

變革 4 ｜邁入標準化生產

使用現代化機具改善產品外觀及組織，提高生產效率已是目前麵食發展的趨勢，這些機具包括原料處理、成形、熟成及包裝等。除了機具研發外，同時積極開拓創新之路，包含創新技術的開發、技術人才的培訓、傳統配方科學化、兼具口感及營養、生產製程機械化、風味、具有民族特色、倉儲流程、清潔、衛生、安全及便利等。目前已有多項中式麵食邁入商業化的標準生產，如冷凍水餃、冷凍包子、蛋餅、蔥油餅、蔥抓餅等，民眾自賣場購買後，透過簡易的料理，就可以吃到中式麵食的好滋味。

02

中式麵食的分類

中式麵食因區域及原料的關係，種類繁多，形態複雜，分類方法比較多元，除了原料、形狀與熟製的分類以外，一般都用麵糰性質來分類。

- **水調麵**：冷水麵、溫水麵、燙麵。
- **發麵**：發酵（生物膨脹）、發粉（化學膨脹）、物理（攪拌膨脹）。
- **酥糕麵**：酥油皮（層酥）、糕漿皮（單酥）。

以上的分類有助於學習和研究，常用於專業教學，透過系統解說，對老師及學生皆有相當的助益。

水調麵

麵粉與不同水溫調製而成的麵糰，可分為冷水麵、燙麵、溫水麵、全燙麵。

麵糰特色

具有彈韌性或可塑性，產品組織密，質地實，沒有孔洞，體積不脹，成品爽滑、富有咬勁。

調製重點

水溫是調製重點，因為水溫會影響麵粉的蛋白質與澱粉性質，所以只要掌控水的溫度，即可調製成各種不同性質的水調麵。

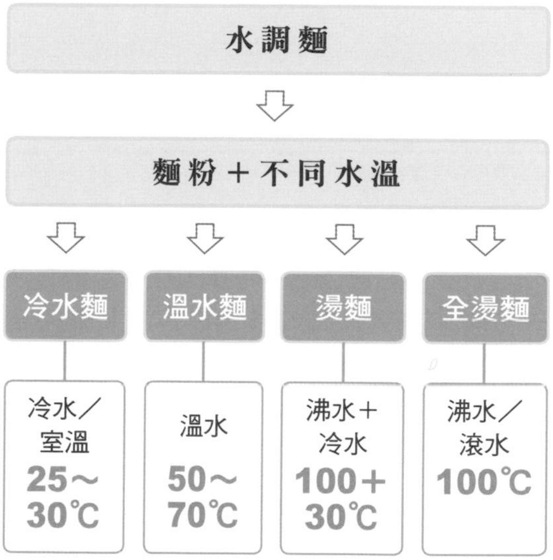

水溫影響澱粉性質的改變

- **水溫25～50℃**

澱粉在25～50℃水溫下沒變化，不溶於水，因此吸水率和膨脹率很低，黏性也不大，這是冷水麵較硬，體積脹不大的原因。

■ **水溫≥53℃、≥60℃、≥67℃時**

水溫≥53℃時，澱粉會發生明顯變化，澱粉顆粒逐漸膨脹；水溫≥60℃時，澱粉不僅膨脹，同時會進入糊化階段，顆粒體積脹好幾倍大，吸水量跟著增大，黏性增強，有部分溶於水；水溫≥67℃時，澱粉會大量溶於水，成為黏度很高的膠體。

■ **水溫≥90℃**

水溫≥90℃時，黏度愈來愈大；若用沸水或接近沸點的水調製時，澱粉糊化，麵糰變得很黏，筋性小。

由於澱粉分解酵素的糖化作用，使麵糰帶有甜味。

水溫影響蛋白質性質的改變

■ **25～30℃常溫下**

蛋白質在25～30℃常溫下不會變性，吸水率高，能吸收1～1.5倍的水分，經過攪拌或搓揉，會逐漸形成柔軟而有彈性的膠體（麵筋），也就是說，麵粉的蛋白質會形成麵筋網路，將其他物質包住，不發生變化，若麵糰再反覆攪拌或揉搓，麵筋網路逐漸增加，麵糰會變得光滑、有彈性和韌性，呈現冷水麵的特色。

■ **50℃溫水**

用50℃左右的溫水調製時，蛋白質尚未變性，但是溫水熱度會使麵筋受到一點影響，致使溫水麵的筋力、韌性介於冷水麵和燙麵之間。

■ **60～70℃的溫度**

蛋白質在60～70℃的溫度時（與澱粉糊化溫度相近），受到溫度逐漸上升，開始產生熱變性，蛋白質會凝固，溫度愈高，凝固時間愈長，熱變性愈強，麵筋受到破壞程度愈高，因此麵糰的延伸性、彈性、韌性都逐步衰減，只有黏度增加。

■ **≥70℃的溫度**

若用≥70℃的開水或沸水燙麵，調成的麵糰就變得柔軟、黏糯沒有筋性。因此燙麵不能全用開水或沸水，必須在短時間內加入冷水，快速降低麵糰溫度，調製成的麵糰會柔軟，不會黏糯，又有些筋性。不加冷水的麵糰就是全燙麵，沒有筋性，多用於廣式點心。

冷水麵

又稱為死麵或涼水麵，通常用中筋或高筋麵粉加25～30℃冷水調製而成。由於水溫低，澱粉不會糊化，麵糰比較緊實，依水分和口感的不同，又分為軟麵與硬麵，俗語說「軟麵餃子硬麵條」，也就是麵糰的軟硬，可以根據產品特性及個人的喜好調節，軟麵適合製作餃子，硬麵適合製作麵條，但揉好麵糰必須鬆弛，使吸水均勻，方便成形的製作。

■ **麵糰特色**

不用膨大劑，麵糰的特性為彈性好、韌性強、拉力大；製作的麵食色澤較白、爽口、有嚼勁。

■ **適合的麵點**

冷水麵最適合製作水餃、麵條、餛飩等水煮類麵食，也常用於製作煎烙或油炸產品，如油餅、煎餃、烙餅、淋餅、春捲、巧果等。

燙麵

又稱為沸水麵或開水麵。調製燙麵宜用沸水，主要是使麵粉內的澱粉部分糊化，可增加吸水量，所以製品比冷水麵柔軟。燙麵的調製是根據口感及產品特性而變化，一般作法是先用30～50%的沸水加入麵粉內，攪拌至細片狀，再加入適量的冷水，調節麵糰的軟硬度。

這種調製法，攪拌或揉好的麵糰比較黏，會有顆粒，必須再鬆弛或再攪拌，使麵糰吸水均勻形成良好的麵糰，以利成形操作。另外商業化生產（大型工廠）的攪拌法，是用30～50%的麵粉加入同量的沸水，攪拌均勻，再加入剩下的麵粉及適量的冷水，攪拌至所需的軟硬度，再鬆弛。

燙麵程度的基準，業界常稱「三生麵」或「四生麵」，意思是說，30～40%需具有冷水麵的特性，另外的60%～70%用沸水燙麵即可。燙麵調製後，攤開散熱或悶30～40分鐘，會增加麵食的甜味。

■ **麵糰特色**

彈性、韌性和拉力較差，但可塑性良好，熟後的成品不易變形，色澤較深、略帶甜味、質地軟Q。

■ **適合的麵點**

燙麵適合製作蒸餃、燒賣等蒸類麵食，也常用於煎烙或烤炸類，如蔥油餅、蛋餅、芝麻燒餅等。

溫水麵

又稱熱水麵，調製溫水麵的水溫以50～70℃為宜，此時麵粉內的澱粉開始要糊化，麵粉吸水會稍微增加，所以揉好麵糰必須鬆弛與冷卻，使吸水更為均勻，以形成良好的彈性與可塑性，以利成形操作。

溫水麵調製方法大致和冷水麵相同，但水溫以50～70℃最適宜，過高會引起麵粒黏結，達不到溫水麵應有的特點；過低則澱粉不膨脹，蛋白質不變性，也達不到溫水麵的特點。只有掌握水溫，才能調製出符合要求的溫水麵。由於溫水麵具有一定的熱氣，因此要等到麵糰中的熱氣完全散發及冷卻後，再揉成糰，蓋上膠袋或濕布待用。

■ **麵糰特色**

溫水麵的彈性、韌性及可塑性介於冷水麵與燙麵之間，常用於氣溫低的季節。

■ **適合的麵點**

最適合小籠湯包、蒸餃、燒賣等蒸類麵食，

尤其適合製作不易變形的花色蒸餃。另外，也可製作煎烙或烤炸類的麵食，如蔥油餅、油餅、燒餅、烙餅等。

全燙麵

顧名思義，全燙麵是調製時，全部使用沸水，因澱粉完全糊化，麵粉吸水量會增加一倍左右，是一種特殊麵糰。一般會使用小麥澱粉（俗稱澄粉）為主原料，揉好的麵糰較黏，必須要鬆弛與冷卻，使麵糰吸水更均勻，形成良好的可塑性，才有利成形操作。

- **麵糰特色**

使用沸水製作的全燙麵，由於麵粉中的蛋白質完全變性，澱粉充分膨脹糊化，所以麵糰色澤較暗、彈性筋力差、黏性強，但可塑性高，產品不易變形，且質地軟Q有透明感。

- **適合製作的麵點**

最適合蝦餃、粉果、水晶餅等廣式點心。

發麵

發麵是利用不同的膨脹方式促使麵糰膨脹，由於膨脹方式的不同，區分為發酵麵與發粉麵二種。

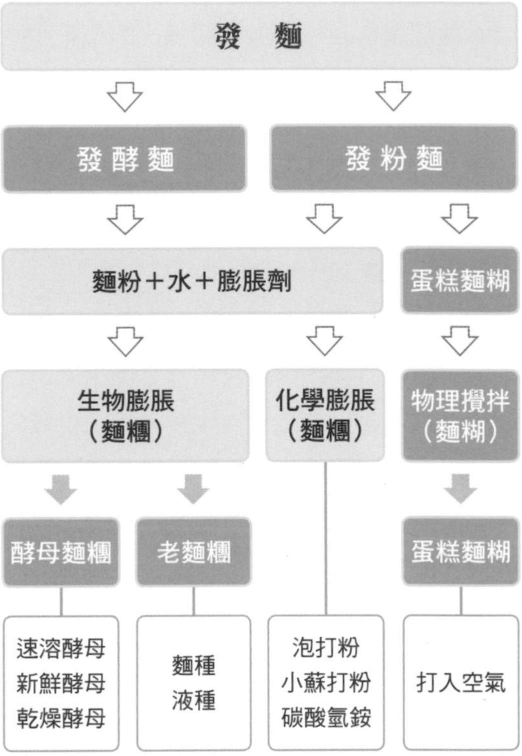

發酵麵特色

發酵麵是以活性酵母菌或老麵作為膨脹劑，又可分為包餡與不包餡二大類。常見的包餡麵食有鮮肉包、菜肉包、水煎包、紅豆烙餅等；常見的不包餡麵食有白饅頭、鍋餅、火燒、花捲、銀絲捲等。

發粉麵特色

發粉麵有麵糰與麵糊二大類，所使用的膨脹

劑來源不同，發粉麵糰是使用化學膨大劑促使麵糰膨脹的原理，像馬拉糕、黑糖糕、開口笑、薩其馬等麵點就是應用此法製作而成，發粉麵糊是利用物理性攪拌或打發方式讓麵糊膨脹，像蒸蛋糕、夾心蛋糕等麵點就是使用此法完成。

發酵麵

發酵麵一般以生物性的酵母菌作為膨脹劑，如酵母（速溶、乾燥、新鮮）或老麵調製而成，之所以會膨脹，與膨脹劑產生的氣體與麵粉形成麵筋所保留的氣體息息相關，其中又以發酵過程中產生的二氧化碳影響最大，因此酵母類別用量、發酵溫度時間、麵糰軟硬、麵粉性質均會影響產品品質。

發酵麵的種類，會依膨脹特性、熟製方式、攪拌後的形態而分類。

膨脹特性	酵母膨脹與老麵膨脹兩大類
熟製方式	蒸、烤、煎、烙與油炸五大類
攪拌後形態	軟麵與硬麵兩大類

▪ 麵糰特色

無論是哪一種類別的發酵麵，共同的特色是發酵後的成品，體積膨大、彈韌性小、色澤較黃，內部組織細綿、鬆軟、有較強的發酵味。麵糰的軟硬可以根據口感及產品的特性進行調製。

▪ 適合的麵點

適合製作饅頭、包子、花捲等蒸類麵食，或者製作水煎包、紅豆烙餅、蔥油烙餅、芝麻蔥油燒餅、厚鍋餅、火燒等煎或烙的麵食。

發粉麵

一般使用糖、油、蛋作為輔助原料，以化學膨大劑調製而成，如小蘇打（碳酸氫鈉）、銨粉（碳酸氫銨）、發粉（泡打粉）。發粉麵之所以膨大，與膨大劑或物理性攪打產生的空氣與麵粉形成麵筋網路保留的氣體息息相關，另外含水分高，水分遇熱後產生的水蒸氣也是產品體積膨脹的來源。

發粉麵的種類，會依膨脹特性、熟製方式、攪拌形態而分類。

膨脹特性	化學膨脹與物理膨脹兩大類
熟製方式	蒸與油炸兩大類
攪拌後形態	麵糰與麵糊兩大類

▪ 麵糰特色

無論是哪一種類別的發粉麵，產品共同特色是發酵後的成品體積膨大、彈韌性小、內部組織細綿、鬆軟、鬆酥或鬆脆、有較強的材料味。

▪ 適合的麵點

若為麵糰類，可製作油條、桃酥、薩其馬、開口笑等油炸麵點，此類產品因特性不同，含水量較低，貯存期較長。若為麵糊類，可製作蒸蛋糕、馬拉糕、黑糖糕、夾心蛋糕等蒸類產品。

酥糕皮

酥糕皮是麵粉加入不同性質的材料、不同的調製方法或不同麵糰組合後，可使產品產生酥、鬆的特性，由於調製方法與材料比例不同，區分為酥油皮、糕皮與漿皮三種。

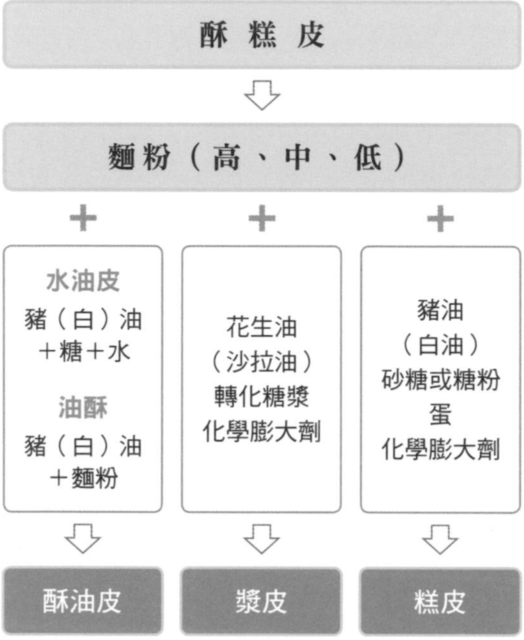

▪ **酥油皮特色**

酥油皮是由水油皮與油酥組合，經多次擀捲，形成多層次的產品，又稱為層酥皮、油皮或酥皮。因水油皮加水會形成麵筋，有能力包住無水的油酥，經包餡成形後，以烤或炸的方式熟製，產品會產生層次分明與鬆酥的特性。

▪ **糕漿皮特色**

糖或糖漿與油、麵粉及少量水或蛋調製而成的麵糰，又稱糖皮、蛋皮、清仔皮、糖漿皮等，由於麵糰不會形成麵筋，所以操作簡單，包餡即可成形，以烤或炸的方式熟製，麵皮只有單層，不會產生層次。因為使用材料、產品性質、外形的不同可再分類如下。

材料不同	糕皮、漿皮或水皮三大類
性質不同	鬆酥、鬆軟、硬酥與酥脆四大類
外形不同	膨脹型、薄脆型、印酥型等

酥油皮

是以水油皮和油酥兩種原料調製的麵糰，水油皮以中筋麵粉、水、糖及油脂為原料，油酥的原料則以低筋麵粉和油脂兩種原料為主，組合後再經多次擀捲，會形成層次，若搭配不同配合的內餡材料或整形變化，可以製作出千變萬化的酥油皮產品。

調製重點

酥油皮麵食與日常的關係相當密切，調製重點放在油脂種類、比例與擀捲、烤焙程度的掌控。

水油皮原料中的水、糖及油脂調製比例會直接影響到產品特色、風味及口感，依照原料比例多寡可調製成水油皮、糖油皮、發酵皮與蛋皮四大類產品；若以包油酥方式的不同，可分大包酥、小包酥；又因酥油皮擀捲後的整形不同，會產生不一樣的層次感，可分明酥（圓酥、直酥或排酥，明酥是切開可看到擀捲層次）、暗酥（暗酥是不切開，看不到擀捲層次）、半暗酥等，經過烘烤或油炸後，會製作出有層次的酥油皮產品。

麵糰特色

酥油皮的特性是有層次，入口鬆酥，另外可利用不同風味的內餡配料、整形及表飾的變化，就可製作出萬變的酥油皮麵食。

適合製作的麵點

酥油皮可以搭配不同風味的內餡，製作出各式風味的酥油皮麵食，如蘿蔔絲餅、蛋黃酥、菊花酥、千層酥、蘇式月餅、牛舌餅、綠豆凸、咖哩餃、菊花酥、太陽餅、老婆餅、蟹殼黃與方塊酥、芝麻喜餅等。

漿皮

漿皮是用糖漿（糖水）替代糖、蛋，又稱糖皮、糖漿皮、清仔皮。

- **調製重點**

由於糖漿濃度高會減低麵粉筋性，所以調製後沒有彈韌性，只有可塑性。

- **麵糰特色**

麵糰柔軟，包餡烘烤後產品鬆軟，放置後會出油，可增加產品的光澤，若用模型壓印後再烘烤，會有明顯的花紋。

- **適合製作的麵點**

漿皮常用來製作提漿月餅、廣式月餅或龍鳳喜餅等。

糕皮

糕皮是用油、糖、蛋以及化學膨大劑調製的麵糰，又稱酥皮麵糰或蛋皮麵糰，依產品性質可以區分為鬆酥類、酥脆類、硬酥類與鬆軟類。

- **麵糰特色**

一次攪拌，沒有層次，具有良好的可塑性，包餡成形後，再經烘烤或油炸製成。

- **調製重點**

掌控油脂的種類、比例與熟製技巧，就可以製作出各種不同種類的糕皮麵食。

- **適合製作的麵點**

適合桃酥、芝麻脆餅、鳳梨酥、金露酥、月餅等，因為含水量少，貯存時間比較長。

03

中式麵食

麵糰（麵糊）製作

麵糰作用

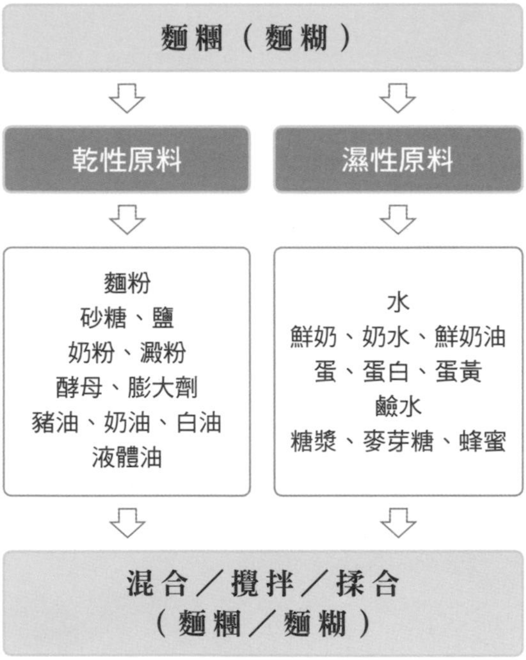

麵糰是指麵粉加水與油、蛋、糖以及其他原料，混合調製而成的半成品或生麵糰，可以提供以下作用：

操作與成形

1. 乾料和濕料相互黏結成麵糰，提供操作與成形。原理是麵粉的澱粉及蛋白質與液體原料混合成麵糰。
2. 麵粉與蛋調成的麵糰，可以製出鬆酥的糕皮麵點，如鳳梨酥皮。
3. 麵粉與水調成的麵糰，可以製出彈韌的冷水麵點，如麵條、水餃皮。
4. 麵粉與沸水調成的麵糰，可以製出柔軟的燙麵麵點，如蒸餃、燒賣皮。
5. 麵粉與糖漿調成的麵糰，可以製出鬆軟的漿皮麵點，如廣式月餅皮。

口感與口味

1. 麵點的口味來自於原料本味，以及添加不同材料後的混合調味。
2. 不同麵糰形成產品的品質、組織與特色，如口味、形態和口感。

水調麵製作

水調麵是指麵粉中加入適量水（可加少量鹽或鹼及配料），經拌揉、鬆弛（醒麵）調製的麵糰。麵糰調製時，用不同水溫控制麵糰的特性與口感，比如冷水麵適合製作有彈韌性的麵食，常見的有麵條、水餃、春捲等；溫水麵可製作所有麵食，常見的有花式蒸餃等；沸（熱）水麵則適合蝦餃、燒賣等麵點。

中點小百科 **鬆弛（醒麵）**

麵糰攪拌後吸水不均麵筋硬，經適當時間休息，可使麵糰吸水更均勻，麵筋變軟。

冷水麵調製

使用25～30℃冷水調製的麵糰，調製方法如下述：

1. 先將乾性材料放在工作檯上或攪拌缸內，加入濕性材料，用手或攪拌機拌勻後，再用力反覆揉搓（或攪拌）成麵糰，至麵糰表面光滑不黏手。
2. 調製冷水麵糰時需注意
   - 水溫要適當，必須使用冷水調製，才能展現麵糰的特點。
   - 攪拌或揉麵時，要充分而光滑，麵糰才會有彈韌性。
   - 加水時，要掌握水分的比例，才會調出不同軟硬麵糰的特色。
   - 鬆弛或醒麵的時間要足夠，麵糰容易操作，麵皮較光滑。

溫水麵調製

使用50～70℃左右的溫水調製麵糰，調製方法和冷水麵相同。調製時，要特別注意水溫、操作環境、原料溫度，麵糰溫度最好掌控在40～50℃之間，攪拌或揉麵後，要預防麵糰表面結皮（用濕布或塑膠袋蓋住）。

沸（熱）水麵調製

沸（熱）水麵又稱開水麵。

傳統作法

是先用總水量一半左右的熱水（95～99℃），加入麵粉攪拌至麵片，再加入冷水調節軟硬度，麵糰較熱，黏度高，需鬆弛（醒麵）至麵糰冷卻。

商業化攪拌法

是用30～50%麵粉（乾性）加30～50%沸水（濕性）攪拌至均勻的麵糰，再加入剩下的麵粉與冷水，揉或攪拌成光滑、均勻、軟硬適度的麵糰。

發麵製作

發麵是由水、麵粉與酵母、老麵（麵種）或化學膨大劑調製而成的膨鬆麵糰，調製重點在發酵原料的不同，只要掌控發酵原料的特性，即可調製出各種不同性質的發麵麵食。

發酵麵調製

發酵原料和調製方法的不同，可分為酵母（生物）發酵、老麵（麵種）發酵、液種（酒釀）發酵。調製時，需依發酵麵食的特性，決定酵母添加的重量、發酵或鬆弛。

1. **酵母發酵麵糰：**是以生鮮（壓榨）酵母、活性乾酵母或速溶酵母粉作為發酵原料，調製發酵麵糰。調製時，要特別注意水溫不可高於30℃以上，同時需了解酵母的特性，是否需先溶解或直接加入攪拌或揉麵，麵糰揉麵後，即可進行發酵或鬆弛的步驟。
2. **老麵發酵麵糰：**用前一天剩餘的發酵麵糰（含有酵母菌），作為發酵原料，老麵麵糰會有酸味，需加鹼水調節酸鹼度。添加老麵的比例，需視產品而定，同時也需根據水溫、室溫、發酵時間等因素調節。
3. **液種（酒釀）發酵麵糰：**是用粥或熟粉漿，加入少許的酵母或麵種，發酵後會產生酒釀的香味，並呈液體狀，所製作的麵食，風味獨特。
4. **發酵麵糰的形成：**是因為酵母菌繁殖，產生二氧化碳氣體，使麵糰膨脹。
5. **調製發麵麵糰：**需瞭解麵粉的品質及特性，而且要熟悉發酵原料的特性、添加的比例，及適當水量的添加、發酵溫度的控制。

發粉麵糰調製

利用化學膨大劑調製的麵糰或麵糊，產品膨鬆可口，多以低筋麵粉製作，並以蒸、炸或烤熟製，最適合製作的麵食有馬拉糕、黑糖糕、油條、薩其馬、開口笑及桃酥等。

1. 形成膨鬆麵糰或麵糊的原因，是添加的化學膨大劑產生二氧化碳氣體，改變麵糰或麵糊性質，產生許多蜂窩組織，形成體積的膨脹。
2. 發粉麵糰或麵糊的內部必須有產生氣體的物質，及保持氣體的能力。
3. 需瞭解不同麵食的特性，熟悉化學膨大劑的特性與添加的比例。

物理麵糰調製

1. 以蛋為主要原料，經攪拌或手打的方式，將空氣打入蛋糊內，再經調製、蒸製而成組織鬆軟的麵食，如蒸蛋糕。
2. 麵糊內部必須有一定保持氣體的能力，麵粉是唯一的原料。
3. 需瞭解不同麵食的特性，熟悉攪拌的速度、時間及麵食的特性。

> **中點小百科 化學膨大劑**
>
> 又稱泡打粉（Baking Powder），分有鋁與無鋁兩種。最好用雙重反應的泡打粉，與水及溫度作用後會產生二氧化碳，使麵糊膨脹。
> 雙重反應的泡打粉，第一重反應在麵糰或麵糊的攪拌，第二重反應在熟製時溫度提高後再反應，因有二次反應故稱雙重反應。

酥油皮製作

酥油皮的酥鬆及層次，是由水油皮與油酥所產生，形成的原因如下：

1. 酥油皮之所以會形成起酥，是擀捲麵皮時，油酥的麵粉顆粒被油脂包圍，隔開了麵粉的蛋白質、澱粉，由於不能形成網狀結構，麵粉顆粒吸不到水，顆粒之間會有空氣，又受到熱的膨脹作用，油脂溶化，形成分離的層次。
2. 水油皮受熱時，水分會汽化，中間隔離的油酥受熱溶化，產生空隙，形成非常清晰的層次，受熱溶化的油被水油皮吸收，使產品產生膨鬆而酥脆的層次。

注意事項

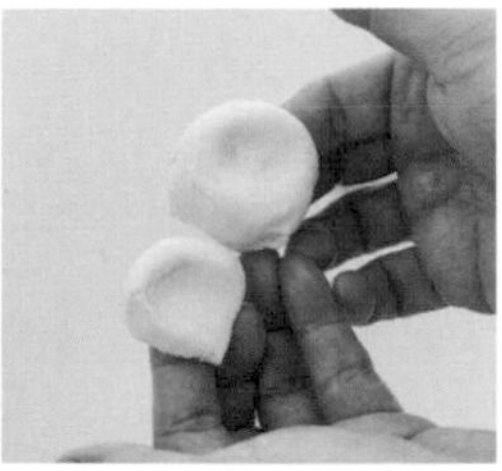

←擀酥油皮時要注意，水油皮與油酥的軟硬要一致，否則不易操作，層次不清晰、不整齊。

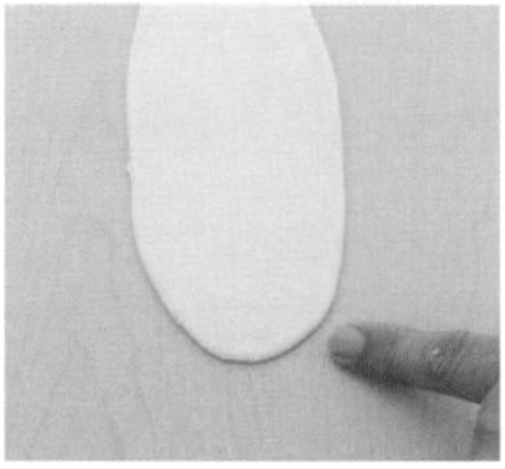

←擀時用力要均勻，厚薄才會一致，擀時可撒少量防黏粉，防止麵糰黏在板上。

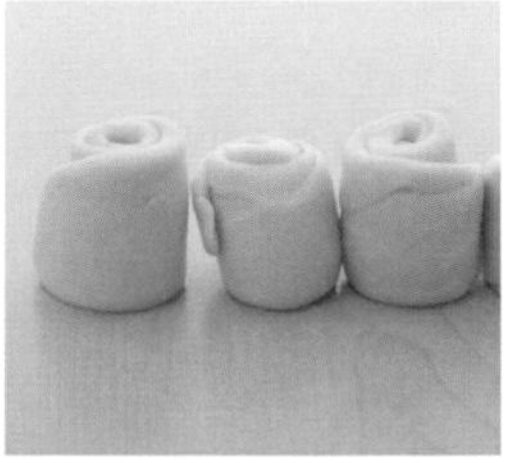

←天熱或室溫高時，油酥易出油，動作要快，必要時可放冰箱冷藏。

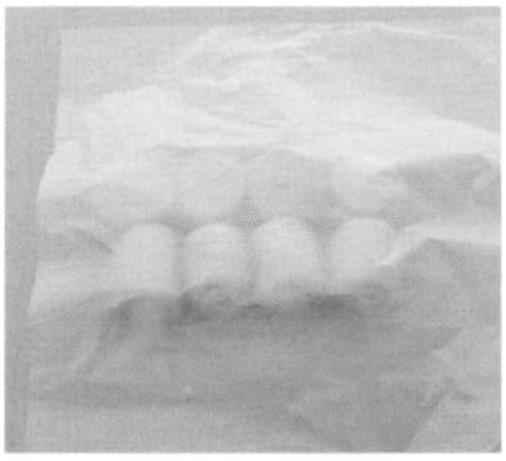

←麵糰不能蓋濕布，可蓋塑膠袋，防止結皮，結皮後會影響操作與成品。

糕漿皮製作

糕漿皮是單酥，又稱鬆軟（酥）麵糰，是以麵粉、油脂、蛋、糖或糖漿等主要原料調製而成。由於原料、製作方法不同，可分為糕皮和漿皮兩大類，如臺（台）式月餅、開口笑、桃酥、龍鳳喜餅、廣式月餅等。

糕皮調製

是以麵粉、油脂、糖、蛋或少量奶水調製的麵糰，為了使產品更為酥鬆，一般都會添加化學膨大劑，適合製作的產品有如開口笑、金露酥、桃酥等。

糕皮不需攪拌光滑，但需充分鬆弛使麵粉吸水，製作時再調節軟硬度，並充分搓揉，糕皮才會有光澤而細緻。

漿皮調製

是以麵粉、油脂、糖漿及少量化學膨大劑調製而成，根據產品的特點及可使用轉化糖漿和麥芽糖漿製作。

漿皮軟黏，不需攪拌或搓揉太久，但需充分鬆弛使麵粉吸水，製作時，再調節軟硬度，並充分搓揉，漿皮才會有光澤而細緻。

中點小百科 轉化糖漿

高量的砂糖加水煮化後的糖漿，會再結晶，若加入酵素或是酸性原料如檸檬、醋等，以較長時間一起煮，糖漿不會再結晶，此糖漿稱轉化糖漿（作法如 P.439）。

04

中式麵食

材料與熟製分類

製作熟製分類

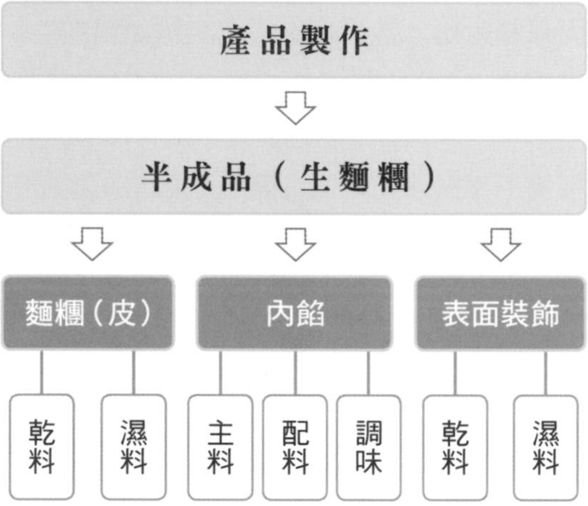

依原料特性，可分為乾、濕原料或主、配、調味原料。原料混合調製成基本麵糰或內餡，再由麵糰、內餡或表面裝飾進行組合，製成半成品（生麵糰）。依照前述的分類與組合，只要任何一種原料變換，即可製作出不同口味、花式的麵食，另外，加上外表形態及操作手法或熟製方法的變化，可製作各式中式麵食。

麵糰組合是以預拌粉的原理，將原料分為乾、濕二類原料；內餡組合的製作原理也是如此，主料相同，如果再佐以配料或者調味的變化，即會有不同風味或口感；再加以不同的表面裝飾，組合後就會生產各式獨特的產品。

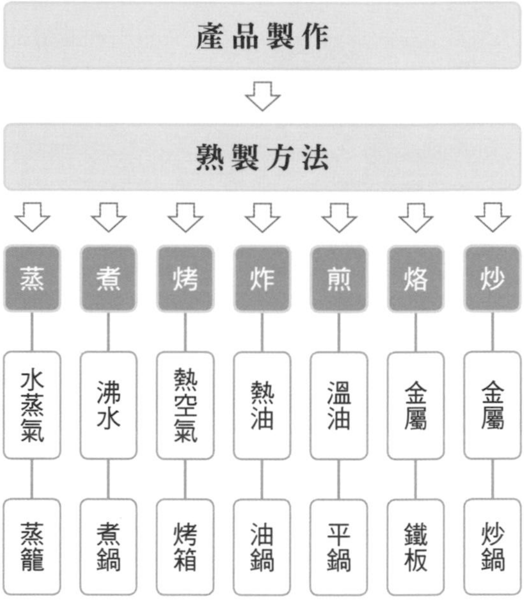

熟製是麵食製作的最後一個過程，作用是使麵點由生變熟。由於中式麵食種類繁多，每種麵食各具特色，熟製方法也呈現多種面貌。熟製方法有單式熟製法，包括蒸、煮、烤、炸、煎、烙、炒，另有複式熟製法，最常見的作法是，先蒸、煮後，再煎、炸、烤，或蒸、煮後，再快炒等。

運用以上各種方法，將成形後的生麵糰（半成品）加熱，並運用各種不同的加熱方式，在一定溫度的作用下產生變化，呈現產品不同的特色、色澤、形態與香味，以達到食用目地。俗諺說：「三分做工，七分火工」，由此可見，熟製方式與火候控制對產品具有決定性的影響。

熟製用的導熱物質

熟製技巧，除需掌控適當火候外，還需利用各種物質來傳遞熱量，使食物由生變熟，這些導熱物質有水導熱（水蒸氣；沸水）、油導熱（溫油、熱油）、金屬導熱（鐵板、炒鍋）與熱空氣導熱等。

蒸

蒸是將半成品（生麵糰）放入蒸籠或蒸箱內，用水蒸氣傳導，使麵糰內的澱粉和蛋白質發生變化。蒸製時，因麵食不同而對蒸氣要求也不相同，因此必須注意蒸氣（火力）大小、蒸製時間、蒸的數量（單層、雙層、多層、台車等）、蒸鍋水量、蒸的工具（蒸籠、蒸箱等）及蒸氣產生的種類（鍋爐、瓦斯、電爐等）。

- **適用** ➡ 發酵麵食、燙麵食，如饅頭、花捲、包子或蒸餃、燒賣等。

煮

煮是利用煮鍋的沸水為導熱物質，將熱傳給生麵糰，待麵糰受熱後，澱粉會產生膨脹而糊化，並大量吸收水分，蛋白質因熱而凝固，使麵點熟製。

由於製品直接與沸水接觸，熟後重量會增加，同時也會受煮的時間、水的溫度和水量的影響，必須注意煮鍋的水分要足量、注意點水、不斷加水或換水、輕輕推動、水沸下鍋、下鍋可掀蓋並注意熟製狀況。

- **適用** ➡ 生麵條、水餃、餛飩等。

烤

烤又稱烘，是利用烤爐或烤箱產生的高溫為傳熱物質，使生麵糰熟製，主要是靠烤爐內的輻射熱及烤盤或模型的熱傳導，將熱傳導給麵糰，利用熱空氣與麵糰的蒸氣相互對流、相互混合。

烤溫需設定在170～250℃之間，由於爐內高溫作用，製品的均勻受熱，會呈現表皮金黃、形態美觀、富有彈性和酥鬆與香酥的特性，同時成品較為乾燥，存放時間較長。「烤」要有適當的經驗與技術，因此要使麵點烤得好、形狀完美，必須注意烤的技術、烤溫高低、上下火力調整、時間控制、麵食種類、爐內變化與厚薄大小等來調節。

- **適用** ➡ 各種糕漿皮、酥油皮等製品的熟製，如月餅、燒餅、桃酥、酥點、餅類。

炸

將整形後的生麵糰，放入適當油溫的油鍋內，利用油為傳熱物質的熟製法，若要得到良好品質的油炸麵食，必須注意炸的技術、產品大小、油溫高低、炸油數量、油的清潔、火力大小與油炸時間。

- **適用** ➡ 炸製品具有香、脆、鬆或酥的特性，如油條、薩其馬、開口笑、蓮花酥等。

煎

主要是靠油或油水以金屬作為傳熱物質的熟製方法，要使煎製後色澤美觀、煎的熟、煎的勻，必須注意煎的火候與溫度、水量與油量，排放數量、排列方式、火力大小及受熱均勻度。

常見的煎製法可分為油煎與油水煎二種，油煎是利用平鍋燒熱，以油脂為傳熱介質，如蔥油餅、油餅、斤餅、鍋餅等；油水煎是在油煎時，再加少量清水，利用水產生蒸氣傳熱，蓋緊鍋蓋，直至水乾煎熟即可，如水煎包、鍋貼等。

烙

將成形的麵糰擺放在熱的平底鍋內，利用金屬作為傳熱物資，使麵點熟製。熟製原理是鍋底有較高的熱量，當麵糰接觸時，會接觸到熱能，同時汽化麵糰的水分，經兩面反覆接觸使之熟透。烙的麵食較具麵香味、嚼感和咬勁，要烙的色澤美觀、烙得均勻，必須注意烙鍋要乾淨、火候控制、均勻受熱。

烙分三種，乾烙是單純的利用金屬傳熱直接烙熟，刷油烙是將油刷於麵糰或鍋底再烙熟，水烙是將麵糰緊貼在中央稍深的鍋邊，鍋底中央加水燒開。烙製的溫度約在160～220℃，常用在油餅、煎餅、家常餅、蔥油餅、厚鍋餅、豆沙鍋餅、火燒、酒釀餅、烤饅頭、鍋貼等熟製。

炒

炒很少直接應用在麵食，多用於第二或三次調製，如炒麵、炒餅等。炒比較講求火候的控制、勺功技巧、調味與熟製時間，同時還要有美感，是一種複式熟製法。炒麵粉製作麵茶，是唯一炒製品。

複式

使用兩種或兩種以上的方法進行熟製的方式，就是複式熟製法。常見的作法如下：

1. 先蒸、煮，再經煎、炸或烤，如伊府麵、速食麵、炸饅頭、炸花捲、炸銀絲捲。
2. 先蒸、煮、烙，再加配料或調味料調製的麵點，如炒麵、炒餅、燴餅等。
3. 麵糰先用蒸、煮、烤、炸或烙的方式熟製，食用時再調製，如燴麵、燜餅、燴餅、涼拌麵以及牛羊肉泡饃等。

中點小百科 糊化作用

糊化作用是指澱粉在水中加熱，澱粉粒吸水膨脹，如繼續加熱至60℃～80℃，澱粉粒破壞形成半透明的膠體溶液。

第2章

原料選用與用途

01

原料分類與選用

麵食原料包含主食、雜糧及動、植物，但原料會因產地、氣候或季節而有不同特性，由於成分及性能不同，在選用合適原料時，必須先行了解原料的基本知識。

原料的基本知識

- 原料種類、成分、性能和用途。
- 原料加工和處理方法。
- 使用方法、用量標準是否合法。
- 混合後是否會產生化學、物理或生物變化。
- 配合比例與方法是否可相互調節或平衡。

原料分類

組成麵食的原料種類多，依原料性質、製作過程、原料種類、原料外形有以下分類。

依原料性質	有動物性、植物性、人工合成等特性，又可分為新鮮、加工兩種。
依製作過程	包括主原料、配合原料、調味原料、餡心原料等。
依原料種類	有糧食、果蔬、畜產、水產、乾製品、調味品、添加物等。
依原料外形	可分糰、粉、顆粒、漿或糊、原始形態等。

原料選用

原料選用及品質判斷，需具備以下基本常識，才能選到最符合製作該產品的原料。

原料的純度	需注意產地、價格、氣候、季節、人為等因素影響。
原料新鮮度	需用外形、色澤、水分及氣味等變化來判斷。
原料的衛生	需符合國家衛生標準。
原料的鑑別	需用檢驗的設備，還可用嗅覺、視覺、味覺、聽覺、觸覺鑑別。

原料儲存

原料儲存及保管的管理，在中式麵食製作，占有舉足輕重角色，需格外留意，以下是基本儲存知識。

原料儲存與保管	需要低溫儲存或冷藏保管。
原料儲存的品質變化	儲存良好與否，會影響品質、口感、風味、衛生、健康。
原料的變化	原料儲存以後，變化起伏的大小，和原料本身特性有關。
環境的變化	外在環境的變化會影響原料品質的良好與否。

02

原料一

小麥與麵粉

小麥與麵粉的關係

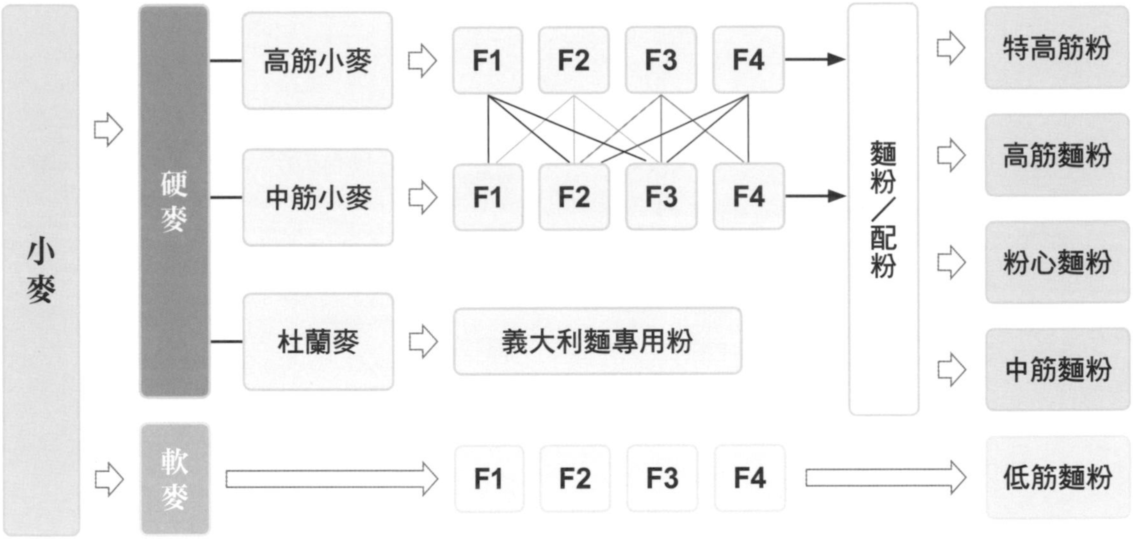

備註：

1. F1、F2為粉心麵粉，蛋白質低、灰分低、水分低、彈性好、展性差、吸水高。
2. F3、F4為外緣麵粉，蛋白質高、灰分高、水分高、彈性差、展性好、吸水低。
3. 硬麥分紅春麥、紅冬麥、白硬麥、杜蘭麥；軟麥分白軟麥、紅軟麥。
4. 現代配粉技術是依產品特性，可單一小麥、二種小麥或多種小麥，用不同部位的麵粉，用不同的比例混合，調配各種不同筋性與特性的麵粉或專用麵粉。
5. F1、F2、F3、F4之線條，表示可相互以不同的%混和，可調製成各種特性的麵粉，這是麵粉廠的機密。

中點小百科 灰分

灰分是指小麥燃燒後剩下的無機雜質，分布極不均勻，麩皮與胚芽的灰分高，胚乳較低。麵粉品質愈高，所含的灰分就愈低。因此，白度與灰分是麵粉品質的加工指標。

小麥

小麥分類

■ 按播種期和生育習性

春小麥	在春季播種、夏秋收獲。
冬小麥	在秋冬播種、夏季收割。

■ 按小麥顏色

紅色小麥	深紅色或紅褐色種皮，皮層較厚，胚乳含量少，磨粉率較低。
白色小麥	白色、乳白色或黃白色種皮，皮層較薄，胚乳含量多，磨粉率較高。

■ 按小麥質地

硬質小麥	硬質小麥結構緊密，蛋白質含量高，麵筋品質好。
軟質小麥	軟質小麥的蛋白質含量低，麵筋品質較差，結構鬆，磨粉率較低。

■ 按小麥生長氣候

乾旱氣候	麥粒質硬而透明，含蛋白質較高，麵筋品質強而有彈性，適宜烤麵包。
潮濕氣候	麥粒軟，含蛋白質較低，麵筋品質較差，適宜製作餅乾、蛋糕。

小麥應用

人類主食	磨成麵粉後可製作饅頭、麵條、油條、油餅、燒餅、水餃、包子等。
商業原料	生產澱粉、酒精、麵筋、麵腸等。
家畜飼料	副產品為優質飼料。

小麥結構

小麥由三個部分組成，最外層的麩皮約占粒重的14%～18%；賴以發芽的胚芽只占1%～2%；胚乳約占78～84%。胚乳與麩皮間還有糊粉層黏連。麥粒經過製粉使麩皮、胚芽和胚乳分離，並將胚乳磨細製成人們食用的麵粉。

1. **麩皮（皮層）**：由外向內依次為表皮、外果皮、內果皮、種皮、珠心層等，這五層含粗纖維較多，營養少，難以消化。最裡的第六層是糊粉層，約占麩皮重量的40～50%，有較豐富的營養價值，粗纖維含量較少，但尚有部分不易消化的纖維素、五聚糖和很高的灰分，因此未混入麵粉。
2. **胚芽（胚）**：胚芽含有脂肪和糖，不適宜長期保管，因此不宜將胚芽磨入麵粉。胚芽有極高的營養價值，可提出加以利用。
3. **麵粉（胚乳）**：胚乳是麵粉的基本部分，胚乳含量愈高，出粉率就愈高。

小麥解剖圖

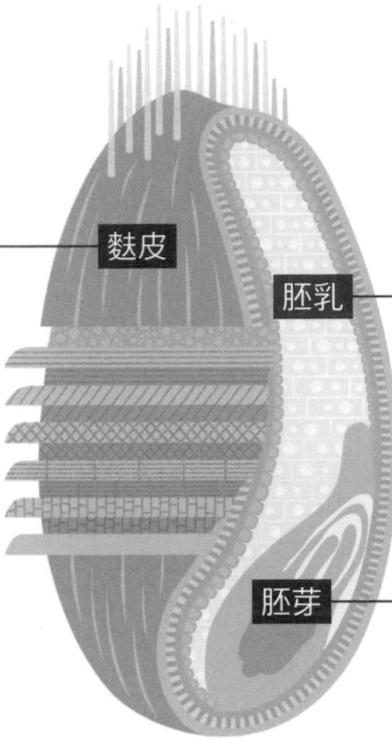

佔小麥總重的 14.5%，
麩皮的營養成分如下：
- 86%的煙酸
- 73%的維生素 B_6
- 50%的泛酸
- 42%的維生素 B_2
- 33%的維生素 B_1
- 19%的蛋白質

同時富含纖維素，有助於加快食物在消化道中通過的速度。

胚乳佔小麥總重的 83%，是製作麵粉的主要來源，胚乳的營養成分如下：
- 70～75%的蛋白質
- 43%的泛酸
- 32%的維生素 B_2
- 12%的煙酸
- 6%的維生素 B_6
- 1%的維生素 B_1

胚芽佔小麥總重的 2.5%，
胚芽的營養成分如下：
- 64%的維生素 B_1
- 26%的維生素 B_2
- 21%的維生素 B_6
- 8%的蛋白質
- 7%的泛酸
- 2%的煙酸

小麥製粉

將小麥籽粒剝開，從皮層上分出胚乳，並將其磨細成粉。小麥磨製前需經去除雜質及不良小麥的精選步驟，再依小麥的含水量加水至磨粉前所需的水分（潤麥），可穩定麵粉的品質。常用的磨粉方法有：

1. **普通麵粉：**用鋼輥磨磨粉，轉速度快、溫度高，色澤白。由於高速研磨，各種營養物質會損失，澱粉會受到破壞，吸水降低，麥香味稍差。
2. **石磨麵粉：**是用有勾槽的石質磨盤，在低速低溫下研磨，呈自然微黃的色澤。含大量胡蘿蔔素和膳食纖維，吸水較高，麥香味很濃。

麵粉

麵粉的分類

麵粉是由小麥磨製而成，小麥經過除雜、潤麥、研磨、篩粉等流程，可製得各種不同等級的麵粉（F1、F2、F3、F4等），再按其蛋白質的含量與特性調配成特高筋麵粉、高筋麵粉、中筋麵粉、粉心麵粉和低筋麵粉，這五種麵粉是依麵粉含有的蛋白質分類。

麵粉的成分

小麥麵粉主要成分有蛋白質、醣類（碳水化合物）、水三大類，還有脂肪、礦物質、纖維素、維生素等，各種成分的含量與小麥品種和產地而不同。

麵粉分類

名稱	水分 %	蛋白質 %	灰分 %	用途
特高筋麵粉	14 ↓	14～15	1.0 ↓	麵包、油條、麵筋等。
高筋麵粉	14 ↓	12～14	1.0 ↓	麵包、麵條、點心、油炸等。
中筋麵粉	14 ↓	11～12	0.8 ↓	水餃、點心、饅頭、包子、麵條、蔥油餅、抓餅、蛋餅、麵包等。
粉心麵粉	14 ↓	9～11	0.8 ↓	水餃、點心、饅頭、包子、麵條、蔥油餅、抓餅、蛋餅、麵包等。
低筋麵粉	14 ↓	7～9	0.5 ↓	蛋糕、餅乾、點心、叉燒包等。
專用麵粉	依需求			各種專用產品。

1. 水分一般都控制在12～14.5%之間，麵粉含水量高時，麵粉中所含各種酵素活性增強，對麵粉貯藏不利，品質容易變差，產品調製時需考慮麵粉的含水量。
2. 粗蛋白質約8～14%，用清水洗成麵筋後（不同麥種的比例會有差距）。
   - 不可溶性蛋白約占蛋白質的80～90%（麥穀蛋白、醇溶蛋白）。
   - 可溶性蛋白約占蛋白質的10～20%（球蛋白、清蛋白、酸溶蛋白）。
3. 碳水化合物約占小麥粒重的70%，占麵粉重的75%（澱粉、糊精、纖維素、游離糖和戊聚糖）。
   - 溶解性碳水化合物，能為人體消化的澱粉、糊精和游離糖類。
   - 粗纖維大多在麩皮，不為人體吸收，於製粉時已除去。
   - 澱粉主要在胚乳，是麥粒成熟時由糖轉化來的。
4. 脂肪約占1～2%。存在胚芽和糊粉層，含量少但易氧化酸敗，磨粉時會將胚芽和糊粉層去除。
5. 維生素在麩皮、胚芽、糊粉層含量較高，如維生素B_1、B_2等。
6. 礦物質（鈣、鈉、磷、鐵等）約占麥粒的1.5～2.2% ，麵粉灰分很少，大部分在麩皮胚芽中。麵粉的等級是用灰分（白度）來分級，灰分少表示麵粉含麩皮少，色澤較白。
7. 酵素（酶）
   - **澱粉酵素**：β-澱粉酵素的含量充足，對熱不穩定，在酵母發酵階段會產生作用；α-澱粉酵素含量不足，對熱較為穩定，70～75℃仍能進行水解作用，溫度愈高作用愈快，可使澱粉變為糊精，改變澱粉性質，在烤爐中可改善產品品質。
   - **蛋白酵素**：有兩種，一種能直接作用於蛋白質；一種能將蛋白質分解過程的中間生成物多肽類再分解為多肽酵素。攪拌發酵過程時，水解作用可降低麵筋強度，縮短攪拌時間使麵筋容易完全擴展。
   - **脂肪酵素**：可分解麵粉裡的脂肪，形成更好的麵筋結構。

麵粉品質對產品的影響

麵筋

就是從麵粉提取的不可溶蛋白質，可做麵筋球、麵粉、麵肚、麵筋、烤麩等。

麵粉的蛋白質吸水後，經攪拌或用手揉而變得濕黏有彈性，形成的薄膜組織，就是麵筋，這是小麥麵粉特有的成分，也是產品的骨架。若添加維他命C，攪拌時可強韌麵筋，增強麵糰的延展度和耐攪性。

麵粉蛋白質的主成分麥穀蛋白和醇溶（麥膠）蛋白，是形成麵筋的主材料。麵粉加水攪拌成麵糰，靜置後，在水中搓洗，將可溶性物質與澱粉和麩皮除去，得到的柔軟膠狀物就是麵筋。

麵筋是一種蛋白質高度水化的形成物，麥穀蛋白和醇溶蛋白是構成麵筋的主要蛋白質，麵筋有延伸性、韌性與彈性。延伸性是指麵筋拉長的能力，韌性是麵筋拉長抵抗能力，彈性是麵筋拉長後恢復的能力。

小麥澱粉

又叫澄粉或汀粉，就是麵粉裡提取蛋白質後剩下的（無筋性）澱粉，顏色白（漂白），是透明糕點的主要原料。麵粉含量最多的成分是澱粉，澱粉經水解變成還原醣（雙醣），不溶於水沒有甜味。小麥澱粉由直鏈

▼ 不同麵粉品質特性

麵粉	化性：吸水率	蛋白質	灰分	白度	水分	物性：拉伸	攪拌時間	黏性	彈性	麥香
粉心麵粉 F1、F2	較高	較低	較低	較白	較低	彈性	較長	較低	較強	較淡
外緣麵粉 F3、F4	較低	較高	較高	較黑	較高	展性	較短	較高	較弱	較濃

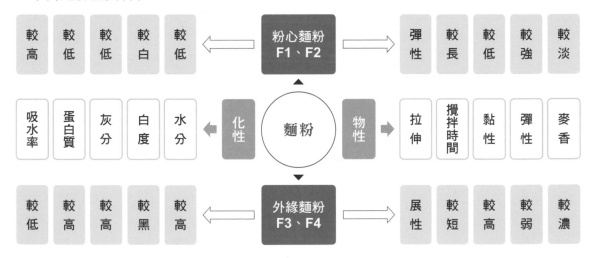

備註：
1. 小麥磨粉後，粉心麵粉的蛋白質較低但吸水高，外緣麵粉的蛋白質高但吸水低。
2. 小麥蛋白粉（乾燥的麵筋粉）若加入麵粉時，每增加1%吸水可增加0.6～1.0%。
3. 蛋白質（麵筋）的品質，常作為評定麵粉品質的主要指標。
4. 化性指的是化學性質，物性指的是物理性質。
5. 粉心麵粉是小麥中央部分的麵粉（F1、F2），較硬、彈性好、色白、吸水較多、品質好。
6. 外緣麵粉是較靠近外表皮的麵粉（F3、F4），較軟、展性好、色深、吸水較少、品質差。

澱粉（易溶於溫水、無黏度）約19～26%和支鏈澱粉（易形成黏糊）約74～81%構成。

麵粉內的破損澱粉會影響麵糰的吸水（吸水率為正常澱粉的3倍）和麵糰延伸性。含量增加，會影響到 α -澱粉酵素的活性和麵筋凝膠程度，使熟麵條的光澤降低。破損澱粉應控制120～170mg（麥芽糖值）範圍內。

直鏈澱粉

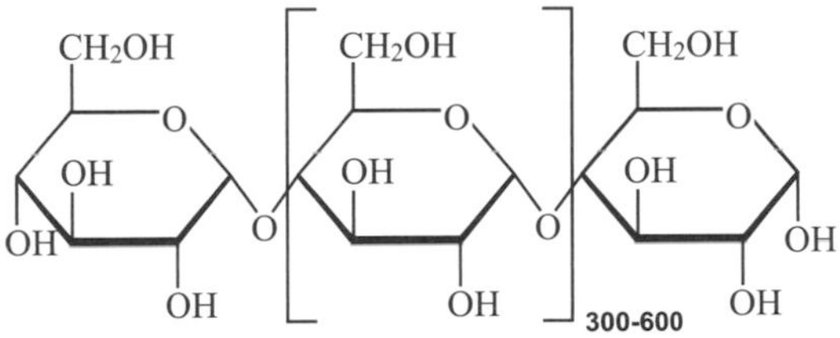

支鏈澱粉

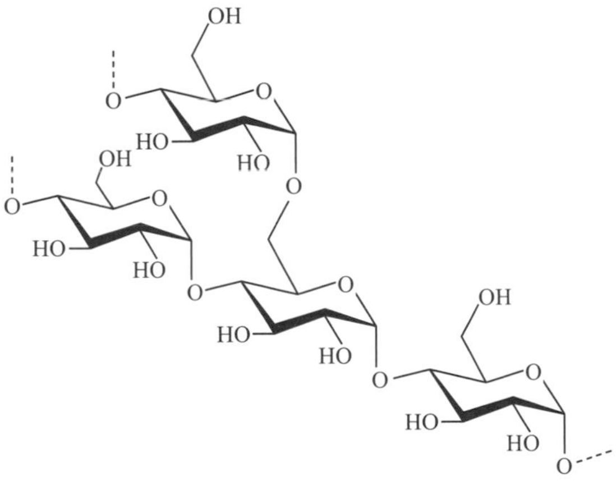

麵粉的功用

發酵麵糰的保氣性

利用麵粉中的麥穀蛋白、醇溶（麥膠）蛋白能吸水膨脹形成麵筋，在發酵過程中，由於酵母產生二氧化碳氣體使麵糰膨脹，麵筋能阻止二氧化碳氣體的溢出，提高麵糰的保氣能力，它是發酵產品形成膨脹與鬆軟的主要功能。

供酵母發酵的能量

麵粉中的碳水化合物大部分是以澱粉形式存在，澱粉所含的澱粉酵素會在適宜條件下，將澱粉轉化為麥芽糖，再繼續轉化為葡萄糖供給酵母發酵，麵糰中澱粉的轉化作用對酵母的繁殖非常重要。

澱粉轉化作用

⇩

澱粉（麵粉）

⇩ 澱粉酵素

麥芽糖

⇩ 麥芽糖轉化酵素

葡萄糖

⇩ 酵母菌進行發酵作用

二氧化碳＋水＋酒精＋酸

構成組織結構

麵粉蛋白質形成的麵筋，熟製之後會形成硬的骨架，澱粉則填充其中，形成組織結構，才會有完整漂亮的外形與細緻的組織。不同麵粉應用於不同產品，各自形成獨特的組織與結構。

提供各種產品的口感、風味

麵粉可製作不同麵點產品，形成不同的香、酥、脆、鬆、軟的特性，豐富口味，形成色、香、味俱佳的產品。

麵粉的種類有那些？

預拌麵粉

預先在麵粉中混合一定比例的配料，使用時只要加入適量的液體原料，混合攪拌就可以製作，簡單又方便。

全麥麵粉

是將整粒小麥經過碾碎磨細，不需篩除麩皮，包含了麩皮與胚芽全部磨成的粉。因為麩皮的含量多，100%全麥麵粉做出來的產品體積較小、組織較粗，筋性不夠、口感粗糙。全麥麵粉需占配方總固形物的51%以上，（即總配方%扣除液體原料%），大約要總麵粉量的60%左右的全麥麵粉，才可宣稱全麥產品。

傳統調配的全麥麵粉，因為麩皮太粗，食用太多會增加消化系統負擔，建議加高筋麵粉來改善；全粒細磨的石磨麵粉，口感和組織都比較好。

高筋麵粉

顏色較深，蛋白質含量較高，比較適合用來做麵包，以及部分酥油皮類點心，比如泡餅。在西餅中多用於在鬆餅（千層酥）和奶油空心餅（泡芙）中。用手抓起一把麵粉，用拳頭攥緊然後鬆開，粉糰很快散開，就是高筋麵粉。

用手抓起一把麵粉，用拳頭攥緊。

鬆開，粉糰很快散開。

中筋麵粉

顏色乳白，蛋白質介於高、低粉之間，一般中式麵點都會用到，比如包子、饅頭、麵條等。粉心粉是高品質的中筋麵粉，使用時注意包裝標示。用手抓起一把麵粉，用拳頭攥緊然後鬆開，粉糰有一點成糰不會很快散開，就是中筋麵粉。

拳頭攥緊。

鬆開，粉糰有一點成糰。

低筋麵粉

顏色較白，蛋白質含量低，麵筋較少，因此筋性亦弱，比較適合用來做蛋糕、餅乾以及酥皮等鬆酥的產品。用手抓起一把麵粉，用拳頭攥緊然後鬆開，粉糰保持形狀不散，粉質細緻，則是低筋麵粉。

用手抓起一把麵粉，用拳頭攥緊。

鬆開，粉糰保持形狀不散。

專用麵粉

麵食工業化的發展，各種專用麵粉的需求愈來愈高，決定性的因素就是麵粉的「蛋白質含量和品質」。

如何挑選麵粉？

1. 如果你想做酥點，用低筋麵粉就對了。
2. 如果你想做主麵食，如饅頭、烙餅、麵條等家常麵食，買中筋或粉心麵粉就行了。
3. 如果你想做麵包，首選高筋麵粉、特高筋麵粉或高品質的中筋麵粉。
4. 如果你想做的產品，不知要用何種麵粉，可請教麵粉廠專業技術人員。
5. 麩皮、胚芽、粉頭（糊粉層）是麵粉的副產品，取得不易，需請教麵粉廠。
6. 注意包裝上是否有完整標示與認證標示。
7. 要充分了解麵粉，一定要注意包裝上的成分標示是否有添加額外的添加物。
8. 麵粉的特性無法用其他穀物替代。

03

原料二

糖製品

醣類是指碳水化合物，是自然界數量最多，分布最廣的天然化合物，存在所有生物的體內，是生物體代謝時不可缺少的物質，植物葉綠素吸收太陽能，再經光合作用，就會轉化成醣類。

醣與糖不盡相同，醣泛指所有的碳水化合物，如肝醣、澱粉等，而糖是指具有甜味的醣類，如葡萄糖、麥芽糖等。至於糖製品，是將含有甜味的果蔬原料或半成品，經過食品加工法，濃縮含糖濃度到65%。

糖的種類

從外觀來看，糖可分為固體糖、液體糖兩大類，再經細分為以下的糖：

固體糖	液體糖
粗白砂糖	轉化糖漿
細白砂糖	蜂蜜
糖粉	麥芽糖漿
綿白糖	葡萄糖漿
冰糖	果糖糖漿
紅糖	
葡萄糖	

糖的結構

單醣

醣類最小的分子，如葡萄糖、半乳糖、果糖等，適當的酸鹼會影響糖的焦化。

雙醣

是一種低聚醣（寡糖），能水解成十個以下單醣，如麥芽糖、蔗糖、乳糖等。

- **蔗糖**：一般為食用糖，能水解成果糖、葡萄糖，甘蔗和甜菜根含有豐富的糖量，是工業製糖的原料，皆為無色晶體，易溶於水，甜味僅次於果糖，加熱至200℃時，會變成褐色。
- **麥芽糖**：是澱粉在酵素作用下的產物，能水解成二分子葡萄糖，甜度為蔗糖的40%。
- **乳糖**：存在於動物的母乳中，能水解成一分子半乳糖和一分子葡萄糖，甜度為蔗糖的70%。工業製乳糖是乳酪副產品，不能再被酵母發酵。

多醣

能水解成十個以上單醣的醣類，如澱粉、纖維素等。

- **澱粉**：能水解成多個單醣，如葡萄糖等。
- **纖維素**：能水解成多個單醣，如葡萄糖等。

> 中點小百科 **焦糖化作用**
>
> 糖類在加熱溫度超過融點時，會發生脫水現象，並縮合成黏稠狀的黑褐色物，這類反應稱為焦糖化反應。

糖用量對麵食的影響

製作中式麵食時，糖用量的高低，對麵糰及產品皆有影響，從以下圖表可以清楚看出影響的差異性，其中會對產品的質地、色澤、組織、口感、保存影響很大。用量高時，質地脆、色澤深、組織粗、口感甜、保存長；用量少時，質地韌、色澤淺、組織細、口感淡、保存短。

另外，也會對麵糰的性質、吸水、攪拌、麵糰、發酵有所影響，因此使用糖時，必須針對產品的特性斟酌考量。

糖的特性

1. **甜度**：甜度目前並沒有客觀的方法可測定，主要是利用主觀的人工品評來加以比較，所以甜度是相對而不是絕對的，是甜度的比較數值，以蔗糖的甜度100為基準計，果糖173、葡萄糖74、麥芽糖32.5、乳糖16～27、蜂蜜130。
2. **溶解性**：0℃＝64.18%，100℃＝82.97%。
3. **吸濕性**。
4. **滲透性**：指延長保存期。
5. **黏度**：受溫度和濃度的影響。
6. **焦化和褐色反應（梅納反應）**：可使產品得到悅人的色澤和香氣。蔗糖融點為185～186℃，葡萄糖為146℃，果糖為95℃，麥芽糖為102～103℃。

▼**糖用量對麵食的影響**

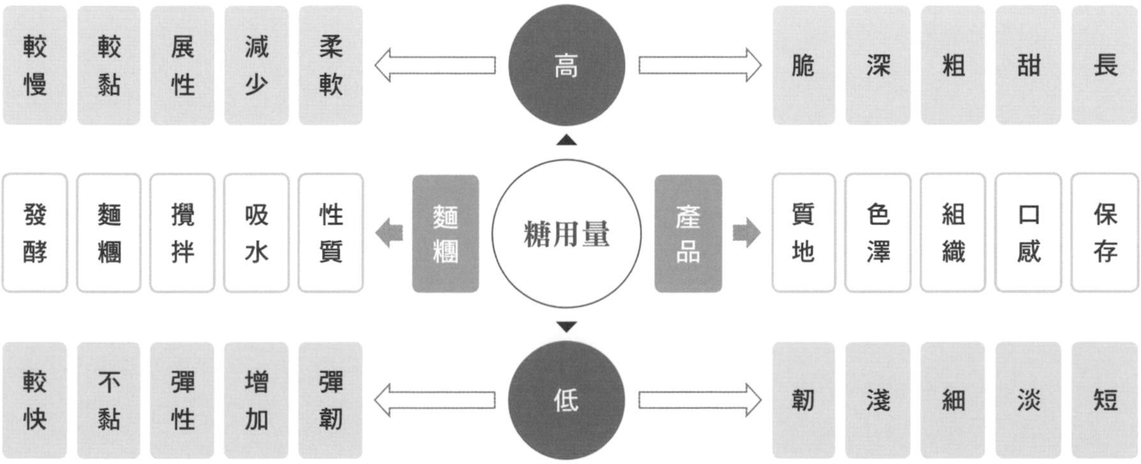

糖的作用

糖在麵糰的作用

1. 糖可改善麵糰品質、改進麵糰的組織，使麵糰韌性降低作用。
2. 糖在溶解時，需要用到水分，在麵粉中添加糖，會抑制麵筋吸水膨脹，因此糖具有強烈的反水化作用，此一作用，能夠調節麵筋脹潤度。
3. 糖具有供給酵母菌的營養，使成品鬆發。由於糖是酵母的食物，像砂糖、葡萄糖、果糖（蜂蜜等）、麥芽糖都可以被酵母代謝，而乳糖（牛乳、乳粉中的糖）是不能被酵母代謝，因此添加新鮮酵母的麵糰，一個小時之內可消耗1%糖，但添加麥芽糖，需等二小時才開始被代謝。
4. 糖有調節發酵速度的作用。添加7%～8%的砂糖，可促進發酵，超過會抑制發酵，因此高糖產品，務必要提高酵母量。

糖在產品的作用

1. 有改善麵點的色澤與外觀的作用，像色，香，味，形。砂糖經高溫後，會形成焦糖化，蛋白質經梅納反應，一樣會產生顏色，如希望麵點的顏色變深，不妨使用奶粉，所含的蛋白質加熱後，顏色會變深。
2. 能夠調節麵筋，使產品保持柔軟性。砂糖會被酵素分解成果糖、葡萄糖，果糖的保水性強，可以延緩麵筋老化，砂糖愈多，防止麵筋老化的效果愈大。5%的砂糖，吸水會減2%，如果增加糖量，就要適當調整水量。
3. 糖有提高麵點的營養價值，同時有供給甜味的作用，製作時，需控制產品甜度與吸水量，避免太甜或組織太乾影響適口性。
4. 具有防腐性，能夠延長成品的保存期。

糖的種類有那些？

固體糖

利用甘蔗或甜菜榨汁的初級原料，經過濾、澄清、濃縮、結晶等流程，最後呈現淺棕色的原糖。原糖可以作為精糖的加工原料，大家所熟悉的紅糖、二糖、白糖、冰糖之顏色、形態不同，在於最後精製與脫色程度的不同，精製程度愈高，色愈白、純度愈高，但甜度不會增加。

白砂糖

簡稱砂糖，為粒狀晶體，根據晶體大小，有粗砂、中砂、細砂三種，目前市面常用的是粗、細砂糖。以原糖為原料，經真空濃縮煮晶、脫蜜、洗糖、乾燥後得到的白砂糖，是點心製作最廣泛使用的食糖，具有品質優良、色澤潔白、晶粒均勻、組織堅實，甜度高、純度高等優點。

二砂糖

又稱赤砂糖、黃砂糖或金砂糖，是未經脫色精製的砂糖，外觀特性是粒狀晶體均勻、顏色棕黃；口感特性是味甜，略帶一點糖蜜風味；其他特色有純度較低、雜質較多、水分大、組織堅實、易發酸變質、價格低、品質較差。由於生產過程中並沒有完全過濾，仍能保存部分香味和營養， 一部分的中式麵點會使用二砂糖。

白砂糖

二砂糖

綿白糖

糖粉

冰糖

紅糖

液體糖漿

轉化糖漿

綿白糖

又稱貢白糖、上白糖、綿糖，質地綿軟、細膩、潮潤、入口溶化快、結晶顆粒細小均勻、顏色潔白。

綿白糖的製作，最常是以白砂糖、原糖為原料，加水熬煮至溫度115～117 ℃左右，倒出冷卻後，再行攪拌使其返砂。
另外還有一種生產方式，冰糖製作過程中，會出現不易結晶的糖液，再加熱濃縮至115～117 ℃，冷卻後攪拌至返砂，再粉碎過篩，因製造冰糖剩下的糖液，會有發酵味，因此常被誤認為是發酵糖。經過溶解重新結晶而成的綿白糖，純度低於白砂糖，含糖量約98%，適合直接撒、篩或沾裹，因含水量較高不易保管。

糖粉

糖粉是由白砂糖磨製而成，又稱霜糖、糖霜，外形為細白粉末狀，遇水容易溶化是製作中式點心常用的一種食糖，使用前需先過篩，也可以直接與其他原料混合使用。傳統的糖粉，會添加3～10%澱粉（或玉米粉）混合，作用是防潮及防止糖粉結塊。

冰糖

又稱水晶糖，是以白砂糖為原料，經過再溶、除雜、清淨、再結晶而製成的一種透明，且呈現冰晶狀的蔗糖晶體，含水分較少、結晶大、色澤潔白、透明度高、品質優、易保管是我國傳統的糖製品。由於加工方法不同，可分為多晶冰糖（盆冰糖）、單晶體冰糖兩種。

- **多晶冰糖**：又稱為傳統冰糖、老冰糖、塊冰糖，是用傳統方法生產的不規則晶狀冰糖。由於方法不同，可分為吊線法、盆晶法兩種，前者成品會有綿線、綿紙等雜質，後者成品純淨。另外熬煮方式不同，可分為白冰糖、黃冰糖、琥珀冰糖（咖啡用）。
- **單晶冰糖**：呈現規則般透明晶體，是新形冰糖。生產方法是將白砂糖加入適量水，加熱溶解，過濾後送入結晶罐，使糖液達到過飽和，投入晶種（晶母）進行養晶，待晶粒養大後取出，進行脫蜜及離心甩乾，經風乾、過篩而成。

紅糖

又稱黑糖、金砂糖或紅糖粉，是傳統的製糖技術，甘蔗榨汁後，經濃縮、乾燥、攪拌、粉碎而成，不經過提取白砂糖的過程，是未經脫色的砂糖，有潮濕感、口味甜，卻略帶一點鹹、有很重的糖蜜風味、結晶細軟、雜質多、純度低、色澤深淺不一、易發酸變質，由於具有特殊風味，可用於中式點心的製作。

液體糖漿

液體糖漿是一種具有甜味與黏稠的糖液，糖漿種類很多，可用白砂糖熬煮或用澱粉轉化。由澱粉轉化而成的糖漿，是以澱粉為原料，經酸或酵素水解成糖，原料來源有玉米、稻米、樹薯、馬鈴薯、小麥等含有豐富澱粉的食物，可以用來生產不同甜度、功能的麥芽糊精、葡萄糖、麥芽糖、功能性糖及糖醇等糖漿，由於製作設備與技術關係，外觀會有些許不同，有的呈透明白色，有的呈淺棕色，帶點半透明狀。

- **麥芽糖漿**：將大麥、小麥或稻米，經麥芽酵素作用而成，成品稱為麥芽糖或飴糖。
- **葡萄糖漿**：將含有澱粉的食物，透過酵素或酸，經水解或噴霧乾燥製成葡萄糖粉。
- **轉化糖漿**：利用蔗糖與水，在酸的環境下，加熱濃縮而成。特點是黏度低、透明度佳，是廣式月餅必備的糖製品。
- **蜂蜜**：蜜蜂的分泌物、甜度較高，且有特殊風味。
- **焦糖**：用超過溫度115℃熬煮白糖，使白糖呈現淺黃色，近乎咖啡色，且帶有焦香味而成。
- **糖蜜**：糖廠製糖時，糖漿濃縮後剩下的母液，雜質最多，但有特殊香味。
- **果葡糖漿（異構糖漿）**：轉化糖漿內的葡萄糖，在葡萄糖酵素作用下，轉化為果糖。工業上生產的果葡萄糖漿，異構轉化率在42%，此時甜度與蔗糖相等。

04

原料三

油脂製品

油脂種類繁多，常用的有奶油、豬油、瑪琪琳、雪白油、沙拉油及棕櫚油等。常溫（溫度約26℃）呈液態者稱油，呈固態者稱脂。

動植物原油經脫色、脫臭後混合，再經複雜的加工方法，將油脂原有特性改變，製得各種氫化油、乳化油、瑪琪琳等人工油脂。

植物油融點低，室溫呈現液態狀，需經氫化製成固態油脂，牛油和魚油融點較高，需與融點較低的植物油混合，豬油則需經精製、脫臭。油脂可以加熱到溫度200℃，用於煎或炸可使食物快速加熱，縮短熟製時間，保留食物的風味。

油脂的分類

依原料分類

從原料來分，油脂可分為動物性油脂、植物性油脂，再細分如右上表：

動物性油脂	純豬油、奶油、牛油、魚油等。
植物性油脂	黃豆油、玉米油、葵花油、芥花油、花生油、橄欖油、棕櫚油、芝麻油、菜仔油等。
混合性油脂	精製豬油、瑪琪琳、起酥油、酥油、雪白油等。

依外形分類

從外觀來看，油脂可分為固體油、液體油兩大類，再經細分如下表：

固體油	液體油
天然奶油	黃豆油
酥油	棕櫚油
雪白油	玉米油
瑪琪琳	葵花油
純豬油	花生油
氫化豬油	芝麻油
精製豬油	米糠油
素白油	椰子油

油脂的組成

1. **飽和脂肪酸：**豬油、奶油、椰子油、棕櫚油，耐高溫，適合煎、炸、炒。
2. **單元飽和脂肪酸：**橄欖油、芝麻油、花生油、芥花油，不宜高溫，適合煎、煮、炒、涼拌。

3. **多元飽和脂肪酸**：玉米油、黃豆油、葵花油，不宜高溫，適合煎、炸、炒、涼拌。

油脂用量對麵食影響

製作中式麵食時，油脂用量的高低，對麵糰及產品皆有影響，從以下圖表可看出影響的差異性，其中對產品的質地、色澤、組織、口感、保存影響很大，用量高時，質地酥、色澤深、組織粗、口感軟、保存長，用量少時，質地韌、色澤深、組織細、口感硬、保存短。

另外，也會對麵糰的性質、吸水、攪拌、麵糰、發酵有所影響，因此使用油脂時，必須針對產品的特性斟酌考量。

油脂的作用

油脂在麵糰的功用

- **油性**

是油脂加入麵粉後，由於油脂的疏水性，會隔離麵粉顆粒的黏合，限制麵筋的吸水，使得麵筋與澱粉不能黏結，因而降低麵糰的彈韌性，提高產品的鬆、酥、脆。油性大的油脂，融點較低、質較軟、融合性較佳；油性小的油脂、融點較高、質較硬、可塑性較佳。油性最大的油脂是豬油。

以酥性麵糰為例，配方是高油、高糖，由於油脂介面張力大，能均勻分布在麵粉顆粒表面，因而形成油脂薄膜，不斷攪拌後，會增加及擴大油脂和麵粉的黏稠性，致使麵粉所含的蛋白質不易與水形成麵筋，降低麵糰韌性，增強可塑性、酥鬆性。

▼ 油脂用量對麵食的影響

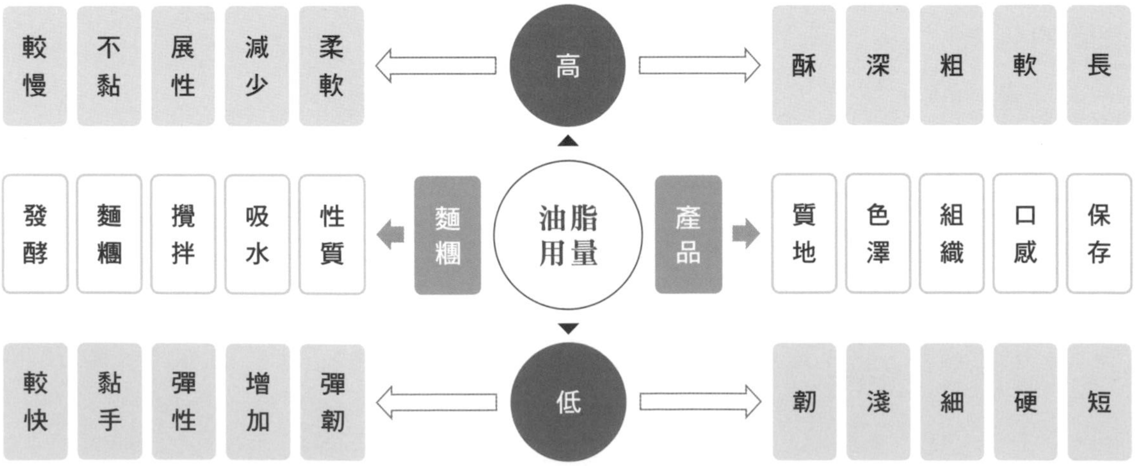

■ **可塑性**

是指固態油脂可以改變自身形狀，會使麵糰延展性良好，製品酥脆。油脂會受到油脂結晶型態、固態油脂率及融點影響，融點大的油脂，可塑性亦大。

■ **打發性**

指固態油脂拌入空氣的能力，在高速攪拌過程中，被拌入的空氣會形成大量的小氣泡，使麵糊體積增大，使產品有鬆軟的組織。

■ **乳化性**

油脂乳化性有利油水均勻分散，可改善產品的組織、體積與風味，可使麵糰或產品柔軟，延長保存期限。

■ **融和性**

油脂攪拌時，可吸收和保持水分、空氣，使得產品呈乳化性，並可均勻散佈至麵糰的能力。融和性的大小，會直接影響麵糰的性質、產品體積及品質。

■ **油脂用量過多，會影響麵糰的彈性及酵母的發酵。**

> 中點小百科 **疏水性**
> 也可稱親脂性，是指會被水排斥的物理性質。

油脂在產品的作用

1. 增加產品酥、鬆、脆或形成層次的特性，以豬油最好。
2. 影響產品的體積及組織，高飽和油脂包容空氣的效果較佳。
3. 安定性良好的油脂，可以防止產品烤焙塌陷。
4. 可提供產品的濕潤性、香氣濃厚、色澤美觀及油脂特有的風味，使產品口感較佳。
5. 能增加製品柔軟，使組織細緻、不易老化，延長保存期限。
6. 利用不同油溫的傳熱作用，使產品產生香、脆、嫩等不同味道與質地。
7. 可提供熱量，提高製品的營養價值。

油脂選用與貯存

油脂是麵點製作最常使用的原料，影響產品的柔軟性、酥性、體積、穩定性。為了延長麵點製品的保存期及營養，需選擇適合產品製作的油脂，因此油脂貯存的條件很重要，需貯存在低溫、乾燥陰涼處、避免日光照射、密閉防氧化、避免高溫的室溫環境，或置於冷凍環境，以免破壞油脂結晶。

固體油脂的種類有那些？

奶油

又稱黃油或牛油，由分散在乳脂中微小的水、乳蛋白組成，是用新鮮牛奶或發酵牛奶提製的油脂，經殺菌、脫臭、均質、調味、調色而成。生產過程中有時會加入食鹽、調味劑和抗氧化劑，保有天然香濃的奶香味。

奶油的顏色是淡黃色、深黃色或接近白色的淺黃，取決於動物飼料或添加食用色素而定。奶油可直接塗抹食用，或者用於烘焙、製作醬料及煎、炸烹製，多用於製造高級點心，可分為：

- **天然奶油**：從牛奶提煉出來的油脂，融點低（約25~31℃），在室溫28℃的環境下，會變得稀軟，需冷藏，常溫下無明顯風味，但經高溫烘烤後會散發香味，可分為加鹽奶油、無鹽奶油及無水奶油。
- **發酵奶油**：製作過程中，經發酵而成，有特殊風味，與一般奶油不同，價格較高。
- **無水奶油**：是將奶油的水分去除製成的，含油達99%以上，又稱酥油，常用於酥油皮麵食。
- **鮮奶油**：分動物性及植物性鮮奶油。動物性鮮奶油是由牛乳中之脂肪提煉製成，乳脂肪含量在30～40%。植物性鮮奶油是由氫化棕櫚仁油、糖漿、酪蛋白、乳化劑、鹿角菜膠、胡蘿蔔素等混製而成。鮮奶油經打發後，皆可作為餡料或霜飾材料。

白油

又稱氫化雪白油，是用精製植物油或動植物混合油調配而成，白油是乳化型油脂，具有良好的油性、安定性、融合性和膨脹性，最適合需打發性或糖油量較高的產品，也可用於夾心餡料。

白油需經氫化至融點38～42℃，或動、植物油混合後，經純化、漂白、氫化、脫臭、冷卻及調溫等流程製成白色固體油脂，形成無味、無臭、雪白潔淨、質地細膩的油脂，用途十分廣泛。調製過程中，若能加入乳化劑與打入氮氣，使形成均勻細小氣泡，分布於油脂內，使顏色更白。

豬油

是豬的生板油或肥肉熬煉而成，呈現軟柔的油膏狀，淡黃色澤，有豬油香味，起酥性與融和性良好，融點較低，天熱時呈液體狀，天冷時會呈冷凝狀，是酥性點心使用最多的一種油脂，會使產品鬆、酥與潔白。

豬油經脫酸、脫臭、脫色的精製流程，會得到白色、無味的油脂，即為精製豬油，安定性較純豬油高，是食用油中油性與融和性最佳的油脂，融點為36～37℃，多用於點心製作，主要取其酥性。

傳統豬油的安定性較差，產品容易酸敗變質，晶體亦較粗大，融合力差，不易做出優質產品。精製豬油是仿豬油性質，以豬油或混合其他動植物油，經過精煉、脫色、脫臭、部分氫化後，成為安定性佳、晶體細膩、融合力佳、無味、無臭、無色的白色固

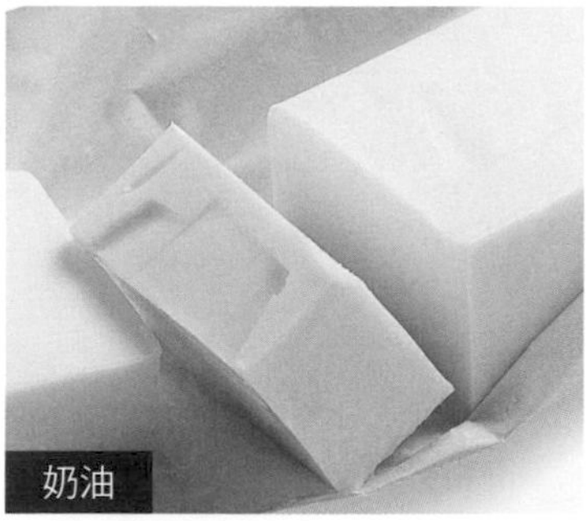
奶油

白油

豬油

瑪琪琳

液體油

態油脂。可以代替奶油、豬油或者作為烤盤抹油。

豬油使用時，因氣溫或室溫關係，使用之前要注意麵糰軟硬度的調節。

酥油

是指植物油或動植物油經過氫化後的白油，添加香料與色素而成，不含水分及鹽分，融點為38～39℃，具有良好可塑性、乳化性、酥脆性、安定性及打發性、香醇奶油風味，俗稱代奶油。酥油價格便宜，常被用來代替奶油，大量使用在各種食品，所以常與進口酥油（天然奶油）搞混，可分為：

- **人造奶油（業務用）**：一種配合烘焙業需求而調配的油脂，融點介於38～42℃，比天然奶油更具延展性、加工性，可以提高產品體積及鬆酥性。
- **人造奶油（瑪琪琳）**：是一種動植物油脂仿天然的奶油，添加水和其它輔料（乳化劑、香料、色素等），經乳化、捏合、熟成等加工，使其具有可塑性的固態油脂。人造奶油的含脂量、水分、含鹽量及香味與天然奶油相同，融點可經調配，以搭配各種製品操作時的溫度，用途更為廣泛。
- **人造奶油（起酥用）**：是一種含有較高融點，具有良好可塑性、黏性、延展性及膨脹性的專用油脂，融點約43～44℃，經常用於裹油類產品，具有延展性、良好可塑性、融點高的特性，方便折疊操作，可以得到多層次的蓬鬆成品。成分與瑪琪琳相似，為了配合業者需求而製作成片狀，操作更為方便。

液體油

- **黃豆油**：又稱沙拉油、大豆油，是從黃豆提取的液體油，呈淡黃色、透明，沒有特殊香味。黃豆油含有較多磷脂，在高溫影響下，會起泡沫，磷脂受熱分解成黑色物質，油脂容易變黑，安定性差，不適宜油炸。

  融點低，能融入麵糊中，使產品質地柔軟，常用蛋糕麵糊的製作，歐美國家的烘焙產品，較少使用液體油製作，如有需要，建議使用菜籽油、橄欖油。
- **花生油**：又稱落花生油、果油、土豆油，是從花生仁中提取的液體油，經選料、焙炒、物理榨油、過濾而成。色澤淺黃，呈半透明，色澤清亮，氣味芬芳，有濃郁花生香味。

  花生油融點低，油炸時安定性較佳，是製作點心經常使用的油脂，具有酥、香特性。花生油含80%以上不飽和脂肪酸（含油酸41.2%、亞油酸37.6%），脂肪酸結構優良，可與橄欖油相媲美。
- **芝麻油**：分白芝麻油、黑芝麻油，由白芝麻提取的芝麻油，俗稱香油或白麻油，由黑芝麻提取的芝麻油，俗稱黑麻油或胡麻油。因加工方法不同，又可分小磨麻油（香味較濃郁）和炒油兩種，由於抗氧性較強，芝麻油不易酸敗。
- **棕櫚油**：又稱油清、樹子油，是從棕櫚樹果實中提取的液體油，色澤淺黃，溫度高時呈液體狀，溫度低時呈冷凝狀，是最常使用的油炸油，安定性佳。

  棕櫚油可分兩種，一是從油棕樹棕果果肉壓榨出的油，稱為棕櫚油，一是由果仁榨出的油，稱棕櫚仁油，兩種油的成分不相同，棕櫚油含棕櫚酸、油酸是最普通的脂肪酸，飽和度約50%；棕櫚仁油含月桂酸，飽和度達80%以上，傳統的棕櫚油是指棕櫚果肉壓榨出的毛油和精煉油，而不是棕櫚仁油。
- **油炸油**：一般以精製的棕櫚油為主，安定性較佳，不起油爆，具香酥性，高溫下不易氧化酸敗，非常適合油炸。油炸可使食品香、酥、脆，但油炸時溫度愈高，油脂容易變壞。所以，油炸油要求要有足夠安定性、發煙點要高、耐炸、風味良好。常用的油炸油有豬油、棕櫚油、氫化大豆油等等。
- **其他油**：市上常見玉米油、葵花油、紅花子油、橄欖油等，由於使用特性與沙拉油等液體油略同，用於麵點製作並不多，不再分述。

05

原料四

蛋製品

蛋製品是麵點製作的重要原料，種類不多，以新鮮雞蛋的使用最普遍，因為新鮮雞蛋黏稠性強，打發性佳、味道鮮美。鴨蛋較少用於麵點製作，常使用於加工用，像是鹹蛋與皮蛋。

蛋的分類

蛋有下列數種類別：

種類	成分	性狀	使用方法
新鮮蛋 洗選蛋	全蛋	帶殼新鮮蛋	新鮮使用
	蛋黃	黏稠液體	
	蛋白	黏稠液體	
液體蛋	全蛋	瓶罐裝的液體	解凍後使用
	蛋黃	瓶罐裝的液體	
	蛋白	瓶罐裝的液體	
乾燥蛋粉	全蛋	乾燥的細粉末	加水還原或混合乾料
	蛋黃	乾燥的細粉末	
	蛋白	乾燥的細粉末	

蛋的成分結構

蛋的重量平均約50～60g，由蛋殼、蛋白與蛋黃三部分構成，蛋殼約占總重量10%、蛋白約占60%、蛋黃約占30%；蛋黃內水約占50%、固形物50%（油脂約33%）；蛋白內水約佔88%、固形物12%。

蛋用量對麵食的影響

製作中式麵食時，蛋用量的高低，對麵糰及產品皆有影響，從下頁圖表可以看出影響的差異性，其中對產品的質地、色澤、組織、口感、保存影響很大，用量高時，質地鬆、色澤深、組織粗、口感鬆、保存短，用量少時，質地硬、色澤淺、組織細、口感實、保存長。另外，也會對麵糰的性質、吸水、攪拌、麵糰、發酵有所影響，因此使用蛋時，必須針對產品的特性斟酌考量。

蛋的作用

蛋在麵糰的作用

1. 改進麵糰的組織，提高產品的酥鬆、柔軟性與滑韌性。
2. 蛋黃有乳化作用，由於含有磷脂，具親油和親水性，能使油脂和其他材料均勻分散在麵糰中，可使產品組織細緻，具有良好的色澤。

3. 蛋白有起泡打發性和蛋白的凝固性，可增大產品體積。
4. 良好的凝結劑，蛋有遇熱凝結變性的作用，有些產品需要這種特性來製作，如蛋塔餡。
5. 良好的膨大劑，蛋打發時會形成氣泡（氣室），當麵糊遇熱時，氣體會膨脹，增大體積，氣泡因蛋白質遇熱變性、凝結固定，支撐外形體積，故蛋有膨大的作用。
6. 作為餡料或油炸麵糊的黏結與增香原料。

蛋在產品的功用

1. 可增加產品的色澤與香味。蛋黃提供天然的金黃色澤外，蛋白質提供特殊香味，使得烘焙產品色、香、味俱全。
2. 蛋黃的卵磷脂質，可使產品的油、水、空氣乳化，增加產品柔軟性，改善組織，使組織細緻，進而延長保存期限。
3. 提高產品營養價值，增加天然風味。蛋含有豐富蛋白質及油脂、維生素、礦物質，加入產品可增加營養。
4. 能使產品鬆酥，味道鮮美。
5. 塗抹產品表面，經烘烤後可產生金黃的光澤，增強外表的美觀，又可防止水分蒸發，保持了產品的柔軟性。

蛋的選用與貯存

蛋的品質易受到溫度影響，溫度較低時，新鮮度較佳，蛋黃完整，蛋白濃稠；新鮮度不佳或溫度較高時，蛋黃會散開、蛋白較稀，選用時要特別注意蛋的新鮮度。冷凍、冷藏是最好的貯存方式，可以延長蛋的新鮮度。

蛋的種類有那些？

蛋黃

分為新鮮液態蛋黃與有殼蛋內的蛋黃，新鮮

▼ 蛋用量對麵食的影響

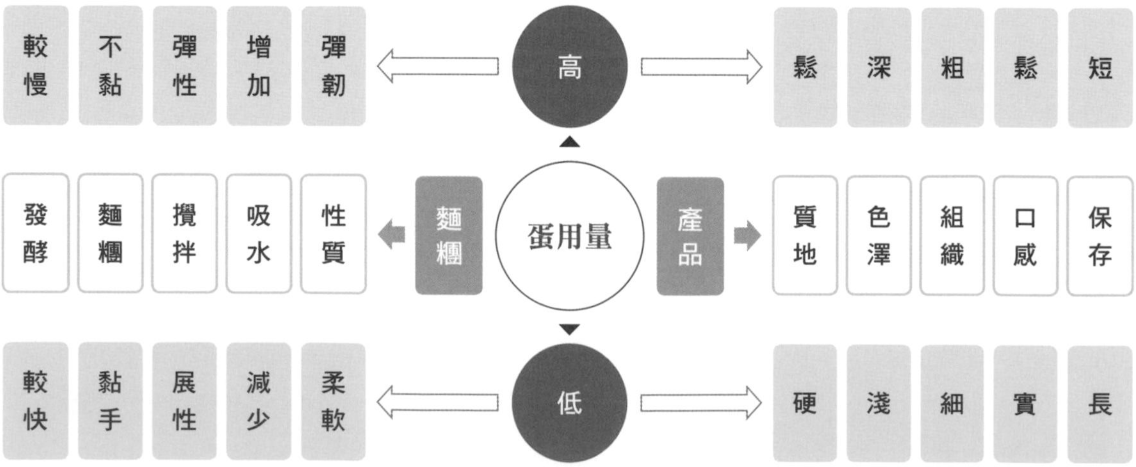

的液體蛋黃是廠商將蛋白、蛋黃分開包裝，因包裝的環境衛生及人的因素，味道會有點不同，有的蛋黃因打蛋取得的時間較短、較新鮮。生蛋黃呈淡黃色，有黏性的半流體，熟蛋黃則呈鬆散的粉狀。蛋黃因含有磷脂，會產生乳化作用，經攪拌後會結合糖、油，可使產品更為鬆酥。塗於表面可改善產品表面的色澤，呈現有光澤的金黃色，具有濃郁的蛋香味。

蛋粉

液體蛋經去除葡萄糖、低溫消毒殺菌、噴霧乾燥而成。有全蛋、蛋白、蛋黃三種，因乾燥後破壞了蛋的打發性，不能完全取代新鮮蛋，常用於混合其他粉料製作預拌粉，如蛋糕預拌粉、布丁粉等。可加水還原成蛋液，不適合打發性產品使用。需冷凍或冷藏保存。

蛋白

可分為新鮮液態蛋白與有殼蛋內的蛋白，又稱蛋清。生蛋白是呈現白色透明，有黏性的半流體，蛋白的濃稠度不一，近蛋殼處的蛋白較稀，近蛋黃處的蛋白較稠。蛋白越濃稠，蛋越新鮮。經過快速攪拌會改變蛋白的組織結構，有起泡、打發作用。經加熱後，會使氣體膨脹而使產品體積增大。

液體蛋

新鮮全蛋經挑選、洗淨、去殼、瞬間殺菌、裝罐、急速冷凍製成。使用時，需先解凍成液體蛋，再行使用。有全蛋、蛋黃、蛋白三種，優點是節省剝蛋殼的時間與人力，使用很方便。解凍後盡快使用完畢，以免腐敗。

新鮮蛋

有液態全蛋與有殼蛋，內含蛋黃與蛋白，可作為產品的組織與結構原料，也可以作為配合原料。通常會使用在需要有彈韌性的麵點，如雞蛋麵條、燒賣皮等，也會使用在需鬆軟組織的麵點，如蒸蛋糕、馬拉糕等。

鹹蛋

鹹蛋是用鹽水、草木灰、紅土等原料醃製新鮮鴨蛋加工而成，常用於麵點餡料，如蛋黃酥或月餅的餡心。鹹蛋可分為兩種，一種是生鹹蛋，一種是熟鹹蛋。鹹蛋蛋白呈透明的流體狀，鹹味過重，一般不會使用在麵點，鹹蛋蛋黃呈深紅或淡紅的半凝固狀。熟的蛋白鹹味重，色白，無蛋香味，至於熟蛋黃，如果醃漬的時間足夠，會呈現出油的沙狀，麵點使用的鹹蛋黃多半是處理過的生蛋黃。

皮蛋

又稱松花蛋，風味獨特，有硬心、糖心之分，常用於調製餡料用，如皮蛋酥的餡心。皮蛋通常是用鴨蛋製成，品質較佳，皮蛋製法較多，有浸泡法、滾灰法、包土法等。

06

原料五

乳製品

以生鮮牛乳為主要原料，經加工製成的產品，包括液體乳（鮮乳、保久乳）、乳粉（全脂乳粉、脫脂乳粉）、乳製品（蒸發乳水、加糖煉乳）、乳脂（鮮奶油、奶油）、乾酪（原乾酪、再製乾酪）及其他乳製品類（乾酪素、乳糖、乳清粉等）。

乳製品的分類

從外觀來看，乳製品可分為固體、液體兩大類，細分如下：

固體	液體
全脂乳粉	鮮乳
脫脂乳粉	蒸發乳水
乳清粉	加糖煉乳
無水奶油	保久乳
有水奶油	鮮奶油
發酵奶油	
乳酪	

乳製品的成分與結構

過去中式麵點並不常使用乳製品，近來飲食西化關係，逐漸成為輔助原料，使用最廣的是牛乳及乳製品。鮮乳營養成分高，含有水、脂肪、磷脂、蛋白質、乳糖、維生素等，是一種白色或微黃色的不透明液體。牛乳可製作或加工成各式乳製品，如奶油、鮮奶油、奶粉、乳酪、蒸發奶水、乳清、煉乳等。

乳製品用量對麵食影響

製作中式麵食時，乳製品用量的高低，對麵糰及產品皆有影響，從下頁圖表可看出影響的差異性，其中對產品的質地、色澤、組織、口感、保存影響很大，用量高時，質地鬆、色澤深、組織細、口感濃、保存短，用量少時，質地硬、色澤淺、組織粗、口感淡、保存長。另外，也會對麵糰的性質、吸水、攪拌、麵糰、發酵有所影響，因此使用乳製品時，必須針對產品的特性斟酌考量。

乳製品的功用

乳製品在麵糰的功用

1. **提高麵糰的吸水率：**乳粉吸水率為100～125%，每增加1%會增加1～1.25%。

2. **提高麵糰筋力和攪拌能力**：乳粉的蛋白質具有增強麵筋的作用，可以提高麵糰筋力和強度，不會因攪拌時間延長而導致攪拌過度。
3. **提高麵糰的發酵力**：可提高麵糰發酵力，不會因發酵延長而發酵過度。
4. **提高麵糰發酵過程中的pH值**：乳粉的蛋白質，對麵糰發酵過程中的pH值具有緩衝作用，使發酵速度放慢，有利麵糰均匀膨脹，增大麵包體積。
5. **刺激酵母內酒精酵素的活力**：提高糖利用率，有利於二氧化碳產生。
6. **提高麵糰吸水率**：乳粉增加麵糰吸水率，可減慢製品的老化速度，提高保鮮期。
7. **改進麵糰的組織**：乳品具有良好的乳化性，可改進麵糰的組織，增加保氣能力，使製品膨鬆柔軟。
8. **延緩發酵**：乳製品多用，會延緩發酵及影響產品膨脹性。

乳製品在產品的功用

1. 牛乳添加在餡料、麵糰或麵糊中，可增加特有的奶香味。
2. 油炸或烘烤時，由於加熱關係，添加了乳製品，會使產品的色澤較佳。
3. 可提高產品的營養價值，又能使蒸製品顏色增白，增加香醇滋味。
4. 乳製品具有一定的保水性，可以延緩產品老化。
5. 因保氣性增加，可使產品組織均匀、柔軟、酥鬆，富有彈性。
6. 乳粉是良好的著色劑，具有還原性的乳糖，不能被酵母利用，烘烤或油炸時會發生褐變反應，形成誘人的色澤，用量多色澤會加深，乳糖融點較低著色較快。
7. 乳粉的脂肪會賦予產品濃郁的奶香風味，可促進食欲，提高產品的價值。

中點小百科 褐變反應

褐變是食品中普遍存在的一種變色現象，食品的色澤會變暗，在加工過程中如麵包、糕點烘烤的褐變。

▼ 乳製品用量對麵食的影響

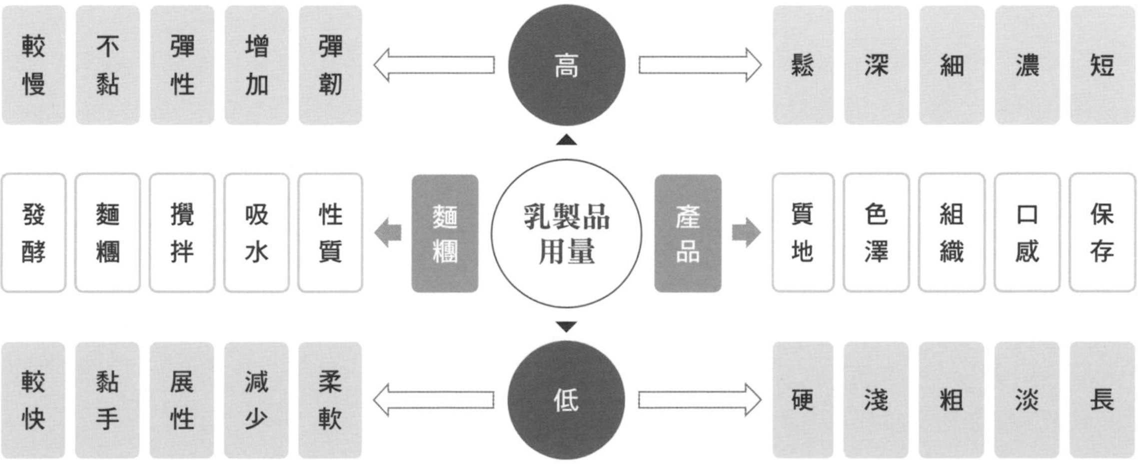

乳製品的選用與貯存

1. 乳製品的選購原則，宜選購包裝完整無破損、容器密封完全、外觀潔淨、標示明確的乳製品，也須注意販賣場所陳列區的冷藏溫度。
2. 瓶裝乳最好一次用完，乳粉則需以乾淨茶匙取用，使用後密封，儘快食用。
3. 乳酪產品可冷藏保存，需注意異味或有非原產品黴菌的產生。
4. 乳製品的品質較易受到新鮮度與溫度的影響，新鮮度不佳或溫度較高時，容易敗壞，所以選用乳製品時要格外謹慎注意。

乳製品的種類有那些？

固體乳製品

- **乳粉**：是一種將生乳經殺菌處理後，去除水分、乾燥後製成粉末狀的產品，依脂肪含量的多寡，可分為脫脂乳粉、全脂乳粉與低脂乳粉，體積小，可在室溫保存，且營養與鮮乳無異，廣受大眾喜愛，近年來使用情形較為普遍，但多用於麵皮與餡料的調製。
- **乳清粉**：生產乾酪與乾酪素的副產品，將乳清原料，經殺菌、脫鹽或不脫鹽、濃縮、乾燥製成的粉狀產品。
- **乳酪**：又稱乾酪、起司、芝士或起士，是生乳原料經乳酸菌發酵或添加凝酵素形成凝乳（乳蛋白質），壓擠去除水分後，經成形熟成的產品。乳酪分天然乾酪、再製乾酪兩種，再製乾酪，是將天然乾酪經粉碎、加熱溶解、加鹽及乳化劑等再加工製成。若經高溫殺菌，可以長時間冷藏保存，常見的薄片乾酪就是此類產品。
- **乾酪素**：以脫脂牛乳為原料，用酵素或鹽酸、乳酸，使所含的酪蛋白凝固，然後將凝塊過濾、洗滌、脫水、乾燥所製成。
- **乳糖**：乳糖是哺乳動物乳汁中的雙醣，它的結構是一分子葡萄糖和一分子半乳糖，味微甜，牛乳約含4%。工業生產是從乳清提取，用於製造糖果或調製牛奶。

液體乳製品

- **鮮乳**：將生乳殺菌處理後的產品，依脂肪含量多寡，分為脫脂鮮乳、全脂鮮乳與低脂鮮乳，又因製程不同分為鮮乳、蒸發乳水、煉乳等，近年來，將鮮奶加入饅頭麵糰內，製作風味獨特的鮮奶饅頭。
- **保久乳**：生乳或鮮乳經滅菌後，再以無菌包裝的乳水，此類乳品可在室溫保存下。
- **蒸發乳水**：將生乳或鮮乳加熱、不加糖，使水分蒸發濃縮的乳製品。將蒸發乳以一倍水稀釋，等同鮮乳的成分。罐裝保存方便，使用普遍。
- **加糖煉乳**：將生乳或鮮乳添加蔗糖或葡萄糖，濃縮後即為煉乳或加糖煉乳，具有甜而濃的乳香味。煉乳呈現淡黃色，是製造時加熱蒸發水分，使乳品具有淡淡的焦糖風味。可稀釋使用，罐裝保存方便，使用普遍。
- **鮮乳（奶）油**：將原料乳經分離機處理，分離出較輕且富含脂肪的產品。含乳脂肪較高，起泡性佳，常用於霜飾材料。

07

原料六

水

水是麵點製作的主要原料，水質好壞與製作過程及產品品質有密切相關。水是重要溶劑，透過水的攪拌麵粉才能形成麵糰、酵母方能進行繁殖、乾性材料才能溶解或濕潤。製作麵點使用的水，應是透明、無色、無臭、無異味、無有害微生物、無病菌存在的水質。

水的種類

製作麵點最常使用的水是自來水，也是調節乾性原料的主要原料，另外麵糰、麵糊、餡料的調製，都需要使用水。高品質的飲用水總硬度不超過25ppm、軟水總硬度要在10ppm以下。暫時性硬水煮沸後，會分解碳酸氫鈉，所生成的不溶性碳酸鹽會沉澱，由硬水變成軟水，下表為硬水及軟水的分類。

分類	來源	水質
硬水，總硬度 60ppm 以上	泉水、溪水、江河水、水庫水	暫時性硬水（由碳酸氫鈉或碳酸氫鎂引起）
	地下水	永久性硬水（由含有鈣、鎂的硫酸鹽或氯化物引起）
軟水，總硬度 0-30ppm	天然未受污染的雨水、雪水	水中不含或含有少量鈣、鎂離子

水質的影響

對麵粉的影響

麵粉蛋白質易與硬水中鐵離子結合，麵筋黏彈性會下降；水與澱粉鐵離子結合，會妨礙吸水及降低澱粉糊化的黏度；鈣離子與澱粉結合後，會產生與鐵離子相似結果。

對產品的影響

硬水製作的麵條或麵皮，會變脆發硬，保存過程中，會因金屬離子氧化出現褐變，這是製作麵點時不可用硬水的原因。pH值過高的水，煮或漂水時，麵的表面會糊化，或者會溶解表面的蛋白質與部分澱粉，因此麵糰攪拌的水宜用pH6～8、蒸煮的水用pH5～6、冷卻水用pH4～5。

如何處理？

硬水可用離子交換樹脂或軟化裝置處理。軟化處理後，需用聚磷酸、乳酸或醋酸對軟化水，進行pH值調節，以達到使用要求。

水用量對麵食的影響

水是麵糰組成的黏合劑，需根據麵粉的種類

調整水量，麥穀蛋白含量愈高的麵粉吸水量愈高，但配方中加的水量沒有絕對性，需根據麵粉的種類、材料、溫度及產品類別、製作方法而調整。

水的作用

水在麵糰的作用

1. 使麵粉的蛋白質吸水膨潤形成麵筋，構成產品的結構。
2. 使澱粉吸水糊化，形成產品的加工特性。
3. 調節和控制麵糰的軟硬度與黏稠度。
4. 溶解乾性原料，混合各種原料成為均勻的麵糰或麵糊。
5. 調節、控制產品麵糰或麵糊的溫度。
6. 促進酵母的繁殖（水的礦物質可提供酵母營養）。
7. 促進酵素的水解作用。
8. 蒸、烤、煮、烙、煎的傳熱介質。

水在產品的作用

水對於麵點產品的口味、組織結構、色澤、風味、防腐及保鮮期等影響很大，如產品的pH值、軟硬度等。

不同水質的特性

水質對產品製作影響很大，硬水太多，麵筋韌性太強，會抑制發酵，軟水太多，麵筋韌性降低，會增加麵糰的黏性，吸水減少。微生物要嚴格把關，絕不允許有致病菌存在。

1. 硬水

水質硬度太高，會降低麵筋蛋白的吸水性，容易使麵筋硬化，但是過度增強麵筋韌性，會抑制發酵，產品的口感粗糙、乾硬、易掉屑、發酵時間延長等不良狀況，因此水質需要處理，使其軟化。

▼水用量對麵食的影響

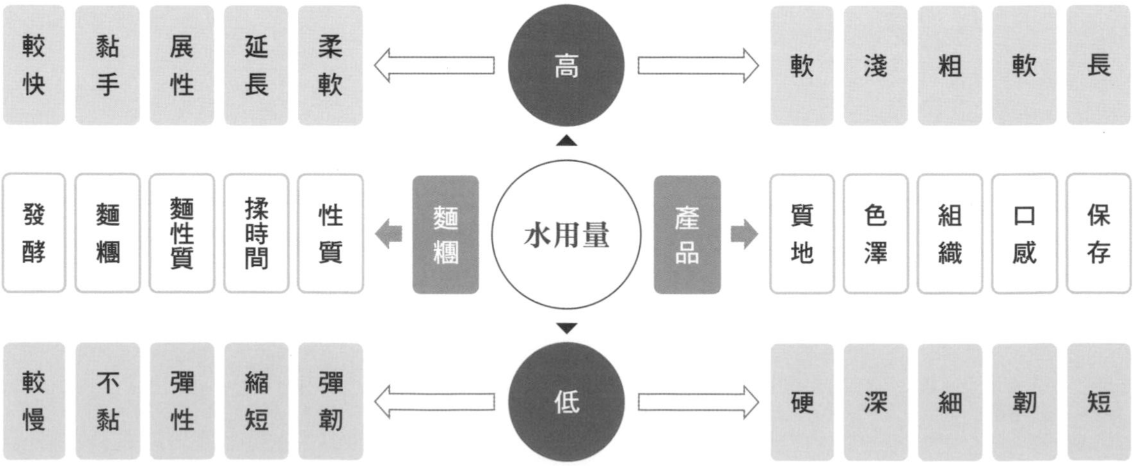

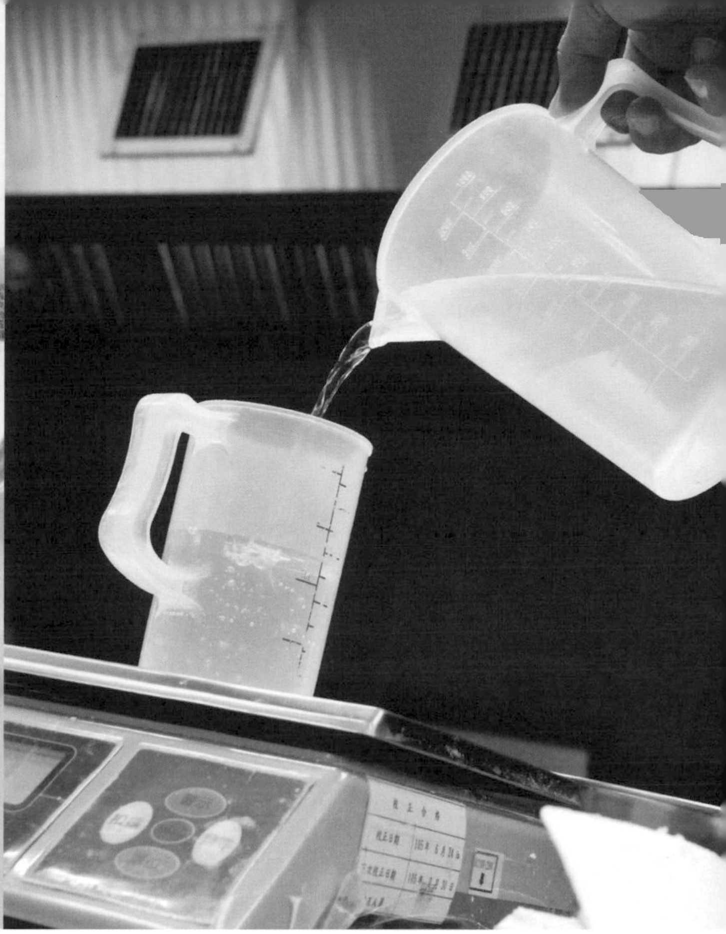

2. 軟水

水質太軟，易使麵筋過度軟化，麵糰發黏、吸水降低、保氣性下降、不易發酵、易塌陷、體積小。可添加微量改良劑（磷酸鈣或硫酸鈣）提高硬度。

3. 酸性水

水的pH值呈微酸（5.0～5.8），有助酵母發酵。若酸性過大，發酵速度會太快、麵筋過分軟化、保氣性差、酸味重、體積差、口感不佳，需用鹼水中和。

4. 鹼性水

水中鹼性物質會中和酸性，達不到麵點製作時需求的pH值，也會抑制酵素活性，影響麵筋與酵母的活性，延緩發酵速度，麵糰也會變得太軟。如鹼性過大，還會溶解麵筋，使麵筋發軟，麵糰缺乏彈性，降低保水性，產品發黃、組織不均、風味不佳的狀況，需要用酸中和，或是增加酵母量，以達到穩定的品質。

08

原料七

食鹽

食鹽又稱精製鹽、細鹽，外形細白呈顆粒狀，遇水易溶化，主要是供給產品鹹味、調節甜度、降低焦化溫度，並產生外表所需的色澤，是食品主要原料。不論麵糰、餡料都要用到，是最基本的原料。

鹽的種類

鹽是地球上普遍存在的物質，因為地球形成的過程，造成不同鹽的來源。

類別	種類	來源	特性
天然鹽	海鹽	海水為原料日曬制得	礦物質成分較高，相對地鹽味比較柔和
	岩鹽	開採岩鹽礦床加工制得	
	湖鹽	開採岩鹽礦床加工制得	
	井鹽	開採岩鹽礦床加工制得	
	礦鹽		
精製鹽	結晶鹽	離子交換膜透析法製得	氯化鈉純度高，鹽味濃厚

鹽的結構

鹽又稱氯化鈉，是一種親水性的中性鹽，參與麵糰形成時，會影響麵糰的物化特性。適量的溶液，可以幫助麵筋蛋白均勻吸水，並形成麵筋狀結構、穩定蛋白結構，可增強筋性和延展性，這是添加鹽的原因。另一方面，過量鹽存在麵糰中，會減少麵糰游離水的含量，影響麵筋蛋白充分水化，使麵筋蛋白不能形成網狀結構，因而造成麵糰組織鬆散，品質降低狀況。

中點小百科 游離水

游離水是附於食品中，用離心、過濾和一般乾燥溫度容易除去者。它可被微生物利用，是造成乾燥食品腐敗的因素之一。

鹽的特性

1. 對水煮類麵食來說，鹽會由麵皮滲出到水裡，因此麵皮會變淡而不會鹹，反而煮的水會變鹹。
2. 對汽蒸、烘烤、油炸、煎烙麵食來說，添加了鹽，體積不會有損失。

3. 食鹽能收斂麵筋結構，增加麵糰強度。
4. 麵糰攪拌時，食鹽有較強的滲透作用，可快速均勻地吸水。
5. 乾燥產品時，食鹽具有保濕作用，能避免濕麵條烘乾過快而斷條。
6. 食鹽的添加量，需視產品及季節或室溫不同而變化。

鹽量對麵食的影響

製作中式麵食時，鹽用量的高低，對麵糰及產品皆有影響，從以下圖表可看出影響的差異性，其中對產品的質地、色澤、組織、口感、保存影響很大，用量高時，質地韌、色澤深、組織細、口感鹹、保存長，用量少時，質地軟、色澤淺、組織粗、口感淡、保存短。另外也會對麵糰的性質、吸水、攪拌、麵糰、發酵有所影響，因此使用鹽量時，必須針對產品的特性斟酌考量。

鹽的作用

鹽的使用量約0.5～3％，分量不多，卻扮演重要功能。

鹽在麵糰的作用

1. 可強化麵筋保持麵糰彈性與保持氣體的能力，沒有鹽，麵糰會黏，少了緊實感，不容易掌握麵糰狀態。
2. 鹽控制麵糰發酵速度，其能抑制發酵，減緩蛋白質分解酵素的作用，沒加鹽，發酵異常快速，鹽加太多，會妨礙麵糰發酵，需控制在2%以下。
3. 鹽可增強麵筋強度，增加麵糰延展性及彈性，可提高產品品質。
4. 鹽可增加蛋白韌性，增加蛋糕白度，協助支撐產品的體積。
5. 可以保護麵粉中的類胡蘿蔔素，減緩氧化作用。

▼ 鹽用量對麵食的影響

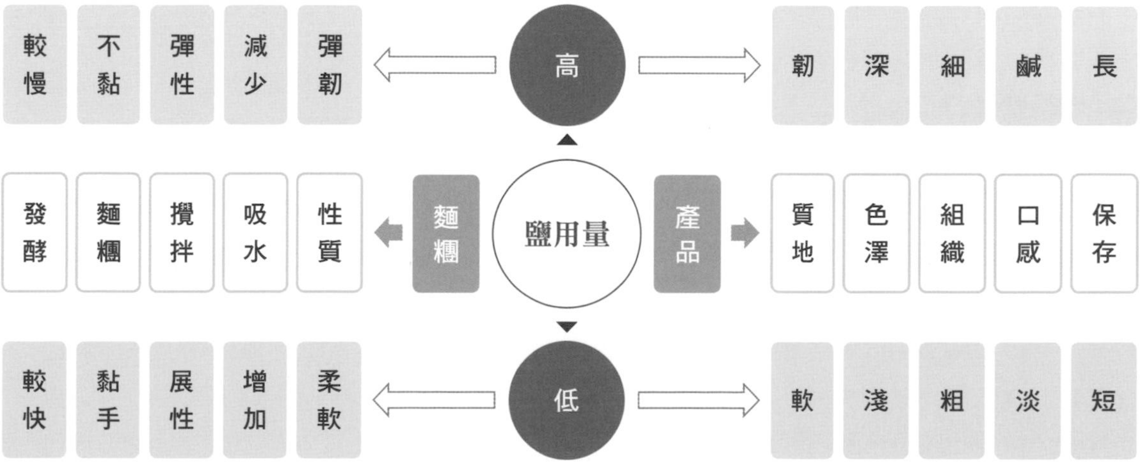

6. 鹽的滲透壓力，可以延遲酵母與細菌的生長。
7. 麵糰攪拌初期，鹽會影響麵糰吸水，減緩麵糰出筋速度，鹽量高，麵糰會變濕而減少吸水量。
8. 鹽會影響酵母發酵，不可直接加入酵母中，可先溶入水中或與糖拌勻、攪拌時再加入。

鹽在產品的作用

1. 麵糰加鹽後，組織變為細密而白潔，可改善產品的色澤。
2. 添加適量的鹽，可增加鹹香味，用量過多，鹹味過重，會影響口味。
3. 無鹽酵母會直接利用糖分，發酵充足，產氣量增加，麵筋彈性弱，保氣性差，發酵速度增快，使麵糰的糖分消耗過度，無法產生焦化作用，所以顏色較淺。
4. 鹽過高，滲透壓太大，部分酵母會死亡或休眠，氣體產量降低，麵筋彈性緊密，造成發酵不足，剩餘糖增加，焦化作用增強，所以表面顏色較深。
5. 可調合配方的甜度，產品不會過甜生膩，能增加風味。

鹽的種類有那些？

海鹽

食用鹽的一種，將海水引入鹽田，通過陽光曬乾，蒸發水分結晶而成。市售海鹽一般顆粒較大，作為醃漬加工用，價錢便宜，粗鹽含有氯化鎂，極易吸濕，若精製成細粒潔白的食鹽，價錢比較貴。和精製食鹽相比，海鹽主要成分一樣是氯化鈉，但海鹽保留了較多的微量礦物質，營養價值高。

精製鹽

由於海水的污染，將海水經過純化處理後而成。目的是過濾雜質，留下氯化鈉，幾乎不含天然礦物質，營養價值相對較低。

岩鹽

又稱石鹽，是一種特殊礦鹽，呈透明或者半透明狀的晶體，容易敲碎，神似冰糖。岩鹽埋藏在地下，有好幾千萬年的歷史，是由海水或湖水蒸發結晶形成的鹽礦，磨碎後就是岩鹽。

岩鹽的礦物質含量比較豐富，可以補充人體的微量元素，因礦物質不同，有不同顏色的岩鹽。

碘鹽

海鹽中可能缺碘，可加碘，成為含碘食鹽。

低鈉鹽

將食鹽中的氯化鈉以部分氯化鉀取代，可減少鈉的攝入量，但低鈉鹽並非人人都適用。

09

原料八

酵母

酵母是一種單細胞植物，由於不含葉綠素，無法行光合作用，利用單醣產生能量進行生長繁殖。酵母屬於活的生物膨鬆劑，提供充足養分及適宜生存的環境，酵母菌就有快速繁殖能力。

酵母菌活力會隨著溫度升高（0～30℃）增強，繁殖力也會加速，介於溫度38～60℃時，繁殖速度最快，但活力也會隨著溫度升高而降低，到達溫度60℃以上，酵母菌就會死亡，失去生長繁殖能力。

沒有酵母就不能製作發酵麵，目前市上酵母有三種，新鮮濕酵母、活性乾酵母及速溶（快發）酵母粉，因產品的不同，再細分為無糖型、低糖型和高糖型，除以上種類外，目前尚有自行培養的老麵與種麴。

酵母的種類

從來源來分，可分為培養、天然兩大類，再經細分，可分為以下的酵母：

工業培養		
新鮮濕酵母	長條塊狀	3%
活性乾酵母	真空顆粒	1.5%
速溶酵母粉	真空細粒粉	1%
天然培養		
天然酵母	液態、固態	自訂
老麵麵種	麵糰、液種	自訂

酵母的特性

麵糰發酵，主要是酵母利用麵糰中的糖類和其他物質，在一定條件下進行快速繁殖，並利用酵母分泌的酵素將糖分解，一系列反應後，會產生大量的二氧化碳及其他反應物，產生的二氧化碳會被麵糰的麵筋包住，使麵糰膨脹，產品產生特有的發酵香味，產生的酒精和其他反應物會使發酵產品出現特殊香氣和風味。

酵母用量對麵食的影響

1. 麵糰內酵母的添加量愈多，發酵能力愈強，發酵時間愈短。酵母的使用量為麵粉重量的1～2% 時，發酵力量最高。發酵時如果酵母的用量超過這個限度，發酵能力則有可能降低。因此，酵母的用量必須根據酵母的發酵能力、發酵環境和製作方法等調整。
2. 發酵的環境溫度高，手工操作費時多，酵母量要稍為減少。
3. 若採用未熟成的麵粉，攪拌後麵糰的筋力太強、pH值較高，酵母量要稍微增加。
4. 麵糰的糖、油量多，水質較硬時，酵母量則要增加。
5. 糖量過多時，糖液的滲透壓增大，會將酵母細胞內的水分脫出，造成酵母細胞萎縮，抑制酵母的生長繁殖，會導致發酵時間延長或是麵糰發不起來的狀況，因此糖量要掌控，不宜過多。
6. 可加入少量的砂糖或葡萄糖提供養分，幫助酵母迅速恢復活力。

酵母與麵糰的 3 大關係

環境溫度、調製水量與麵粉品質皆會影響到酵母與麵粉的結合，同時影響發酵麵糰的軟硬度。

關係 1 溫度

溫度是影響酵母發酵的主要因素。發酵時，適宜溫度可以促進酵母的生長繁殖，提高酵母活力，不當溫度會減弱酵母活力，甚至促使酵母死亡和失效。發酵時，如果溫度低於室溫，麵糰發酵速度會變得緩慢，溫度高於室溫，需要調節酵母用量，縮短麵糰發酵時間，避免產酸微生物的繁殖，而使麵糰酸度增高，影響發酵。麵糰發酵時，酵母的代謝作用會產生熱量，而提高麵糰的溫度。

麵糰發酵溫度最好控制在25～28℃，是酵母活動最適宜的溫度，最高不要超過30℃，才有利於酵母生長繁殖，同時可以抑制產酸微生物，如乳酸菌生長最適宜的溫度為37℃，醋酸菌最佳溫度為35℃。

關係 2 水量

酵母在麵糰中生長繁殖的快慢，與麵糰的軟硬（水分含量）有關，麵糰水量多時，酵母生長繁殖速度快，柔軟的麵糰容易受酵素作用，會加速發酵而縮短時間。

如果麵糰水量少，酵母生長繁殖速度慢，需延長發酵時間。麵糰水量多，雖然容易發酵，體積卻會被發酵產生的氣體迅速膨脹，使得麵糰鬆軟、麵筋網狀結構鬆散，二氧化碳氣體容易逸出，麵糰容易軟塌濕黏，不利

活性乾酵母

乾酵母的真空包裝

新鮮濕酵母

速溶酵母粉

老麵

麵點製作。

關係3 麵粉

麵粉品質好壞對酵母有一定的影響，因為麵粉含有給酵母利用的糖很少，麵糰發酵初期，會將部分澱粉水解成麥芽糖，然後麥芽糖再轉化為葡萄糖，酵母就可以利用這些葡萄糖作為生長繁殖所需要的養分，加速麵糰的發酵。

如果麵粉變質或是澱粉受損，麵糰發酵初期不能提供葡萄糖，因此會減慢麵糰的發酵速度或是麵糰發不起來。假如遇到上述情況，可以在麵糰添加砂糖或葡萄糖，就可以彌補麵粉品質不好所帶來的不利影響。

酵母的種類有那些？

速溶酵母粉

又稱即發或快發酵母，將新鮮濕酵母壓碎，加入乳化劑、膠、酵素及抗氧化劑，有的加入澱粉製成細粒狀，再經低溫乾燥製成活性速溶酵母（含水量約 4～4.5%），呈淺褐色細小顆粒狀，由於含水量低，酵母菌活性暫時呈休眠狀態，以真空包裝，可保持1年以上，開封後須於一週內儘快用完。

速溶酵母粉可分為高糖型與低糖型，由於速溶酵母粉的貯存、運輸、使用，比新鮮濕酵母方便，目前已成為主流酵母。速溶酵母粉發酵力強，使用量約鮮濕酵母的30～40%，可直接與麵粉混合使用，但需攪拌5分鐘以上才會溶解，遇到冷水（溫度16℃以下）發酵會變得很慢，天氣冷或麵糰溫度低時，需提高使用量；天熱時，可酌量降低使用量。使用前，需用溫度30～38℃的溫水溶解，水量是酵母量的5～10倍，再加入麵粉揉成麵糰。

活性乾酵母

將新鮮濕酵母壓碎，有的加入澱粉製成餅狀或粒狀，再經低溫乾燥製成活性乾酵母（含水量約 7～8%），呈褐色小顆粒狀，由於含水量低，酵母菌呈休眠狀態，用真空包裝，可保持一年左右。

使用量約為新鮮濕酵母的一半，使用前，必須放入在30～38℃的溫水中，水量是酵母量的5～10倍，置放約10分鐘，以喚醒酵母恢復活性，再加入麵粉揉成麵糰，若溫水中加入2～4%糖分，可加快繁殖，效果更佳。

新鮮濕酵母

將糖蜜加入酵母菌種，在適當溫度、濕度、養分環境下，所培養、繁殖出的酵母液，再用壓榨方式或離心器製成酵母塊，經壓榨成長條塊狀，即為新鮮濕酵母。外觀呈淡黃色或乳白色，有酵母特殊味道、無酸臭味、不沾手、無雜質，保存時間較短。

新鮮濕酵母含水量約70％，是活性酵母，應貯存在3～5℃的冷藏庫，可保存3～4 週，避免室溫下自行發酵分解而腐敗。新鮮濕酵母使用量比活性乾酵母多一倍，使用時，只需添加適量溫水（水溫40℃以下）供酵母恢復活力，再加入麵粉揉成麵糰，或剁成小塊直接加入麵粉內攪拌，使用方便。

天然酵母

是附著在空氣、植物上的野生酵母，裡面含有乳酸菌等其他雜菌，因環境、氣候、介質不同，各有優缺點。天然酵母種類非常多，如啤酒天然酵母、黑麥天然酵母、各種水果（葡萄、蘋果、梨等）天然酵母，可自己培養酵種，且有獨特風味，但因發酵慢，而且不穩定，需注意培養的環境衛生及安全性。

國外已發展出天然酵母，使用或培養方法各式各樣，有些需要自行培養酵種才能用，有些像速溶酵母粉使用方便，有些要冷藏或冷凍保管，有些酵母在常溫下即可使用。

老麵

老麵或麵種一樣是發酵的重要材料，是由剩餘麵糰經發酵而成的人工麵種，又稱麵肥、引子，由於是自然且長時間發酵的麵糰，含有各種野生酵母菌、乳酸菌、醋酸菌等其他雜菌，又因培養環境、氣候不同，常有霉菌產生，雖然所含酵母菌可以使發麵產品的組織膨鬆、體積增大、口感柔軟，仍必須留意是否有其他微生物的產生？若使用有誤，會造成產品失敗及口味不當，不可不慎。

老麵或麵種是由剩餘麵糰經發酵的人工麵種。

10

原料九

食品添加物

為了改善食品品質和色、香、味，或為了防腐、保鮮、加工需要，用來改變食品的色澤、風味或口感，所加入的人工合成或者天然物質，稱為食品添加物。在一般正常條件下，不能直接被作為食物食用，而是為了某種使用目的，或在製造過程中所添加。

食品衛生管理法第三條的定義是：「本法所稱食品添加物，係指食品之製造、加工、調配、包裝、 運送、貯藏等過程中用以著色、調味、防腐、漂白、乳化、增加香味、安定品質、促進發酵、增加稠度、增加營養、防止氧化或其他用途，而添加或接觸於食品之物質。」

食品添加物的分類

1. **依據衛生署公告之「食品添加物使用範圍及用量標準」，食品添加物依其用途區分為下列17類：**防腐劑、殺菌劑、抗氧化劑、漂白劑、保色劑、膨脹劑、品質改良劑、營養添加劑、著色劑、香料、調味劑、黏稠劑（糊料）、結著劑、食品工業用化學藥品、溶劑、乳化劑、其他。
2. **提升食品品質之添加物：**膨脹劑、品質改良劑、乳化劑、黏稠劑、結著劑。
3. **美化食品風味與外觀之添加物：**著色劑、保色劑、漂白劑、調味劑、香料。
4. **強化食品營養價值之添加物：**營養添加劑。
5. **保存及預防食物中毒之添加物：**抗氧化劑。
6. **防止食品氧化及品質劣化之添加物：**防腐劑、殺菌劑。

食品添加物的特性

傳統麵點使用的添加物不多，隨著工業發展，使用機率逐漸增加，但因食品添加劑的種類繁多，最好根據產品品質的要求，選用最適合的添加物，比如食鹼（碳酸鈉）可以中和麵糰的酸味，但是添加過多，麵糰會變脆、斷裂、變黃，有鹼味；添加太少，酸味去不淨，添加適宜的話，能夠增強麵糰延展性、改善麵糰的黏彈性、延長濕麵條的保存時間、產品口感滑溜，還會帶來特有的風味，吃起來特別爽口。

膨大劑則可促使麵糰膨鬆，如油條、饅頭，就是利用鹼的起發作用，使體積膨脹、外形美觀、組織鬆軟。乳化劑的添加會提高麵點穩定性、延長貯存期、改善外觀與口感、改善產品組織與結構、保持產品柔軟等特性。

食品添加物對麵點的影響

化學膨大劑

化學膨大劑產品項目不少，常見的有小蘇打、碳酸氫銨（銨粉或臭粉）和泡打粉等。製作產品時，利用遇熱產生二氧化碳，使產品組織膨鬆。使用化學膨大劑，操作簡便，適用於高油、高糖的產品，但不適宜酵母發酵的麵糰。

使用化學膨大劑，有以下基本要求：

1. 用較少的使用量產生較多的二氧化碳。
2. 操作麵糰時，氣體的產生要慢，加熱後，能迅速而均勻產生大量二氧化碳。
3. 製作後的成品殘留物質，必須無毒、無味、無臭和無色。
4. 產品貯存期間，不易產生其他變化。

不同化學膨大劑各具特色，分述如下：

▪ 碳酸氫鈉（Sodium Bicarbonate）

俗稱小蘇打粉、重曹，為白色粉末狀，易溶於水中，是一種鹼性膨大劑，遇酸、遇水會中和而產生二氧化碳，使食品膨大，如蘇打餅乾。使用時，因反應過程中不需加熱就會產生二氧化碳，因此麵糊或麵糰加入小蘇打粉後，應儘快製作熟製，以免氣體流失而降低膨大作用，要特別留意使用數量，加太多，食品品質粗糙、易碎，口感麻熱，有嚴重的皂鹼味。

▪ 碳酸氫銨（Ammonia Bicarbonate）

又稱銨粉、阿摩尼亞粉、臭粉或臭鹼，是一種化學臭味性的膨大劑，為白色結晶狀，易溶於水，有很重的氨味。

有碳酸銨（$(NH_4)_2CO_3$）和碳酸氫銨（NH_4HCO_3）兩種，受熱後，均會產生二氧化碳、氨氣和水，一般多用於水分少的產品或油炸麵點的膨大劑，如餅乾、油條、薩其馬。

▪ 明礬（Ammonia Alum）

又稱礬石、白礬，是一種慢性反應的化學膨大劑。常見的明礬有鉀明礬、銨明礬、燒明礬等，目前因有礙身體健康，有部分產品已不再使用或減量使用。屬於酸性原料會與鹼性的小蘇打產生中和作用，放出二氧化碳，使麵糰膨鬆。

▪ 泡打粉（Baking Powder, 簡稱BP）

又稱發粉、發泡粉、焙粉，是一種由鹼性原料、酸性原料與填充劑組成的複合型膨大劑，泡打粉遇水與高溫時，會發生中和作用，產生二氧化碳而使產品膨大，進而產生鬆軟的組織。傳統麵點常用於可增加體積，使產品更鬆軟美觀、美味可口的發糕、開口笑或蛋糕等產品。

泡打粉是混合鹼性鹽（小蘇打）、酸性鹽（塔塔粉）及水分吸收物（玉米澱粉）組合而成的白色細粉末狀物，當泡打粉和水分混合時，就會釋放出二氧化碳，這些氣體就是造成產品膨脹的主要因素，由於比例和成分不同，可分為以下四種。

1. **快性泡打粉**：這類泡打粉一遇到水分，會在幾分鐘內完全釋放90%以上的二氧化碳，因此含有這類泡打粉的麵糰，必需儘速熟製，才能保有膨鬆功能。
2. **慢性泡打粉**：這類泡打粉的表面附著不易溶解的物質，不易溶於水，遇水時的反應很慢，需遇熱才會釋出二氧化碳，所以含有這類泡打粉的麵糰，不必立刻熟製，甚至可留到隔夜或冷藏保存。
3. **雙重反應泡打粉**：這類泡打粉含有兩種酸性鹽，遇水會有不同反應速度，是目前最常用的泡打粉。一部分成分遇水後，立刻釋放二氧化碳，另部分成分需等到加熱後才會產生作用，因此麵糰不必立刻熟製。
4. **無鋁泡打粉**：因不含硫酸鋁成分，可保障健康，是目前業界使用的膨大劑。是由快性及慢性發粉調配而成的雙重反應泡打粉，具有既能緩慢，又可持續釋放二氧化碳氣體的雙重作用，製作出來的產品，膨漲力強，體積大、組織細膩鬆軟美觀、外觀富光澤、有彈性，可增加食用性。

泡打粉使用完畢後需密封，放在陰涼乾燥處，防止受潮結塊，如果保存不當，非常容易變質失效，若超過保存期限，也會慢慢失效，留意保存的條件與保存期限，才能使泡打粉發揮最佳的膨大作用。

品質改良劑

不同品質改良劑各具特色，可依據麵點的需求選用，介紹如下頁。

▪ 乳化劑（Emulsify）

又稱介面活性劑，是將油與水兩種不相融的液體，經過激烈攪拌下，形成漿狀或乳狀，達到均勻乳化現象，產生良好品質的產品。乳化劑是能使油、水融合不分離的改良劑，降低油、水的表面張力，使油溶於水或水溶於油。製作中式麵點時，常會使用乳化劑，是非常普遍的品質改良劑，可提升產品品質，使其精緻化，乳化劑的來源及特色如下：

1. 常用的乳化劑是由兩種或兩種以上的乳化劑調配而成，有乳狀、粉狀或膏狀，是一種穩定劑，能使兩種互不相混合的液體，形成穩定的分散物質，具有體積增大、產品品質柔軟等多重功能，如常用的益麵劑，有幫助麵糰潔白、改善品質等優點。
2. 食品乳化劑來源有天然及人工合成兩種，前者如大豆磷脂質、卵磷脂、脂肪酸、甘油脂等，後者如脂肪酸蔗糖酯、脂肪酸丙二醇脂等。
3. 乳化劑可以降低麵糊比重，使麵糊拌入更多的空氣，使體積增大、保持品質、降低成本。
4. 使麵糊或麵糰油水融合均勻，品質濕潤柔軟、組織細緻，預防老化。
5. 促使麵筋組織的形成，可以增強麵筋的保氣性。
6. 改變產品內部的結構，可提高產品品質，增強食品的感官性狀、防止變質、延長保鮮期。
7. 與澱粉和蛋白質相互作用，改善食品結構及流變性。
8. 改進脂肪和油的結晶，形成有利於食品感官性能、食品性能所需的晶型。
9. 穩定氣泡和充氣作用，內含飽和脂肪酸的乳化劑，對水溶液中的泡沫有穩定作用，可做泡沫穩定劑，改善品質。
10. 具有消泡作用，某些加工需具備抑制泡沫的作用，因此可為消泡劑使用。

▪ 防腐劑

是一種具有抑菌作用的食品添加物，能延長食品的保存期限，防止產品提早變質。但需依國家標準規定使用（請見衛福部食品藥物網站）。

▪ 碳酸鈉（Sodium Carbonate）

又稱純鹼、食用鹼、鹼塊、鹼粉、無水碳酸鈉、鹼麵等，呈白色粉末或塊狀，易溶於水中，水溶液呈鹼性，吸濕性強，用途極廣。適量的鹼可使產品顏色較白、風味良好，過度添加會破壞產品風味與色澤。鹼也可作為麵條品質改良劑，增強韌性，過量的鹼，則會鹼味重、色澤深，使用鹼時，要特別留意不可過量，最好先調成鹼水再行使用。

碳酸鈉常於老麵饅頭，可以中和發酵產生的酸，也常用於麵條、麵皮之製作，一般稱為草木灰水、鹼水或鹼油。

▪ 香精（Flavorings）

揮發性帶有氣味的液體，添加適當香精在產品中，可以提高產品風味、增進食慾。香精是由多種香料調合而戒，有天然香料與人工合成香料。目前常用的香精包括奶油、香草、椰子等果味香精，未經檢驗的香精，不要隨意使用。

■ 色素（Color）

傳統使用的色素著重於紅、黃兩色，如紅麴米、槐花等色素，常用在表皮、麵糰與餡料的調色，可使產品色彩悅目，誘人食慾。依國家食品法規認定，目前只准使用莧菜紅、胭脂紅、檸檬黃和靛藍四種合法色素，除此之外，不妨利用植物天然色素，如菠菜汁的青翠、南瓜泥的橙黃或黃色、紫菜汁的紫紅色、番茄汁、胡蘿蔔汁、紅麴、薑黃等天然色素混搭成誘人色調。

■ 其他添加物

可添加的物質包括品質改良劑、營養強化劑、增稠劑、變性澱粉、氧化劑等，均需參考國家標準規定使用（請見衛福部食品藥物網站）。

酵素（酶）

若麵粉品質不穩定，品質較差，可加入酵素，可以提高品質，製作出更好的麵製品，酵素也是一種食品添加物。

酵素作為麵粉的改良劑，具有顯著的優越性，產生的活性蛋白質，不會留下有毒的物質，催化作用具專一性，如澱粉酵素只能催化澱粉水解，對蛋白質則無效，用量少，操作條件溫和，可在常溫、常壓下進行。

目前在麵製品應用的生物酵素主要有澱粉酵素、蛋白酵素、脂肪酵素、葡萄糖氧化酵素、戊聚糖酵素、木聚糖酵素等。

■ 澱粉酵素（Amylase）

可將澱粉轉化為糊精、糖，增加麵糰的吸收水分能力，也可增加酵母在發酵過程中糖的含量。小麥只含約0.5%～1.0%的可發酵糖，不能提供酵母生長所需的糖，如果麵粉中α-澱粉酵素活力不足，澱粉分解所產生的麥芽糖含量很低，麵糰發不好，可加入約0.3%的麥芽α-澱粉酵素或真菌α-澱粉酵素以提高麵糰的品質。

α-澱粉酵素對降低攪拌時間和發酵時間無影響，通常與蛋白酵素一起應用於改善麵糰的性質，與葡萄糖澱粉酵素共同控制還原糖含量，進而影響產品的顏色等。

α-澱粉酵素可降低麵糰的黏度，改善操作性能，可使產品鬆軟體積增大，過量會導致黏性增強，體積較小。α-澱粉酵素含量不足，對熱較為穩定，溫度愈高作用越快。真菌α-澱粉酵素對熱不穩定，75℃或烘烤時會失去活性。

澱粉酵素對麵製品最主要的功能有：

1. 改善麵糰特性，提高發酵性能。
2. 增大產品體積。
3. 改善產品表皮色澤。
4. 提高產品柔軟度、延長保存期。

■ 蛋白酵素（Protease）

未發芽的穀物蛋白酵素活性通常很低，內源性蛋白酵素對產品品質影響較小。然而水解麵筋蛋白的酵素對產品品質有顯著的影響，如麵糰於製作時加入適量的真菌蛋白酵素，可縮短1/3的攪拌時間，同時麵糰的攪拌性能及組織結構也會提高。

蛋白酵素是麵粉最早與最常用的生物酵素，麵粉應用的蛋白酵素是一種中性蛋白酵素，可水解麵筋蛋白，弱化麵筋，使麵糰變軟，改善黏彈性、延伸性、流動性等性能，縮短麵糰攪拌時間，改善產品品質，也有利於美拉德反應，改善製品的色澤和香氣。

中點小百科 美拉德反應

美拉德反應（Maillard 反應），又稱梅納反應，是食物中的還原糖（碳水化合物）與胺基酸（蛋白質）在常溫或加熱時發生的的反應，反應過程中會產生不同氣味，提供了可口的風味和誘人的色澤。

▪ 脂肪酵素（lipase）

又叫甘油脂水解酵素，可提高麵糰的筋性，改善麵粉蛋白質的流變學特性，增加麵糰的強度和耐攪拌性，及麵包的入爐急脹能力，使其組織細膩均勻、柔軟、口感更好。

脂肪酵素對麵糰有較好的操作性，與其他酵素如葡萄糖氧化酵素，真菌α-澱粉酵素複合配方，有更好的協同增效作用，特別是與葡萄糖氧化酵素聯用，能解決脂肪酵素所達不到的強度，及葡萄糖氧化酵素所達不到的延伸度，對麵粉的品質有明顯的改善作用，穩定時間和評價等均顯著提高，改善了麵糰的操作性能和製品的品質。

脂肪酵素可分解麵粉裡的脂肪，提高品質、改善質地、延長製品的貨架期。

4.葡萄糖氧化酵素（glucoseoxidase）

葡萄糖氧化酵素用於袪除食品中的氧氣或葡萄糖，經常與過氧化酵素結合使用，具有改善麵粉中麵筋強度和彈性、提高麵粉品質的作用。

它與其他酵素製劑和添加劑之間具有協同效應，均能獲得理想效果。同時葡萄糖氧化酵素憑其天然的優良特性，可替代溴酸鉀等各種化學添加劑。

葡萄糖氧化酵素具有高度專一性，且酵素活力穩定，在較大的溫度範圍及pH範圍內都具有活性，由於其天然、無毒、無副作用，近幾年已被廣泛應用。

▪ 戊聚糖酵素（Pentosanase）

戊聚糖在穀物（如小麥、黑麥、高粱等）中廣泛存在，麵粉中的含量很少，但它卻可吸收自身重量4倍的水分。

戊聚糖酵素是一種麵製品酵素，在麵粉中添加適量的戊聚糖酵素可提高麵糰的加工性、抗發酵過頭、增大麵粉烘焙和蒸煮產品的體積，延緩產品的老化，但是，過多的添加會使戊聚糖降解過度，造成麵糰發黏、產品品質下降。

▪ 木聚糖酵素（Xylanase）

可以使麵糰中的水重新分布，提高了麵糰麵筋網狀結構的形成。使用木聚糖酵，可得到一個柔軟度、延展性和彈性都能適當平衡的麵糰及改善麵糰操作性能及穩定性。木聚糖酵素可增大產品體積，使組織細膩、氣孔均勻、口感良好、更好的外形。

11

配合原料（麵食配料）

麵點製作時，可以應用配合的原料種類繁多，為了讓麵點花樣、口味富於變化，必須瞭解和熟悉原料的特性及功用，才能製出美味可口的產品。

動物性原料有那些？

動物性材料包括畜肉、禽肉及魚肉等經屠宰後，軀體可供食用的部分。禽畜肉品是製作麵點餡料不可缺少的原料，也是餡料調製最廣泛的原料，也就是說，所有餡料都可以使用禽、畜肉製成美味麵點。水產品在麵點製作上，有其重要位置，特別是沿海地區捕撈的魚貝類，如魚、蝦、蟹製成麵皮或餡心，如蟹黃湯包、蝦仁燒麥、魚肉蒸餃等。

豬肉

優質豬肉是瘦、肥肉比率7：3或8：2，口感不澀不油，如後腿肉、背脂肉、五花肉，脂肪愈多，肉品等級愈低，但全脂肪的豬肉可製成豬油。不同位置的豬肉，口感不同，最嫩的是里肌肉；燉（焢）肉的肉質以五花肉的口感最佳；做餃子、包子的餡，以後腿肉較佳，也有用豬脖肉製作。

豬肉會因年齡、部位、品種不同，色澤、肌纖維、皮下脂肪、腥臊味等也會有所差異，應按照肉質的特點，選擇相對應的作法進行烹調，才能達到最理想的效果。豬肉可做主料，可做配料，也適合各種調味與加工方式，廣泛用於主食、小吃、麵點的製作。

牛肉

澳洲牛肉依油花分布，基本上以年紀區分等級，牛隻愈年輕，牛肉價格愈高；紐西蘭牛肉依據重量、精瘦程度、性別以及年齡，依據法令，台灣目前只能進口30個月齡以下的牛肉。

牛的脖子和四肢肉最堅硬，離角蹄愈遠，肉質愈嫩。不同部位的肉質差別很大，名稱也有不同，如菲力、沙朗、牛柳等，做餃子的餡料，以瘦肉較佳，可加點肥豬肉，風味較佳。牛肉的肌肉含水高，呈紅至暗紅色，肌纖維長而粗糙；皮下有少量脂肪的沉積，肌纖維間夾有脂肪，香味濃鬱，但有膻味。牛肉多用於主料，適合多種烹調方法及調味，可作為主食、小吃的用料，烹製時需注意，要去除膻味。

雞肉

雞肉是食用最多的肉類，品種非常多，有肉雞、仿土雞、土雞、烏骨雞等。雖然雞胸肉吃起來較乾，但是雞肉肌纖維細嫩柔軟，是應用最廣泛的禽類原料，可作主料或配料，適宜任何烹調方法，可作為小吃、餡料。

蝦類

有海水、淡水之分，種類繁多，常見的有白蝦、草蝦及劍蝦等，除鮮蝦外，還有蝦米、蝦皮，因價格較高，一部分用於主料外，多數用於配料，廣泛用於小吃或麵點餡心。

蔬菜原料有那些？

蔬菜在麵點的製作方面，不僅可作為餡料、調料，有時還可作為主料，如南瓜、甘藷、綠豆等，經加工後可製作成麵糰或餡心。有的蔬菜含有特殊芳香或辛辣物質，能除腥、去膩、生香，產生特殊滋味，是風味麵點不可或缺的調味料，如蔥、薑等，均是利用蔬菜自身的特殊香味製作美味佳點。

日曬蔬菜的含水量低，易保藏，一樣可以用於餡料，如乾香菇，多用於配餡，使餡心口味豐富、味美可口。

大白菜

又稱結球白菜，品種繁多，有散葉型、花心型、結球型和半結球型幾種，大白菜耐儲存，是北方冬季唯一可吃的蔬菜，常見於豬肉白菜餡的水餃。

高麗菜

又稱甘藍菜，包心菜，捲心菜、玻璃菜，是中式麵點最常使用的蔬菜，尤其是高麗菜豬肉餡的水餃、水煎包。高麗菜耐寒、易貯耐運、產量高、品質好。

菠菜

葉片呈深綠色，常見的是製成翡翠麵皮或麵條，是取汁後與麵糰攪拌。

香辛類

這類蔬菜辛香味濃，除可供蔬食外，還有調味作用，如芹菜、韭菜、韭黃、芫荽、茴香、青蔥及嫩薑等，多用於餡料。

香菇

香菇品種多，依生產季節可分為春菇、夏菇、冬菇等，挑選香菇時，應以菇傘肥厚、菇柄短而粗、皺褶明顯，小而少為佳品。香菇風味濃郁，常用作餡心調味使用。

調味原料有那些？

是指能夠突顯產品口味、改善外觀、增進色澤、除去不正常氣味、改變麵糰性質、促進食慾的原料，由於種類繁多，可分為以下五種類別。

鹹味

有單一或複方二種，主要原料是氯化鈉（鹽），包含食鹽、醬油及醬類等。

- **食鹽**：最基本的調味料，可賦予鹹味，可助酸、助甜、提鮮及防止原料腐敗、變質，可分為原鹽（粗鹽）、洗滌鹽、再製鹽（精製鹽）三種細項。
- **醬油**：傳統的鹹味調味料，應用廣泛，除了鹹味外，可以增鮮、增色、增香、去腥解膩。
- **醬類**：具有獨特的鹹味、醬香味、鮮甜味和特殊醬色。常用的有甜麵醬、豆瓣醬。

甜味

甜味可單獨使用，呈現甜味的物質有糖、糖漿、蜂蜜、冰糖、甜菊糖等。

鮮味

鮮味是一種適口、激發食慾的調味料，主要有胺基酸、核苷酸等，常使用的鮮味有味精、高湯、蠔油、魚露、蝦油等。

酸味

很少單獨使用，需與其他原料一起調合，常用的有食醋、番茄醬等。

香辛味

又稱為香辛料，是具有特殊香氣或刺激性成分的調味物質，有賦香、增香、去腥除異、添麻增辣、抑菌殺菌、賦色、防止氧化功能。根據香辛料的作用，分為麻辣和香味兩大類：

- **麻辣**：是提供麻辣口味的香辛料，還具有增香、增色、去腥、除異的作用，如花椒、胡椒、辣椒。
- **香味**：又稱香料，是以增香為主的香辛料，根據香味的不同，可分為芳香類、苦香類、酒香類。
  ① 芳香類：八角、桂皮、小茴香、丁香、香葉、孜然、薑黃等。
  ② 苦香類：陳皮、豆蔻、草果、茶葉等。
  ③ 酒香類：黃酒、米酒、紹興酒等。

核果豆原料有那些？

豆類最常應用在餡心，如紅豆沙、綠豆沙、白豆沙；果仁、蜜餞可調製麵糰或做表面裝飾，如核桃、杏仁、枯餅、什錦蜜餞等；鮮果則可製作果醬、果泥，如鳳梨醬（膏）、草莓醬等，常用於製作甜點或甜餡製品，形成獨特、別緻風味。

豆類

綠豆、紅豆多用於糕點餡料，如綠豆沙、紅豆沙，綠豆也可以取出澱粉製成粉絲。

堅果類

核果是指果實成熟後取出果仁（核仁），經乾燥的果實，如核桃仁、榛子仁、松子仁、花生仁、杏仁、腰果仁、白果、蓮子等。

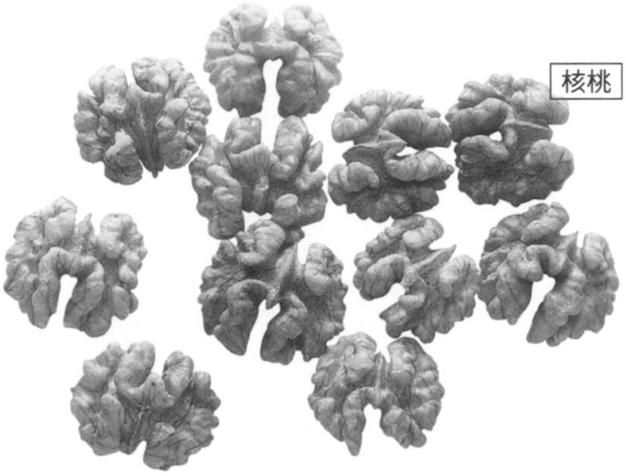

果乾類

水果經乾燥、熬煮、糖漬而成乾果、果醬或黏稠狀製品。

- 以鮮果為原料經脫水乾燥成的乾果類、如葡萄乾、桂圓、椰絲、果脯。
- 將鮮果經糖煮或糖漬製成的產品，浸煮再經曬乾或烘乾即為果脯，浸煮後稍乾燥即為蜜餞。
- 果醬類是將鮮果破碎或榨汁後，加糖煮製成帶有透明果肉的膠體。

輔助原料有那些？

穀類澱粉

用生長於地上的穀類所製作的一種澱粉，應用非常廣泛，黏度強，常用於增稠劑、黏結劑，或湯料使用，可增強產品的鬆軟性，改善食物的口感。

豆類澱粉

生長於地上的豆類，屬於雜糧作物，可分為綠豆、豌豆、蠶豆等，不同豆類成分雖然不同，但製作澱粉的方式大約相同，如晶瑩透明，質地細膩的粉皮或粉絲，都是以豆類澱粉為原料加工。

水生類澱粉

在水裡生長的根莖類，如荸薺製成的馬蹄澱粉、菱角製的菱角澱粉、蓮藕製成的蓮藕澱粉等。這類型澱粉的粉質細而色白，營養價值高，是傳統的滋養品可作為增稠劑使用。

薯類澱粉

地下生長的薯類，如樹薯製成的樹薯澱粉、馬鈴薯製成的馬鈴薯澱粉、地瓜製的甘藷澱粉、沙葛製成的沙葛粉等，粉質細而白，有的呈顆粒狀。可用來作增稠劑、黏結劑、充填劑、賦型劑及勾芡等。

能夠保持水分、增加營養、防止產品變硬、延長保質期，可改善麵條柔軟度與口感。

修飾澱粉（變性）

利用物理、化學或酵素處理天然澱粉，使澱粉改變原來的特性（如糊化溫度、黏稠度、穩定性、冷凍穩定、凝膠力、成膜性、透明性等），使其適合製作時的要求。

第3章

器具選用與用途

01

器具分類

工欲善其事必先利其器，製作麵點者需瞭解常用機具、設備、器具與工具的種類、用途、使用方法和保養維護，方能製作完美而可口的麵點。

類別		項目
基本設備		工作檯、水槽、冷藏冰箱、冷凍冰箱
製作設備	機具	攪拌機、發酵箱、壓麵機、麵條機、乾燥箱、整形機
	製作	電子秤（案秤）、厚度計、厚薄規、溫度計
	操作	切麵刀、刮刀、量器
	成形	模具
熟製設備	機具	烤爐（箱）、油炸機（鍋）、蒸箱（籠）、爐具
	設備	炒鍋、平底鍋或煎板、煮鍋
	工具	鍋鏟、漏勺
	容器	盤子

基本設備

工作檯

又稱工作桌，有木製、大理石或不鏽鋼等材質，是製作麵點的基本設備。檯面下可加隔層或抽屜，可存放小工具、餐具以及鍋、蒸籠等。

桌面要求牢固、平整、無縫隙，便於洗刷，切忌當作砧板來使用。麵點製作都需在上面操作。

冷藏櫃（庫）

0℃～7℃，單門或多門，是存放材料或半成品的基本設備。

水槽

又稱洗滌槽，目前大多使用不鏽鋼材質，光潔易清洗，是麵點必備的設備。槽的下面隔層可存放洗滌用品。

冷凍櫃（庫）

溫度需在-10℃或以下，單門或多門，是存放材料或半成品的基本設備。

製作設備

近年來，由於機械設備的發展，大大提高製作效率，不僅穩定產品品質，還可提高生產效率，擴大生產規模。常用的有攪拌機、壓麵機、切麵機、餃子機、饅頭機、切菜機等。

機具設備

切麵條機

又稱麵條機，主要由機座、捲棍、切刀等組成，依不同麵條或麵片的需求，可用不同號數或型式的切刀進行切條，如寬麵用5～10號切刀、細麵用15～26號切刀，號數愈多，齒牙愈密，麵條愈細。

▪ 替代方式

若沒有此機具，可改採下列方式：

1. 家庭式手搖壓麵切麵機。
2. 自動製麵條製作機，最好重複攪拌二次再擠出麵條。
3. 麵片可用菜刀或長尖刀，切成麵條。

家庭式切麵機

用刀切麵

攪拌機

又稱和麵機，有橫式、立式、桶式及小型家庭式，攪拌缸的配置有5～8公升、10～12公升、18～22公升或40、60、120公升或以上的大型攪拌缸，馬力依攪拌缸配置有1/2、3/4、1HP……等，依功能會附鉤狀、槳狀、鋼絲等拌打器，甚至會附上安全護網。轉速一般分慢速（60轉）、中速（90轉）、快速（120轉），作用是將各種不同的乾濕原料，利用轉動速度拌打或均勻混合麵糰或麵糊，是製作麵點的主要機具。

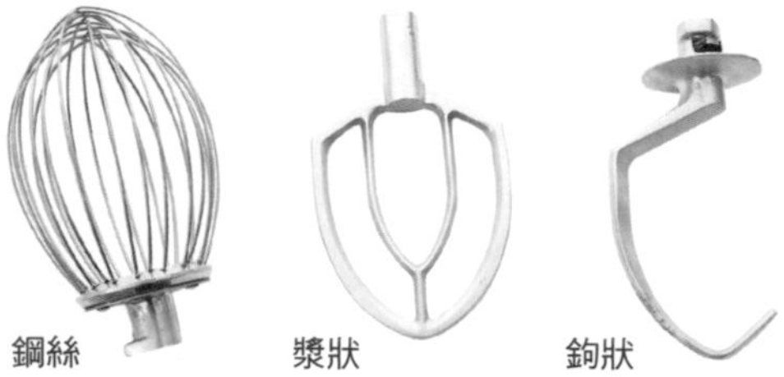

■ 替代方式

若沒有此機具，可改採下列方式：

1. 用手揉，手是最好的揉麵機，又可健身。
2. 麵包自動製作機，用攪拌按鈕，只有單一速度，可用於攪拌軟麵糰。
3. 怕黏手者，可將材料放入寬大的厚膠袋內揉至不黏手，倒出再揉至光滑。
4. 小型手提式攪拌機，用慢速攪拌。

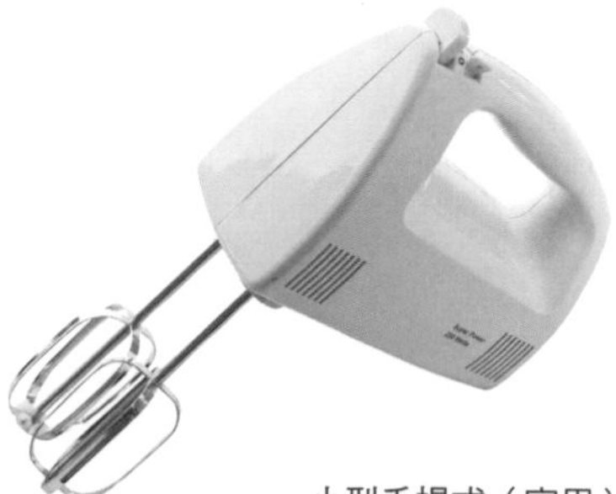

小型手提式（家用）

壓麵機

又稱壓延機，依需求有各種不同機型，如自動式、手工單組滾輪、手工雙組滾輪、平板返復等，是利用機器將麵糰壓成光滑麵片，再整形成饅頭、包子、麵條等，是麵點必備的主要設備。具有將麵糰經過滾輪之間的間隙，壓成所需的厚度，以利整形操作。滾輪直徑愈大（14cm或以上）、轉速愈慢、馬力愈大，壓麵效果愈佳，壓（延）麵機的滾輪間隙可調大小（厚薄），需附捲桿麵棍及相關支架或配件。

■ 替代方式

若沒有此機具，可改採下列方式：

1. 用雙手握的大桿麵棍，擀壓後對摺，反覆數次至麵片光滑。
2. 沒有桿麵棍，可用乾淨的任何棍型的工具替代。
3. 家庭式手搖壓麵切麵機，用最寬的（1號）間距。

壓麵機（家用）

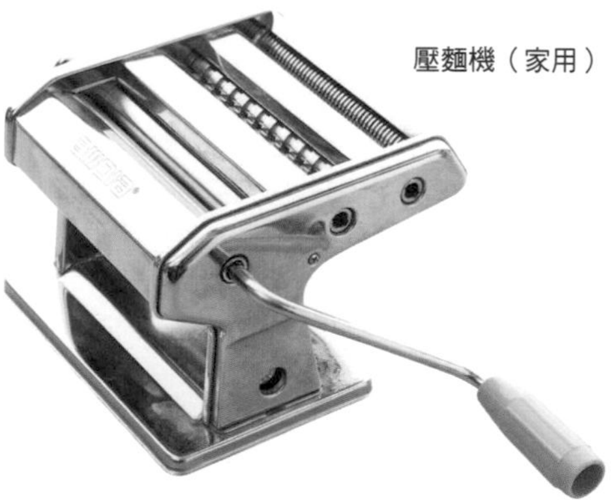

餃子機

餃子機是工業化量產用的機械，可依餃子大小、皮的厚薄及餡量而調節。

■ 替代方式

若沒有此機具，可改採下列方式：

1. 餃子整形器，塑膠製，一個一個壓製成形。
2. 用手整形是最常見的。

乾燥機

使用於麵製品的乾燥，可調溫及調風速，如乾麵條。

■ 替代方式

若沒有此機具，可改採下列方式：

1. 烘碗機，溫度易升高，需注意。
2. 室溫30℃以上時，用室溫乾燥即可。
3. 熱風烤箱或烤箱，控溫在32℃左右。

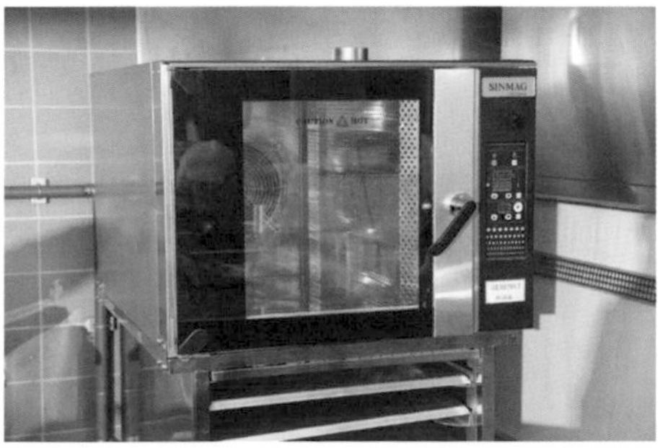

乾燥機

酥油皮整形機

又稱自動擀酥機，是由兩部壓麵整形機組合成L型，自動壓捲兩次，用於酥油皮製作。

■ 替代方式

若沒有此機具，可改採下列方式：

用手擀捲麵皮，即可替代。

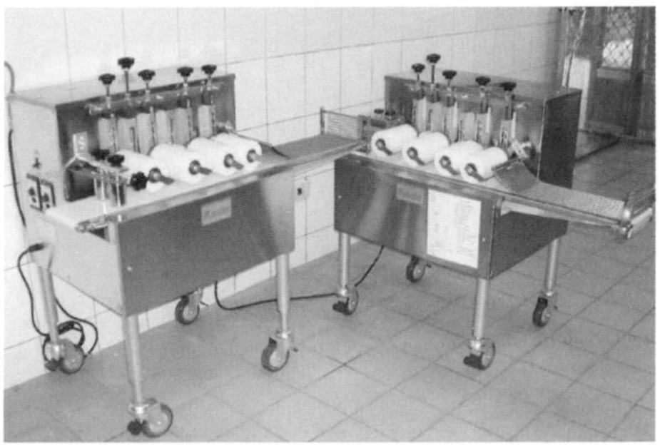

酥油皮整形機

分割機

又稱分塊機，有手動、半自動、全自動，構造較複雜，主要用途是將麵糰均勻地分割成一定的重量，特點是速度快、準確。

■ 替代方式

若沒有此機具，可改採下列方式：

1. 用手拿切麵刀、菜刀，即可替代。
2. 用手抓切分割是最常用的。

切麵刀

發酵箱

又稱水櫥，是發酵麵食專用設備。因用途不同，可分為基本發酵箱及最後發酵箱，可自動控溫、控濕，有2門或多門的設計。設計原理是靠電熱管將水槽內的水加熱蒸發，或者是用噴霧器將水噴成細霧，使麵糰在控制的溫、濕度下，穩定的發酵、膨脹。

■ **替代方式**

若沒有此機具，可改採下列方式：

1. 室溫25℃以上時，可不用發酵箱，只需預防表皮太乾燥。
2. 用30℃左右的烤箱，內部噴少許水關門。
3. 烘碗機也可，但溫度易升高，需注意。
4. 中式發麵發酵箱最好在32℃左右較理想。

另外，還有其他的機具設備，例如月餅成形機等。

稱量工具

溫度計

量麵糰、油溫、水溫等，範圍在-10～110℃或150℃，有不鏽鋼探針、電子式（-20～400℃）。

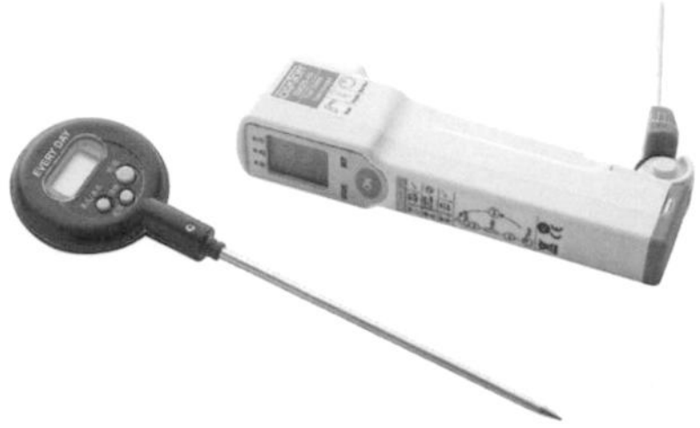

磅秤

又稱秤子，一種計量工具，常見的有彈簧秤、電子秤等，麵點製作常使用小型磅秤或微量電子秤，範圍在0.1g～1kg，精密度為0.1g、1g～3kg或以上，精密度1g。

厚度計

量麵皮厚度用，範圍為0.1～10.0mm，精密度為0.01mm。

厚薄規

量滾輪間隙用，範圍為0.1～5.0mm，精密度為0.1mm。

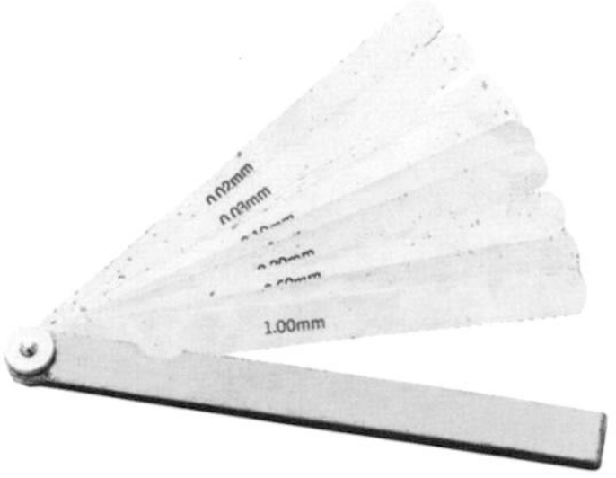

操作工具

製作麵點的基本工具非常多，製作者必須熟悉工具使用，方能製作出完美的麵點。操作工具分基本工具即成形工具。

基本工具 量匙

用於秤量微量液體或粉粒原料的工具，但準確度較差。量匙一套有四支，包含1大匙、1茶匙、1/2茶匙、1/4茶匙，材質有分不鏽鋼或塑膠製。

基本工具 刀具

刀具是麵點的主要工具，作用是將大原料切成片、絲、茸或塊，以利操作，也可用於切麵糰或切饅頭，雖然刀具各有特色，但共同特色皆為方形刀 。

刀具材質有不鏽鋼或鋼製品，具有把手及鋒利刀刃，依功用可以分為厚刀（又稱骨刀或砍刀）、用於切薄片的片皮刀（又稱薄刀）、用於剁菜、切菜、切肉的一般菜刀（又稱批刀或文武刀）。除此之外，還有撥麵條用的撥麵刀、刀削麵的削麵刀，以及特殊刀具，如花滾刀、鋸刀、尖刀等。

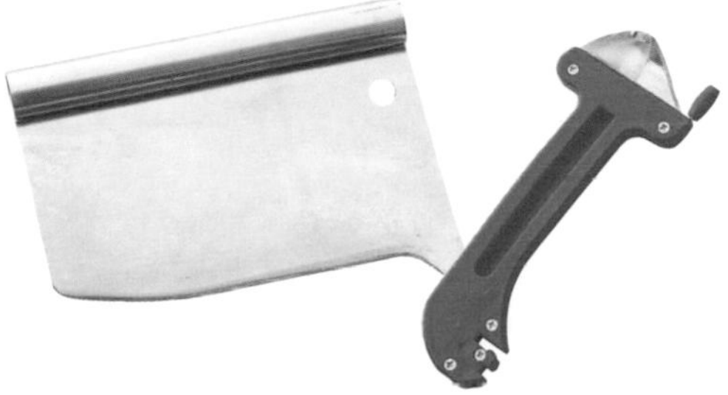

基本工具 麵粉篩

又稱粉篩，具有使粉質原料鬆散，容易攪拌或混合均勻作用，也可以做為液體原料過濾之用。篩孔有粗，有細，常用的為30±10目（每一吋長有30±10孔），常用的篩網直徑約40±10cm， 有圓形不鏽鋼或木製品，篩網有尼龍、銅絲、不鏽鋼、鐵絲等。

基本工具 量杯

用於秤量液體或粉粒原料，準確度較差。標準量杯規格是236cc，有不鏽鋼、玻璃或塑膠製，塑膠製容量有多種不同規格，如100cc、200cc、500cc、1000cc、2000cc等。

基本工具 不鏽鋼盆

是盛裝、稱量、揉麵、打發或調餡等必備工具，有各種不同大小規格，可以用珐瑯盆、瓷盆、塑膠盆替代。

基本工具 砧板

又稱砧墩，是原料、餡料剁切時，必須使用的襯墊工具。有木頭或塑膠材質，形狀有長方及圓形。

基本工具 刮板

沒有手把的板子稱為刮板，常用於有黏性軟麵糰、麵糊的攪拌或切麵，多用塑膠製成，種類式樣很多。

基本工具 刮刀

有手把的板子稱為刮刀，是麵糊類麵食或餡料必備的工具，可將較稀軟的麵糊或餡料刮出，多是塑膠或橡膠製，頂端為圓角形，另一端為把手。

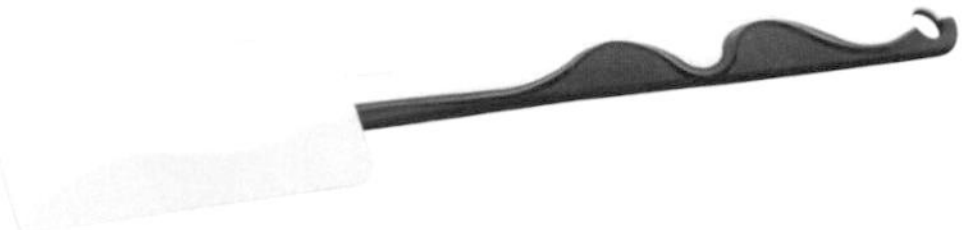

基本工具 切麵刀

常用於分割麵糰，是有握把的長方形，多用不鏽鋼或鐵板製。

基本工具 **蛋液刷**

又稱毛刷，是麵點必備工具，常用於刷油、水或蛋液之用，有各種不同規格，常用的是寬4±1cm豬毛紮製的毛刷，也可使用排筆或毛筆代替。

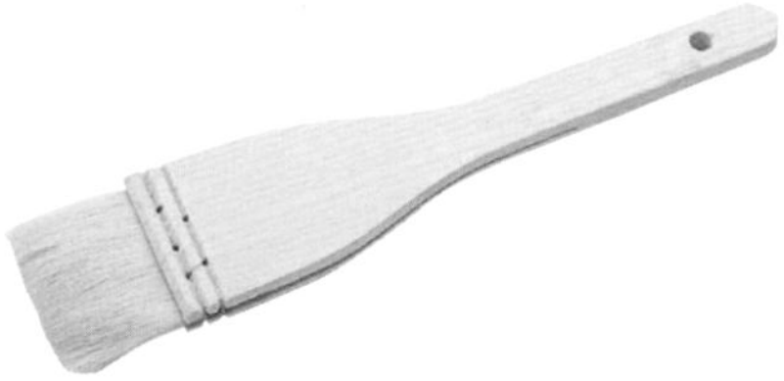

基本工具 **包餡匙**

是包餡麵點必備的工具，如水餃、燒賣，可將餡料包入麵皮內，多為薄竹片或不鏽鋼製品，頂端為圓角形。

基本工具 **打蛋器**

用於打發或拌勻原料的工具，有各種不同規格，分直立形與螺絲形，為不鏽鋼製品。

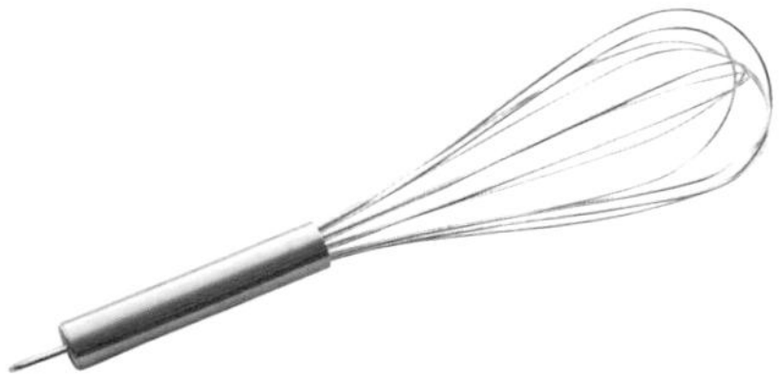

基本工具 **特殊桿麵棍**

是製作麵皮不可缺的工具，常見的有單手棍（兩頭粗細一致、光滑筆直）、橄欖棍（中間粗兩頭細，形如橄欖）、細棍（兩根合併用單手操作）、通心棍（中間有一孔洞，插一根細棍作為柄）、雙把手桿麵棍（大麵糰擀疊用）、單把（柄）手桿麵棍（中點油皮用）等，多為木或鋁合金製作。

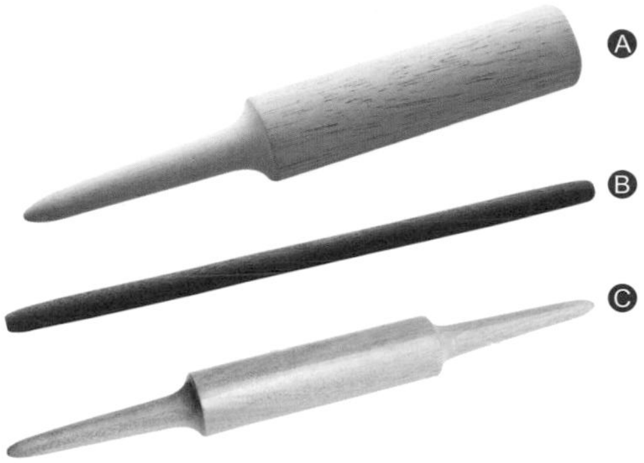

A 稱單柄桿麵棍，常用於中式酥油皮擀皮。
B 稱細桿麵棍，常用於小麵皮擀皮。
C 稱雙柄麵棍，常用於較硬麵糰的擀皮或擀麵。

基本工具 **直形桿麵棍**

是製作麵皮的主要工具，主要用於麵皮之擀製，常見有大、中、小桿麵棍，有不同規格與式樣，大的桿麵棍長約60～100cm、中的桿麵棍長約30～60cm、小的桿麵棍約30cm。桿麵棍品質要求結實、不彎曲、表面光滑，材質有木製或是塑膠製，硬質木頭製作的品質較好。

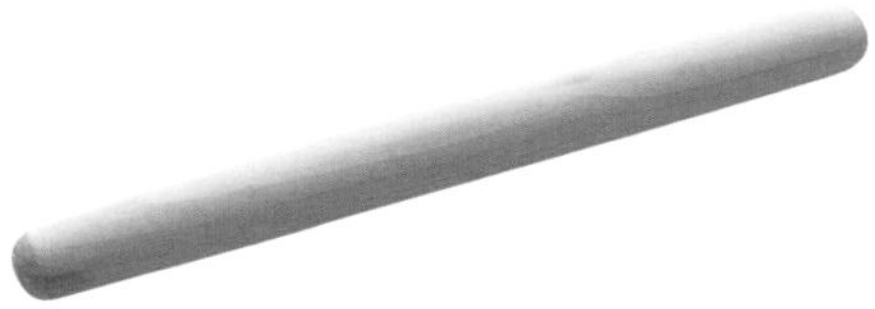

基本工具 稱量原料容器

原材料秤重量用，有塑膠、不鏽鋼等盤、盆、杯或鍋。

基本工具 叉子

用於麵皮表面扎洞的工具，常見的是不鏽鋼長柄叉子。

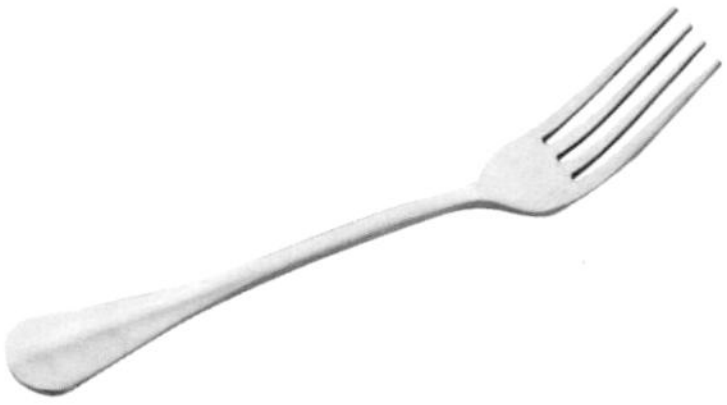

基本工具 噴水器

原料或麵糰太乾時，濕潤原料或麵糰用的工具，材質有塑膠或不鏽鋼製品，容量有250～1000cc以下。

基本工具 量尺

計量麵皮長寬使用的工具，長30～60cm或者以上。

基本工具 攪拌匙

是將稀軟麵糊或餡料拌勻的工具，多用木竹或不鏽鋼製，長30±5cm，可用刮刀代替。

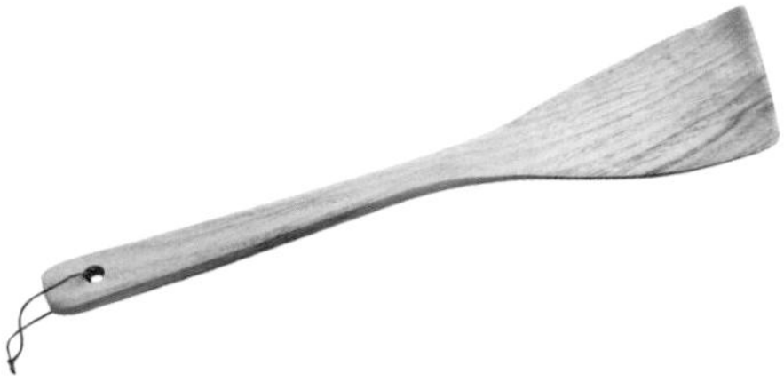

基本工具 麵粉帚

又稱粉帚，是一種用於掃除工作檯或麵皮表面過多麵粉的工具，一般會附小簸箕盛粉用。多用鬃毛或塑膠製成，可用寬10±2cm羊毛刷替代。

基本工具 其他工具

配合各種不同產品使用的專用工具，如下述。

成形工具 模子

是製作麵點的工具，大多用木頭雕刻，形狀各異，規格大小不一，模子內有各種不同花紋、字樣。如饅頭。

成形工具 月餅模形

印製月餅的工具，多用木、塑膠或鋁製成，表面可用塗覆處理，直徑約6±2cm，容積約50～200g。

成形工具 印子

用來印製麵點表面圖案的工具，是用木頭雕刻而成，有花紋或文字的章戳。

成形工具 圓形空心壓模

用於控制麵皮或半成品整形後大小的工具，不鏽鋼製成，內徑6～12cm，高1.5cm或高5cm。

成形工具 龍鳳喜餅模型

印製龍鳳喜餅的模型，多為木或鋁製成，表面可用塗覆處理，直徑約15±2cm，容積約11±1兩（400±50g）。

成形工具 花鉗

用於製作各種花色麵食鉗花用的工具，多為不鏽鋼或銅片製成，大小不一，有直邊、圓邊、尖齒邊、波浪邊等多種款式。

成形工具 扎洞器

用於半成品表面裝飾或控制表面膨脹的工具，多為塑膠或不鏽鋼製成，直徑8±1cm，至少可扎20洞或以上。

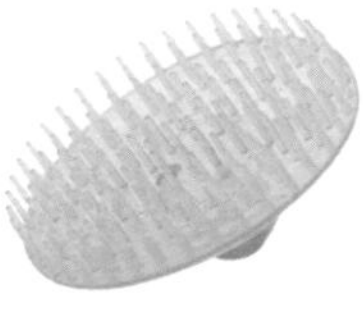

成形工具　整形工具

用於製作各種花色麵食整形用的工具，多為塑膠製成，大小不一，款式多，如梳子、叉子、牙刷。

成形工具　剪刀

修剪花樣的工具。

熟製設備

近年來，由於機械設備的發展，大大提高製作效率，不僅穩定產品品質，還可提高生產效率，擴大生產規模。常用的有烤爐、蒸箱、旋風爐、油炸機、煮麵機、炒麵機、平板煎爐、缸爐、瓦斯爐等。

烤爐

又稱烤箱，是烘烤各種麵點的基本設備，有箱型、隧道、吊籃、旋轉或缸爐，熱源有電力、柴油與瓦斯。箱型烤箱為主要設備，內部可容納40×60cm左右的平烤盤，上下火可單獨控溫，溫度最高可達300℃，每層最少有3kw或以上的電力。需附平烤盤，大小需配合烤箱內部規格，棉或耐火材質的隔熱手套是必備的附件。

瓦斯爐

有單爐或雙爐之分，需檢查火力是否夠旺。

蒸箱

也稱蒸爐，是蒸製麵點的基本設備，蒸箱的規格種類很多，最普偏使用的是以瓦斯、電力或鍋爐為熱源，內部多層，需附配合蒸箱內部規格的不鏽鋼網狀蒸盤，有單門或多門式，可自動進水，可調節火力，大小視需求，有台車式、層屜或層架蒸箱。

- **替代方式**

若沒有此設備，可改採下列方式：

1. 家庭式不鏽鋼或竹製蒸籠，注意蒸籠蓋不可有嚴重漏氣。
2. 可使用炒菜鍋，內墊不鏽鋼蒸盤或蒸網，注意鍋蓋不可有嚴重漏氣。
3. 可使用電鍋，內墊不鏽鋼蒸盤或蒸網。

蒸籠

又稱籠屜，材質有不鏽鋼、竹、木製，款式有雙層或多層，直徑大小視需求而定，需附底鍋與鍋蓋。以密而不走氣、竹條疏密適當、光滑平整，籠蓋微圓、不易滴水為佳。蒸製時，需在底部擺放蒸籠布，或蔬菜葉、玉米葉或蒸烤紙、竹席等，底襯具有透氣、增加香味，又可防止沾黏的基本功用。

油炸機

又稱油炸鍋，多使用自動控溫的不鏽鋼油炸機，熱源可用瓦斯與電熱式，附油炸網盤、網杓。

- **替代方式**

若沒有此設備，可改採下列方式：

1. 不鏽鋼或鐵製炒菜鍋，可用瓦斯或電為熱源，要注意控制溫度。
2. 搭配可控溫式的電電陶爐或電磁爐與油鍋，油炸溫度控制比較容易。

平底鍋

又稱平底爐、平底煎鍋或平底煎板，有方形或圓形，而且會附鏟、蓋。以電或瓦斯為熱源，是煎、烙、貼等麵食最主要的熟製設備。鍋底平坦，適用於煎鍋貼、水煎包、烙餅等。

煮鍋

又稱煮麵機或煮麵鍋，有鐵鍋、鋁鍋、銅鍋、不鏽鋼鍋與合金鍋等。最常使用的是不鏽鋼鍋。

炒鍋

用於炒餡、炒麵或油炸用，需附漏勺、竹筷、油勺。

熟製容器

有塔模、蒸模、蒸碗等，材質有不鏽鋼、鋁箔、紙杯、墊紙、瓷碗或耐熱120℃以上無毒的容器，大小、形式需視需求而定。

漏勺

漏勺是一種不鏽鋼製，勺面帶有很多孔洞，有大有小，主要作用是淋瀝食物中的油和水分，也是撈麵條、水餃、油炸點心的工具。

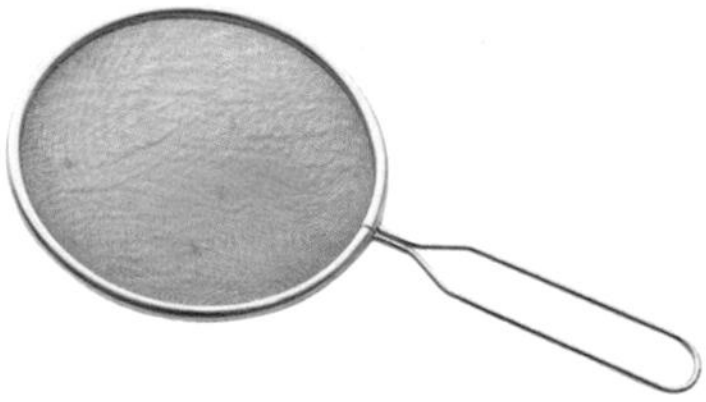

工具的保養與衛生

1. 機具、器具、工具使用後，要定點存放。
2. 要熟悉與了解每種機器工具的性能與安全使用守則。
3. 設備和工器具需定期保養維修。
4. 注意工器具使用前後的清潔與衛生。

第4章

製作技術

01

麵糰製作技術

麵糰製作技術是麵食製作的重點，其中包含原料選擇、麵糰製作等複雜的製作流程。自古以來，麵糰具有應時應節、食用方便、適宜存放等優點，備受民眾歡迎。

麵糰最大的特色是，凡可用的食材無所不用，如米麥豆、果蔬仁、花果蛋等各類調料，經合理、精巧搭配，就能製作獨特風味的麵食。製作花樣繁多，如餃類、糕類、包類、酥類、麵條、餅類等各式麵食。另外餡心口味豐富，再加上巧奪天工的技巧，如包、捏、捲、夾、攤、疊、壓、抻、削、撥、鉗、鑲等獨特技藝，將麵糰發揮到最大境界。

麵糰製作技術對麵食的色、香、味、形占有一定的影響，因此熟悉與掌握麵糰的調製技術，對製作中式麵食具有關鍵性。

冷水麵食

麵粉加冷水調製的麵糰，質地堅實、無孔洞、不膨脹、富彈韌性、口感滑而有勁，是最常用的麵糰，這類麵糰，適合煮或煎烙的麵食，如水餃、餛飩、麵條、春捲皮等。

製作方法

手工

麵粉放在麵板上或揉麵盆，將常溫冷水加入麵粉，用手拌揉，使水和麵粉結合成麵糰，反覆搓揉使麵糰光滑不黏手。

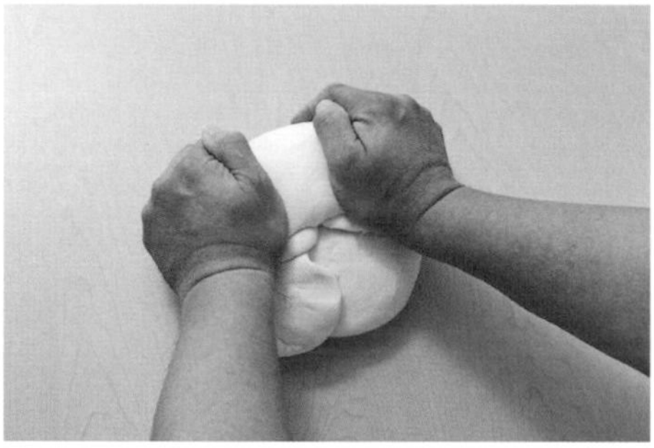

機製

麵粉放入攪拌缸，加入常溫冷水，慢速攪拌，使水和麵粉結合的麵糰，可取出用手揉或攪拌至光滑不黏手。

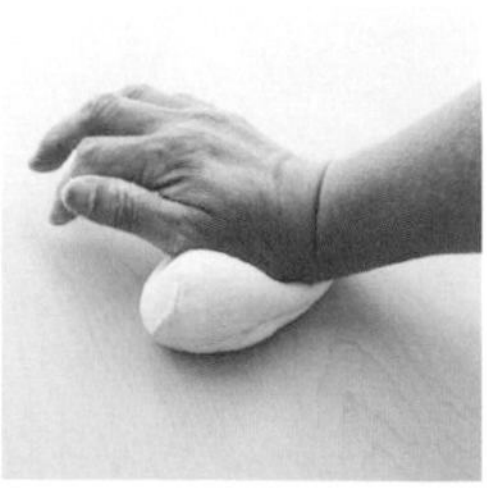

製作要訣

- 需根據氣溫、麵粉品質與種類、產品的要求，掌控水的比例。
- 需根據氣候變化調節水溫，適當的水溫才能體現麵糰特性，例如寒冷時，可用約30℃微溫的水。
- 用手揉麵，需要用力，揉得愈光滑愈好。攪拌時，時間需要定時，不可攪拌過度。
- 麵糰完成後，需鬆弛10分鐘以上，不可有結皮現象。
- 可提高水溫至50℃左右，製成的麵糰即是溫水麵，有韌性，有柔軟度，筋性比冷水麵稍差，但可塑性較好，適用各種烙餅或蒸餃等麵食。

燙麵麵食

麵粉加部分沸水調製的麵糰，質地軟Q、無孔洞、不膨脹、可塑性強、口感柔軟、色澤較深、微甜、勁性較差，是最常用的麵糰。這類麵糰，適宜煎烙麵食，如蒸餃、燒賣、鍋貼、蛋餅、蔥油餅等。

製作方法

傳統

麵粉放入攪拌缸，加入20～50%沸水，用慢速攪拌成雪花片狀，再加入剩下的常溫冷水，繼續用慢速攪拌至麵糰光滑、不黏手為止，但會有少許結粒現象。

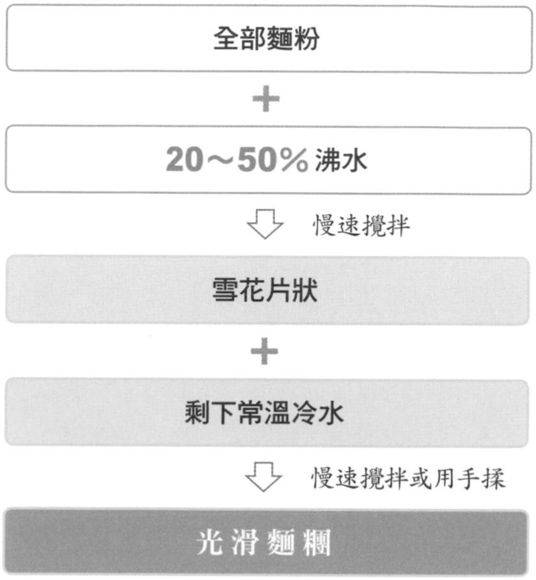

商業

先取20～50%麵粉放入攪拌缸，加入同重量的沸水，用慢速或中速攪拌成軟性麵糰，約3～5分鐘，再加入剩下的麵粉及剩下麵粉重量60～70%的冷水或冰水，繼續用慢速或中速攪拌至麵糰光滑不黏手。優點是麵糰均勻，不會有結粒現象，好操作。

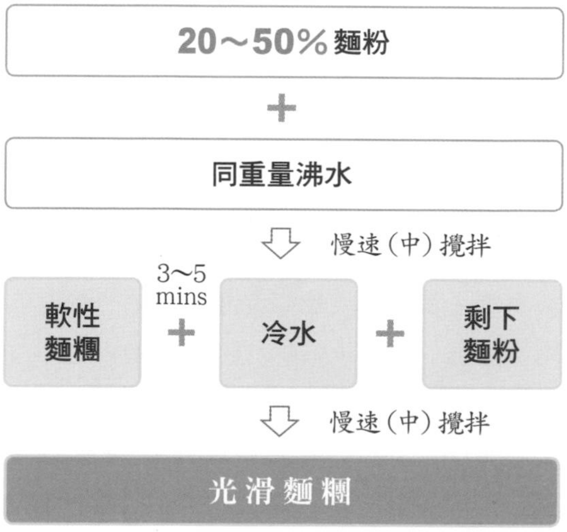

製作要訣

- 手揉或攪拌用的沸水要沸滾，需依產品需求決定沸水用量。
- 操作時，一定要加入部分冷水，麵糰才不會黏手或黏牙。
- 製作前，麵糰要冷卻，若有熱氣，麵會結皮、表面粗糙、有裂紋，會影響品質。
- 用手揉麵要用力，揉得越光滑愈好。攪拌時，需要定時，不可攪拌過度。
- 麵糰完成後，需鬆弛30分鐘以上，表面不可有結皮現象，保溫之下麵會比較甜。
- 可塑性較好、不易走樣、不易漏餡、產品軟糯，適用於各種烙餅或蒸餃等麵食。

發酵麵食

冷水或燙麵調製時，可加入適量酵母或老麵，使酵母菌在麵糰中分裂繁殖，使產品體積膨脹、充滿小氣孔，富彈性、組織鬆軟，這是最常見的一種發酵麵糰。發酵技術複雜，影響發酵的因素很多，必須了解發酵的特性，才可以製作出色、香、味、形俱佳的發酵麵點。

發酵的條件和因素

麵粉品質

蛋白質（麵筋）是影響麵糰氣體保持能力的重要因素，麵筋品質好，保氣能力強。

酵母用量

酵母（或老麵）用量對發酵力及發酵時間有不小影響，用量多，發酵力愈大時間愈短。

發麵溫度

溫度是影響酵母發酵的主因。酵母在30℃左右發酵最快，15℃以下繁殖緩慢，0℃以下失去活動能力，60℃以上則會死亡，溫度偏低時間要延長，溫度過高時間要減少，避免有雜菌，酸度增高，可用氣溫或水溫控制。

麵糰軟硬

麵糰軟，容易膨脹，發酵時間短，但氣體容易散失；麵糰較硬，產氣少，所需發酵時間長，但能保持氣體，因此要根據用途掌握麵糰的軟硬度。

發酵時間

發酵時間對麵點影響很大，時間過長，品質差、酸味強；時間過短，發酵不足，脹不大，因此準確掌握發酵時間變得十分重要。

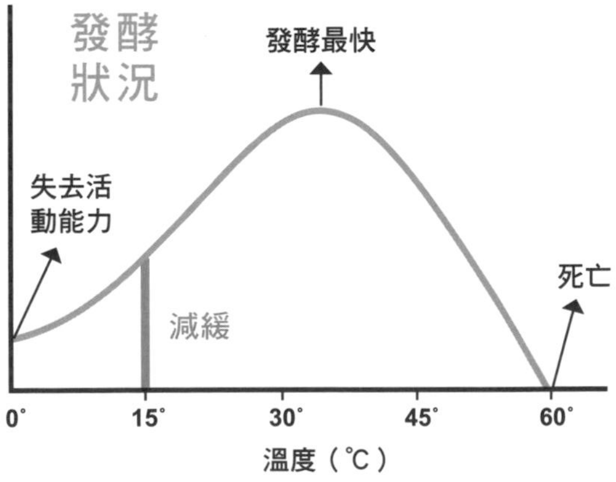

製作方法

手工

麵粉（已加入酵母及配料）加水（依溫度調節），放在麵板上或揉麵盆，用手揉，使水和麵粉結合成麵糰，再反覆揉至麵糰光滑不黏手。

機製一

所有乾性材料放入攪拌缸，加入適當溫度的水，用慢、中速攪拌至麵糰光滑，不黏手。鬆弛3～5分鐘後，壓麵或分割整形操作。

機製二

所有乾性材料放入攪拌缸，加入老麵與適溫的水，用慢、中速攪拌至麵糰光滑，不黏手。基本發酵2～4小時後，壓麵或分割整形操作。

嗆麵

發酵後的軟麵糰，加入麵粉揉成硬麵糰，視產品發酵程度，可加鹼、加糖製成柔軟、香甜或表面開花的發麵，依產品特色決定麵糰的軟硬度。

加入麵粉。

燙酵

燙麵糰冷卻後，加入酵母或老麵，揉勻發酵，這種麵糰較軟Q、爽口，較適宜製作烤、煎麵食。

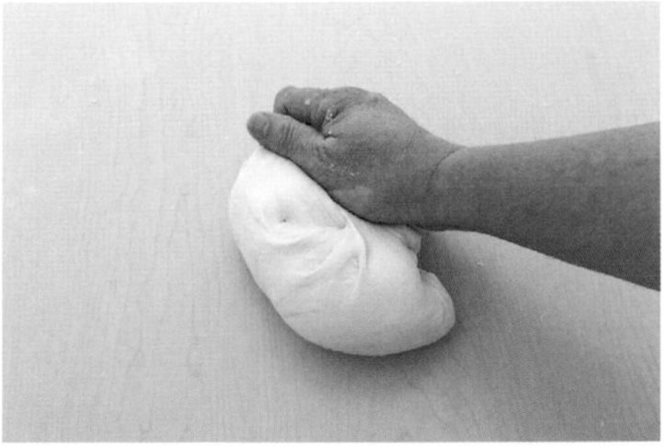

麵糰軟Q。

製作要訣

- 選用酵母需要注意。天冷或需冷凍、冷藏的麵糰，最好選用固體的新鮮酵母或活性乾酵母；液體鮮酵母運輸貯存不便，屬於特殊用途；使用速溶酵母粉，最好是在天熱或溫度較高的環境。
- 老麵發酵需注意麵種的培養，應根據水溫、室溫、發酵時間等因素調節。
- 麵糰是否需要加鹼，需了解加鹼目的、鹼水濃度、正確鹼量、加鹼方法及如何判斷加鹼對麵糰影響的程度，常用的有嗅、看、聽、嚐、抓、蒸、烤、烙等幾種方法。

發粉麵食

發粉麵食是用化學膨大劑或蛋類調製，熟製後的產品具有膨鬆、酥脆或鬆軟等特點，化學膨大劑的產品有泡打粉（BP）、小蘇打粉（BS）、銨粉（臭粉）等。

製作方法

分蛋打法

將蛋白、蛋黃分開，先將蛋白加糖，用高速拌打至尖峰狀（濕性發泡），再將蛋黃倒入用慢速拌勻，依序拌入麵粉、水和油，拌勻裝盤後，蒸或烤熟。

全蛋打法

將全蛋加糖，用快速拌打至細綿濃稠狀（濕性發泡），依序拌入麵粉、水和油，拌勻裝盤後，蒸或烤熟。

麵糊

將乾、濕原料全部混合，用中、高速拌打至均勻的濃稠狀，裝盤後，蒸或烤熟。

製作要訣

- 化學膨大劑的使用量與類別，需視產品種類而定，操作時必須謹慎。
- 化學膨大劑調製麵糰時，不宜使用熱水，會降低膨鬆效果。
- 麵糊攪拌時一定要拌均勻，膨大劑分布不勻時，成品有斑點，口味不佳。

酥油皮麵食

酥油皮是水油皮與油酥組合的麵皮，具有很強的酥鬆性、體積膨鬆、色澤美觀、口味多、成品有層次、手藝獨特，是精緻細膩的麵點。

製作方法

水油皮（手工）

麵粉放在麵板上或揉麵盆，將油、常溫冷水拌勻加入，用手揉至麵糰光滑不黏手，有筋性。

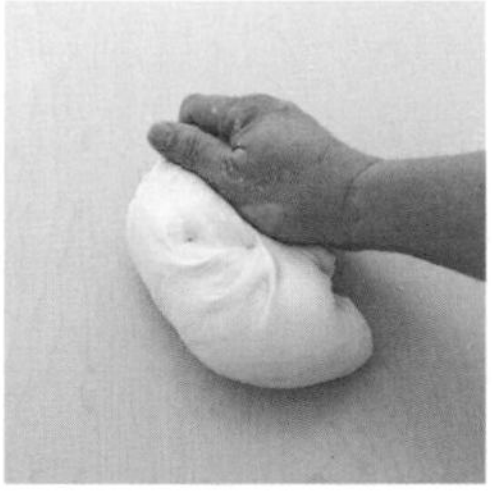

水油皮（機製）

麵粉放入攪拌缸，加入油、常溫冷水，用槳狀慢速攪拌，直至麵糰光滑不黏手，有筋性。

油酥

麵粉放在麵板上或揉麵盆、攪拌缸將油加入，用手或攪拌機拌成均勻的麵糰，沒有筋性。

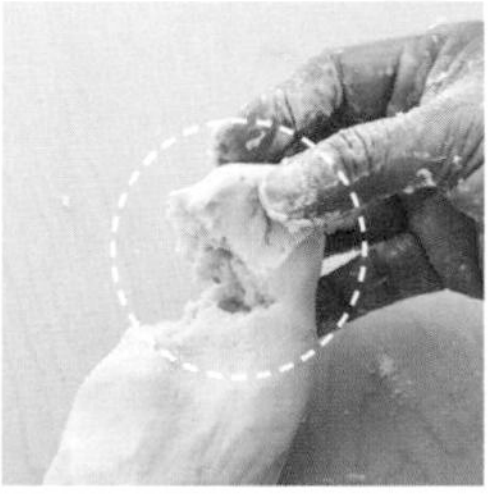

酥油皮

水油皮（外皮）包油酥（內心）組成一份酥油皮，經多次擀、摺、捲或疊成多層次的麵皮，即可整形操作。

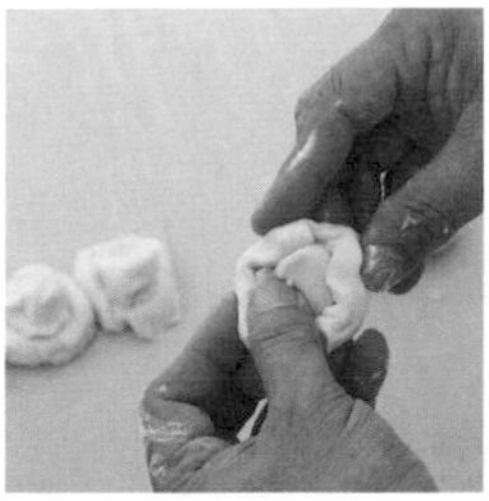

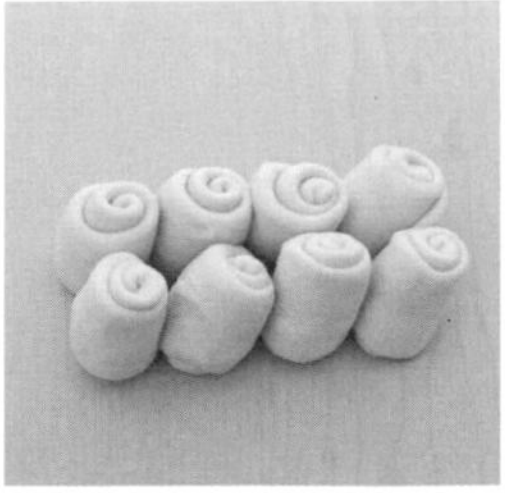

請見 P.378。

製作要訣

酥油皮

- 水油皮最好比油酥軟，包油酥擀捲後才不會太乾硬而影響酥層與成形。
- 隨室溫的高低，調節用水的溫度。
- 水、油、麵粉的比例，應靈活掌控，如油過多，會影響與油酥間的分層作用，皮容易散碎或漏餡；油過少，則製成的麵糰太硬，不會酥鬆。
- 水油皮鬆弛或擀捲時，要防止表面結皮。
- 水油皮與油酥比例要適當，用熱油調製，麵糰易黏連，成品容易脫殼。
- 水油皮要愈光滑愈好，油酥要均勻細緻，否則易出現鬆散、漏餡、裂縫現象。
- 油皮或油酥不分割包成一個大的酥油皮，稱大包酥，分成小麵糰各別包成的酥油皮稱小包酥。大包酥優點是速度快、效率高，適用大量生產，但酥層不均勻，品質較差。小包酥優點是酥層均勻，層次多，麵皮光滑不易破裂，但速度慢、效率低。
- 包酥應注意油皮四周厚薄均勻，防止收口過厚，擀皮後油酥會分布不均。
- 酥油皮要均勻，不宜擀得過薄或是擀薄時露酥。
- 擀酥油皮時，施力要適當，如施力過猛或者不勻，容易使油酥壓向一邊，而影響層酥A。

- 擀酥油皮時，少用生（防黏）粉，不要捲的太緊，否則酥層不容易黏結，易造成脫殼B。

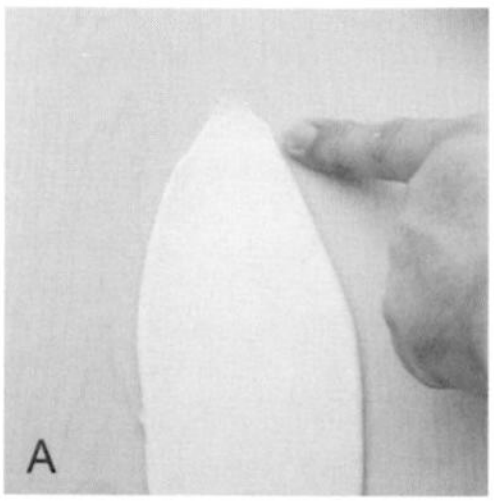

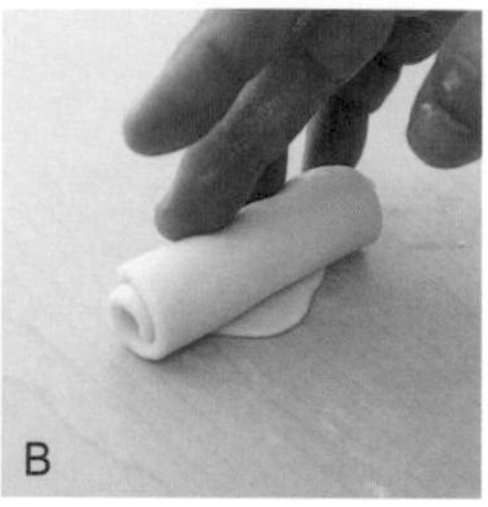

圓酥

切斷的切口向上A，按扁，再自中心向外輕輕擀開B，紋路朝外，包餡，使圓形紋露在外面C。

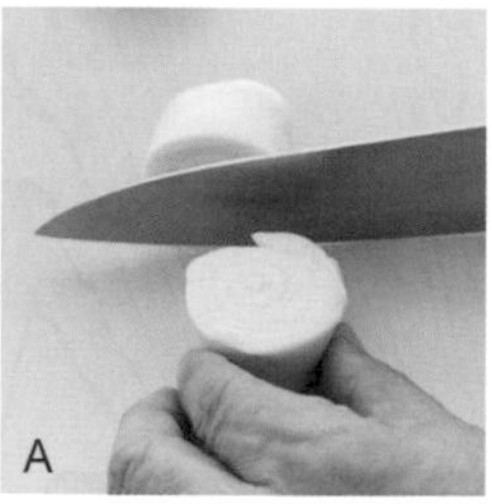

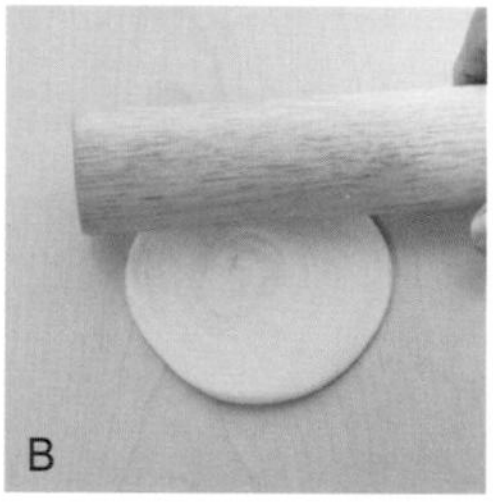

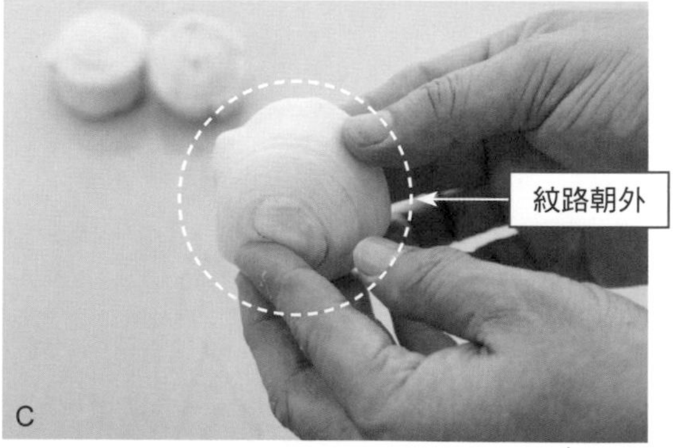

直酥

剖開長邊，切面向上用手輕輕按，擀成圓皮包餡，使直線紋露在外面。用中低溫油炸，火力不能大，火太大，不會起酥，也不會分層，又容易破碎。

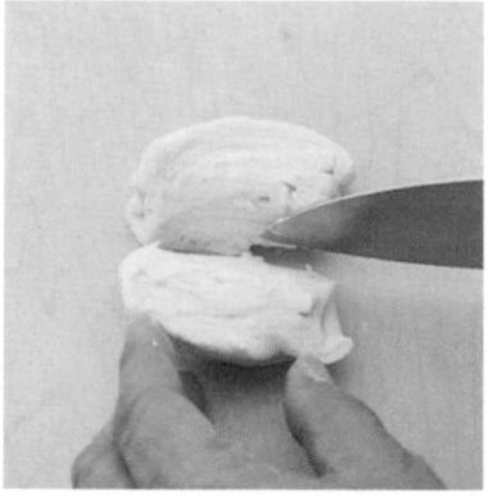
剖開長邊。

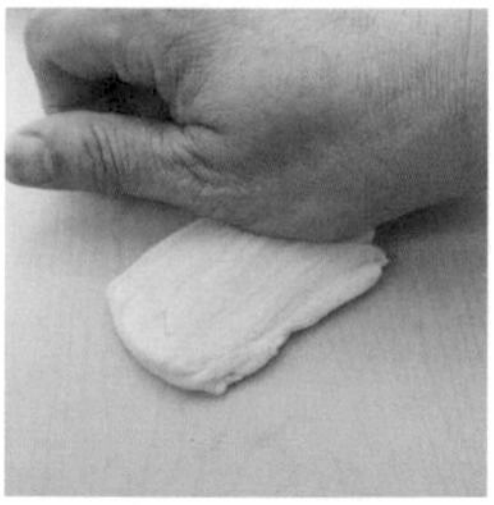
切面向上，用手輕按。

暗酥

捲酥油皮時，酥層不要露出，用手輕輕按，擀成圓皮包餡，炸或烤時，氣體向外散發，酥油皮會脹發，酥層不散、不碎。

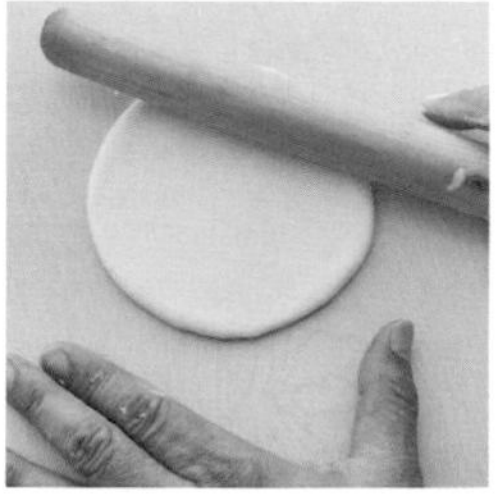
表面平整，看不到紋路，即為暗酥。

半暗酥

酥油皮捲呈筒形後，要用手將酥油皮斜著按扁，再包入餡心。

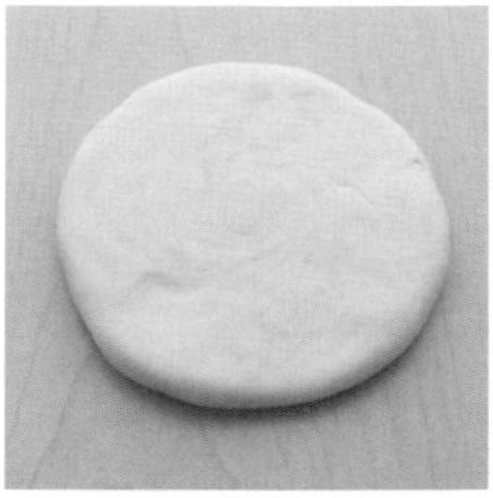
表面可看到少許紋路，即為半暗酥。

糕漿皮麵食

糕漿皮分漿皮與糕皮兩種，雖屬同一類麵食，仍各具風味。漿皮是糖漿與麵粉、油調製的麵糰。這種麵糰鬆軟、細緻，又有韌性及良好可塑性，適合製作包餡麵點，如廣式月餅、提漿月餅。糕皮是弱筋麵糰，有一點筋性，常用於鬆酥類或油炸類麵點。如金露酥、開口笑等。

製作方法

漿皮

攪拌機或揉麵盆放入糖漿、油與鹼水拌勻，加入麵粉用槳狀或飯勺拌至麵糊光滑不沾手，呈稀軟的麵糊，沒筋性，但有一點流性，經30分鐘以上的鬆弛，麵粉中的蛋白質會開始吸水，變乾，有良好的可塑性。使用前，需用麵粉調至合適的軟硬度。

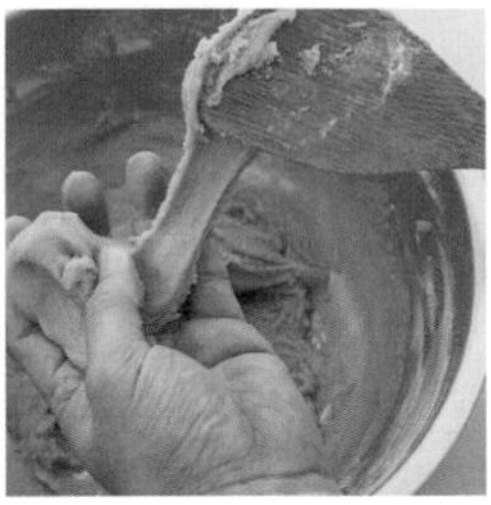

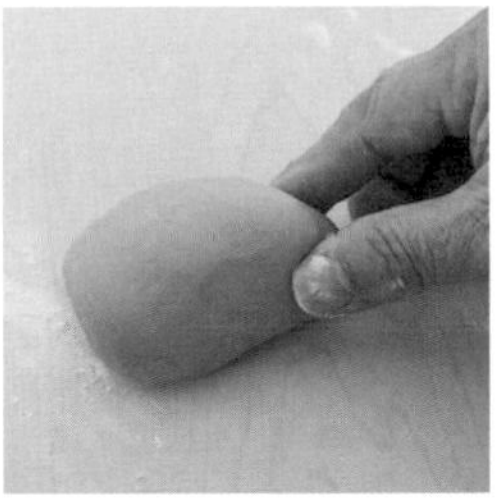

糕皮

將糖、雞蛋、油脂、水和膨大劑放入攪拌缸或揉麵盆內攪拌均勻，再加入麵粉攪拌至麵糰光滑，有一點筋性，麵糰有良好延伸性和可塑性。

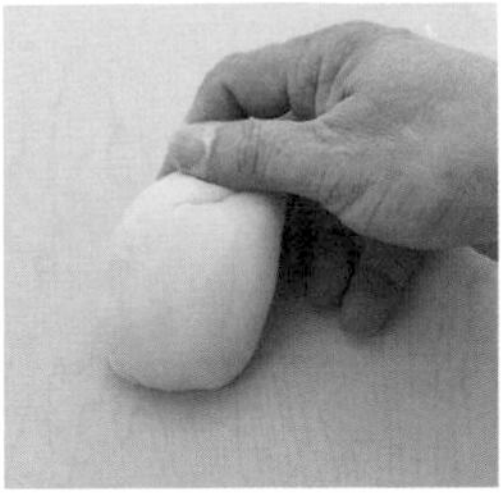

製作要訣

- 糖漿須冷卻後才能使用，不可使用熱漿；最好能有15天以上熟成期，品質更佳。
- 糖漿與油充分混合後，再加鹼水拌勻，可用鹼調節色澤，鹼水過多成品呈暗褐色，鹼水用量過少，成品不易著色呈淡色。
- 加入麵粉之前，糖漿和油脂需充分乳化，如乳化不勻，則麵糰容易出油、粗糙、品質差。
- 麵粉應逐次加入，需留少量麵粉調節麵糰的軟硬度，如果太硬，可以加些糖漿不可用水。
- 麵糰調製後，需4～6小時使用完，放置時間太長，需再加鹼水調節，所以不宜鬆弛太久。
- 糕皮麵糰鬆弛後，需要再調節一次軟硬度，使用前一定要揉光滑，軟硬適宜才可以包餡。

油炸麵食與燒餅麵食

該兩類麵食係由上述六種不同性質的麵糰組合而成，它的調制方法和製作要訣都相同，只是整形方法、熟製方法不同，而形成另一組合。

02

內餡調製技術

內餡調製是將製餡的原料，經過加工、調製、混拌或熟製後，調製的餡心或餡料，可用於包入或夾入麵糰內，製成麵點。

調製者需瞭解內餡的作用、製作、分類、包餡比例、原料處理、口味及調味技術，這些均是製作麵點必備的知識。

內餡分類

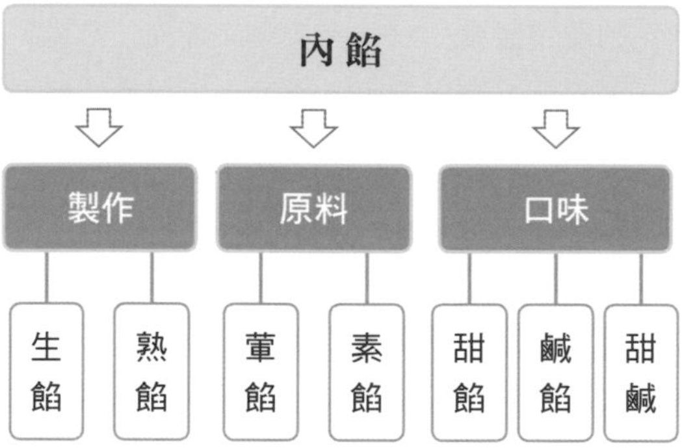

內餡功用

內餡對麵點的重要性不亞於麵糰，包餡麵點的口味、形態、特色、花色等都與餡料有密切關係，因此調製者必須對餡心的作用有充分認識。

1. **呈現麵點風味：**風味是由餡料呈現，如餡餅、韭菜盒。
2. **改變麵點形態：**餡料的軟硬或外表裝飾，會影響外形美觀或使具特色，如四喜燒賣。
3. **形成麵點特色：**餡料可形成地方的風味特色，如廣東叉燒包、天津包子。
4. **增加麵點花色：**餡心不同，口味不同，可增加花色種類，如鮮肉餃、三鮮餃。
5. **決定麵點口味：**包餡麵點的口味，主要來自餡心，餡心的比例與品質，是衡量麵點口味的標準。
6. **決定麵點售價與品質：**餡料品質、新鮮度與含量比例，會影響售價與成本。

原料處理

熟麵粉

是製作甜餡的輔料，可使餡心容易成糰，產品質地較鬆，常用於月餅餡、喜餅餡的充填料。常用的熟麵粉有兩種，蒸的麵粉可保持餡的自然色澤，烤或炒的麵粉則可增加餡的色澤與香味。

- **蒸麵粉**

將麵粉篩在墊布的蒸籠內，用大火蒸30～50分鐘至熟，判斷是否蒸熟，可取少量麵粉，加水用手搓揉成糰，若沒有麵筋黏性，表示已經蒸熟，再過篩使用。

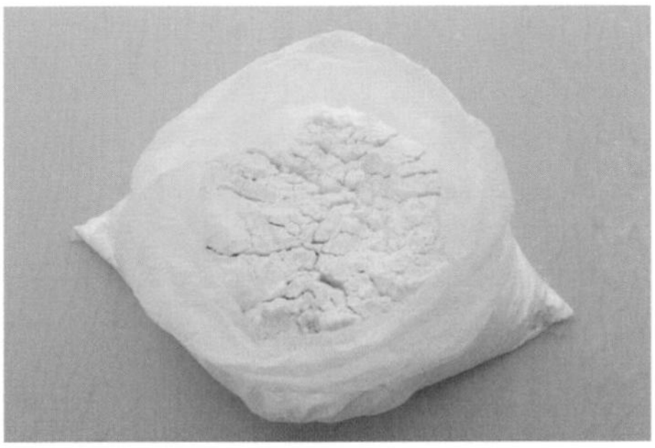

- **炒或烤麵粉**

麵粉篩在乾淨的炒鍋或平盤內，用小火炒或烤到微黃色，過篩後使用。

熟糕粉

又稱糕仔粉或鳳片粉，是製作甜餡常用的輔料，加入熟糕粉可使餡心成糰，因熟糕粉吸水和吸油的能力很強，透明性比熟麵粉佳，常使用於伍仁餡、老婆餅餡。

豆類

豆類種類很多，如紅豆、綠豆與白豆等，常用於製作甜餡。豆類製作豆餡時，要將皮去除，洗出豆沙，再熬製成甜豆沙餡，不去皮一齊熬煮的豆餡，稱為豆粒餡。常用於豆沙包、壽桃、月餅、鍋餅等，為餡心用途最廣的餡料。

乾貨

鹹餡常會用到乾貨原料，原料乾硬，不利餡調製，使用前要用水泡軟或蒸軟，以利餡料調製，如蝦米、香菇，要先行泡水，軟化後才能使用。

其他原料

調餡時，若原料有不良的氣味、苦味、澀味，要先加工去除，以醃漬類為例，需先泡水，去除腥味、鹹味，水分多的食材，如高麗菜、大白菜等，需用鹽醃漬後，去除多餘水分。

處理原料的 5 大方式

內餡原料的加工形態要有特色，如原料形狀，規格與大小需一致、厚薄均勻，規格過大，易出現整形困難、難入味、皮熟餡生或餡熟皮爛的現象，由於餡原料的不同，加工方法也會有所不同。

絞

用絞肉機將原料絞成細小的末、泥、茸，如豬絞肉。

磨

將硬原料磨或者打成粉末狀，如花生粉、芝麻粉。

切

用刀將原料加工成各種形狀，如紅蘿蔔、蔥花等。

剁

脆嫩含水高的原料，用刀剁切成細碎，如高麗菜、大白菜。

銼

用銼板或磨板，將原料以銼或磨的方式，銼成細絲或磨成泥茸。如白蘿蔔絲、薑末。

如何調製內餡？

甜餡

- 以糖為主料配以各種蜜餞、乾果、油脂等製成風味獨特的餡料，廣泛應用於麵點。
- 種類多，如芝麻餡、伍仁餡、豆沙餡等。

鹹餡

- 以肉類（豬、牛、羊、雞等）或蔬菜（大白菜、高麗菜等）為主原料，再搭配不同的配合原料和調味料調製而成，是麵點應用最普通、最廣的餡料。
- 依照加工方法，可分為生鹹餡、熟鹹餡與生熟混合餡三大類；依使用原料，可分為菜餡、肉餡、菜肉餡。

拌製法

將原料初步加工或預熱處理，再切成不同形狀，加調味料拌和而成，多為生餡，例如餃子餡。

熟製法

將原料加工成各種形狀後，予以加熱調味成餡料，多為熟餡，例如叉燒包的餡。

依水分、黏性，可分生熟餡

餡心的水分和黏性會影響成形和口味，水分多，黏性小；水分少，黏性大。餡心口味宜淡，由於餡心熟製後會出水，鹹味會跟著增加，鹽分減量，口味較適中。另外依麵點特性製作餡心，才不會熟製後變形或下塌。

生餡

可分生菜餡、生肉餡、生甜餡。

- **生菜餡**：選用的是新鮮蔬菜，含水量高，黏性很差，必須減少水分，增加黏性，可用擠壓或鹽醃方法去除蔬菜水分，再添加油脂、醬類及雞蛋，以增加黏性。
- **生肉餡**：必須打水或摻皮凍，以增加水分、減少黏性。
- **生甜餡**：含水分量少，黏性差，常採用打水使餡增加黏性。

熟餡

可分熟菜餡、熟肉餡、熟甜餡。

- **熟菜餡**：多使用乾燥菜泡後熟製，黏性比較差。
- **熟肉餡**：餡濕散，黏性也差，可加入熟芡汁，增加黏性。
- **熟甜餡**：常採用泡、蒸、煮等方法，調節餡的水分，增加黏性。

依水分、可分輕重餡

輕餡類

皮餡比為60%：40%～90%：10%，如叉燒包、蓮花酥、水晶包等，因為麵皮較多，可突顯麵糰造形，若餡太多則會破壞外形。

重餡類

皮餡比為20%：80%～40%：60%，如廣東月餅、水餃、春捲等，因為餡較多，可突顯餡料的特點。

半皮半餡類

皮餡比為40%：60%～50%：50%，如肉包、酥餅等，適用於皮、餡各具特色的麵食。

依特性

打水

- 肉拌打至有黏性，慢慢加入水，邊加水邊拌，使水與肉結合而不分離。
- 又稱吃水，是使生肉餡鮮嫩的一種方法。
- 動物性原料黏性大，油脂重，打水可降低黏性，使肉餡嫩而多汁。
- 打水應根據產品而定，水少，餡料黏，水多，餡料稀。
- 打水需在調味前進行，否則會出水。
- 打水要分次加入，可防止肉、水分離。

- 打水時順方向用力攪打，直到肉質呈膠狀有黏性為止。

調味

- 這是保證餡心品質的好方法，因各地口味不同，調味品和用量會有差異，北方偏鹹，南方喜甜，需根據顧客要求、季節、地域的具體情況而定。
- 調味時應視產品而定，添加調味料時要有先後順序，首先是加鹽、醬油，攪拌後，要確定基本鹹味，使餡料充分入味，再打水、摻皮凍，最後再放芝麻油、蔥花等。
- 調味應突顯原味不宜過鹹，以鮮香為宜。

摻皮凍

- 皮凍可使餡料濃稠，包捏方便，熟製時，皮凍溶解可使餡多汁鮮美，如湯包、餃子。
- 摻皮凍是麵點常用增水量的方法，應根據凍的種類及產品而定，麵皮有韌性，可以多添加一些，發酵麵皮應少一些，因為麵皮會吸收水分，容易破底、漏餡。

皮凍製作

皮凍分硬凍（含肉皮）和軟凍（不含肉皮，又稱水晶凍）。皮凍含膠質，熬煮後變成明膠，遇熱融化，冷卻凝凍，適用於小籠包、湯包等麵點。可用1%洋菜粉（10g＋1000～1200g水），煮化，冷卻凝凍代替。

作法

1. 豬皮去毛用熱水燙、去異味後入鍋煮。

2. 用旺火煮至豬皮可用手捏碎。

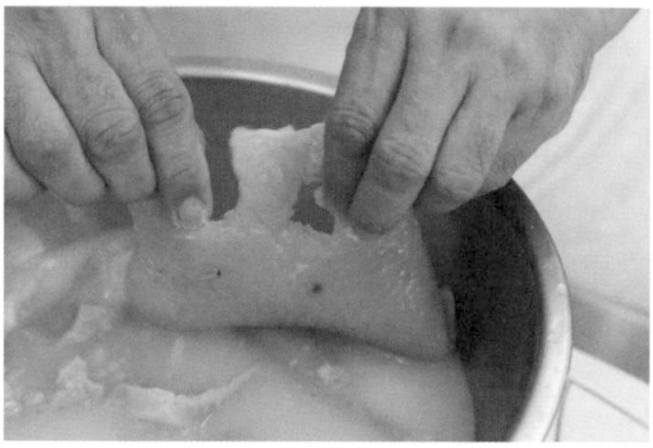

3. 湯汁倒入容器，冷卻後成凍狀。

如何製作甜餡？

甜餡是以植物果仁、果實或根莖等為主要原料，用糖、油炒製而成的餡料，是麵點理想的餡心，常見的有紅豆沙、棗泥、蓮蓉等。

甜餡製作

選料要精

常用的原料有豆類、紅棗、蓮子、薯類等，挑選時，要注意原料是否有發黴、蟲傷、是否新舊原料雜混、新鮮度、品質、出沙率等。

正確加工

為保證品質，加工要精細，如豆類去皮、蓮子去芯去皮等，原料要熟製，且製成泥。

火候恰當

炒餡過程，要注意火候，高溫容易焦化變色、產生苦味及有黏鍋狀況。

配料恰當

注意糖與原料（濕料）的比例，糖的比例應為濕料的50～60%。

甜餡種類

糖餡

- 糖餡是以綿白糖、白砂糖為主原料，搭配其他配料，攪拌成的甜味餡。
- 糖餡需將糖與熟麵粉（或熟糕粉）一起拌勻，避免出現純糖加熱時受熱膨脹，使麵皮爆裂漏餡。拌糖時，要用力搓，直至用手抓可成糰為止，如果糖餡太乾，可適當加點水或油攪拌。
- 糖餡可加豬油丁，即為白糖豬油餡（水晶餡），加芝麻即為白糖芝麻餡（麻仁餡），加玫瑰、桂花，即成有花香口味的糖餡。

豆茸餡

- 豆茸餡是以植物果實或果仁加工而成的甜味餡，餡料細軟，有不同香味，如豆沙、棗泥。
- 餡的製法相同，均需洗淨去雜質、皮與核，蒸煮後，可磨成泥或水洗取沙碾成泥，加油、糖炒至適當稠度、不沾手、有亮度及適當硬度，注意糖度及水活性的控制。
- 煮豆類時，只要洗淨，不要泡水，沸水下鍋，用旺火燒沸煮爛後，改用小火燜煮，爛得快，又可增加出沙率。
- 紅豆煮、燜，要愈爛愈好，可含皮（紅豆粒餡）或水洗，除皮取沙的豆沙較細膩。
- 白豆沙煮、燜，要愈爛愈好，需用水洗除皮，再漂水3～5次，將不良的風味、豆膠、苦味漂淨再取沙，豆沙入口細膩，容易化在口中。
- 炒豆沙時，需注意安全，因豆沙與糖炒煮時，水分多，易噴濺出，煮開後應將火關小，繼續熬煮至適當稠度。

中點小百科 何謂出沙率？

豆子煮爛後磨成粉漿，加水稀釋，用細篩將豆皮過濾，所得到的純豆沙，脫水後會得到豆沙粉，豆沙粉重景除以乾豆重量，得到的比例稱出沙率。

03

麵點的成形

麵點的形色味

麵點製作的形、色、味，是基本成形技術，會影響品質的酥脆、鬆軟及觸感與美感。

麵點的形

麵點的形狀是指外表的形態，形美與色美是視覺的感知，是品嚐前，給人的感受，麵食的形美，需要有精湛包捏與造形的技術。

形的分類

- **單個**：麵糰分割後，個別包餡、捏形，如各式餃子、包子等。
- **整體**：製成的麵點不經刀切，而是整盤整塊分食，如蒸蛋糕。

形的要求

- **規格一致**：同一麵點、同一盤，包捏大小的規格要一致，才能產生整體感，是麵點成形最基本、最起碼的要求。
- **大小適度**：麵點的外形大小要合適，一般是根據麵糰重量而定，大小需配合麵點的盤具、包裝容器，不宜過大或過小。

形的特徵

- **普通形態**：是指製作大眾化而普遍呈現的外形，如圓形、橢圓形、菱形、長方形、方形等，或包子形、春捲形、燒賣形、水餃形等。
- **模具造形**：利用各式模具來美化外形，它與一般麵點不同，是借助模具的形狀來造形，如各式印糕模、方糕模、月餅模，可使製品大小均勻、紋飾一致、增加美觀。
- **花色塑造**：花色塑造外形是一種手法，花色造形，採用較多的成形技法，需靠熟練的捏塑、卷疊法、裝配法、鑲嵌法等技藝，如花色餃類、包類、酥類、卷類。

麵點的色

麵點的色澤是指外表顏色，好的色澤可引起食欲和吃的興趣，色澤可辨別產品品質的優劣，如麵點的配色與熟製的呈現。

配色技巧

麵點的配色，常會使用食用色素，以增加產品的美觀，應使用天然色素，如胡蘿蔔素、可可粉等達到色澤美觀，配色技巧如下：

- **上色法**：將色素刷塗在製品表面，生品上色後，再行烙、烤或炸，如刷糖水或蛋液，熟品則適用蒸製類的麵點的表面。

- **噴色法**：將色素噴在麵點表皮，可用噴物器或牙刷彈噴，如壽桃。

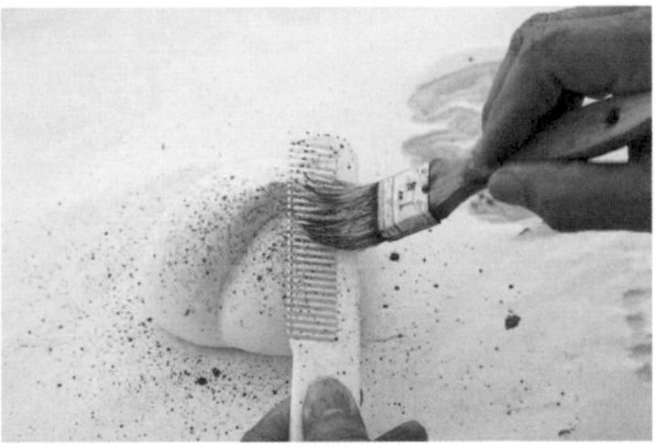

- **混色法**：將色素混入麵糰揉勻，使白色變成紅、橙、黃、綠等有色麵糰，再製成各種有色麵點，如紅糖饅頭、巧克力饅頭。

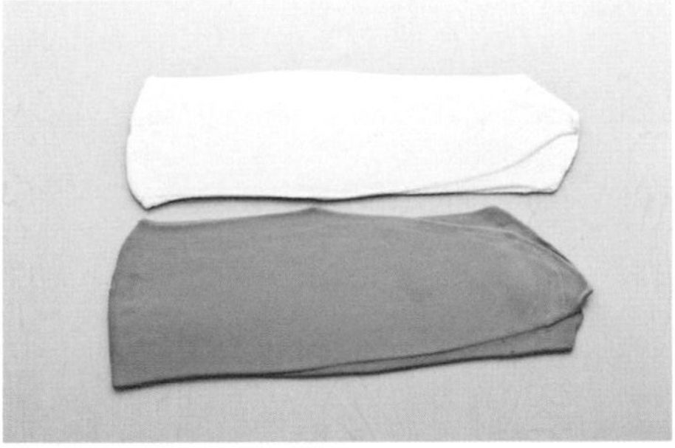

- **套色法**：根據成形需要，包入不同色的麵糰，配合造形技法，製作形態逼真的各式麵點，如蘇式船點、花鳥蟲魚等。

以下是4大配色要訣：

1. **保持本色**：保持麵點原有的自然色澤，是麵點正宗作法。
2. **適量點綴**：在原色上點綴一點食用色彩，如四色燒麥上面點綴的火腿末、青菜末。
3. **嚴格控色**：應按法規的規定，適當適量使用合格食用色素。
4. **略為潤色**：麵點成熟後稍加修飾，使色澤更明亮或有光澤，如刷油、刷蛋（烤前）。

麵點的味

麵點種類繁多，各有特點，除色、香、形外，多會涉及風味與口味，如酥、韌、軟、脆等，要達到預期目的，除了需注意選料、加工與熟製外，成形的操作也是相當重要。

酥

- 酥有香酥、鬆酥、酥脆特色。酥脆多半是油炸製品，如麻花；鬆酥多半是烘烤製品，如香酥燒餅；香酥多半是煎、烙製品，如蔥油餅。

- 製品特色包含熟製、成形手法，如麻花搓捲的鬆緊或粗細、煎烙製品的厚薄，都會影響產品的香味與口感。

韌

麵點厚薄會影響產品的彈性、硬度或韌性，硬麵有韌性、耐咀嚼、有咬勁，冷水麵都具有此特點，油烙或乾烙的產品影響最大。

軟

指麵點內部的組織鬆軟，會受形狀或熟製影響，如饅頭、包子、花捲等軟綿的麵點，會使人感到口味與口感的舒適。

脆

脆的產品嚼起來有聲，使人有一種味覺的快感，如炸春捲、脆麻花、油條、巧果等，是麵點風味與口味最佳的產品。

麵點的成形

麵點經製皮或包餡後，接下來的手法，就是要用揉、捲、包、捏、抻、切、削、撥、擀、疊、攤、鉗花、模印、沾滾、鑲嵌等方式成形，是麵點製作最具技藝性的工作，會影響成品的形和質，透過手工的操作，可以製成餃、餅、條等形狀。

操作手法

揉

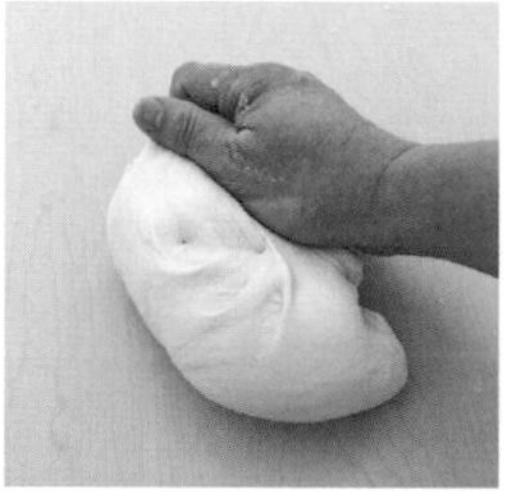

是麵點基礎動作，是比較簡單的成形方法。製作饅頭或鍋餅，用單手揉或兩手互相配合，揉成表面光滑的圓形或半圓形製品，如硬式饅頭、火燒、大鍋餅等。

擀

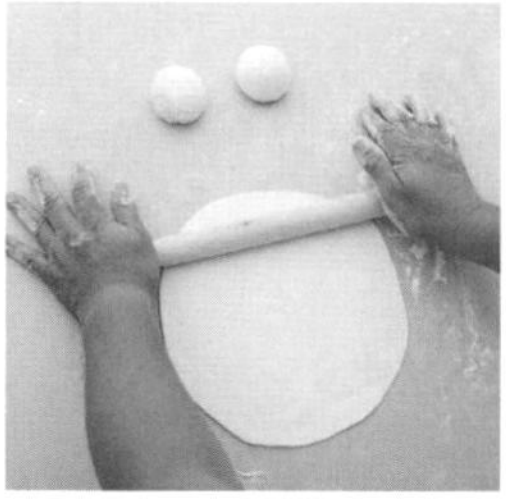

是麵點基本技術，大多數製品都需用擀的方式成形。擀的用力要適當，要輕，前後左右，推拉一致，四邊要勻，如麵條、餛飩皮、烙餅、蛋餅等。

疊

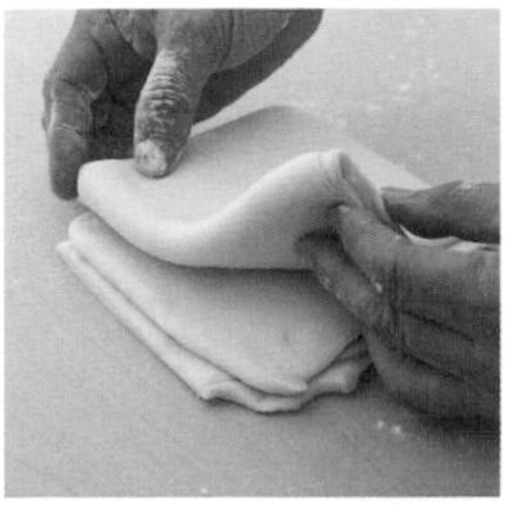

是與擀結合的操作方法，將擀好的麵片對摺或經多次摺疊成多層次的作法。製品形狀整齊、層次清晰，如千層油糕、蘭花酥、如桃夾、荷葉夾等。

捲

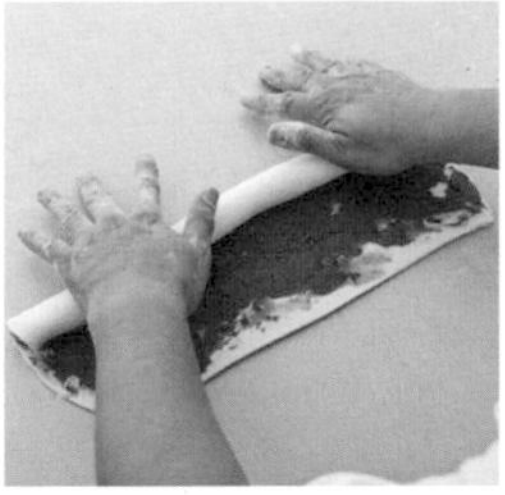

是將擀好的麵片抹油或抹餡捲起來，再切成小段的方法，是麵點常用的成形法，捲法不同，可製出有特色的麵點。捲的方法較簡單，捲成圓（柱）筒狀，切段再成形，如花捲、麻花捲，也可從兩頭向中間對捲，如意捲等。

攤

將麵糰加工成薄皮的方法。用稀軟麵糰或麵糊，邊攤邊熟成，如煎餅、春捲皮、蛋餅等。

麵糰成形

抻

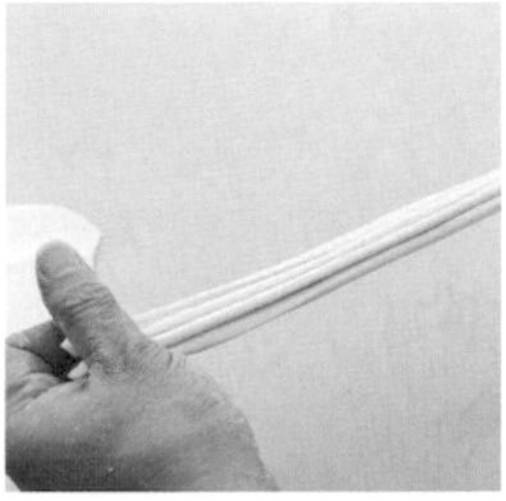

將麵糰用手反覆拉抻成形的方法，是製作麵食的一種獨特方法，技術難度大。抻的用途較廣，除了拉麵及龍鬚麵外，還可製作盤絲餅、銀絲卷、一窩絲餅等。

切

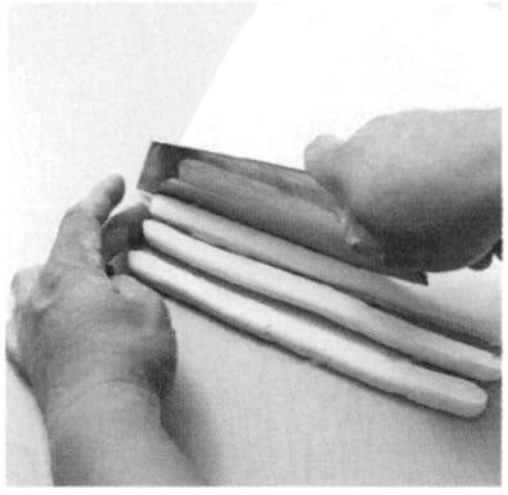

以刀為工具，將麵糰分割成形的方法，是麵條成形的技法，如刀切麵。

削

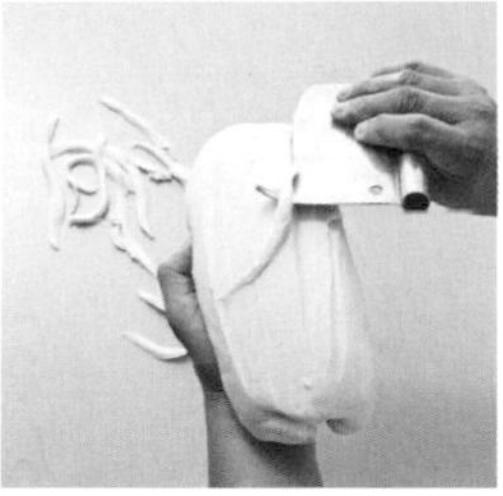

用刀直接削麵糰製成條的方法，削出的麵條叫刀削麵。

撥

用筷子撥製麵點的方法，稀軟麵可撥出兩頭尖中間粗的條，如撥魚麵。

包點成形

包

將麵皮包入餡心的方法，餡在中間要按實、收口要輕、捏緊捏嚴、厚薄均勻，如各式包子、餡餅、餛飩、燒賣等。

捏

包餡後，製品捏成各式形狀的方法，手法多花式多，捏出的形態美觀、維妙維肖，可分為一般捏法和花式捏法兩種。

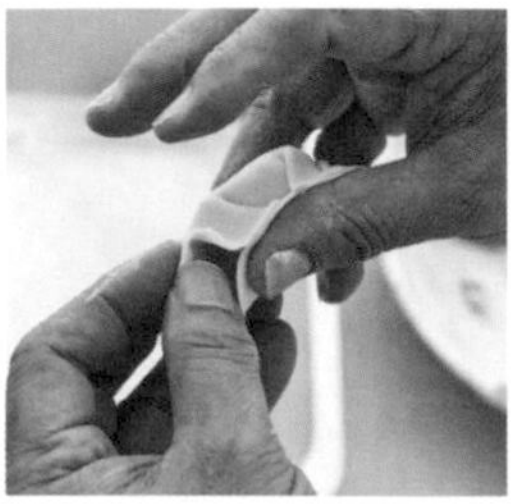

一般：將餡心放在麵皮中心，用雙手將邊緣捏合在一起，包捏要勻、要緊、肚大邊小，不要用力過大擠破腹部，如水餃。

花式：將餡心放在麵皮中間，捏出花紋或花邊的製品。如蒸餃、鴛鴦餃、四喜餃、麥穗包、咖哩酥餃等。

剪

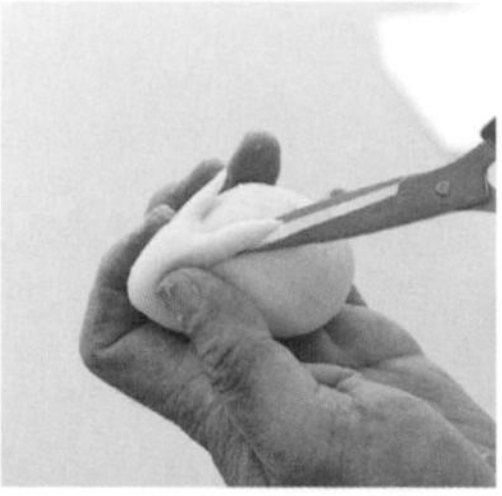

利用剪刀在製品表面剪出獨特形態的方法，剪的深淺、粗細、大小，與形態關係很大，可以在包餡後邊捏邊剪，如佛手包、刺蝟包、蘭花餃、菊花酥等。

夾

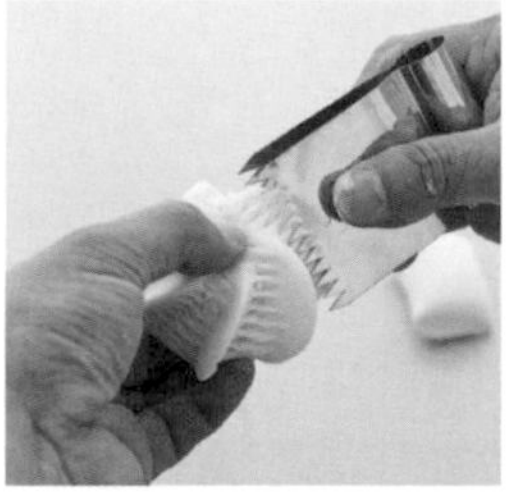

借助工具將包點或麵糰夾捏出形狀，夾製可使麵點形態美觀，如花卷、豆沙包。

按

包好餡的麵糰，用手掌按扁成形，適用於形體較小的包餡麵點，如餡餅等。用手掌根部按扁、按平，或用手指按壓（揿），按的力道要均勻，動作要快。

麵點外形

模印

利用各種模具壓印成形的方法，具體製法是將麵糰（包餡或不包餡）壓入或按入塑膠或木質模具內，由於內部雕刻各種花紋、字形、動物、水果圖案，會使麵糰表面呈現圖案，如桃、龜、魚、花、壽字、月餅等。這種成形方法的優點很多，而且使用方便、規格一致、保證有各式形態。

嵌鑲

在糕點或麵糰嵌入裝飾原料，使成熟後產品的表面、色澤、圖案、層次或色調美觀，主要是裝飾作用。可直接鑲在表面，如棗糕、棗餅；也可以間接鑲上，使成品表面露出配料，如紅豆糕；另外配料也可以放置碗底，擺成圖案，熟後倒扣，使圖案花紋在製品表面，如八寶糕。

鉗花

運用鉗花工具，整成多樣花色的麵點。鉗花方法多樣化，可在麵糰的邊或表面鉗出各種形狀，如鉗花包、荷葉包、船點等。

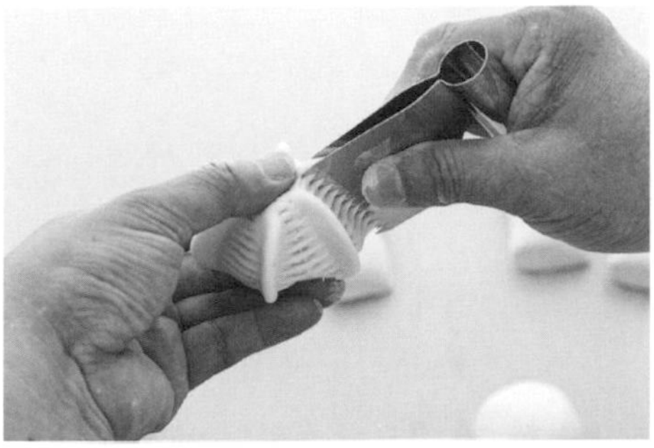

沾滾

是滾動麵糰沾上粉粒的方法，先將麵糰切成小塊，沾水潤濕，放入盛有芝麻的盤中，搖晃使其滾來滾去，沾滿芝麻，滾沾後表面規格一致、產量高、品質好。

04

麵點的熟製

熟製是麵點製作最後的過程，是將成形的生製品（半成品），用各種不同加熱方式，使其在特定溫度下，發生變化而成為色、香、味、形俱佳的熟製品（成品）。麵點若因熟製不慎，可能會前功盡棄，反之如果方法恰當，更能體現產品特色，還可提升產品的色、香、味、形，因此熟製對產品品質的影響，十分重要。

為何要熟製？

熟製的目的，是運用各種不同熟製方法，使麵糰由生變熟，成為衛生、可口的食品，同時還可改進麵點的色澤、形態和口味等，目地是使產品變熟與定形，達到食用目的。

呈現色澤

麵點的色澤和形態，大多由熟製決定，如烤燒餅的紅棕色、炸油條的金黃色、蒸饅頭的白色、翡翠麵的翠綠色、油麵條的淺黃色等。熟製恰當，色澤美觀、形態完整，如果熟製不當，就會呈現色澤暗淡、焦糊或變黑狀態，因此熟製的適當與否，有可能呈現產品的色澤，或者被破壞了。

呈現品質

麵點經攪拌、分割、包餡與成形的過程中，最後一定要熟製，才能呈現產品特色，熟製不當無法呈現產品的品質。如生熟不均、半生不熟、鬆軟不分、酥脆不分或嚴重焦糊等，因此熟製是呈現產品品質最重要的製程。

呈現形態

熟製能使製品有穩定的形態，因加熱的溫度，會使蛋白質熟化而被定形，如蒸餃、燒賣等，但熟製也會使製品改變形態，如桃酥、炸油條、開口笑等，形態也會因火候的控制不當，出現塌陷、裂口、沾黏、糊爛等，可見熟製對麵點形態的影響，占舉足輕重的角色。

呈現口味

麵點要靠熟製來體現特殊的風味與香味，如發酵香，油炸的香脆或烤烙的鬆酥，麵點若火候恰當，麵皮有香味，餡心鮮美，火候不當時，不是沒味，就會有異味或破裂流失，之所以會有特殊口味，是因麵皮與餡心相互作用所產生，因此熟製火候的適當與否，會改善或影響產品的口味。

熟製分類

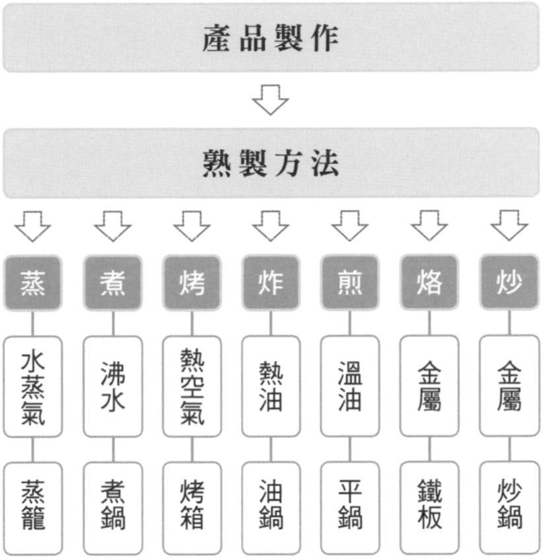

熱的傳導

熟製除了需恰當火候外，還要由各種介質來傳遞熱量，才可以達到由生變熟的目地，熱傳導介質有水、油、蒸氣、空氣、金屬等。

水傳導

水是最普通的傳熱介質，廣泛應用於水煮麵點，水煮的溫度比較恆定，常壓下，溫度不會超過100℃，又能保持恆溫。用水導熱可在一定時間與溫度下加熱，把製品浸入水中，由生變熟，如煮麵條、水餃等。水傳導大多是水沸以後，製品才能下鍋，如煮麵條、餃子、餛飩等。

油傳導

油也是重要的傳導介質，油溫可達300℃左右，可以很快將製品炸熟。油脂的滲透力強，可進入麵點內部，油溫度高，能使製品的水分快速氣化，製品會酥、脆，增加原有風味。用油傳導，製品外焦內嫩，有香、脆、酥、嫩的效果。熟製方法有炸、煎、炒等，油溫不要太高，易產生有害物質。

汽傳導

水蒸氣溫度約在100～105℃，加壓可高達150℃左右，是介於油與水的傳導介質，能供給適當水分，不會失水和吸水太多，可保持製品的濕潤性和原性原味，而且操作方便，容易掌握品質，成本又低廉，用於蒸包子、蒸餃或饅頭的效果最好。

空氣傳導

利用不同燃料燃燒或借助紅外線等熱能，直接烘烤或用不同的爐具，如烤爐、瓦斯爐，直接散發熱空氣的輻射，使製品成熟。空氣傳導的溫度較高，一般溫度在100～300℃左右，多用於麵點烘烤。

金屬鍋傳導

以金屬鍋底傳導的方法，利用受熱均勻的鍋底直接接觸製品，將製品煎、烙至熟，傳導的熱能比油和水強，其火力大小是隨金屬鍋底受熱溫度而定，火大，受熱度高，火小，受熱度低，需依製品的要求調節火候。

熟製方法

麵點不管使用哪種熟製方法，都是使麵點由生變熟，都是通過煮、蒸、炸、煎、烤、烙及複式等熟製，達到鬆軟、酥脆、香酥等不同要求。

「蒸」

是將麵點半成品（生麵糰）用蒸籠或蒸箱的蒸氣來傳導的熟製方法，又稱蒸食或蒸點，適用水調麵、發麵的熟製，如蒸餃、燒賣、饅頭、花捲、包子等，容易保持麵點形態、餡心鮮嫩及鬆軟口感。因麵點性質不同，蒸氣之壓力、溫度、濕度、火力大小也會有所不同，熟製時要特別注意。

蒸的技巧

1. **掌握發酵程度**：為了使發酵麵點具有彈性和膨鬆的組織，成形後一定要發酵，使麵糰繼續膨脹，以達到蒸熟後鬆軟的目的。但要依據不同麵點之需求，適當的控制發酵的溫度、濕度和時間。
2. **水沸才上蒸籠**：不論蒸製何種麵點，最好水燒沸後才放上蒸籠，較好掌控時間。
3. **蒸籠不要洩氣**：為了使蒸氣集中不散發，不影響蒸製時間，也不能浪費能源，一定要防止漏氣或跑氣，但有些特殊麵點，則需要開小縫或隨時開蓋，讓氣體洩掉。
4. **掌控適當火候**：保持蒸製品的品質，需掌控火候。麵點種類不同，要求不同，因此蒸製火候也不同，需視產品特性，求取最適當的火候。
5. **掌控蒸的時間**：放上蒸籠開始計時，蒸要恰到好處，蒸太久會變色或失色，反之則蒸不熟。
6. **掌控蒸的數量**：蒸鍋的蒸氣量與壓力有限，如過量會導致受熱不足而延長時間，反之易蒸過頭，對成品品質影響很大。
7. **了解蒸氣特性**：蒸鍋或蒸箱是由沸水產生蒸氣，大型蒸箱多由鍋爐製造高壓蒸氣，需注意蒸氣壓力及操作規範與安全手則。

蒸的操作

1. **蒸鍋水量要足夠**：水量最好八分滿（蒸箱自動進水，有一定進水量），太滿，沸水會衝至底層，太少，蒸氣量不足，蒸前務必要檢查水量。
2. **蒸鍋水要常換**：蒸鍋內的水要清潔無味，若水質不良，會隨蒸氣滲入產品內，要經常換水。
3. **蒸前放入蒸籠**：墊蒸籠布的製品，最好在蒸前再擺入蒸籠內，可防沾黏；若使用的是墊防沾紙，則不必有此限制，但排放時，要注意間距。
4. **控制蒸製時間**：製品放入蒸鍋或蒸箱後，需根據製品需求改變火力。蒸制火候需依製品的特性靈活調控，時間過長，產品可能會發黃或塌陷，時間過短，不熟、黏牙難吃。

「煮」

煮是利用沸水的傳導，使製品的澱粉糊化、蛋白質熱變凝固的熟製方法。煮是最簡便最易掌握的方法，因為沸水在常壓下，最高溫度只達100℃，且水傳導熱的能力不強，僅靠對流作用，製品較不受高溫影響，是溫度最低的熟製方法，常使用於冷水麵，如麵條、水餃、餛飩等的熟製。製品直接與水接觸，會比較黏實，且重量會增加。要煮得好，形狀美，熟製時，需注意控制煮的時間、水的溫度及煮鍋的水量。

煮的技巧

1. **煮鍋水量要足**：煮鍋的水量最好比製品多十幾倍，可使製品有較大滾動空間且受熱均勻又不沾黏，煮鍋中的水較不會混濁。
2. **中途注意點水**：是否需點水及點的次數，需視製品特性，如皮薄、餡多的餛飩，水滾後就可撈出，時間宜短，不宜長，否則會煮爛；水餃皮厚餡多，煮的時間要長，還要點幾次水，才能煮熟，點水要依據製品的種類需適當掌控。
3. **連續不斷加水**：水煮時，湯水會因麵點鹽分的滲出變鹹，製品表面澱粉會滲出糊化，使得湯水變混濁，需要時常換新水或添加水量，以保持湯水清澈，製品表面才不會黏糊。
4. **下鍋輕輕推動**：剛下鍋的製品容易沉入鍋底，下鍋前先攪動水，下鍋時要用勺子輕輕推動，使其不會黏底或相互沾黏，直到製品浮起。
5. **輕輕撈出**：煮熟的製品易破裂或軟爛，撈出前要輕輕推動，再用漏勺順勢撈出。

煮的操作

1. **製品水沸下鍋**：製品一定要水沸後才可下鍋，因為澱粉和蛋白質在此溫度下會糊化和熱變，也比較不會破裂或變黏糊。
2. **依序慢慢下鍋**：製品要依序邊下邊用勺子推動，每次數量要恰當，不能過多，可防止受熱不勻，相互沾黏或黏鍋底。
3. **適時掀開鍋蓋**：製品下鍋時，要蓋上鍋蓋，水燒開後，要揭開鍋蓋，保持水沸而不沸騰，可防止爆裂開口，如果水量大滾，可點水降溫。
4. **注意熟製狀況**：煮的過程中要保持旺火、水沸，直至製品成熟，如烹煮過程中火力減弱，將嚴重影響品質，所以熟製狀況的檢查很重要。如麵條可用麵心白點來判斷是否已經煮熟，用手掐斷，如果麵條中心有白點，代表未完全熟，沒有白點表示已經煮熟；若煮的是水餃，當外形鼓起，表面呈半透明狀，代表煮熟，即可撈出。

「烤」

烤又稱烘，是利用烤爐或烤箱內高溫空氣傳導的方法，主要是烤爐內的熱量會直接以輻射傳導、對流等方式傳導至烤盤或模具，再將熱量傳導給製品，麵點能夠烤熟，就是利用這種傳熱方式相互進行的結果。

烤焙爐具的溫度約在170～250℃之間，爐內的高溫，使得製品受熱均勻、表皮金黃、形態美觀。製品較為乾燥，存放時間較長，適於糕漿皮、酥油皮、燒餅等製品，如月餅、燒餅、桃酥、酥點、餅類等。烘烤需有適當的經驗與技術，要烤出獨具特色的製品，掌握烘烤火候是關鍵因素。

烤的技巧

1. **烤爐溫度調節**：烤爐溫度的控制很複雜，爐溫高、低，上火、下火的火力大小，均要配合製品的要求，要隨時調節，過高或過低都會影響製品的品質，爐溫過高，外表容易烤焦，爐溫過低，則無法著色，且內部不熟。另外，烤爐內部的高低、容積大小、爐的保溫、爐內總溫度、上火下火要如何控制等相關爐具詳細烤焙知識，都需要事先了解，才可達到熟製的目地。
2. **適當烤爐溫度**：大多數製品的外表受熱溫度約150～200℃最為合宜，爐內溫度需保持在200～250℃左右（入爐後溫度會降低）。爐溫過高，外表容易烤焦；爐溫過低，不能形成表面光澤，也不易烤熟。
3. **隨時調節爐溫**：採先高後低的調節方法，剛入爐的爐溫要高，才可使製品表面達到上色的目的，上色後，就可降溫至烤熟，才能外硬內軟。
4. **控制烤焙時間**：根據製品種類、體積大小、厚薄與特點，需控制爐溫與時間，爐溫與時間需恰到好處，才符合製品要求。

烤的操作

1. **烘烤前置操作**：烤爐先預熱至所需的溫度，將有製品的烤盤放入烤爐，關上爐門，調整所需的溫度、上火下火溫度、烤焙時間，直至製品熟透即可出爐。
2. **烘烤期間操作**：掌握製品烤焙程度，有些製品需烤至半熟或接近全熟時，要打開爐門看狀況，再調整爐溫與上火下火，繼續烤至熟透。
3. **熟透如何判斷**：熟透與否，可用小竹籤插入製品中心點，拔出後竹籤上沒有黏著的糊狀物，即熟透，有沾黏生麵糊則不熟。

「炸」

炸是將整形後的製品，利用油的熱量使產品熟透的方法，如油條、薩其馬、開口笑等，都是利用油脂作傳導，使水分汽化排盡，所以含水量很低才會有香、酥、脆特性。油溫可達200℃以上，油溫過高，會出現炸焦或不熟，反之油溫不足，色淡不會酥脆，含油又多，若想要擁有好品質的麵點，要特別注意油溫的控制。

炸的技巧

1. **油鍋炸油數量**：大油量油炸產品，有充分的空間，油量愈多，油溫愈穩定，炸的效果較佳，反之油量少，製品在油鍋裡沒有充分的活動餘地，油溫不穩定，無法達到炸製的特色。
2. **油炸火力大小**：火力大小會影響油溫高低，油受熱後，升溫很快，很難掌握，火大，油溫升高，容易發生炸焦，此時，可改小火、加冷油或離火降溫；火小，油溫低，可適當延長加熱時間。
3. **選用適當油溫**：不同製品需不同油溫，80～150℃的溫油較適合酥油皮類；180～220℃熱油適合油炸需快速膨脹的麵點，例如油條。適當油溫要看製品的特性而定。
4. **控制油炸時間**：油炸應根據製品的特點、體積大小來控制時間，時間過長或過短，都將影響製品的質量，油炸時間需了解製品的特性，如一次炸熟、炸脆的巧果、油條，或是反覆多次油炸的老油條等。

炸的操作

1. **採用溫油炸製**：適用較厚、帶餡或油酥製品，特點是酥脆、色澤金黃，如菊花酥、蓮花酥。溫油炸製酥點，不能攪動，只能晃動漏勺，使之受熱均勻，攪動容易碎裂，破壞造形，溫油容易沉底，最好用漏勺墊底油炸，防止沉底、黏鍋而炸焦。
2. **採用熱油炸製**：適用於膨鬆、空心類、香脆的麵點，如薩其馬等，製品下鍋後需迅速攪動，使之受熱均勻，較容易脹大。熱油炸，油溫較高，稍有疏忽容易炸焦，操作時需要觀察製品色澤的變化，隨時調節火力，才能避免發生品質不佳的問題。
3. **油炸後的清潔**：油炸後，需做好清潔工作，油質不潔，會影響或污染製品的品質，未炸過的生油，儲存時要緊閉蓋子，而且要置放陰涼處，防止生油味，油炸前要事先加熱，才不會影響製品的風味。
4. **油炸安全操作**：油炸時，因油溫變化快，很容易疏忽出差錯，操作時，需集中注意力，隨時注意變化，避免事故發生。

「煎」

是利用少量油或油水，用金屬傳導的熟製方法，煎鍋大多用平底鍋或煎盤，用油量視製品而定，有些製品的油量，薄薄一層即可，有些製品的油量需要較多，但以不超過製品厚度一半為宜。

常見的有油煎和油水煎，油煎即單純用油煎熟，而油水煎需要加少量水，利用部分蒸氣，使製品熟製，所以要用稍有深度的平底鍋，蓋緊鍋蓋，直至水乾，煎製時，要注意加水與油量。

煎的技巧

1. **煎的火候溫度：** 煎用的油量少，油溫升高快，以中火為宜。煎的溫度約在160～180℃為宜，溫度過高，容易煎焦，溫度過低，煎製時間長，不易成熟。
2. **煎製品的排放：** 要先從煎鍋周邊向中間擺放，因中間溫度較高，最好從周邊擺放，使製品受熱均勻，防止底部呈現不均勻。
3. **不時轉動煎盤：** 煎鍋移動是為防止火力不均勻，煎製時，要經常轉動煎鍋，或將煎鍋的位置移動，尤其製品表面積大、爐火面積小的煎盤，一定要勤於移動與轉動，使中間與旁邊受熱均勻。

煎的操作

油煎法

平底煎鍋燒熱後，抹一層油燒熱，再排入製品，利用油脂作為傳導的方法，如蔥油餅、油餅、斤餅等。底部煎到一定程度後，即可翻轉再煎，直至兩面煎成金黃色。油煎時最好不要蓋鍋蓋，但油脂選用與火候控制要加以注意。煎製過程中，不蓋鍋蓋，這種煎製方法，既受鍋底傳熱，又受油溫傳熱，所以掌握火候十分重要，低油溫、長時間煎製最適合，煎製時要不斷轉動鍋位或移動製品。

油水煎法

平底煎鍋燒熱後，抹一層油燒熱，再排入製品，稍煎一會（底部有點色澤），灑上少量清水或加入製品一半高的水，蓋緊鍋蓋，使水變成蒸氣傳導。水油煎會受油溫、鍋底和蒸氣影響，熟透後，製品底部焦黃香脆，表面柔軟色白，如鍋貼、水煎包等。

「烙」

烙是將成形的製品放在熱鍋中，直接利用高溫金屬鍋底傳導的熟製法。當製品接觸鍋底時，水分會汽化，進行熱滲透，再經兩面反覆烙製。烙的溫度約180～200℃，烙製的產品有麵香而柔軟，外形呈黃褐斑點，適用於烙餅、煎餅、家常餅、酒釀餅等。

根據操作方法，可分為乾烙、刷油烙和加水烙三種，要烙美觀、烙得勻，必須注意火候與時間的掌控。

烙的技巧

1. **烙鍋必須乾淨**：烙製法是用金屬鍋底的傳熱熟製，鍋的乾淨與否，對製品品質影響很大，操作前鍋邊的黑垢要清理乾淨，可防止製品沾染黑斑或黑灰，影響外觀和清潔。每次使用後，一定要清理乾淨。
2. **注意火候控制**：烙製的火候極為重要，稍一疏忽，製品表面就會出現焦黑，不同的製品需要不同的火候，烙製時，必須要掌握火力大小與溫度高低。
3. **兩面均勻受熱**：烙鍋的中間、周邊溫度不會完全均勻，所有烙製品，都要翻轉移動，使中間和周邊受熱均勻，以達到熟透效果。這種鍋位移動，製品翻動的手法，俗稱找火、翻轉、九轉或三翻四烙。

烙的操作

乾烙法

是將麵糰放在平板金屬鍋上，利用金屬傳導，鍋底不刷油，不灑水，直接烙熟的方法。烙製時，製品水分會汽化，烙出的麵點較具麵香味與嚼勁感，產品可以耐飢，便於攜帶與保存，例如山東厚鍋餅、荷葉餅、烙餅等。烙需根據製品的需求而調節火候，如薄的餅類（如荷葉餅）需要高溫、短時間，一般餅類（如燒餅等）火力要適中，較厚的餅類（如大鍋餅等）或包餡、加糖的製品，火力要低。為使烙製品受熱均勻，需移動平鍋，注意翻轉與體積，每次烙完都要擦淨鍋具。乾烙具有特殊的麵香味，可加少量油、鹽等，製品較為適口。

刷油烙

是刷油於麵糰或鍋底，直接將製品烙熟的方法，每翻轉一次，要刷一次清潔的熟油，色澤才會美觀。刷油要刷均勻，油烙的製品才會色澤美觀，皮香脆、內柔軟有彈性。

水烙法

水烙是將製品緊貼在中央稍深的鐵鍋或中央下陷的平板鍋周邊，下陷的鍋底需加水，利用金屬與水蒸氣同時傳導的方法，烙至製品底部香脆，上表及邊緣柔軟，如烤羊角。烙製時，若鍋底熱度不勻要及時移位，火候不宜過大，至底全部焦黃色灑少許水，蓋上鍋蓋燜一下即可出鍋。灑水要灑在鍋具最熱之處，會快速產生蒸氣，可多次灑水，直到烙熟，每次不要灑得太多，可防止製品糊爛。

「複式」

除以上方法之外，還有許多需用兩種或兩種以上再熟製的麵點，稱為複式熟製法，或稱綜合熟製法。經歸納後可以分為，先蒸、煮，再煎、炸或烤及先蒸、煮、烙，再加配料或調味料調製，如炸銀絲捲、炒麵、炒餅、燴餅等，這種調製方法變化很多，需要有一定技術才能掌握。

- **煮炸類**：煮後再炸是將製品先煮熟再炸香，直接食用或食用時再烹調，如伊府麵、速食麵。
- **蒸炸類**：蒸熟後再油炸，是將製品先蒸熟，食用時趁熱再油炸，特點是外皮香酥脆，內部鬆軟，如炸饅頭、炸花捲、炸銀絲捲等。
- **烹製類**：這類熟製較特殊複雜，與烹煮菜餚略同，是將蒸、煮、烤、炸、烙的製品，食用時再調味配料調製，如燴麵、燜餅、燴餅、涼拌麵及肉饃等。
- **炒製類**：炒很少用於單次熟製，如炒麵粉（麵茶）也需泡開水食用；炒麵、炒餅也是熟製後的產品，以講究的配料、調味、火候、勺功翻炒技術完成，製品講究色、香、味、形的一種複式熟製方法。

熟製品評

熟製後的品質，因不同產品而異，可由色、形、香、味來評定。產品的品質品評是一個很重要的項目，會因原料、設備、技術與製作方法之不同，影響產品品質，一般是用外部品質與內部品質來評定。

外部品質

1. **體積與形態**：是指產品的外觀，包括體積大小、外表形態需符合要求，如形態飽滿均勻、體積大小一致、規格統一、式樣正常、花紋清晰、收口整齊，外形有無異常（破皮、變形、皺縮、露餡、爆餡、破損等）。
2. **質地與色澤**：是指產品的表面色澤與品質，需符合要求，如表皮金黃有光澤、均勻細緻、表面有無異常（焦黑、淺白、斑點）、表面裝飾有無異常（烤焦、脫落、未著色），無論何種產品，熟製後都應達到規定的要求。

內部品質

1. **組織與結構**：組織是指內部結構，是否符合要求，如顆粒大小、內部顏色、組織結構（組織粗、組織實、結構鬆散）、餡心位置、皮餡均勻度（皮餡比不符）等，熟製後的產品應有良好的內部品質。
2. **風味與口感**：風味是指香味及口感，需符合要求，如風味有無異常（酸、苦、辣）、口感有無異常（生味、太鹹、太淡、太甜）、特有風味等，熟製後應保持應有的特色。

熟製後的麵點需經品評外，也要了解各種熟製方法、熟製技巧、製作要訣、熟製後重量的增減（損耗）及對產品品質與成本的影響，是保證麵點品質最重要的條件。

第5章

水調麵製作

01

水調麵

水調麵製作

水調麵是麵粉加水調製的麵糰，製作的麵食，具有組織緊密的特性。水溫高低會影響麵粉吸水量、糊化程度與產品品質，不同水溫可以調製不同性質的水調麵食，因此調製水調麵的重點是水溫，只要掌控水的溫度，就可以製作出各具特色的水調麵食。

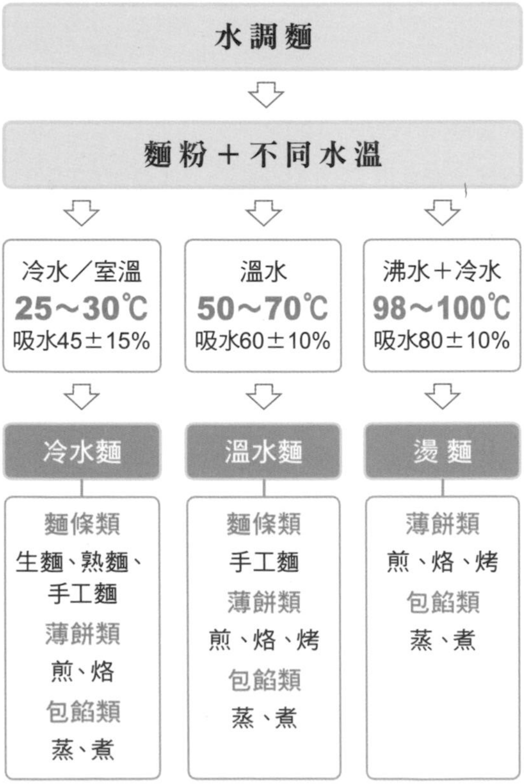

水調麵的製作原理

水調麵是依不同水溫調製而成，依照不同水溫所製作出的麵糰，分為冷水麵、溫水麵、燙麵三大類。冷水麵的水溫是使用25～30℃的冷水或室溫水，溫水麵是使用50～70℃的溫水，燙麵的水溫是使用98～100℃的沸水。

從水調麵分類表中，可知水溫會影響麵糰吸水量、麵糰性質及產品特性，水溫之所以會改變麵糰性質，主要是麵粉內的澱粉與蛋白質受到不同溫度的影響所致。

澱粉

澱粉與水結合，受熱後會糊化，產生膨脹性，每種水溫會有不同的特性。隨著溫度提高澱粉會大量吸水，黏度逐漸增加。

蛋白質

蛋白質與水結合形成麵筋，受熱後會變性，開始凝固，筋性下降，彈展性減弱，吸水降低，水溫愈高，筋性愈弱，麵筋彈展性則會愈差。

冷水麵

冷水麵是用室溫的水與麵粉調製而成，又稱水麵或涼水麵。特性為產品組織緊密、筋性好、彈韌性強、勁力與拉力大，成品色白、爽口有勁。調製冷水麵的水溫宜低於30℃，使麵粉內的澱粉不糊化，因此麵糰比其他麵糰結實。揉好之麵糰需鬆弛，使吸水均勻形成良好的延展性，以利成形的操作。

冷水麵的分類

冷水麵可分為硬麵與軟麵，俗語說「軟麵餃子，硬麵條」，麵糰的軟硬是根據產品特性而定，所以水量的添加有很大的彈性。適合水餃、麵條、餛飩等水煮類的產品，也可製作成油餅、煎餃、烙餅、春捲等煎、烙或油炸類製品。

冷水麵的製作

冷水麵調製時，最好能加少量鹽，因為鹽具有增強麵糰的彈韌性，行話常說「鹼是骨，鹽是筋」，添加鹽的麵糰色澤較白有彈性。冷水麵的密度要靠外力的搓揉形成，用力搓揉，會促進麵粉顆粒結合均勻，揉到麵糰十分光滑，不黏手為止，可以分次加水，以防止水分一次吃不進，發生濕黏現象。

冷水麵

硬麵	麵條類	生麵	生鮮白麵條（拉麵、烏龍麵）、雞蛋麵、蔬菜麵、全麥麵、乾麵條
少		熟麵	油麵、涼麵
		手工麵	貓耳朵、揪片（麵疙瘩）、刀削麵（剪刀麵）、珍珠麵、刀撥麵（刀切麵）、撥魚麵
水量	包餡類	蒸	小籠湯包
		煮	水餃（鮮肉、牛肉、花素）、餛飩（鮮肉、菜肉）
多	薄餅類	煎	筋（斤）餅、千層抓餅
軟麵		烙	荷葉餅、淋餅

冷水麵性質、製品及用途

性質	麵粉加水量	製品	用途
硬麵	28～40%	麵皮	機製水餃、麵條、餛飩、鍋貼
硬麵	40～50%	麵皮	手工水餃、麵條、餛飩、鍋貼
軟麵	50～60%	薄餅	手抓餅、蔥油餅、烙餅
稀麵	60～90%	稀糊	淋餅、春捲

冷水麵製作

步驟說明	製作程序及作用	注意事項
Step1 攪拌（揉麵）	‧麵粉（乾性）加水（濕性）攪拌或手揉。 ‧麵糰光滑均勻軟硬適度。 ‧麵糰要三光，就是手光、桌面光、麵糰光滑。	‧一次加入全部水量或分次慢慢加入。 ‧麵糰要光滑不黏手。
Step2 鬆弛（醒麵）	‧攪拌後的麵筋彈性強，麵糰要放置一段時間。 ‧使麵糰內的麵筋軟化，以利整形及操作。	‧時間約 10～30 分。 ‧視操作需要沒硬性規定。
Step3 壓麵（擀麵）	‧麵糰反覆壓擀，使麵糰組織細緻。 ‧壓麵需視產品特性而定。	‧桿麵棍或壓麵機壓擀。 ‧使麵糰光滑。
Step4 分割（揪麵）	‧進行所需大小的分割。 ‧將大麵糰分割成所需之大小。	‧大小一致整齊排列。 ‧需預防結皮及組織不均。
Step5 成形（製麵）	‧整形成漂亮的形態。 ‧需技術性、藝術性，是製作的精華。	‧有餡或無餡都要成形。 ‧用不同手法成形。
Step6 熟製（成熟）	‧麵糰由生變熟，成為易消化的麵食。 ‧根據麵糰外形、大小、厚薄、軟硬及製品所需的特色，再決定熟製方法。	‧可用蒸、煮、烤、炸、烙或煎、炒等方式熟製。

冷水麵｜麵條類

分類

麵條種類繁多，目前係依據地區、產品特性、生產方式、口感及貯存期限等不同方式進行分類。

地區	亞洲	麵條類
	西方	通心麵
特性	生麵	生鮮麵條、乾麵條
	熟麵	油麵、涼麵
生產	手工	刀削麵、刀切麵、貓耳朵、撥魚麵
	機製	速食麵、生鮮麵條、乾麵條、油麵
口感		硬麵和軟麵
貯存		乾麵和速食麵、生鮮麵條和熟麵

製作

1. **攪拌與鬆弛**：攪拌直接影響產品品質，為了能使麵粉吸水均勻。水需視產品特性，可一次加入或分次加入，主要目的是使麵粉能加快吸水速度，均勻混合。加水量應根據麵粉吸水率（麵糰混合至所需的軟硬度，需要的水量）做調節，加水量在28～50%，攪拌在8～10分鐘，麵糰溫度為28～30℃，採用慢速攪拌。攪拌後，會使水分滲透到麵粉顆粒內部，形成麵筋，鬆弛時間也會影響麵筋的形成，一般在10～20分鐘。
2. **複合與熟成**：攪拌鬆弛後，採用複合壓延，間距由小而大壓延成麵捲。熟成時間會影響麵筋的形成，一般在10分鐘以上。
3. **壓延**：麵捲壓延時則由大而小，最後一次為產品的厚度，麵片需緊實、光滑、厚薄一致。

4. **切條**：切條由麵刀完成，轉速、長度可以調節。
5. **乾燥**：製作乾麵條，需經乾燥與切斷或切斷後再乾燥。

乾燥溫度、濕度、風速及總乾燥時間

乾燥階段	溫度（℃）	濕度（%）	風速（米／秒）	總乾燥時間（%）
預乾燥	25~35	70~75	1.0~1.2	15~20
主乾燥	35~40	75~80	1.5~1.8	40~60
後乾燥	20~25	55~65	0.8~0.1	20~25

品評

麵條品質分麵糰品質及食用品質，前者包含色澤、外觀、彈展性，後者包含光滑適口、硬度適中、韌性、咬勁、彈性、不黏牙。

Q&A

1. 麵糰壓麵前，鬆弛或熟成的目的為何？

A 麵糰攪拌後麵筋很強，不易成形，將麵糰放置一段時間（醒麵或鬆弛），使麵筋軟化，以利整形操作。鬆弛後，可用桿麵棍或壓麵機反復壓擀，麵糰表面易光滑細緻。

2. 麵條應如何保存？

A 除了室溫之外，亦可置於冷藏或是冷凍保存。

3. 那一種麵粉適合製作麵條？

A 最合適的麵粉是中筋麵粉，產品不易收縮，口感咬勁好，但也可用高筋麵粉或麵條專用粉，製作出特色的麵條，低筋麵粉蛋白質低，麵軟、咬勁差、易煮爛。

4. 添加鹽有何目的？

A 鹽除能增強麵糰的彈韌性強度外，又可防止斷條、不易酸敗。用量因製作的產品不同，使用量1～6%。麵條水煮時，鹽會溶於水，產品鹹味會變淡，其他熟製方式的麵食，則不適用高鹽量。

5. 製作麵條時，是否需要添加鹼水？

A 添加鹼水，會使麵粉中的蛋白質和澱粉產生作用，可增強麵筋的Q彈性，使麵條有軟Q性，爽滑有勁，煮麵因黏結性較佳，澱粉不易溶出，麵湯清又耐煮。

6. 麵條使用何種防黏粉較佳？

A 用樹薯或馬鈴薯澱粉，防黏效果較佳，麵條表面滑而細緻，但煮麵時湯易黏稠。若使用麵粉，會吸收麵條表面水分，形成麵筋，放置後會黏。

7. 麵片的厚度，會影響麵條的粗細嗎？

A 相同的麵刀，若壓麵後的麵片愈厚，切的麵條就愈粗，反之麵片愈薄，切的麵條會較細薄，所以切麵前要先確認麵片的厚度。

冷水麵｜麵條類｜生麵條

生鮮麵條（日式拉麵）

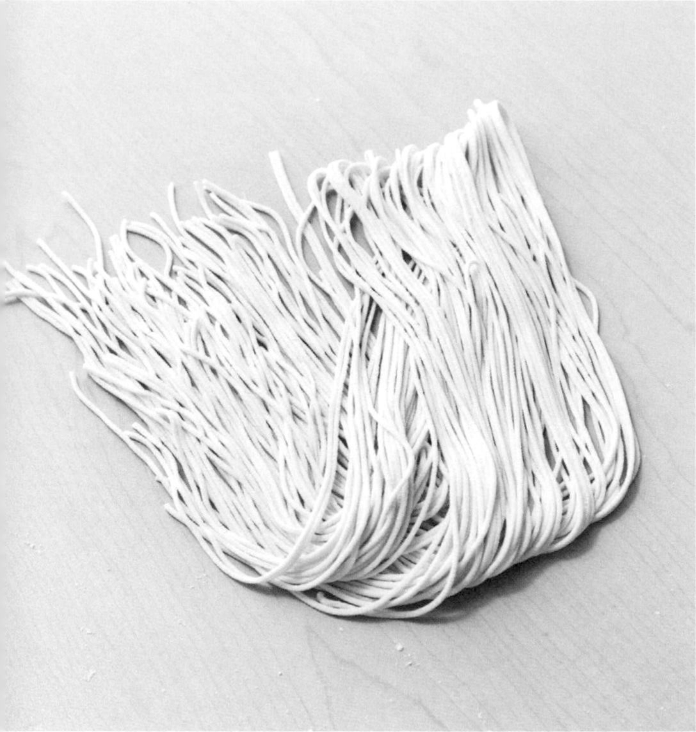

華人吃麵的歷史悠久，古籍有記載「煮餅」、「湯餅」或「索餅」等。吃麵不僅果腹，同時傳承民俗禮儀文化，替長輩過壽，要吃長壽麵，有延壽之意。

生鮮麵條是用冷水製作，將濕散的粉糰，經複合成麵片，再經壓延，製成所需的厚度後，用切麵條機切條。手工製作麵條，只要桿麵棍與菜刀，商業生產則需攪拌機、壓（延）麵機、切麵條機、厚度計、厚薄規與捲麵棍等。

產品需具此特性：外表平滑光潔、不可有太多防黏粉、不可黏條、條條分明、煮熟的麵條不可糊爛、沾黏或斷條等。

製作

數量：130 ～ 140g

長度：20 ～ 30cm

厚度：1.2±0.2mm

配料

麵糰（130 ～ 150g）

乾料：

- 中筋麵粉 100g
- 細鹽 1g

濕料：

- 冷水 50±5g（手工用）
- 冷水 30±3g（機製用）

方法

1 攪拌

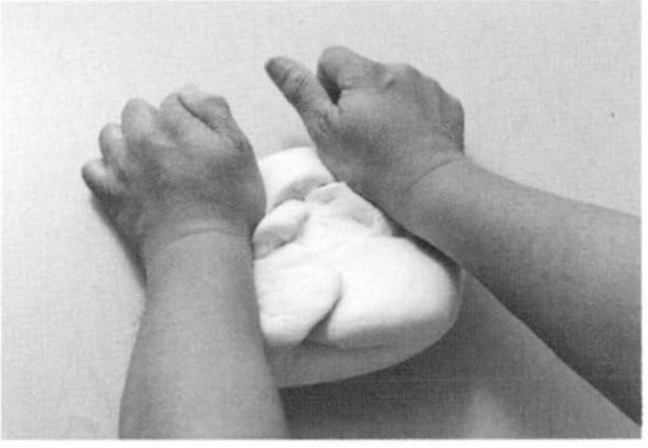

乾料（鹽需先加入水中溶解）拌勻，濕料再慢慢加入，攪拌成濕麵粒。

接著用手揉成光滑麵糰，鬆弛5～10分鐘。

2 複合

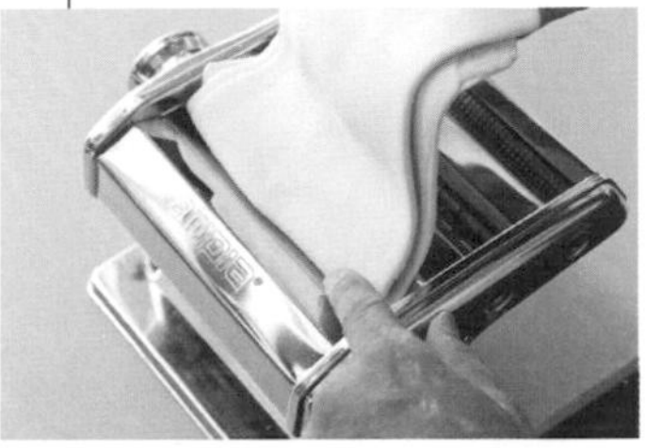

濕麵粒或麵糰經複合（壓麵或擀壓）成麵帶，鬆弛10～30分鐘。

3 壓麵

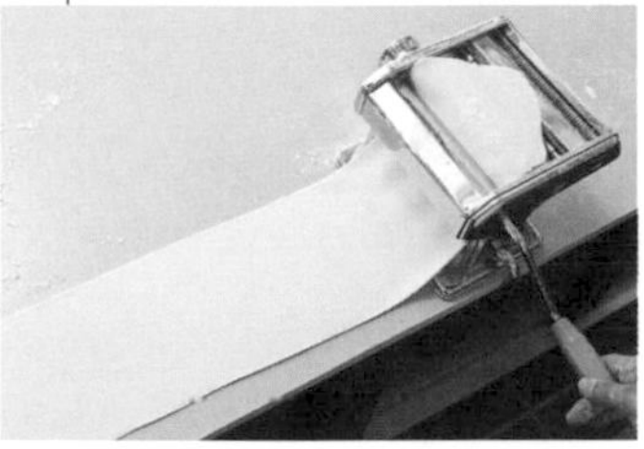

複合後的麵帶表面撒防黏粉，再擀壓成1.2±0.2mm。

4 切麵

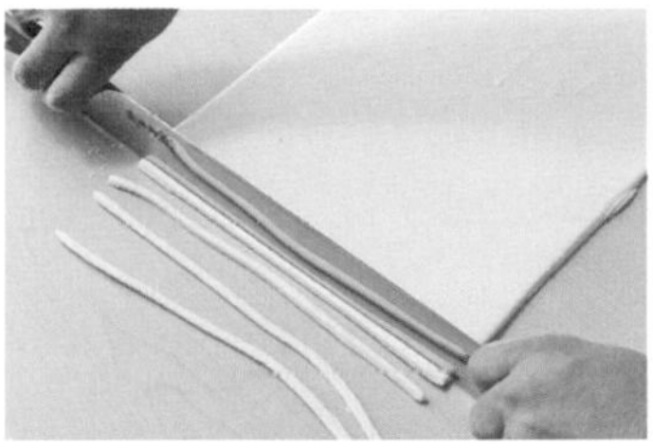

用切麵條機切成麵條。

或用利刀切成細或寬的麵條，撒點防黏粉，就可包裝冷藏。

POINT

- 機器製麵機需要較乾的麵糰，吸水率約27～33%，攪拌後會成濕的細麵粒，複合時才可通過1～2mm間距的滾輪，壓成麵片；手工擀麵吸水率約45～55%，需揉成糰，否則擀不動。
- 麵糰攪拌至光滑，其水量一定要多，含水率較高，但複合或壓麵時會沾黏滾輪，導致麵條容易變形，需減少水量才可避免此狀況，所以機製生鮮麵條時不必攪拌到光滑。
- 麵帶壓麵不需對摺，滾輪由麵片厚度開始，每壓1次，滾輪間距要轉緊1/2，約3～4次，到達所需麵條的厚度即可切麵。
- 複合一般用2：1壓延比，將對摺後兩層麵片壓成一片，滾輪間距要每次放鬆1/2，共3～4次，會愈壓愈厚，因加水量不多，複合後的麵片需鬆弛10～30分鐘，使麵粉顆粒吸水更均勻，黏性更好，壓麵才會緊實。
- 手工揉的麵糰或加水太多的機製麵糰，因含水高切麵後麵條較軟，表面需撒防黏粉才不會黏在一起。
- 麵條壓麵不紮實，水分太少，麵筋無法連結時，麵條就容易斷；麵筋太弱、蛋白質太低或小火煮麵，麵條容易糊爛。
- 日式拉麵水分為26～28%，需專用麵粉再加鹼水0.1～0.2%（碳酸鈉與碳酸鉀混合溶液），經複合後再壓麵至所需厚度，依麵刀粗細切麵，麵條需鬆弛一段時間，使鹼味變淡，才可包裝。
- 室溫保存，因季節不同，一般為半天至1天；冷藏保存可延長1～2天；冷凍保存可5天以上。

冷水麵｜麵條類｜生麵條

雞蛋麵條

雞蛋麵條是色美、味好，又營養的健康食品。以雞蛋代替水與麵粉混合做成的麵條，不必添加鹼水，因為蛋白為鹼性，又可提供蛋的蛋白質增加麵條的咬勁，同時可提高麵條的營養價值。

雞蛋麵條是用冷水與蛋製作，將濕散細粉糰複合成麵帶，經壓延至所需厚度後切條。全部使用雞蛋，不加水的麵條會有爽脆的硬韌性，最好的口感是蛋、水各半。

產品需具此特性：平滑光潔，有微黃色澤，條條分明，煮熟的麵條不可糊爛、沾黏、斷條或太硬。

製作

數量：130g

長度：20 ～ 30cm

厚度：1.2±0.2mm

配料

麵糰（130 ～ 150g）

乾料：

- 中筋麵粉 100g
- 細鹽 1g

濕料：

- 冷水＋全蛋＝ 50±5g（手工用）
- 冷水＋全蛋＝ 32±3g（機製用）

＊蛋用量最好比水少。

方法

1 攪拌

乾料（鹽需先加入水中溶解）拌勻，濕料慢慢加入攪拌成濕麵粒。

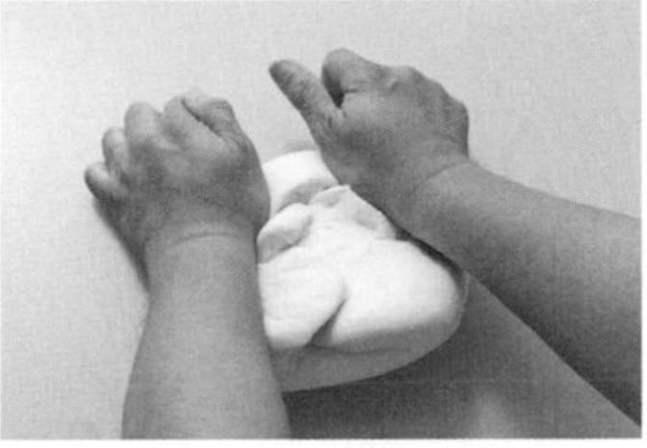

接著用手揉成光滑麵糰，鬆弛5～10分鐘。

2 複合

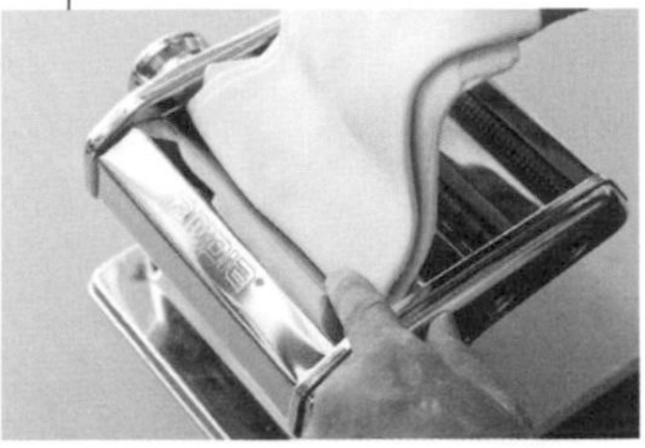

濕麵粒或麵糰經複合（壓麵或擀壓）成麵帶，鬆弛10～30分鐘。

3 壓麵

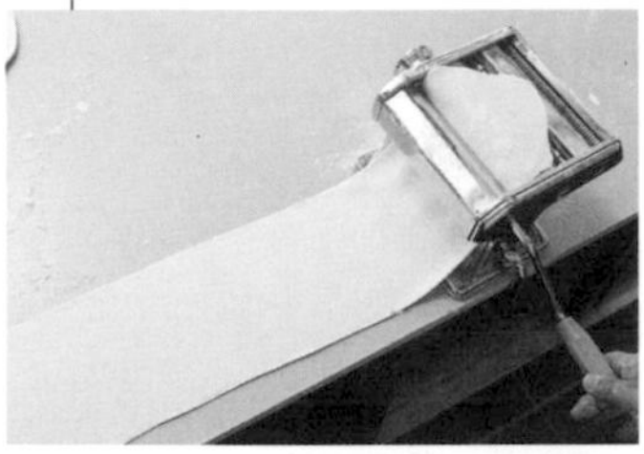

麵帶表面撒防黏粉，再擀壓成1.2±0.2mm之薄麵帶。

4 切麵

用切麵條機切成麵條。

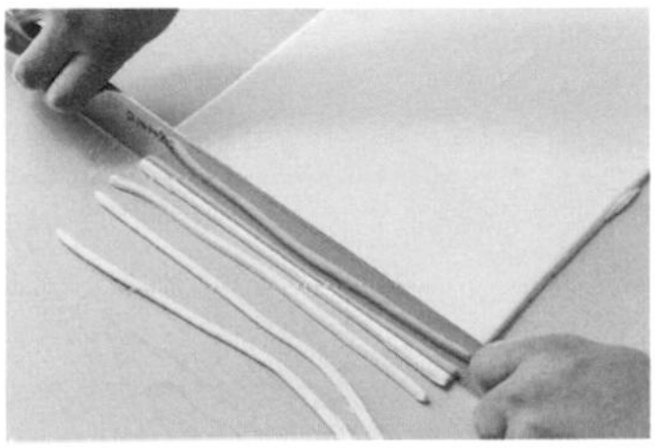

或用利刀切成細或寬麵條。

5 成品

麵條切完後，撒點防黏粉，就可包裝冷藏。

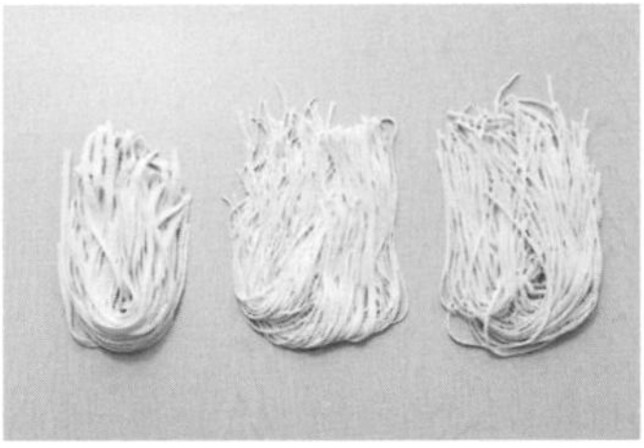

雞蛋麵條與生鮮麵條的顏色與粗細的差別。由左至右為生鮮麵條（粗）、生鮮麵條（細）、雞蛋麵條。

POINT

- 蛋比例太高，麵條比較耐煮，受到蛋白質影響，口感硬，不夠柔軟，會有蛋腥味。
- 要注意衛生，麵條壓擀薄一點就是意麵。
- 蛋黃顏色不夠黃，或蛋量加的太少，製作的雞蛋麵條色澤會較淺。
- 可以冷藏保存1～2天以內。

冷水麵｜麵條類｜生麵條

蔬菜麵條

蔬菜麵條不只是一種強調飽足感的麵食而已，還因添加各式蔬菜，具有能夠吃到膳食纖維的健康訴求，除了麵粉以外，可以摻入胡蘿蔔、甘藷、山藥或菠菜、紅鳳菜、紅莧菜等蔬菜，製作出各具菜香與不同色澤的麵條。只要將蔬菜打成汁，或攪成細泥，再與麵粉一起攪拌，就可以製成各具特色的蔬菜麵條，但因麵條色澤不穩定，大量製造時，可使用天然色素增加觀感。蔬菜麵條用菜汁製作，將濕散的細麵粒，經複合壓延成所需厚度後切條。

產品需具此特性：外表平滑光潔，外表不可有太多防黏粉，條條分明，煮熟的麵條不可糊爛、沾黏、斷條，呈蔬菜色澤。

製作

數量：130g

長度：20 ～ 30cm

厚度：1.2±0.2mm

配料

麵糰（130 ～ 150g）

乾料：

- 中筋麵粉 100g
- 細鹽 1g

濕料：

- 菜汁 50±5g（手工用）
- 菜汁 32±3g（機製用）

方法

蔬菜汁作法

先將蔬菜攪（搗）碎。

用細綿袋擠汁。

1 攪拌

乾料（鹽需先加入水中溶解）拌勻，濕料慢慢加入攪拌成濕麵粒。

接著用手揉成光滑麵糰，鬆弛5～10分鐘。

2 複合

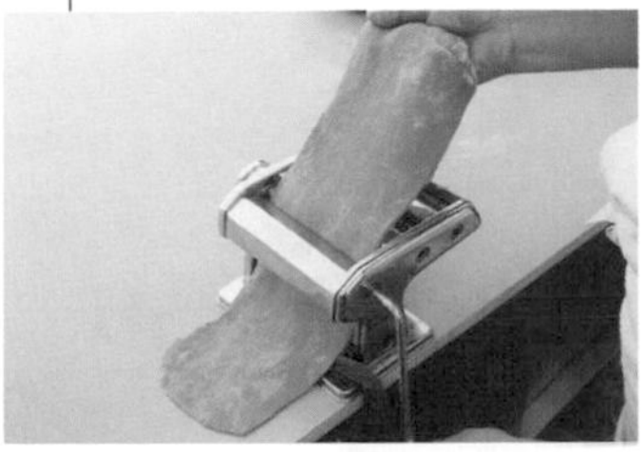

濕細麵粒麵糰經複合（壓麵或擀壓）成麵帶，鬆弛10～30分鐘。

3 壓麵

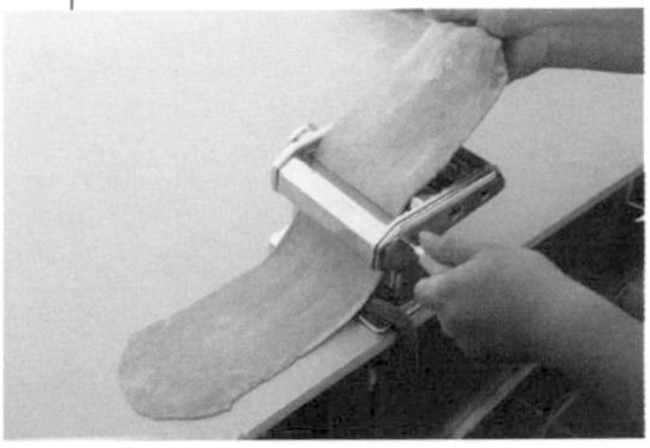

麵帶表面撒防黏粉，再壓成1.2±0.2mm之薄麵帶。

4 切麵

用切麵條機或利刀切成長20～30cm的細麵條或寬麵條。

5 成品

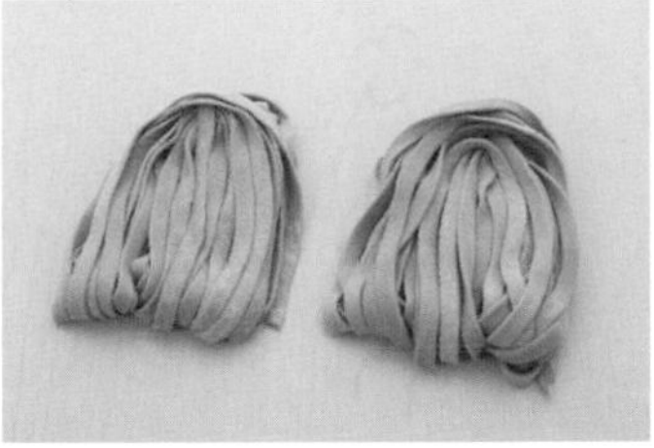

麵條切完後，撒點防黏粉，就可包裝冷藏。

POINT

- 含天然色素較高的蔬菜，如菠菜、番茄、紅鳳菜、紅莧菜、紅心甘藷、胡蘿蔔等，都可使用。
- 蔬菜汁有纖維，太粗的纖維會使煮麵時吸太多水，麵易糊爛，需用細綿布過濾。
- 建議不要加入菜渣，因其含太多粗纖維，麵條壓擀時不易黏合，麵條易糊爛。
- 每種蔬菜的味道、色澤、pH值、纖維不同，會影響麵條口感。
- 蔬菜汁濃度與加入的數量，會影響麵條的顏色。
- 天然蔬菜汁與空氣、光線接觸、溫度的高低均會使麵條變色，最好即時食用或冷藏保存1～2天，又因有蔬菜纖維並不適合冷凍保存。

冷水麵｜麵條類｜生麵條

乾麵條

乾麵條是將壓好或切好的麵條，掛在棍子、木條上晾乾的麵條，又稱掛麵。漢朝時已有麵條，但沒有「掛麵」的記載，最初記載乾（掛）麵條的典籍是《飲膳正要・聚珍異饌》。乾麵條種類很多，有細線麵、蕎麥掛麵、雞蛋掛麵等。

乾麵條是用冷水製作，攪拌後先複合成麵帶，經鬆弛後再壓延成麵片切成麵條；經剪切適當長度掛桿，再用乾燥機在適當條件控制或自然條件下進行乾燥。工業上製作乾麵條，需準備壓（延）麵機、乾燥箱、切麵條機、捲麵棍、掛麵桿等工具。

產品需具此特性：外表斷裂率或碎屑含量不得超過總重的3%，麵條厚度為1.4±0.2mm。產品需平直，粗細、厚寬、長度一致，外觀平滑潔白，表面不可含防黏粉，色澤均勻，以手指壓住麵條一端，可上下彎曲5cm以上。麵條煮熟後麵形完整，滑潤性與咀嚼性良好。

製作

數量：130g

長度：不限

厚度：1.4±0.2mm

配料

麵糰（130～150g）

乾料：

- 中筋麵粉 100g
- 細鹽 2g

濕料：

- 冷水 50±5g（手工用）
- 冷水 32±3g（機製用）

＊可加鹼水 0.1g。

方法

1 攪拌

乾料（鹽或鹼水需加入水中溶解）拌勻，濕料慢慢加入。

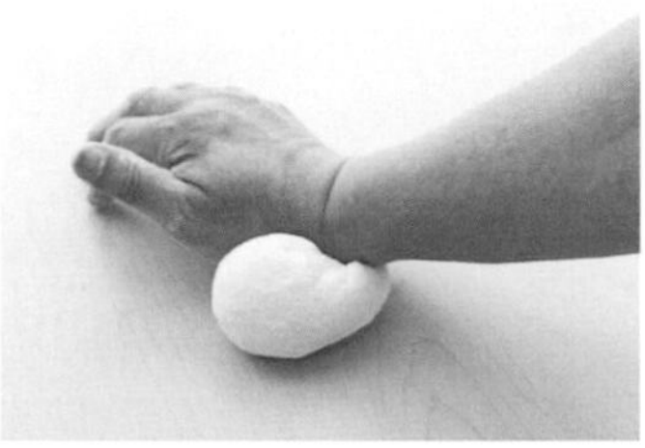

攪拌成麵粒或用手揉成光滑麵糰，鬆弛5～10分鐘。

2 複合

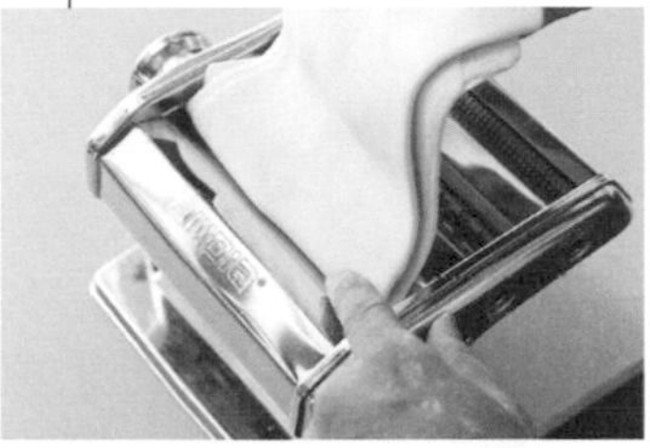

濕麵粒或麵糰經複合（壓麵或擀壓）成麵帶，鬆弛10～30分鐘。

3 壓麵

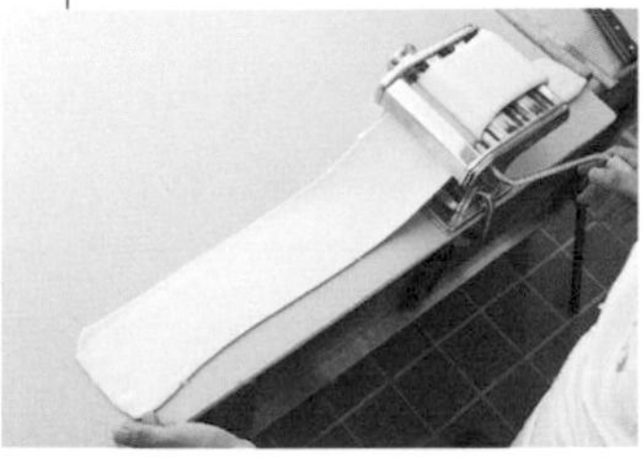

麵帶表面撒防黏粉，再擀成1.4±0.2mm之薄麵帶。

4 切麵

用切麵條機或利刀切成適當長度（50～200cm以上）的細麵條或寬麵條。

5 乾燥

掛麵後在室溫下乾燥10小時以上，乾燥箱30～35℃約3～6小時，再切成需要長度。

6 成品

麵條可切成長40～50cm，盤旋後乾燥。

POINT

- 乾燥機的溫度、風速都不可太高，否則麵條易彎曲變形。
- 麵糰太乾，黏性不足時易斷，麵糰太濕，掛麵後會下溜而拉斷。
- 防黏粉太多時，麵條不會光滑細緻。
- 包裝後，室溫可保存1個月以上。
- 乾麵條的種類很多，有不同的長短或規格與式樣，需配合器具製作。

油麵條

油麵屬鹼水熟麵，是國內市場的大宗產品，幾乎小吃麵店都可以看到油麵的蹤跡。麵條呈微黃色、獨特鹼味，又具有Q軟的特性及油亮外表，是不少人從小吃到大的麵條。油麵起源於南方，後流傳至東南亞，華僑稱「福建麵」，台灣則稱「油麵」，常用於炒麵或切仔麵。油麵麵糰是用冷水製作，經複合成麵帶，再壓延成1.2 ± 0.2mm厚度，用切麵條機切條，長度30±2cm以上，經水煮、冷卻、拌油的麵條製品。

產品需具此特性：外表具適當黃色及適度鹼味，外觀平滑油亮，表面不可殘留黏稠粉漿，需條條分明，不可相互沾黏，不可軟爛易斷及拌油後殘油過多。

製作

數量：250 ～ 300g
長度：30±2cm
厚度：1.2±0.2mm

配料

① **麵糰**（130 ～ 150g）

乾料：

- 中筋麵粉 100g
- 綠豆澱粉 5g
- 細鹽 1g

濕料：

- 冷水 50±5g（手工用）
- 冷水 32±3g（機製用）
- 鹼水 2g
- 可加少許黃色色素

② **拌油**（冷卻後用）

- 液體油 10g

方法

1｜攪拌

乾料（鹽、色素或鹼水需加入水中溶解）拌勻，濕料慢慢加入。

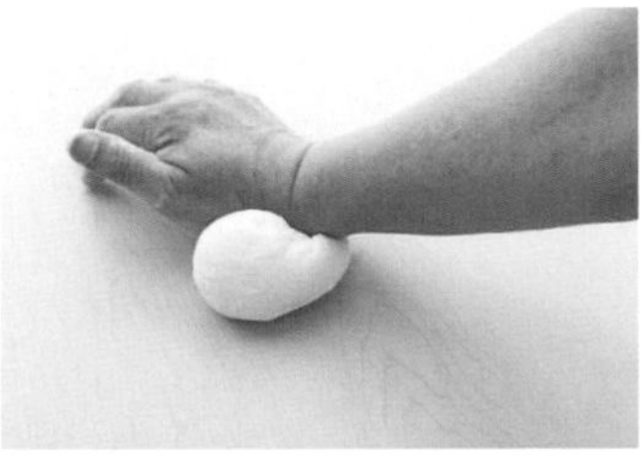

攪拌成濕麵粒或用手揉成光滑麵糰，鬆弛5～10分鐘。

2｜複合

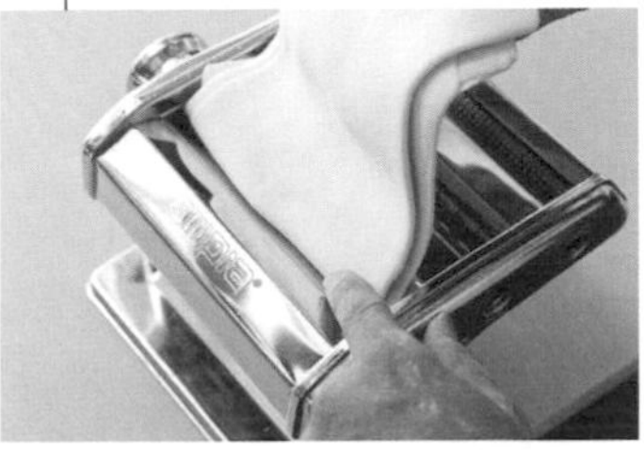

濕麵粒或麵糰經反覆複合（壓麵或擀壓）成麵帶，鬆弛10～30分鐘。

3｜壓麵

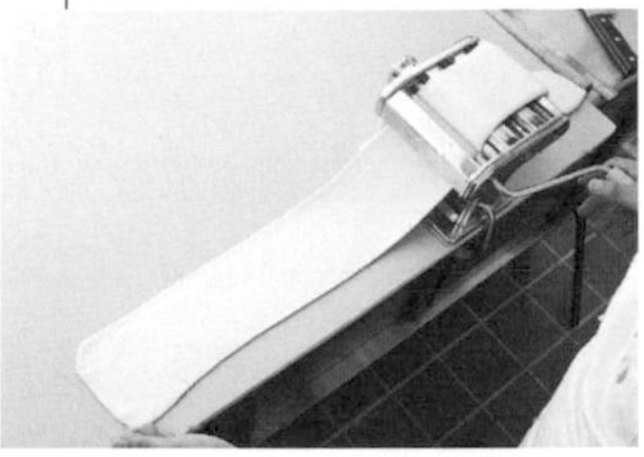

麵帶表面撒防黏粉，再擀成1.2±0.2mm之薄麵帶。

4｜切麵

用切麵條機或利刀切成長30±2cm的細麵條。

5｜煮麵

入沸水中煮60±10秒（90～95%熟麵）。

6｜拌油

撈出用冷水迅速沖洗。

濾乾。

倒入盤中，風乾至表面無水分，加油拌勻，即可包裝。

POINT

- 大火煮麵，麵Q而有韌性；煮至90～95%熟麵即可撈出。
- 麵條煮太久，吸水多，會呈軟糊現象；壓麵不緊實，煮麵時，麵粉顆粒會溶出。
- 麵煮熟撈出用冷水沖洗時，外表多餘的澱粉未洗淨，有殘留粉漿；拌油前未充分風乾，表面有水；麵條煮太久，表面吸水多會呈現軟糊現象；壓麵不緊實，煮麵時麵粉溶出，都是造成外表不亮的原因。
- 油麵顏色與鹼有關係，不加較白，適量微黃，太多變灰暗。一般會加食用級黃色素（粉狀需先溶於水，再酌量添加），色澤較佳。
- 包裝後，室溫可保存半天，冷藏約1～2天。

冷水麵｜麵條類｜生麵條

涼麵條

涼麵又稱過水麵，古代稱冷淘，早在唐代就有涼麵記載。杜甫有一首《槐葉冷淘》詠詩，有涼麵的記載：「青青高槐葉，采掇付中廚。新麵來近市，汁滓宛相敷……經齒冷於雪，勸人投此珠。」詩中的「槐葉涼麵」，是指槐葉汁和麵後製成碧綠麵條，煮熟後麵條過水而淘，自然給人涼的感覺。涼麵麵糰是用冷水製作，經複合成麵帶，再壓延成適當厚度1.0±0.2mm後，用切麵條機切條，長度25～30cm，經水煮、冷卻、拌油。

產品需具此特性：外表具適當黃色及適度鹼味，外觀平滑油亮，表面不可殘留黏稠粉漿，需條條分明，不可相互沾黏，不可軟爛易斷及拌油後殘油過多。

製作

數量：250 ～ 300g

長度：25 ～ 30cm

厚度：1.0±0.2mm

配料

麵糰（130 ～ 150g）

乾料：

- 中筋麵粉 100g
- 綠豆澱粉 5g
- 細鹽 1g

濕料：

- 冷水 50±5g（手工用）
- 冷水 32±3g（機製用）
- 鹼水 2g
- 可加少許黃色色素

② **拌油**（冷卻後用）

- 液體油 10g

方法

1 攪拌

乾料（鹽、色素或鹼水需加入水中溶解）拌勻，濕料慢慢加入。

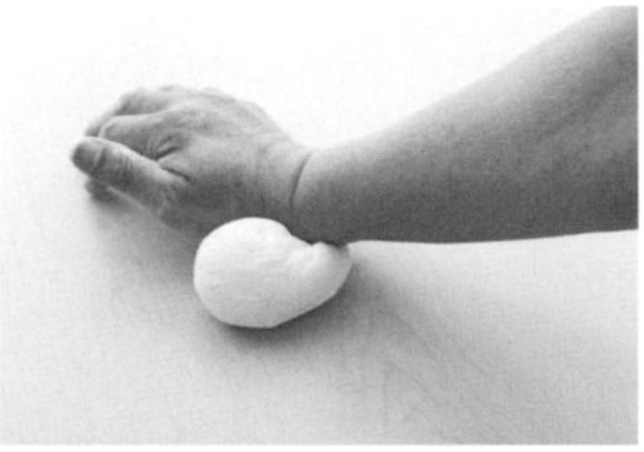

攪拌成濕麵粒或用手成光滑麵糰，鬆弛5～10分鐘。

2 複合

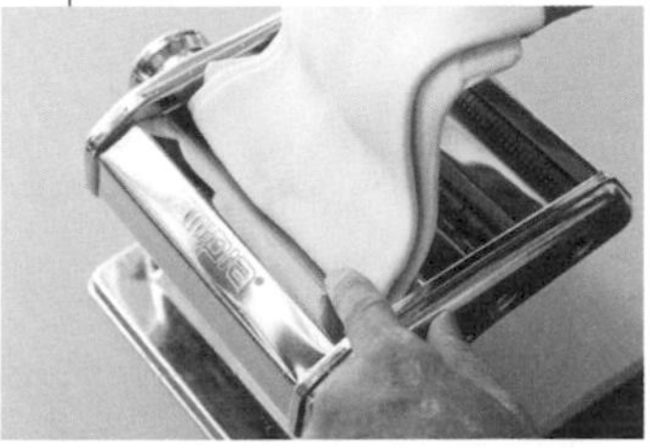

濕麵粒或麵糰經反覆複合（壓麵或擀壓）成麵帶，鬆弛10～30分鐘。

3 壓麵

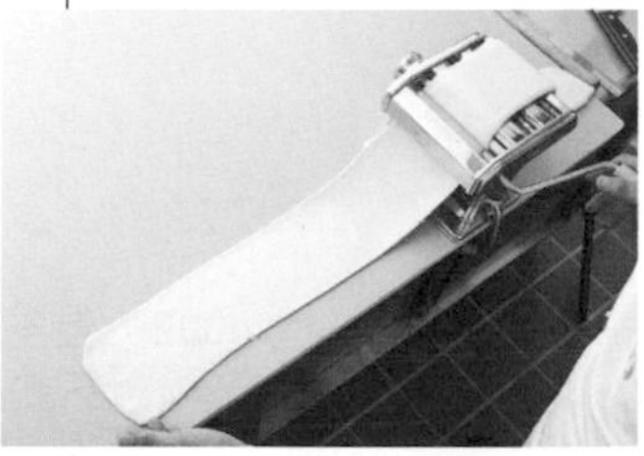

麵帶表面撒防黏粉，再擀成1.0±0.2mm之薄麵帶。

4 切麵

用切麵條機或利刀切成長25～30cm細麵條。

5 煮麵

入沸水中煮80±10秒（95～100%熟麵）。

6 拌油

撈出，用冷開水迅速沖洗。

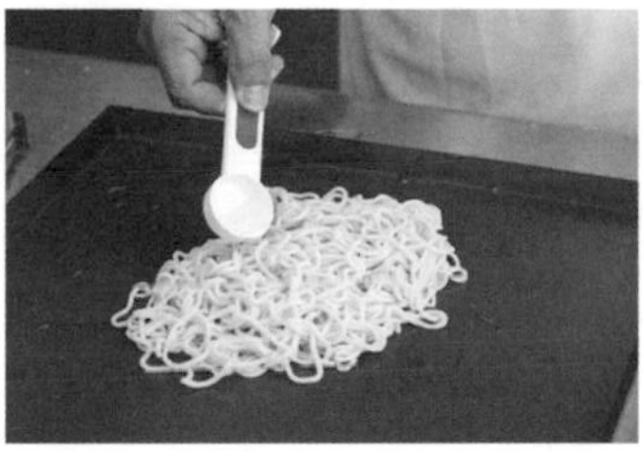

濾乾，風乾至表面無水分，加油拌勻即可包裝。

POINT

- 大火煮麵，麵Q而有韌性；麵煮到95～100%熟即可撈出。
- 壓麵不緊實煮麵時麵粉顆粒溶出，可加澱粉或添加物防止糊爛；麵條煮太久吸水多，會呈軟糊現象無Q韌性。
- 麵煮熟撈出用冷水沖洗時，外表多餘的澱粉未洗淨，有殘留粉漿；拌油前未充分風乾，表面有水；麵條煮太久麵條表面吸水，多呈軟糊現象；壓麵不緊實煮麵時麵粉顆粒溶出，都是造成外表不亮的原因。
- 涼麵顏色與鹼有關係，鹼水不加較白，適量微黃，太多變灰暗，若想色澤較佳，可添加食用級黃色素，添加前，粉狀色素需先溶於水，再酌量添加。可以不加鹼，顏色、口感會有點影響。
- 包裝後，室溫可保存半天，冷藏約1～2天。

冷水麵｜手工麵條

貓耳朵

貓耳朵的外形很像貓的耳朵，因此以此命名，又稱「圪坨兒」或「圪團兒」，是中國山西、陝西、杭州、內蒙、河北等地的家常麵食。

以冷水調製攪拌成糰後，以壓延機壓延或擀成適當厚度之麵片，用刀切成條狀後，以手摘取小麵塊，每個生重3±1g，放於手掌心，用拇指壓住向前推；或用食指和拇指揪下指頭肚大小的麵塊，反方向搓撚，會使麵塊捲成貓耳朵形狀，也可在網狀平板上用拇指壓住向前推，使其成形。

產品需具此特性：外表表面光滑，大小、形狀一致，用沸水煮熟，具自然乳白顏色，不相互黏結，完全熟透而具適當咀嚼感。

製作

數量：150g

生重：每個 3±1g

配料

麵糰（151g）

乾料：

- 中筋麵粉 100g
- 細鹽 1g

濕料：

- 冷水 30±3g
- 全蛋 20±2g

方法

1 攪拌

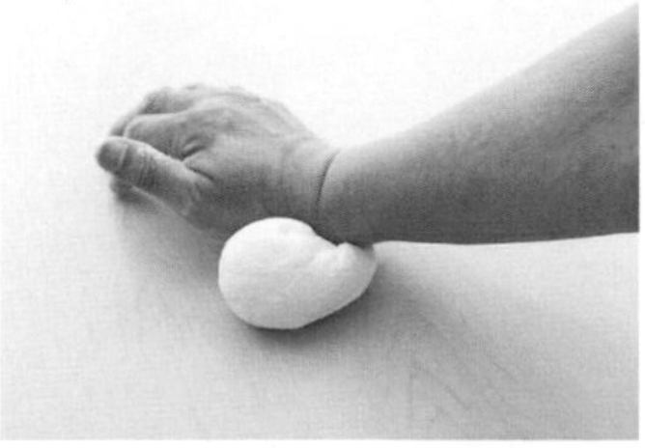

乾料（鹽需先加入水中溶解）加濕料，攪拌成麵糰，鬆弛10～30分鐘。

2 擀麵、切麵

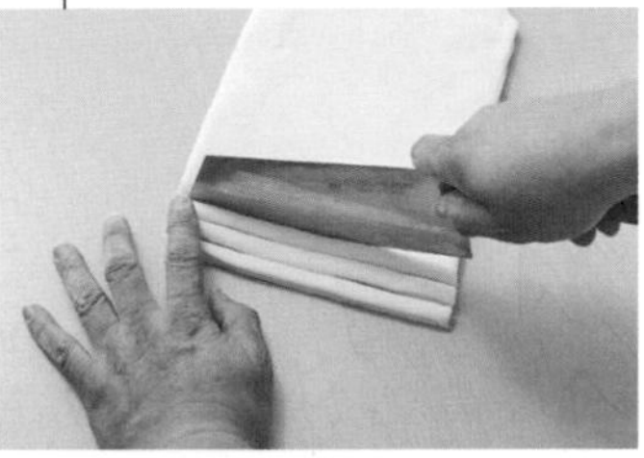

擀成1cm厚之薄麵帶，用利刀切成1cm寬之麵條。

3 成形

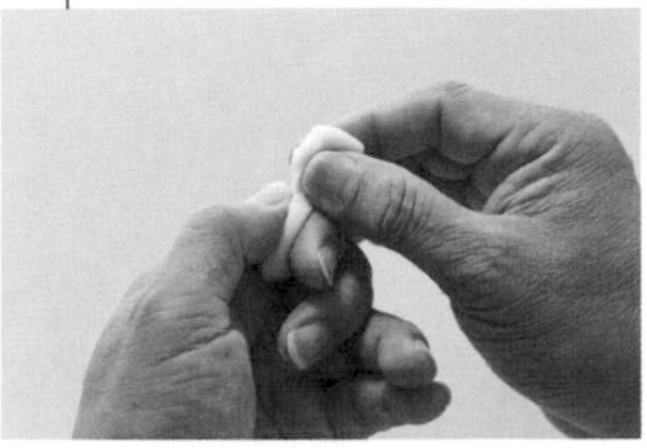

手法①：長麵條以手摘取小麵塊（3±1g）。

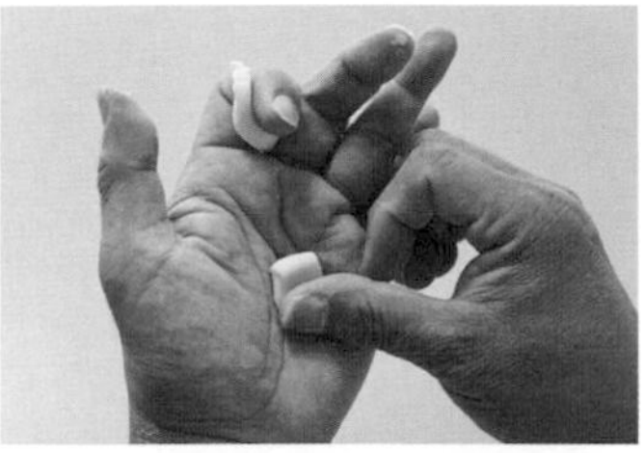

放於掌心用拇指壓住向前推。

→

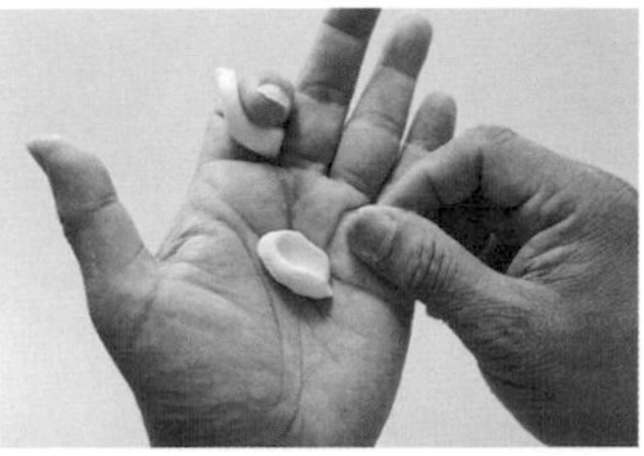

成品圖

→

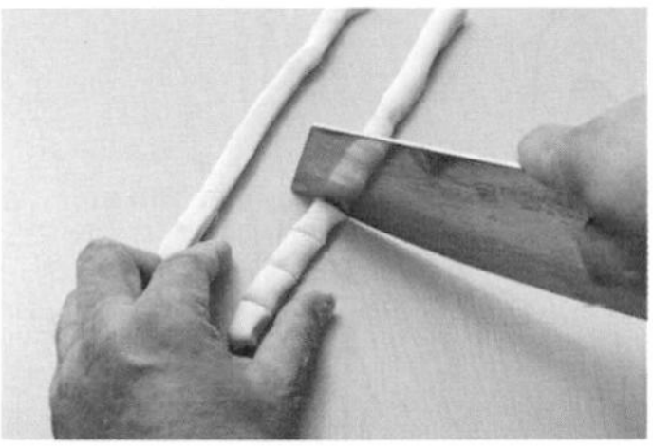

手法②：用刀切成小麵塊。

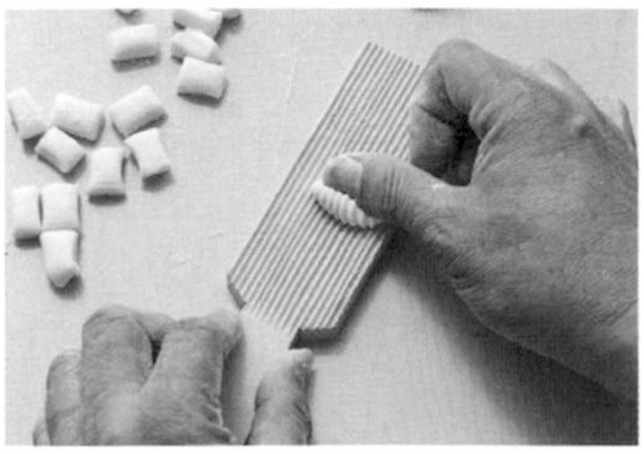

在網狀平板上用拇指壓住向前推。

→

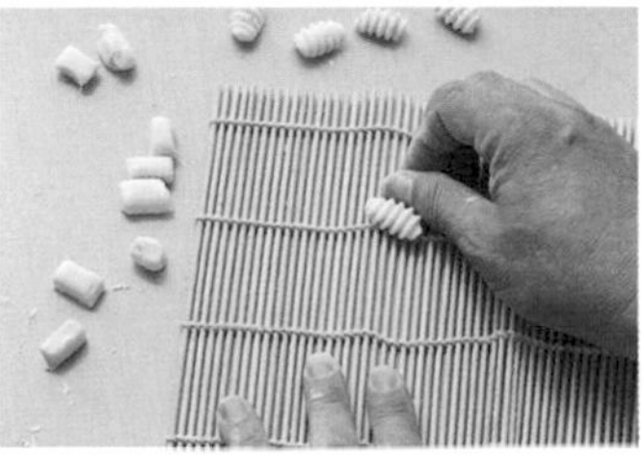

手法③：或用刀切成小麵塊，在捲壽司竹簾上用拇指壓住向前推。

→

成品圖

POINT

- 麵糰不可太軟，推麵時不可有手粉，要一氣呵成，一塊接一塊。
- 可在有紋路的木板、捲壽司竹簾、粗網篩、竹籃上推麵成形。
- 煮麵時，待浮起後可撈麵，想吃軟一點，煮的時間可加長。
- 包裝後，室溫可保存半天，冷藏約1～2天。

冷水麵｜手工麵條

楸片（掐疙瘩）

漢代的湯餅就是水煮楸片，楸片又稱「掘片、押片」，在鍋邊將麵片從上往下楸成小片，邊楸邊煮，麵熟撈出，故又稱「掐疙瘩」。

產品需具此特性：沒有固定外形的麵片，煮熟後配上不同的湯頭與配料或蔬菜，是一種湯麵。

製作

數量：150g

生重：每個 3±1g

配料

麵糰（151g）

乾料：

- 中筋麵粉 100g
- 細鹽 1g

濕料：

- 冷水 50±5g

方法

1 攪拌

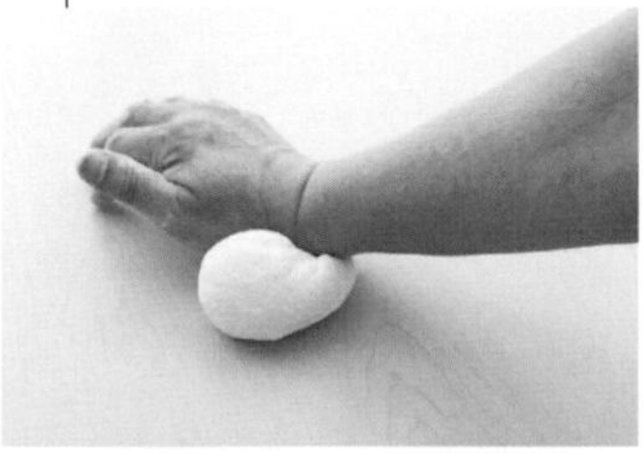

乾料（鹽需先加入水中溶解）加濕料，攪拌或揉成麵糰，鬆弛10～30分鐘。

2 擀麵

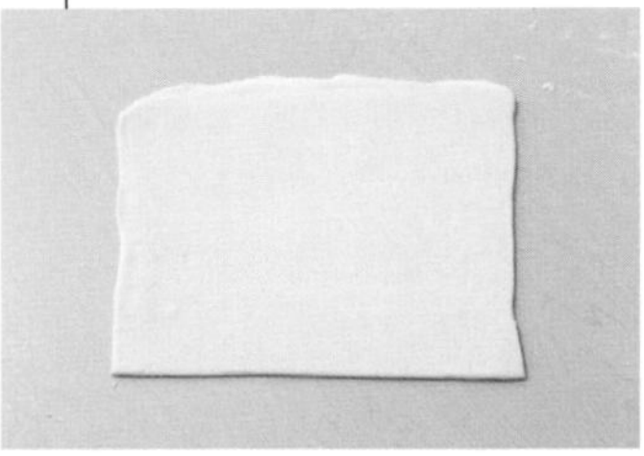

麵糰表面撒防黏粉，擀成厚3±1mm麵片。

3 切麵

切成寬2cm薄麵帶。

4 成形

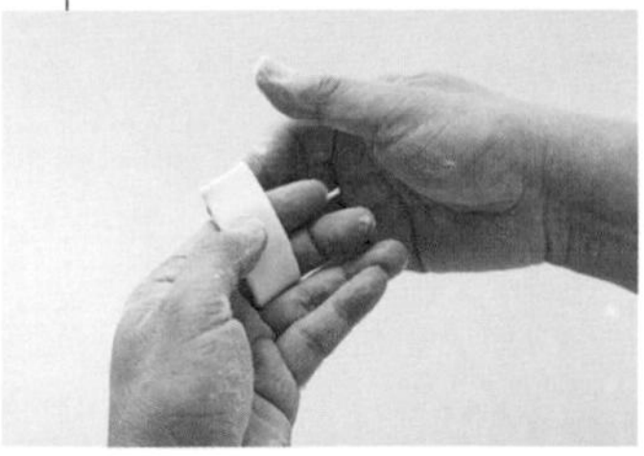

將麵帶用食指與拇指指肚輕按住。

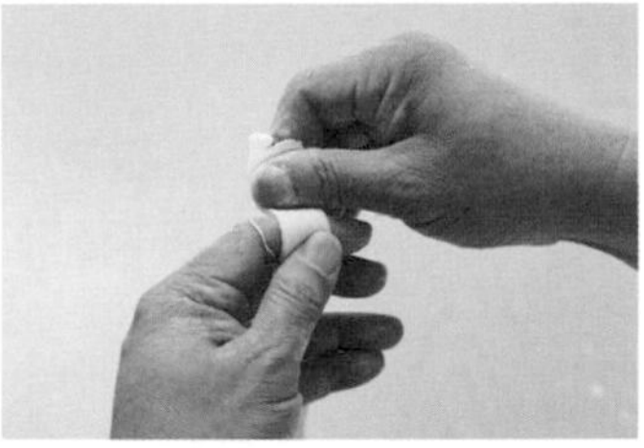

從上往下揪成小片，邊揪邊煮。

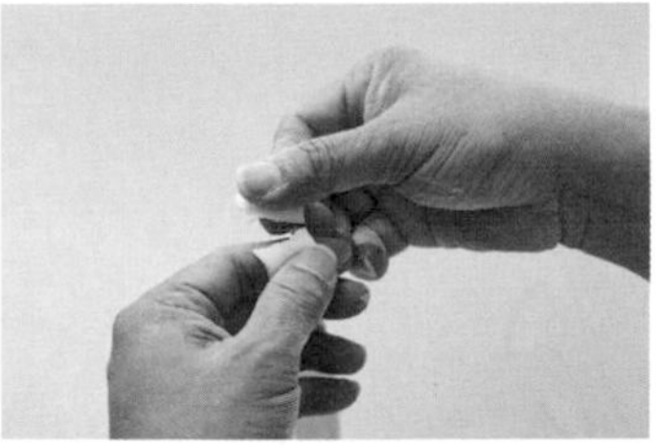

POINT

- 麵糰不可太軟，擀麵時要有防黏粉，用手揪時要一氣呵成、一塊接一塊。
- 揪片是不規則的麵片，厚薄沒有一定標準，因此又稱揪疙瘩，硬一點的麵可擀薄，用刀切成片狀，可煮或晾成麵乾。
- 煮麵時，待浮起後撈起即可，想吃軟一點，煮的時間需加長。
- 包裝後，室溫可保存半天，冷藏約1～2天。

珍珠麵

珍珠麵是中國北方的麵食，是將麵糰切成小麵塊，稍為搓圓如湯圓狀的小麵糰。珍珠麵製作方便，是將麵糰擀成所需厚度，再切成正方形（小丁），篩滾或用手搓圓，產品紮實耐煮，有嚼勁。

產品需具此特性：外表小巧如小湯圓，煮熟後不論煮、炒均可呈現麵食的特色。

製作

數量：160g

生重：每個 3±1g

配料

麵糰（161g）

乾料：

- 中筋麵粉 100g
- 細鹽 1g

濕料：

- 冷水 30±3g
- 蛋白 30±3g

方法

1 攪拌

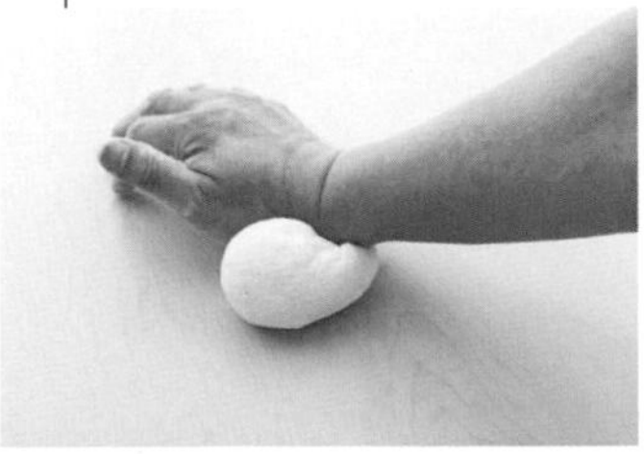

乾料（鹽加入水內溶解）加濕料，攪拌或揉成麵糰，鬆弛10～30分鐘。

2 擀麵

麵糰表面撒防黏粉，擀成厚1cm的麵片。

3 成形

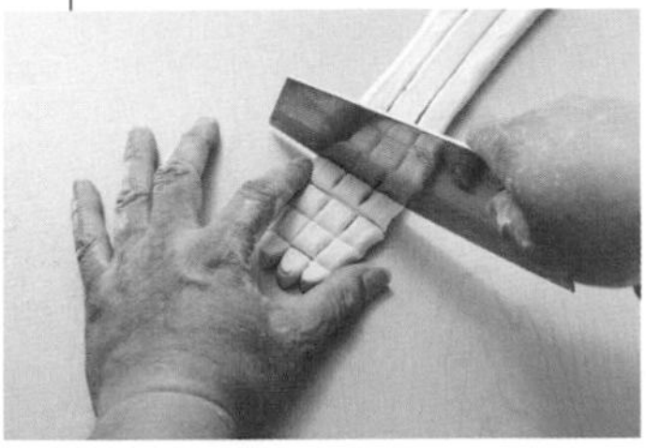

用刀切成寬1cm長條，再切成正方形。

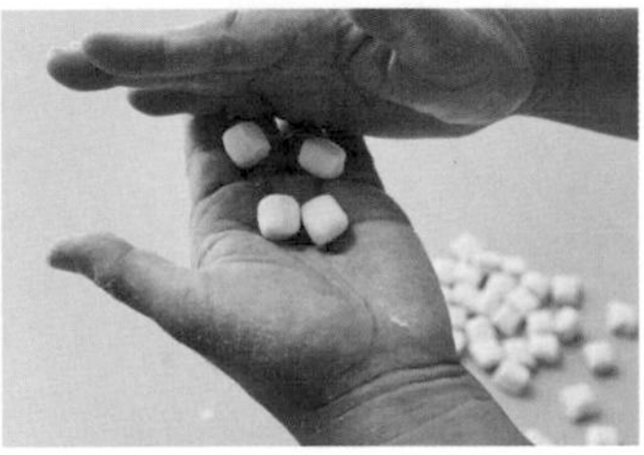

可用手搓一下。

或搓圓。

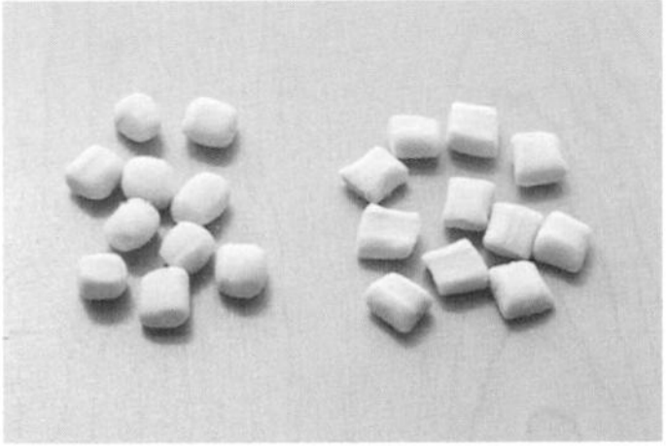

成品圖。

POINT

- 麵糰不可太軟，麵粒太軟易變形，以正方體比較容易搓圓；用手搓圓時，不要有防黏粉，否則會滑動，篩滾後可以撒防黏粉。
- 加蛋白的麵最耐煮，加愈多愈耐煮，麵愈硬，若想吃軟麵，煮的時間必須要加長；加全蛋的口感會比加蛋白來得軟。
- 可用蔬菜麵糰、雞蛋麵糰製作，但需注意麵糰的軟硬度。
- 包裝後，室溫可保存半天，冷藏約1～2天。

冷水麵｜手工麵條

刀削麵（剪刀麵）

根據記載，刀削麵最早出自山西，是流行民間的一種水煮麵食。麵糰經過多次揉搓後，整形成為長20cm左右的麵糰，再用特製的刀具削麵，一條一條削到煮滾的煮鍋中煮熟。

刀削麵糰的操作手法是一手托麵，一手拿刀，要訣是：刀不離麵，麵不離刀，胳膊直硬手端平，手眼一條線，一棱趕一棱，平刀是扁條，彎刀是三棱。出手要快，手腕的力道要均勻。削出的麵條飛向沸騰的水中，在水中翻旋，順口溜是：一葉落鍋一葉飄，一葉離麵又出刀，銀魚落水翻白浪，柳葉乘風下樹梢。

產品需具此特性：外表中厚邊薄，棱鋒分明，形似柳葉。煮好的麵外滑內勁，軟而不黏，愈嚼愈香，刀削麵沒有特定的湯汁，根據自己的口味而定。

製作

數量：150g

生重：每條 6±4g

配料

麵糰（150g）

乾料：

- 中筋麵粉 100g
- 細鹽 1g

濕料：

- 冷水 50±5g

方法

1 攪拌

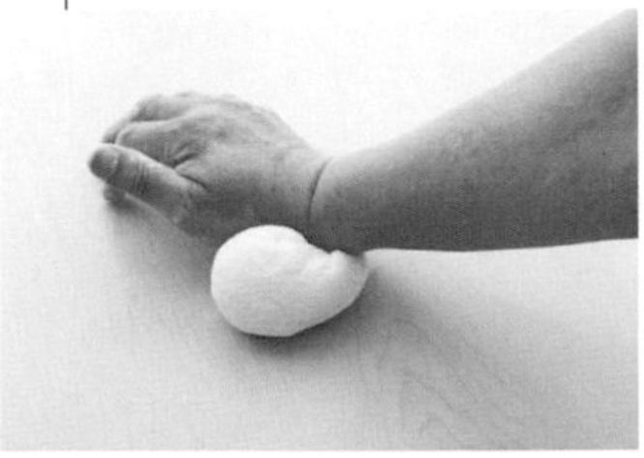

乾料（鹽需加入水中溶解）加濕料，攪拌或揉成麵糰，鬆弛10～30分鐘。

2 揉麵

麵糰再揉光滑，捲成圓柱形。

3 成形

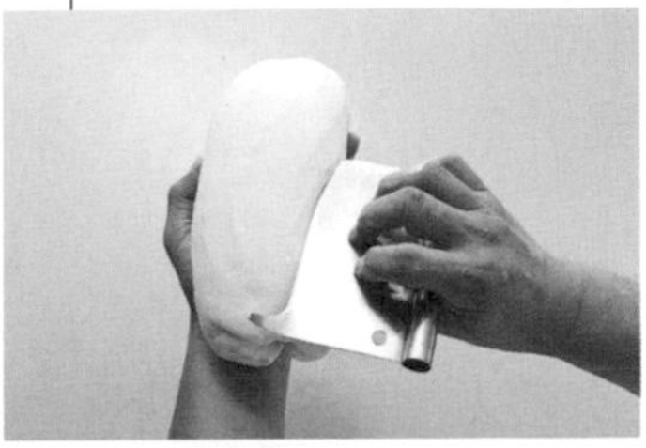

手法①：將麵糰用刀具，從旁邊往中間削，邊削邊煮。

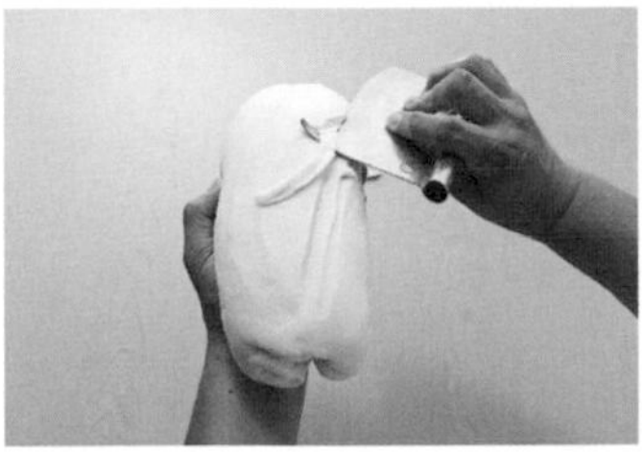

→

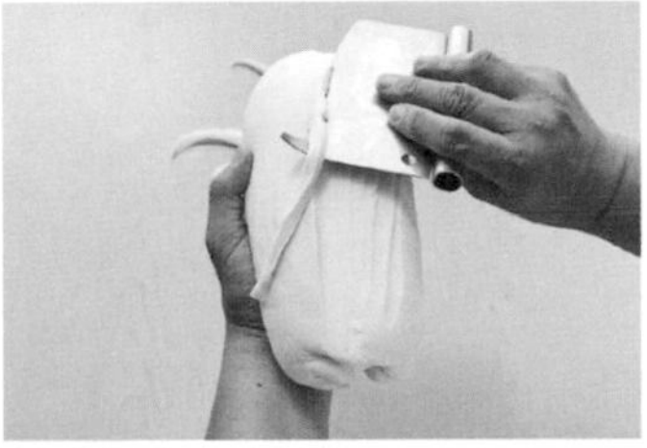

TIPS 注意一下拿麵糰的手及刀具的角度。

→

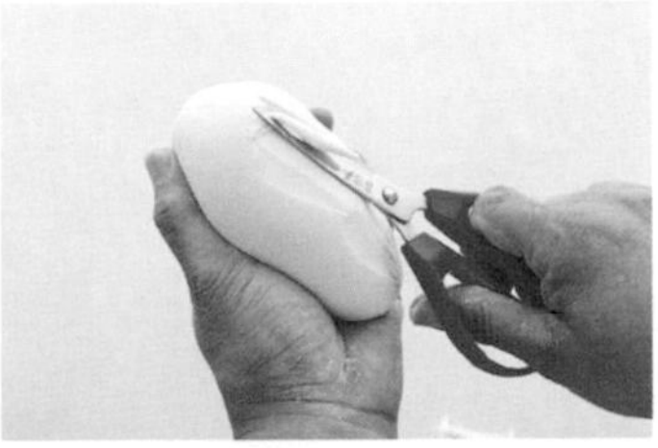

手法②：剪刀麵。

TIPS

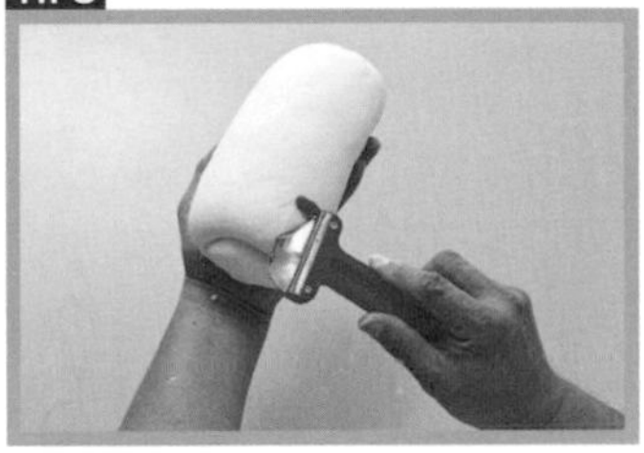

→

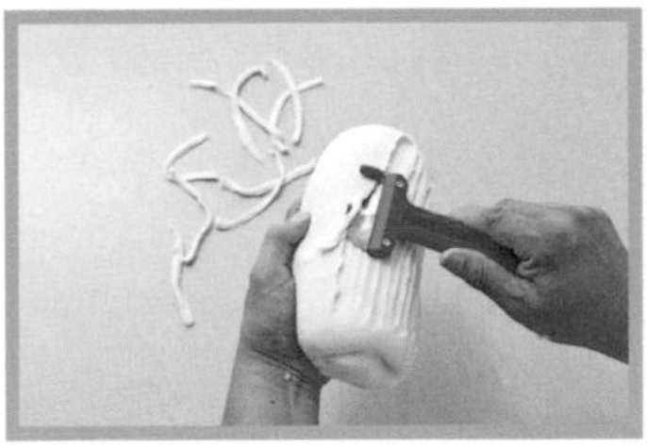

市售特殊器具——特製削刀。

POINT

- 麵糰軟硬適中，削麵前要將麵糰再揉光滑，如果麵不光滑，削的時候不會光滑易黏刀，麵的外形差。
- 普通的菜刀無法削出漂亮的麵條，需特製的弧形削刀或特製削刀，用這種刀削出的麵條，中間厚兩邊薄，形似柳葉。
- 可用蔬菜麵糰、雞蛋麵糰製作，只要注意麵糰的軟硬度。沒有刀具時，可用剪刀剪麵，稱為剪刀麵。
- 麵條現削現煮，不保存；但未削的麵糰可冷藏1～2天。

冷水麵｜手工麵條

剔尖（撥魚麵）

撥魚麵是麵疙瘩的另一種作法，是將稀軟的麵糰用筷子或湯匙撥到沸湯中煮熟，因麵的形狀像頭尖肚圓的小魚，所以稱為撥魚，又因兩頭尖尖，又稱剔尖。元朝《居家必用事類全集》中有「玲瓏撥魚」一詞，可見撥魚麵的歷史久遠。

製作時，需先將稀軟麵糰置於刀撥鐵板或淺盆中，鬆弛15分鐘，下鍋時將盛麵的鐵板（容器）或碗向鍋邊傾斜，使麵流向碗沿，另一手用鐵筷（筷子或湯匙）將碗沿的麵往鍋裡撥，撥成兩頭尖，中間粗的小魚形，煮好後撈出，可以搭配各式湯汁，比如牛肉湯、榨菜肉絲、排骨湯、什錦湯，有人將湯汁稱為「澆頭」，或稱「湯頭」。除了小麥粉適合製作撥魚麵，也可以與高粱粉、蕎麥粉、玉米麵混合製作。

產品需具此特性：外表光滑，形狀一致，不相互黏結，完全熟透，具適當咀嚼感。

製作

數量：170g

生重：每條麵條長約 10±2cm

配料

麵糰（172g）

乾料：

- 中筋麵粉 100g
- 細鹽 1g
- 沙拉油 1g

濕料：

- 冷水 70±7g

＊可加鹼水0.2g。

方法

1 攪拌

乾料（鹽需加入水中溶解）加濕料，攪拌或揉成稀軟麵糰。

2 鬆弛

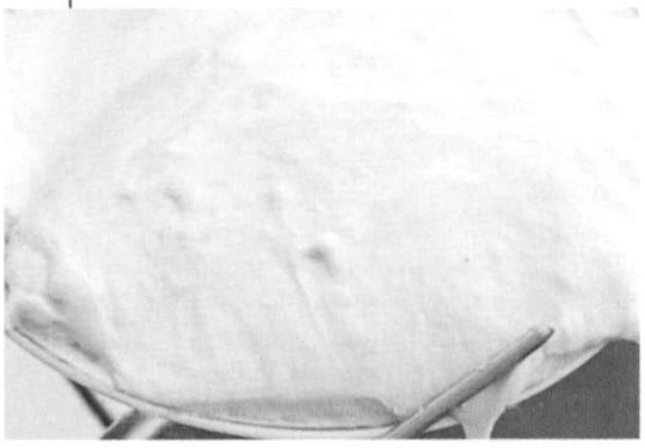

麵糰放入托盤中，鬆弛約10～30分鐘。

3 成形

用竹、木筷或鐵筷以撥或剔的方式，直接撥或剔入沸水鍋，煮3～5分鐘，撈出。

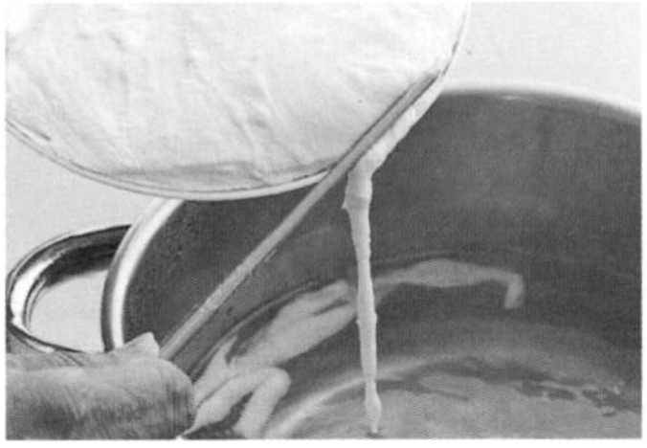

成品圖。

POINT

- 麵糰要稀軟、有勁，鬆弛足夠，剔出的麵條不易斷；不可太硬，否則不易撥。
- 有特製的撥麵板及撥麵棒，可用淺盤或淺碟及不鏽鋼筷代替。
- 麵軟會流動，順著板盤邊緣剔撥，才會剔出漂亮的麵條。
- 可用雜糧粉、蔬菜、雞蛋調製，只要注意麵糰要光滑稀軟。
- 軟麵糰可冷藏1～2天，但會變硬，故操作前要先回溫變軟；熟麵條可冷藏1～2天。

刀撥麵（刀切麵、日式烏龍麵）

刀撥麵是將麵糰壓成適當的厚度，再用兩端有柄的特製刀或菜刀，切撥出粗細一致的麵條，是山西麵食一絕。

刀撥麵用平口大刀將麵條切撥，是由刀切麵演變來的，而刀切麵又稱切麵，與日式烏龍麵製作相同，外形有大寬麵、寬麵、柳葉麵、棋子麵等表徵，也可以切成大麵條，或用手拉長又稱伸麵或扯麵。

產品需具此特性：外表光滑，口感滑溜，形狀一致，不相互黏結，完全熟透而具適當咀嚼感。

製作

數量：150g

生重：每條約 15±2cm（或配合刀刃長度）

配料

麵糰（151g）

乾料：

- 中筋麵粉 100g
- 細鹽 1g

濕料：

- 冷水 50±5g

＊可加鹼水 0.2g。

方法

1 攪拌

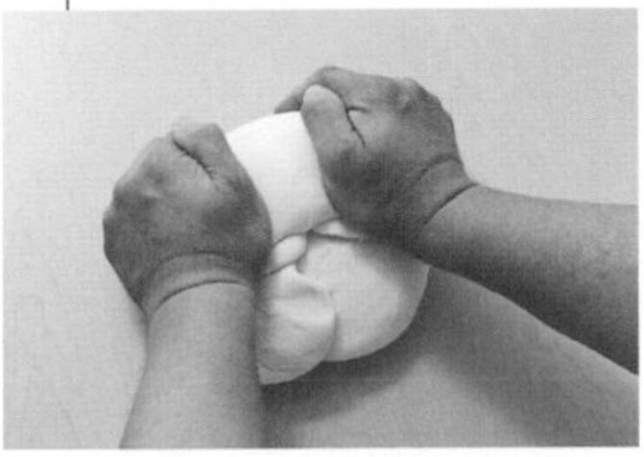

乾料（鹽需先加入水中溶解）加濕料，攪拌或揉成麵糰，鬆弛10～30分鐘。

2 擀麵

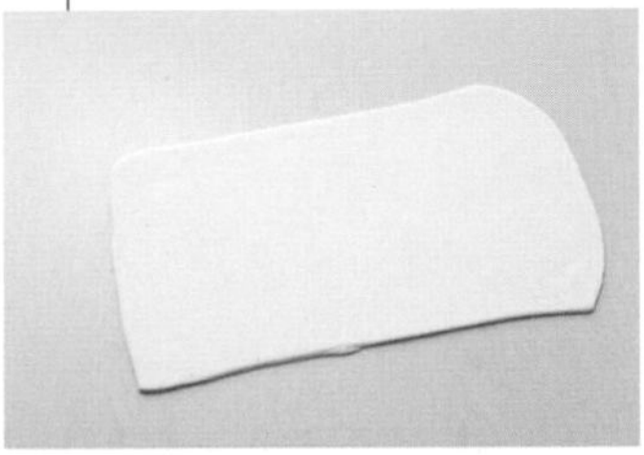

麵糰表面撒防黏粉，擀成厚5±1mm麵片，長度不限，寬度要小於刀刃長度。

3 成形

麵片疊成數層。

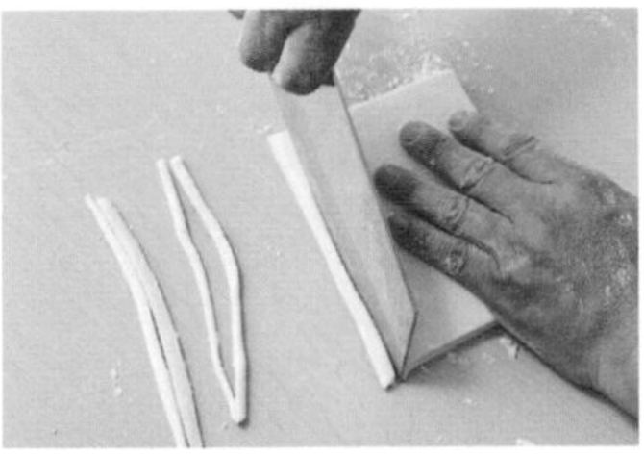

用刀切成寬5±1mm麵條。

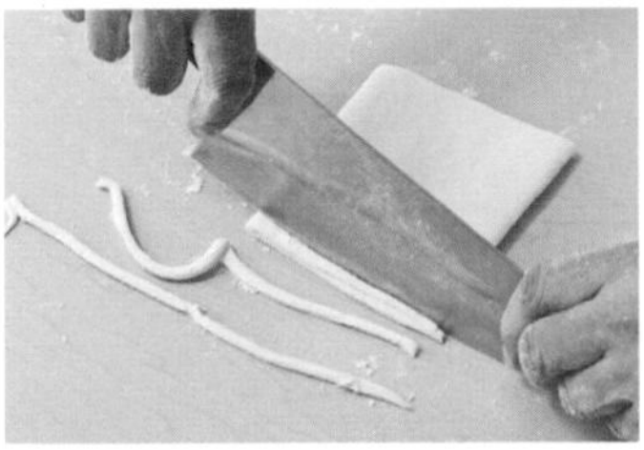

或用雙手撥切麵。

POINT

- 麵糰軟硬適中，切撥前，麵糰要壓緊光滑，如果麵不光滑，切撥的時候不會光滑，容易斷裂甚至黏刀，麵外形差。
- 普通的菜刀可以替代，但麵條短，單手操作手很累，無法切出漂亮的麵條，特製的雙把手刀，雙手壓切撥一氣呵成，一刀接一刀，大小一致，用這種刀切撥的麵條，均勻漂亮。
- 麵片愈寬，切撥後的麵條愈長，可以用蔬菜麵糰、雞蛋麵糰製作，只要注意麵糰的軟硬度。
- 數層相疊時要撒防黏粉，切撥後的麵條才不會黏。
- 日式烏龍麵，水分約40～48%，需特殊粉心麵粉，鹽量依氣溫調整至2～6%，鹼水減少或不加，需揉或攪拌成軟硬適度的麵糰（刀撥麵硬度），不需複合，但需冷藏鬆弛一段時間再壓至所需厚度（3～6mm），用刀切成正方形麵條（寬厚一樣），用澱粉防黏，鬆弛一段時間才可包裝。煮麵時鹽會溶於沸水內，麵會變淡，水會變鹹，連續煮一定要換水。
- 麵糰可冷藏1～2天，麵條宜現切現煮。

麵條配料

炸醬

炸醬由豆瓣醬製成，大豆在發酵時，所含的蛋白質部分會出現水解現象，使水溶性氮含量提高，產生各種酵素，幫助腸胃消化吸收。豆瓣醬源於漢代，到了北魏，留下各種醬料的製作方法，《齊民要術》有詳細記載。炸醬最早的吃法始於八旗子弟，醬要先油炸，色澤好看，能體現醬的香味，再加上時令蔬菜，拌入麵條內，這樣吃起來更加新鮮可口。

產品需具此特性：味鮮香、鹹淡適口、可沾附麵條。

製作

數量：350g

配料

① 炸醬料（352g）

主料：

- 絞碎豬肉 100g
- 甜麵醬 15g

配料：

- 液體油 10g
- 蔥段 10g
- 薑片 5g
- 八角粒 2g
- 高湯或水 200±20g

調味：

- 細鹽適量（可調節）
- 香麻油 10g

② 麵條配料

- 小黃瓜絲
- 紅蘿蔔絲
- 燙綠豆芽
- 蛋皮絲

方法

爆香、炒熟

1. 配料先爆香，加入主料炒至肉發白，再加甜麵醬炒香。

煮醬

2. 加水煮沸後，改用小火煮至出油，起鍋前調味即可。

TIPS 任何麵條煮熟後，放入碗內，加入炸醬料、配料即可。

POINT

- 用油爆香配料，炸醬風味較佳；最好選用半肥瘦的豬肉或後腿肉。
- 醬料有大豆的發酵味，香氣不足，炒過後可呈現豆瓣香氣。
- 慢慢煮，醬才會香，加上長時間煮，肉會出油，容易與豆瓣香味融合。

麵條
配料

麻醬

芝麻醬是用炒香的白芝麻，研磨加工而成的泥狀產品，有濃鬱的芝麻香。芝麻醬不只是調味品，還含有豐富營養價值，芝麻酚是香氣來源。芝麻醬可佐餐，或製成涼拌菜，也可做火鍋的調味醬汁用。

產品需具此特性：色正、味純、無油耗味、無焦味、可沾附麵條。

製作

數量：370g

配料

麻醬（390g）

主料：

- 芝麻醬 100g

配料：

- 湯或開水 220±20g

調味：

- 液體油 20g
- 醬油 20g
- 細砂糖 30g
- 白醋 2g

方法

攪拌、調味

主料先拌勻，開水再慢慢加入拌勻，調味料加入拌勻，試味即可。

TIPS 任何麵條煮熟後，放入碗內，加入麻醬即可。

POINT

- 芝麻醬含油高，開水如果不慢慢加入，容易油水分離、影響品質。
- 調製試味後，需依個人口味調整，裝入玻璃瓶內，放入冷藏庫保存。

麵條配料　涼麵醬

涼麵用較稀的麻醬配料，將麵條放入碗中淋入涼麵醬，上面放菜拌勻，入口冷涼，滲出麻醬香及菜料的清爽，因此麵和麻醬配料的比例相當重要。因每人口味不同，以麻醬配料為基底，再調製獨特醬汁及不同添加料，如沙拉醋、蒜泥、糖漿、烏醋等。搭配傳統黃麵條或白麵條皆可，香而味道清爽是涼麵的重點。

產品需具此特性：清爽的芝麻香、鹹淡適宜、不可黏附麵條上。

製作

數量：290g

配料

① 涼麵醬（310g）

主料：

- 芝麻醬 50g

配料：

- 開水 220±20g

調味：

- 醬油 15g
- 細砂糖 15g
- 白醋 5g
- 香麻油 5g
- 辣椒油適量
- 細鹽適量

② 麵條配料

- 小黃瓜絲
- 紅蘿蔔絲

方法

攪拌

1. 主料先拌勻，開水慢慢加入拌勻。

調味

2. 調味料加入拌勻，試味即可。

TIPS 任何麵條煮熟後，放入碗內，加入涼麵醬及麵條即可。

POINT

- 芝麻醬含油高，開水如果不慢慢加入，容易油水分離、影響品質。
- 調製試味後，需依個人口味調整。
- 裝入玻璃瓶內，放入冷藏庫保存。

麵條配料

雪菜肉絲

雪裡紅原名雪菜，又叫雪裡蕻，是芥菜類中葉用芥菜的醃製菜，將芥葉連莖一起醃漬，便是雪裡紅。雪裡紅是抗寒葉菜，秋冬之際，天冷下霜，芥菜葉片部分變成紅色，因此得名雪裡紅。另外，不少十字花科蔬菜也都可以醃漬與雪裡紅味道相似的醃菜，如油菜、小芥菜、蘿蔔嬰等，都可以稱為雪裡紅，常令人眼花撩亂，難以分辨食材來源，不過芥菜醃製的口感、味道較為濃郁，油菜細緻些，蘿蔔嬰的口感比較粗硬。醃好的雪裡紅，泡水約15分鐘後洗淨，切碎後就可以與碎肉丁炒熟。是開胃、消食的食物，拌入麵食別具風味。但因芥菜纖維較粗，不易消化，不宜過量食用。

製作

數量：200g

配料

雪菜肉絲（211g）

主料：

- 豬肉絲或絞肉 75g
- 雪裡紅 100g

配料：

- 液體油 15g
- 蒜末 2g
- 蔥花 10g
- 紅辣椒段 2g

調味：

- 香麻油 4g
- 細鹽 1g
- 醬油 1g

方法

爆香、炒熟

配料先爆香，加入絞肉炒至肉發白、再加雪裡紅炒香，起鍋前調味料加入，試味即可。

TIPS 任何麵條煮熟放碗內，加入雪菜肉絲與湯汁，即成為雪菜肉絲麵，乾麵或湯麵皆可。

完成品

POINT

- 用油爆香這些配料，會產生特殊的香氣，風味較佳。
- 雪裡紅有醃漬的發酵味，需先泡水再洗淨，炒過之後，即可呈現特殊香氣。
- 最好選用半肥瘦的豬肉或後腿肉。

麵條配料

酸菜肉絲

酸菜又叫鹹菜，但因食材不同，味道也不盡相同，大芥菜醃漬稱為酸菜，大白菜醃漬稱北方酸菜或東北酸菜，台灣酸菜是用大芥菜或包心芥菜醃的。大芥菜的菜梗直短，菜葉多，俗稱長年菜，包心芥菜菜梗粗大而彎曲，俗稱駝背菜，醃出來的酸菜叫做酸菜心。

芥菜有點苦，可是醃過後，苦味就變成宜人的酸味，有一股香氣。酸菜適合搭配飯糰、饅頭、麵食，甚至白飯，是開胃小菜、下飯菜最佳選擇。

製作

數量：200g

配料

酸菜肉絲（206g）

主料：

- 酸菜絲 100g
- 豬肉絲 50g

配料：

- 液體油 25g
- 青蔥段 10g
- 紅辣椒 5g

調味：

- 細砂糖 10g
- 香麻油 3g
- 細鹽 1g
- 醬油 2g
- 白胡椒粉適量

方法

爆香、炒熟

配料先爆香，加入豬肉絲炒至肉絲發白、再加酸菜絲炒香，起鍋前調味料加入，試味即可。

TIPS 任何麵條煮熟放碗內，加入酸菜肉絲與湯汁，即成為酸菜肉絲麵，乾麵或湯麵皆可。

POINT

- 用油爆香時這些配料，會產生特殊的香氣，風味較佳。
- 酸菜有醃漬的發酵味，需先泡水除鹹味再洗淨，炒過之後可呈現特殊香氣。
- 最好選用半肥瘦或後腿肉。

麵條配料

榨菜肉絲

榨菜一詞最早出現在宋代，是一種常見的醬醃菜，可以作為炒菜中的配料，可以直接或搭配麵食用。榨菜的原料是一種莖用芥菜的碩壯瘤狀菜頭，拳頭大小，需經鹽醃後，再用高壓壓榨排出多餘水分，因此得名榨菜。

榨菜加鹽和香料醃漬，經發酵後產生特殊酸味、香味和鹹鮮味，氣味鮮香，脆嫩爽口，因榨菜含鹽量高，烹煮之前，需先泡水除鹹味，再切成絲食用或與肉絲拌炒。

製作

數量：200g

配料

榨菜肉絲（206g）

主料：

- 淡榨菜絲 100g
- 豬肉絲 75g

配料：

- 液體油 15g
- 蔥花 10g

調味：

- 香麻油 3g
- 細鹽 1g
- 醬油 2g
- 白胡椒粉適量

方法

爆香、炒熟

配料先爆香，加入豬肉絲炒至肉絲發白、再加榨菜絲炒香，起鍋前調味料加入，試味即可。

TIPS 任何麵條煮熟放碗內，加入榨菜肉絲與湯汁，即成為榨菜肉絲麵，乾麵或湯麵皆可。

POINT

- 用油爆香這些配料，會產生特殊的香氣，風味較佳。
- 榨菜絲有醃漬的發酵味，需先泡水再洗淨，炒過之後可呈現特殊香氣。
- 最好選用半肥瘦的豬肉或後腿肉。

麵條配料

紅燒牛肉麵

紅燒牛肉麵是一道很入味的家常麵食，很受一般人喜歡。根據文獻，晉代時期已經出現烹煮細如絲的麵條後，澆上牛肉羹的記載，應是最早的牛肉麵。採用牛腹部下側的牛腩肉，也就是牛腹部及靠近牛肋處鬆軟肌肉，由於帶筋肉，有油花的肉塊，瘦肉較多，脂肪較少，筋也較少，適合紅燒或燉湯。另外，里肌肉上層也有一片筋少、油少、肉多、形狀不規則的牛腩肉，煮出來的紅燒牛肉麵，是上等級品。

製作

數量：1500g

配料

① 紅燒牛肉（1960g）

主料：

- 牛腩肉塊 300g（可不限重量）
- 豆瓣醬 30g
- 冷水 1500±150g

配料：

- 液體油 50g
- 青蔥大段 20g
- 薑末 10g

調味：

- 醬油 10g
- 冰糖 20g
- 白酒 20g
- 八角粒 1g
- 桂皮 1g
- 細鹽適量

② 麵條配料

- 小白菜
- 青蒜末

方法

爆香

1. 配料先爆香，加入牛腩肉塊炒至牛肉發出香味。

炒熟

2. 再加豆瓣醬炒香。加水煮至肉軟，起鍋前調味料加入，試味即可。

TIPS 任何麵條煮熟放碗內，加入紅燒牛肉與牛肉湯及菜料，即成為紅燒牛肉麵。

完成品

POINT

- 用油爆香配料，會產生特殊香氣，風味較佳。
- 牛腩肉有腥味，需先泡水再洗淨，用沸水汆燙，再用大火炒香，肉質較鮮甜，腥臊味會減低。
- 用小火煮至軟爛，牛肉湯味鮮美，肉質不佳；大火煮至軟爛，牛肉味鮮肉質較佳，但要注意水量要多加，最好不要中途再補冷水，風味不佳，可用辣豆瓣醬或辣椒，調節辣味。

麵條配料

五香牛肉麵

五香牛肉麵是一道香味四溢的麵食，常令人食慾大增。採用的是牛前後小腿去骨後的腱子肉，筋紋呈花狀，筋肉多，脂肪少，又含高量的膠質，由於肉中有許多連結組織，很適合長時間滷或燉煮，不適合用紅燒做法。腱子肉又分為花腱和腱子心，花腱較大顆，腱子心較小顆，燉煮起來比較好吃。五香粉是非常重要的調味料，由花椒、丁香、陳皮、八角、肉桂、胡椒、甘草等五種以上香料調配而成，紅燒、滷、煮、醃等料理都少不了五香粉的調味，作用是突顯食物的原味。

製作

數量：1500g

配料

① 五香牛肉（1930g）

主料：

- 切片熟牛腱肉 300g（可不限重量）
- 冷水 1500±100g

配料：

- 液體油 20g
- 薑末 20g
- 青蔥 30g
- 花椒粒 2g

調味：

- 五香粉 10±2g
- 冰糖 20g
- 細鹽 10g
- 醬油 10g
- 白酒 10g

② 麵條配料

- 小白菜
- 青蒜末
- 香麻油

方法

爆香

1. 配料先爆香。

炒熟

2. 加水煮沸，再加入切片的熟牛腱（重量不限）煮至肉軟，起鍋前調味料加入，試味即可。

TIPS 任何麵條煮熟放碗內，加入五香牛肉與牛肉湯及菜料，即成為五香牛肉麵。

完成品

POINT

- 用油爆香配料，會產生特殊的香氣，風味較佳。
- 牛腱肉有腥味，需先泡水用沸水汆燙洗淨，再用大火煮熟軟，冷卻切片。
- 用小火煮至軟爛，牛肉湯味鮮美，肉質不佳；大火煮至軟爛，牛肉味鮮肉質較佳，但要注意水量要多加，除浮沫及雜質後的牛湯水可代替冷水。

麵條
配料

番茄蛋滷

番茄又稱西紅柿，原產中美洲和南美洲，營養豐富，蔬果兩用，生熟均可食。番茄中還含有茄紅素，高熱烹調都不易破壞。番茄是調理上不可或缺的基材，種類很多，購買時宜選擇表皮光滑、紅豔飽滿，外皮完整的熟品為佳。

製作

數量：600g

配料

番茄蛋滷（675g）

主料：

- 熟紅番茄 100g
- 煎熟全蛋 100g
- 高湯或水 400±40g

配料：

- 液體油 30g
- 蔥花 30g

調味：

- 細鹽 5g
- 醬油 5g
- 香麻油 5g

方法

爆香

1. 蔥花、油、番茄先爆香。

炒熟

2. 加入蛋炒香，加水煮軟，起鍋前調味料加入，試味即可。

TIPS 任何麵條煮熟放碗內，加入番茄蛋滷即可。

POINT

- 用油爆香配料，會產生特殊香氣，風味較佳。
- 番茄需先用沸水燙至皮裂開，泡水除皮切小塊，再加入炒香。
- 蛋打散，用小火煎成不著色的碎蛋再拌勻。

麵條配料

肉燥

噴香的肉燥，拌著麵或飯，是很多人喜愛的古早味。肉燥的香氣很重要，不同食材，香氣不同，除了紅蔥頭以外，再外加油蔥酥，會有一股蔥香氣味，若添加香菇，就是香菇肉燥，需耐心炒透肉丁，逼出油脂香氣，肉燥湯汁濃郁的關鍵就是豬皮，所以肉燥最好用帶皮的豬肉，再添加炸的紅蔥頭。肉燥配料和滷肉飯上澆的滷肉不完全相同，滷肉的顆粒比較大，比較軟嫩，肉燥的肉丁要細，要炒到收乾出油才夠香，肉丁鬆散不容易沾在麵上，可以作湯尾油，增加香氣。

製作

數量：300g

配料

肉燥（301g）

主料：

- 絞碎豬肉 100g
- 泡水蝦米 20g
- 油蔥酥 20g
- 高湯或水 100±10g

配料：

- 液體油 30g
- 碎紅蔥頭 20g

調味：

- 細鹽 5g
- 醬油 5g
- 胡椒粉 1g

方法

爆香

1. 紅蔥頭、蝦米、油先爆香。

炒熟

2. 加入剩下主料炒香，加水煮沸後，改用小火煮至肉油分離，起鍋前調味料加入，試味即可。

TIPS 任何麵條煮熟放碗內，加入肉燥及高湯即可。

完成品

POINT

- 紅蔥頭要先爆香，會產生特殊的香氣，風味較佳。
- 炒肉燥的時候，慢慢炒才會香，加上長時間炒，肉會出油，容易與油蔥酥的香味融合，最好選用半肥瘦的豬肉。

麵條
配料

大（打）滷湯

大滷麵原名打滷麵，打滷意為有勾芡的湯料，北方喜歡將各種食材，如大白菜、木耳、肉絲、蛋等材料熬煮成濃稠的湯料，加入熟麵條之後，就成好吃又省事的大滷麵了。勾芡後的湯料，香味十足，濃稠滑溜，帶著醋香，那就是熱騰騰的大滷麵。

製作

數量：800g

配料

大滷湯

主料：

- 豬肉片 100g
- 碎蝦米 5g
- 脆筍片 20g
- 黑木耳片 20g
- 金針菜 5g
- 全蛋 50g
- 高湯或水 600±60g

配料：

- 液體油 20g
- 蔥花 10g
- 薑片 5g

調味：

- 細鹽 2g
- 醬油 5g
- 香麻油 5g
- 澱粉水酌量

方法

爆香

1. 配料先爆香。

炒熟

2. 加水，再加入其他主料煮熟，起鍋前加入調味料試味，最後用澱粉水芶芡。

TIPS 任何麵條煮熟放碗內，加入大滷湯即可。

完成品

POINT

- 用油爆香配料，會產生特殊的香氣，湯汁風味較佳。
- 主料需先泡水，用沸水汆燙洗淨，水沸加入煮熟即可。
- 芶芡用的澱粉水：200g水，添加馬鈴薯澱粉20g，拌勻即可，芶芡時，需注意加入量（視濃稠度而定，無法定量）。

冷水麵｜薄餅類

分類

全世界都有不少薄餅的製作，但是中式薄餅的種類繁多，有各式型態。產品特性不同，可分為麵糰和麵糊，筋（斤）餅、千層抓餅（手抓餅、甩餅）是麵糰薄餅，淋餅（軟性蛋餅）是麵糊薄餅；口感的不同，可分為硬麵和軟麵；生產方式的不同，可分為手擀薄餅和麵糊。

	性質	方法	製品
麵糰	硬麵	手擀	烙餅、抓餅、筋餅
麵糊	軟麵	潑淋	淋餅

製作

1. **攪拌**：攪拌會直接影響產品品質，為了能使麵粉均勻吸水，加水量應根據產品特色與麵粉吸水調節，採用慢、中速攪拌成光滑麵糰，鬆弛5～10分鐘。
2. **分割**：依產品不同分割，搓圓，抹油，鬆弛10～30分鐘。
3. **成形**：擀成所需大小之圓薄餅。
   ① 桌面撒粉，擀成所需的薄片。
   ② 表面刷油後，用各種方法摺疊。
4. **熟製**：平底鍋熱鍋後加油或不加油，放入成形的薄餅，用小火兩面煎熟。
5. **成品**：趁熱食用或冷卻包裝。

品評

薄餅品質包括麵糰及和食用品質，麵糰需大小一致、兩面著色均勻、外皮香脆，內層柔軟、層次鬆、風味口感良好、軟硬適中、有韌性、有咬勁、富有彈性、爽口不黏牙。

Q&A

***1.* 為什麼麵糰需要攪拌或揉光滑？**

A 麵糰攪拌愈光滑愈好，擀拉攤開時不易破皮，層次與口感較佳。

***2.* 麵糰整形前鬆弛的目的？**

A 麵糰攪拌後麵筋很強，不易成形，整形前鬆弛使麵筋軟化，以利整形操作。

***3.* 麵糰應如何保存？**

A 防潮濕、防高溫、防乾燥、密封冷藏保存。

***4.* 何種麵粉適用於薄餅製作？**

A 最合適的麵粉是中筋麵粉，產品不易收縮，口感咬勁好，但也可用高筋麵粉或麵條專用粉，低筋麵粉蛋白質低，麵軟咬勁差。

***5.* 使用何種防黏粉？**

A 防黏粉用中筋麵粉。

冷水麵 | 薄餅類

筋餅（斤餅）

筋餅是東北特色麵食，類似烤鴨使用的荷葉餅，不易破裂，餅皮薄，有韌性、彈性，又有嚼勁，餅皮有麵香味，層次清晰，柔軟適口。筋餅和春餅、春捲皮的吃法相近，都可用來捲包菜和肉。若夾了京醬肉絲則口感又不同，再加上牛肉湯更是絕配。

筋餅是用冷水麵糰，經手工整形成具層次之圓麵皮，直徑32±2cm，經煎或油烙熟後再拍鬆之產品。

產品需具此特性：外表需大小一致、皮脆內軟，有層次兩面金黃色，風味口感良好。

製作

數量：1 張（約 150±5g）

直徑：32±2cm

配料

① 麵糰（163g）

乾料：

- 中筋麵粉 100g
- 細鹽 1g
- 豬油或素白油 2g

濕料：

- 冷水 60±6g

② 夾心

- 液體油（抹油用）

方法

1 攪拌

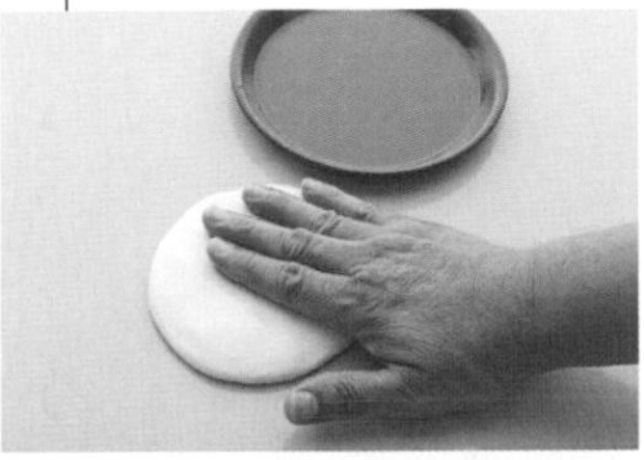

乾料加濕料，攪拌或用手揉成光滑麵糰，搓圓，抹油，壓平，鬆弛10～30分鐘。

2 擀麵

桌面抹油，麵糰（不可撒粉）擀成40±5cm長薄麵片。

3 整形

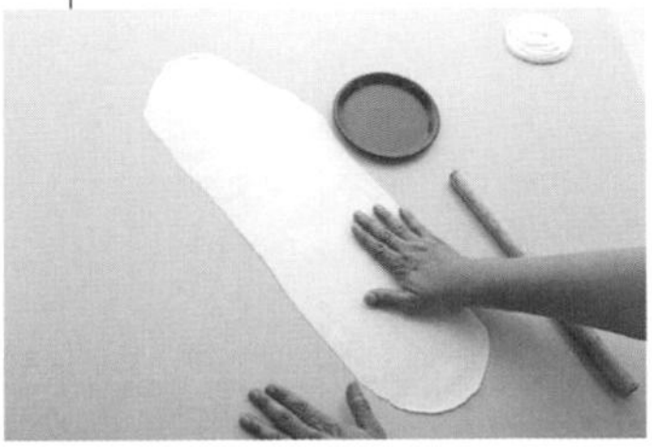

表面抹油。

將平滑的薄麵皮，疊成如百摺裙的裙擺，使筋餅擀薄後有摺疊的層次。

→

拉長至60cm盤旋。

→

持續盤旋。

盤旋的紋路要明顯外露，鬆弛20～30分鐘。

→

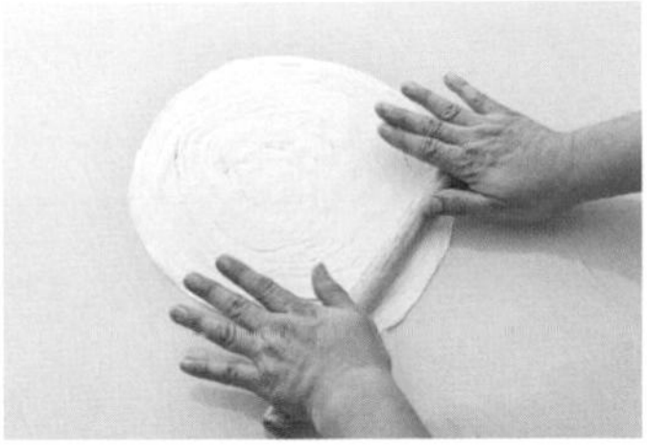

由中間向外擀開至直徑32±2cm。

4 熟製

熱鍋後加油，放入成形的薄餅，用小火煎至兩面金黃。

POINT

- 麵糰攪拌愈光滑愈好，擀開時不易破皮；用水調節軟硬度，麵糰太硬，不易擀成薄麵皮，麵片太厚，層次感不佳；太軟，麵皮會黏，層次感不好。
- 豬油（液體）最香酥，奶油有奶油香，沙拉油膨脹力小，不會酥會脆。
- 麵皮愈薄，層次愈佳、摺裙大小要注意、盤捲成圓輪狀時不要捲緊、鬆弛後較易壓扁；擀麵時由中間向外，層次才會一致。
- 最好用不沾鍋操作，煎盤含油太少或溫度低不易起酥層。
- 煎時麵皮呈半透明狀，會微微膨脹，外表呈金黃色；用鍋勺與桿麵棍擠壓拍出層次。
- 成形後的麵糰可冷藏1天，煎熟後的筋餅趁熱食用或冷藏1～2天，食用前加熱。

冷水麵｜薄餅類

淋餅（軟性蛋餅）

薄餅的一種，但與烙餅、蔥油餅、荷葉餅不同，它是用麵糊攤的餅，與西方的煎餅（pancake）、可麗餅（crepe）相似。

淋餅為麵粉加水、牛奶或蛋調成稀麵糊，倒入平底鍋或鐵板上，貼著鍋底烙熟。熟餅皮是基本口味，可隨意加料組合，如抹奶油、澆糖漿、撒糖粉、加蛋煎成蛋餅、包餡成春捲等。淋餅是用冷水與蛋調製的麵糊，經鬆弛後勺入平底鍋，攤平後煎或烙熟之產品。

產品需具此特性：外表平滑外觀，表面不可殘留粉漿、不可破皮，片片分明不可沾黏，不得煎烙焦黑，口感柔嫩，不油膩，製作時最好用平底不沾鍋。

製作

數量：3 張

直徑：23±1cm

配料

① **麵糰**（307g）

乾料：

- 中筋麵粉 100g
- 細鹽 2g
- 樹薯澱粉 5g

濕料：

- 冷水 150±15g
- 全蛋 50±5g

② **抹油**

- 液體油（抹鍋用）

方法

1 攪拌

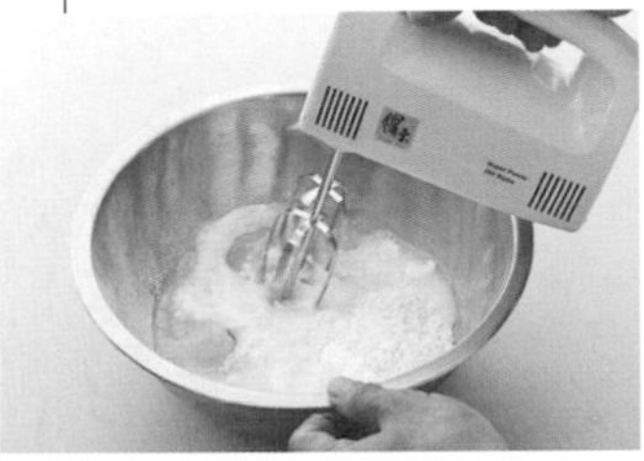

乾料加濕料，用打蛋器攪拌成光滑麵糊，鬆弛5～10分鐘。

2 烙餅

不用油或使用輕油的平底鍋（鍋需先加熱）。

麵糊用量杯舀取放入鍋中。

3 熟製

攤成薄餅後。

用小火單面煎至凝結透明熟透。

POINT

- 麵糊攪拌愈光滑愈好，表面才不會有白色粉粒。用水調節濃稠度至有流性，流性愈大，麵皮愈薄；流性愈小，麵皮愈厚，煎熟的淋餅容易裂開或破皮。
- 不要太深的鍋子，最好用不沾鍋操作，含油太多或溫度高，不易煎出平坦的淋餅，會有氣泡。
- 麵糊凝結呈半透明狀，邊緣會微微翹起，外表沒有生的粉糊，即可出鍋（如圖）。
- 煎熟的餅皮可冷藏2～3天。

冷水麵｜薄餅類

千層抓餅（手抓餅、甩餅）

手抓餅與蔥抓餅相同，與山東的清油盤絲餅、油旋餅的造型相似，又類似印度的甩餅。用冷水麵製作，經手工整形成具有層次之圓麵皮，直徑13±1cm，經煎或油烙熟後拍鬆之產品，可搭配雞蛋、牛肉餡、培根、火腿及生菜、蔬菜等配料，再搭配醬汁、甜辣醬等醬料，香酥可口。

產品需具此特性：外表需大小一致，外皮香脆，內層柔軟，層如薄紙，用手抓之，麵絲牽連，層次鬆散，兩面呈金黃色，風味口感良好。

製作

數量：2 個

生重：每個約 85±5g

直徑：13±1cm

配料

① 麵糰（170g）

乾料：

- 中筋麵粉 100g
- 細鹽 1g
- 豬油或素白油 2g
- 細砂糖 2g

濕料：

- 冷水 65±6g

② 夾心

- 液體油（抹油用）

方法

1 攪拌

乾料加濕料，攪拌或用手揉成光滑麵糰。

2 分割

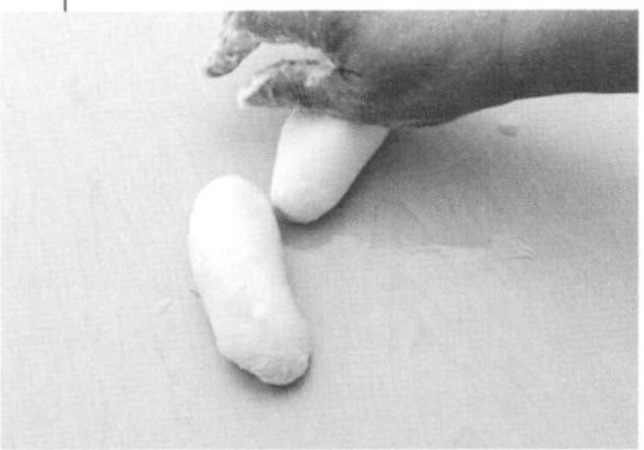

分割搓長，鬆弛10～30分鐘。

3 擀麵

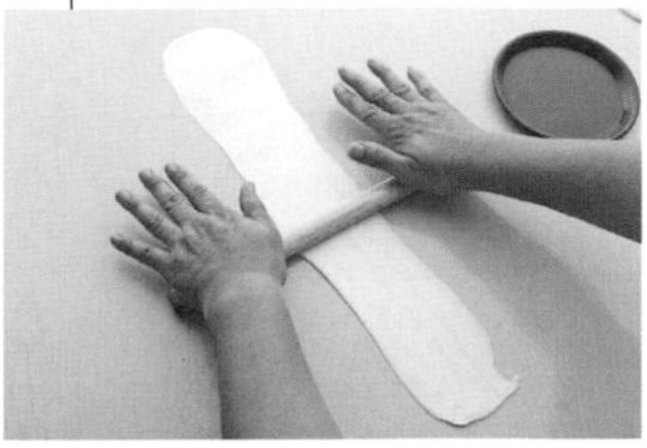

桌面抹油，麵糰（不可撒粉）擀或拉成55±5cm之薄麵片。

4 整形

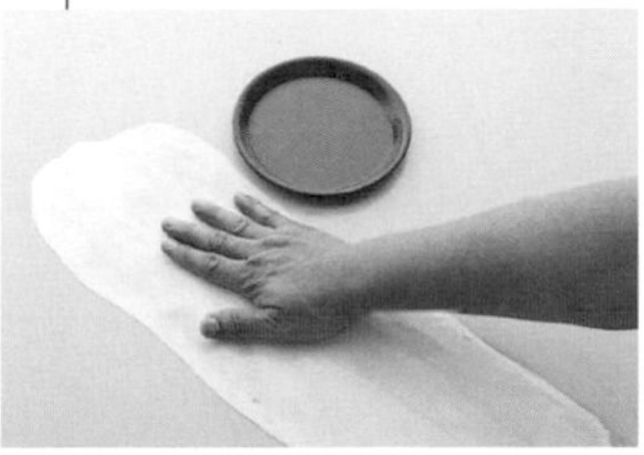

表面刷油。

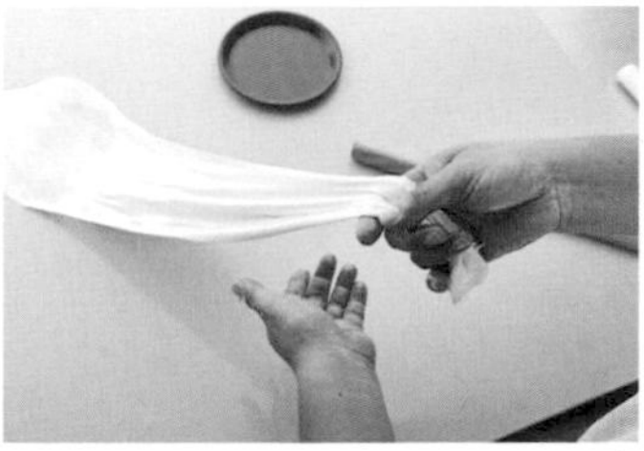

順手拉起拉長。

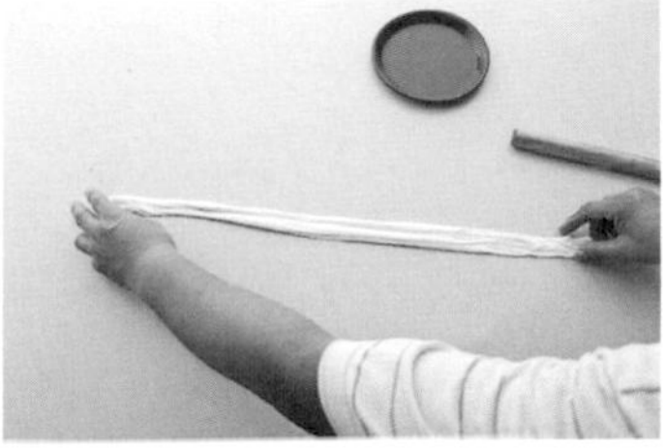

再拉成50～70cm。

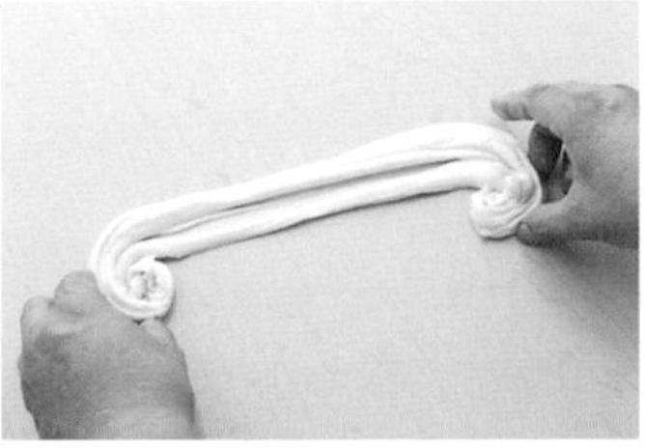

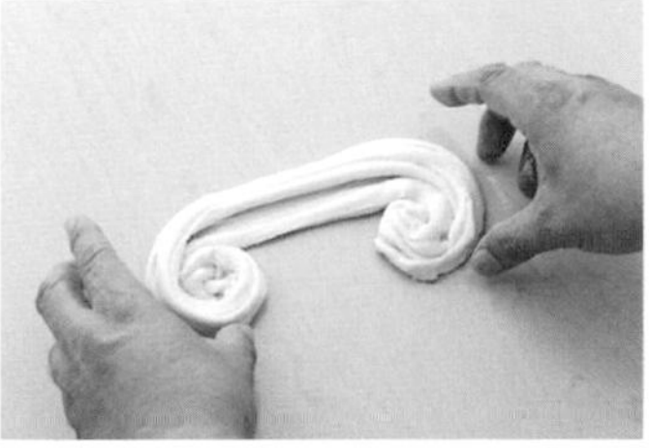

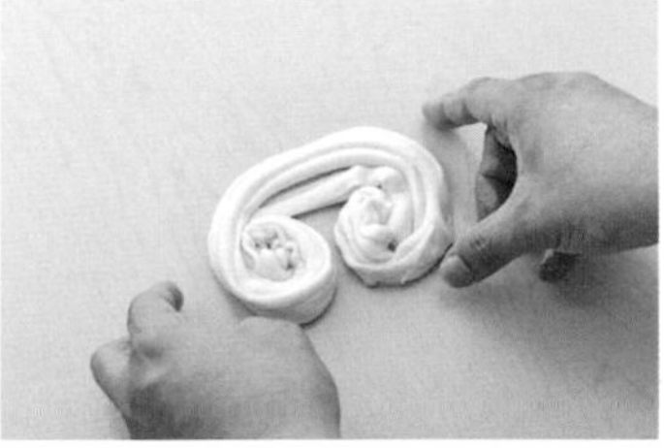

兩端各盤成圓形。

兩個圓形相疊。

5 成形

鬆弛20～30分鐘。

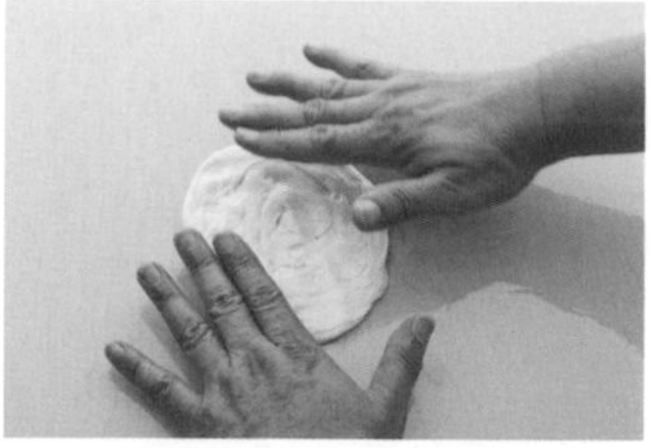

用手攤成直徑13±1cm之圓薄餅。

或蓋上塑膠袋，用擀麵棍推擀成直徑13±1cm之圓薄餅。

6 熟製

熱鍋後加油，放入成形的薄餅，用小火兩面煎至金黃。

POINT

- 麵糰攪拌愈光滑愈好，拉攤開時不易破皮；用水調節軟硬度，麵糰太硬，不容易攤成薄麵皮，麵片太厚口感不佳，太軟麵皮會黏，層次與口感不佳。
- 豬油（液體）最香酥，奶油有奶油香，沙拉油膨脹力小不會酥。
- 麵皮愈薄，層次愈佳、不要摺疊直接用手抓起成褶即可、盤捲成圓輪狀時不要捲緊，鬆弛後較易壓扁，煎前再用手壓扁，不要太薄，否則型式不良；壓扁後可冷凍。
- 最好用不沾鍋操作，煎盤含油太少或溫度低不易起酥層。
- 煎時麵皮呈半透明狀，會微微膨脹，外表呈金黃色；用鍋勺與桿麵棍擠壓拍出層次。
- 趁熱食用；未熟製，可冷凍5天以上。

冷水麵｜包餡類

分類

包餡麵食種類繁多，從下表中即可瞭解包餡類產品的特性。若根據產品特性的不同，可分為水餃和餛飩；若根據口感的不同，可分為厚皮和薄皮；若根據餡料的不同，可分為葷餡和素餡；若根據生產方式的不同，又可分為手工擀皮和機製壓皮。

水餃	厚皮（水餃皮）	葷素餡	手工、機製水餃皮
餛飩	薄皮（餛飩皮）	葷素餡	手工、機製餛飩皮

製作

有麵皮製作及包餡兩大步驟，前者有分手工擀皮及機器壓皮兩種，包餡有分餡料調製、包餡成形及熟製。

包餡流程

麵皮製作→包餡調製→包餡成形→熟製

製作

- **手工擀皮**

① **攪拌**：攪拌成光滑的麵糰後鬆弛數分鐘。

② **擀麵**：分切成小塊，用桿麵棍擀成中厚邊薄之圓麵皮。

- **機器壓皮**

① **攪拌**：攪拌成濕散的粉糰，鬆弛數分鐘。

② **複合**：經反覆複合壓成麵帶鬆弛數分鐘。

③ **壓麵**：麵帶壓成薄麵帶。

④ **切片**：薄麵帶撒粉摺疊，用刀切或空心圓模壓切。

餡料調製

餃子常見的餡料，有動物及植物性來源，豬肉、牛肉、羊肉、雞蛋和海鮮是常用的動物性餡料，植物性餡料則會用蔥、薑、韭菜、白菜、芹菜、高麗菜、胡蘿蔔或香菇等來調料。依照餡料平衡原則，肉類搭配蔬菜，營養比例最為完美。

另外，為了讓餡料吃起來滑軟多汁，可添加肥肉、動物油或植物油，提高口感；若蔬菜多、肉少的餡料，不易緊實，口感單薄，可用煎、蒸等方法熟製。

包餡成形

1. **包餡**：用麵皮包入餡料後，用手整形成各種式樣。
2. **包裝**：成品需排列在撒防黏粉的平盤或包裝盒內。

成品熟製

水沸下產品，煮至中間鼓起，用手指按皮餡分離，即可撈出。

品評

麵皮厚薄一致、麵片緊實而光滑，包餡後的產品品質，需外觀飽滿、樣式整齊、大小一致、捏合處不得開口、餃皮不可有破損龜裂或皺縮，入口後的品質，需韌滑適口、硬度適中、有咬勁、富彈性、爽口不黏牙、皮餡比例正確，風味口感良好。

Q&A

1. 為什麼機製麵皮使用的水量，會與手工麵皮不同？

A 壓延機壓麵加水量少，壓出的麵皮才會光滑細緻，若用手工麵皮，壓麵時麵片會沾黏變形，表面需撒麵粉防黏，會影響麵皮的光滑度。

2. 麵糰壓麵前需要鬆弛，目的是什麼？

A 麵糰攪拌後，麵筋很強，不易成形，將麵糰放置一段時間，使麵筋軟化，以利整形操作。

3. 麵糰壓麵操作時，應注意那些事項？

A 麵糰要鬆弛，預防結皮。機製麵皮壓延比最好用2：1（對摺），每對摺一次壓麵，滾輪間距要稍為放寬，不對摺壓延（壓薄）時，需逐漸轉緊，直到所需要的厚度。

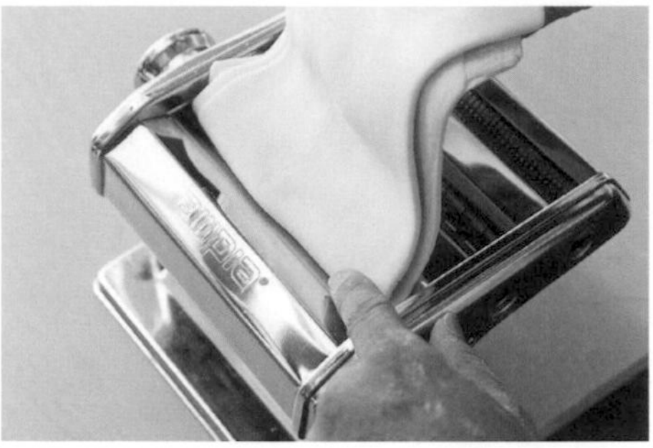

4. 麵皮應如何保存？

A 防潮濕、防高溫、防乾燥、密封冷藏保存。

5. 何種麵粉適用於麵皮製作？

A 最合適的麵粉是中筋麵粉，產品不易收縮，口感咬勁好，也可以使用高筋麵粉或麵條專用粉，低筋麵粉，咬勁差，容易煮爛。

6. 要使用那一種防黏粉？

A 可用樹薯或馬鈴薯澱粉，防黏效果較佳，但麵湯容易黏稠。

冷水麵｜包餡類｜包餡產品

水餃

餃子歷史悠久，源於何時，已無確切資料，因其外形如元寶，有「招財進寶」之意，又是大年夜子時食用，代表「更歲交子」之意，是正餐也是款待親友的麵食。

餃子一般以冷水麵製作，分成小塊用手擀成餃皮或經複合成麵帶，再壓延成適當之厚度，以模型壓切成圓形餃皮，經包餡成形以水煮熟或烙、煎、炸之產品。

產品需具此特性：外觀飽滿、樣式整齊、大小一致，捏合處不得有開口，餃皮不可有破損龜裂或皺縮；皮應有適當的韌滑性與咬感，皮餡比例應正確，風味口感良好。

■手擀水餃皮

製作

數量：15 片

生重：每片 9±1g

直徑：8±1cm

配料

麵糰（151g）

乾料：

- 中筋麵粉 100g
- 細鹽 1g

濕料：

- 冷水 50±5g

方法

1｜攪拌

乾料（鹽需先加水溶解）加濕料，攪拌或揉成光滑的麵糰，鬆弛10～30分鐘。

2｜擀皮

搓長，用手扳成小麵塊，用手壓一下。

→

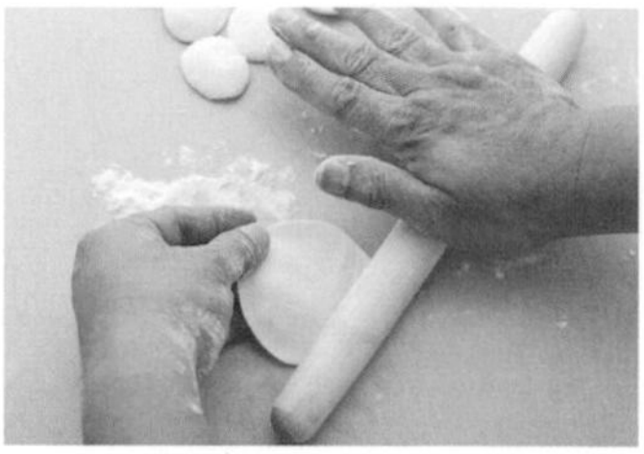

桿麵棍擀成直徑8±1cm之圓麵皮。

TIPS

圓麵皮須中間厚邊緣薄。

■機製水餃皮

製作

數量：10片

生重：每片9±1g

直徑：8±1cm

配料

麵糰（141g）

乾料：

- 中筋麵粉100g
- 細鹽1g

濕料：

- 冷水40±4g

＊可加鹼水0.2g。

方法

1｜攪拌、複合

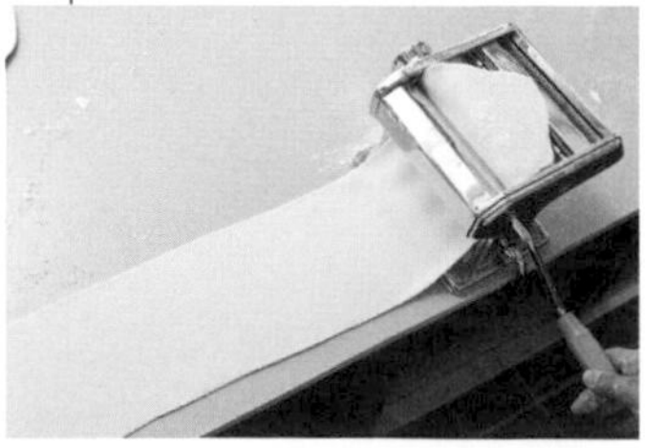

乾料（鹽、鹼水加入水內溶解）加濕料，攪拌成濕散的粉糰，鬆弛10～30分鐘。粉糰經反覆複合（壓麵）成麵帶（片），鬆弛10～30分鐘。

2｜壓麵

麵帶表面撒粉，再壓成1.0±0.2mm之薄麵帶。

3｜切片

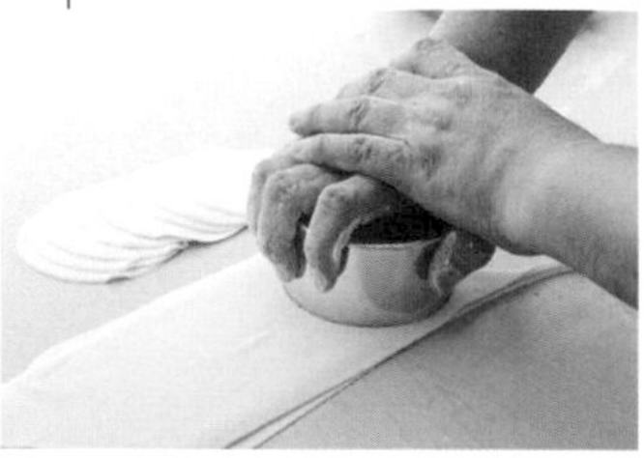

麵帶撒防黏粉摺疊，用8cm空心圓模壓切，餃皮重9±1g。

TIPS

- 壓延過程中，麵帶不可分割，所需水餃皮份量，應一次切完。
- 殘麵量不得高於配方總量的45%。

■水餃製作

製作

數量：10 個

生重：每個 25±2g

比例：皮 2（10g） 餡 3（15g）

配料

麵皮：手工或機製水餃皮

餡料：水餃餡

手法②

方法

1 餡料製作

先將水餃餡料放入鋼盆中，混合均勻。

2 包餡

餃皮包餡。

手法①：用手捏成無摺水餃。

手法②：或中間捏合。

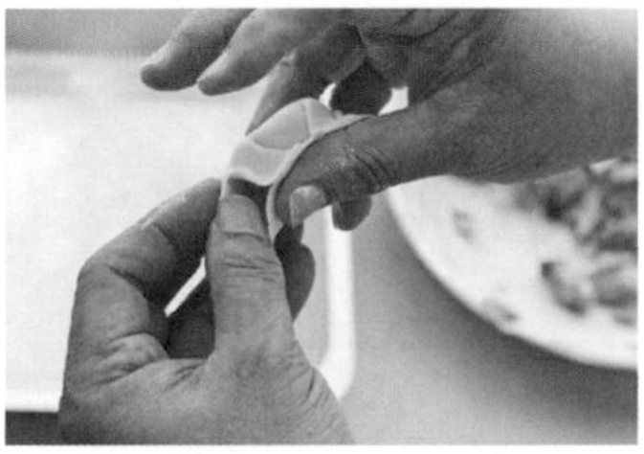

用手整成有摺水餃。

3 熟製

水沸攪動後下水餃，隨時攪動，煮沸後點冷水2～3次。

POINT

- 要有好的麵粉蛋白質，因為蛋白質會很快凝固收縮，餃子起鍋後收水快，不易沾黏；煮餃子時，水要足量，水開後，可加1～2%鹽，再下餃子，因鹽中的鈉、氯離子會使麵筋有韌性、彈性、滑性，餃子不會黏皮、黏鍋底。
- 有三種方法可以防止沾黏：
  第一種是，麵糰加蛋，蛋的蛋白質收縮凝固，餃皮變硬，餃皮就不易沾黏。
  第二種是，餃子煮熟撈出，放入溫開水中浸涮，就不會互相黏在一起。
  第三種是，煮餃子要大火，蓋上鍋蓋是煮皮，打開鍋蓋沸煮是煮餡，開鍋後點3次冷水，再打開鍋，餃子熟而不黏。
- 煮鍋內的沸水先攪動再下水，水餃會轉動，就不會下沉而黏鍋，水餃會浮在水面上，中間鼓起，用手指按，有空心感，皮餡分離，即可加點油，用網勺撈起盛盤。
- 生水餃可冷凍保存5天以上；熟水餃要趁熱食用。

水餃餡料

菜肉餡

製作

數量：15 個

生重：每個 15±1g

配料

菜肉餡（259g）

主料：

- 絞碎豬肉 100g
- 細鹽 2g
- 醬油 2g
- 高湯或水 20±2g

配料：

- 蔥花 20g
- 薑末 5g
- 脫水大白菜 100±10g

調味：

- 香麻油 5g
- 沙拉油 5g

方法

配料

1. 大白菜 200g 切碎，需與鹽 1g 拌勻，醃 5～10 分鐘，擠乾水分，約剩 100g。

攪拌、調味

2. 主料拌打至有黏性，加入配料與調味料拌勻。

POINT

- 大白菜切碎加鹽拌醃，可脫水及去除菜味，口感較脆。用熱水燙軟大白菜，再切碎脫水，口感較軟。可改用高麗菜，用相同方式處理，口感更脆。
- 最好選用半肥瘦或後腿肉，肥瘦比20：80或30：70較佳。
- 主料要先拌打至有黏性，因鹽會使肉類蛋白溶出產生黏性，與配料拌合時不會鬆散易形成黏稠糰狀。

水餃
餡料

牛肉水餃餡

製作

數量：15 個
生重：每個 15±1g

配料

牛肉餡（264g）

主料：

- 絞碎牛肉 100g
- 絞碎豬肉 50g
- 細鹽 2g
- 花椒水 20±5g

配料：

- 蔥花 40g
- 薑末 10g
- 芹菜末 20g

調味：

- 醬油 2g
- 香麻油 5g
- 沙拉油 10g
- 白酒 5g

方法

花椒水

1. 花椒 2g，加水 100g 煮 30 分鐘，過濾後即成花椒水。

攪拌、調味

2. 主料拌打至黏性，加入花椒水及配料、調味料拌匀。

花椒水

打水

完成品

POINT

- 牛肉太瘦，腥味較濃，加豬肉可調和風味；鹽會使肉類蛋白溶出產生黏性，與配料拌合時不會鬆散易形成黏稠糰狀。
- 芹菜及花椒水可增香，可中和牛肉的草腥味，口感較佳。
- 最好選用牛瘦肉，碎豬肉可用豬肥肉代替。

水餃餡料　花素水餃餡

製作

數量：15 個

生重：每個 15±1g

配料

花素餡（277g）

主料：

- 小方豆干 50g
- 碎蝦米 10g
- 煎熟碎蛋 30g
- 脫水青江菜 120g
- 高湯或水 20±5g

配料：

- 蔥花 20g
- 薑末 5g

調味：

- 醬油 5g
- 細鹽 2g
- 香麻油 5g
- 沙拉油 10g

芡汁：

- 樹薯芡汁 30g

方法

攪拌、調味

1. 主料切碎拌勻，加入配料拌勻，加入調味料拌勻即可。

勾芡

2. 樹薯澱粉 3g 加熱水 30g 拌至黏稠，加入餡料中拌勻。

POINT

- 小方豆干洗淨泡水切碎；蝦米泡水切碎；蛋煎熟後切碎；青江菜用熱水燙軟再切碎脫水。
- 主配料拌合時會鬆散，不容易成糰，加入芡汁後，可增加黏性易成糰，包餡容易，且餡料滑潤好吃。
- 也可以選用其他菜料，作法如同青江菜的處理方法。

水餃
餡料

三鮮水餃餡

製作

數量：15 個

生重：每個 15±1g

配料

三鮮餡（233g）

主料：

- 絞碎豬肉 110g
- 細鹽 3g
- 高湯或水 10±5g

配料：

- 薑 10g
- 蝦仁 40g
- 海參 40g

調味：

- 醬油 2g
- 白酒 2g
- 胡椒粉 1g
- 香麻油 5g
- 沙拉油 10g

方法

攪拌、調味

主料拌打至有黏性，加入配料及調味料拌勻即可。

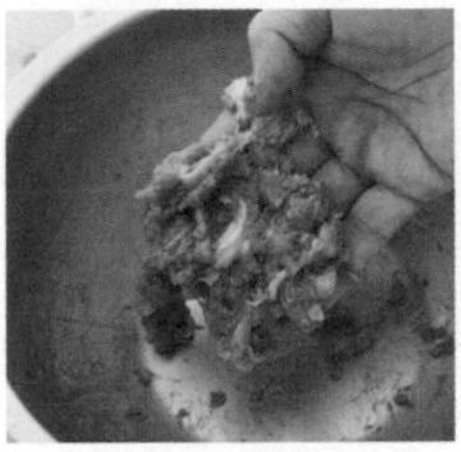

完成品

POINT

- 主料要先拌打至有黏性，因鹽會使肉類蛋白溶出產生黏性，與配料拌合時不會鬆散。
- 海鮮加鹽拌醃30分鐘後洗淨，用熱水汆燙後漂水（可去除腥味）10分鐘，切碎脫水，口感較佳。

冷水麵｜包餡類

餛飩

餛飩又稱「雲吞」或「抄手」，是用薄的冷水麵皮包餡，經煮熟，加入麵條或高湯食用的麵食。最早記載於《廣雅》，距今約有2500年。餛飩餡可葷可素，皮愈薄愈好，因此有皺紗、蟬翼之說。餛飩是以冷水調麵，經複合成麵帶，再壓延成適當之厚度，以刀具切成正方形麵片，經包餡成形後以水煮熟或煎、炸之產品。

產品需具此特性：外表大小一致、樣式整齊、不得有開口，表皮不可有破損或龜裂、皮餡比應正確且風味口感良好。

■手擀餛飩皮

製作

數量：15 片

生重：每片 7±1g

直徑：11±1cm 正方形麵皮

配料

麵糰（146g）

乾料：

- 中筋麵粉 100g
- 細鹽 1g

濕料：

- 冷水 45±5g

方法

1 攪拌

乾料（鹽加入水內溶解）加濕料，攪拌或揉成光滑的硬麵糰，鬆弛10～30分鐘。

2 擀麵

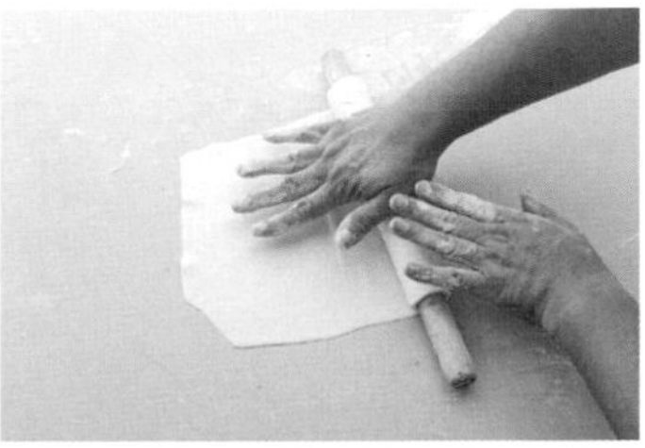

麵糰表面撒防黏粉，用桿麵棍反覆擀成0.8±0.1mm之麵帶。

3 切片

麵帶撒防黏粉摺疊。

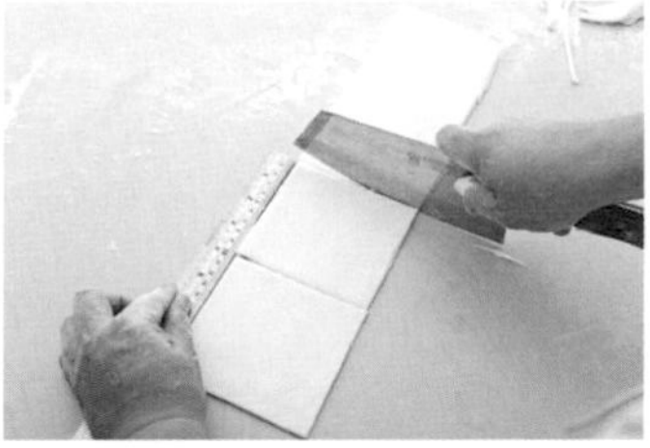

用刀切成11±1cm正方形麵皮。

手工餛飩皮。

■機製餛飩皮

製作

數量：12片

生重：每片7±1g

直徑：11±1cm正方形麵皮

配料

麵糰（133g）

乾料：

- 中筋麵粉 100g
- 細鹽 1g

濕料：

- 冷水 32±3g

＊可加鹼水 0.2g。

方法

1｜攪拌、複合

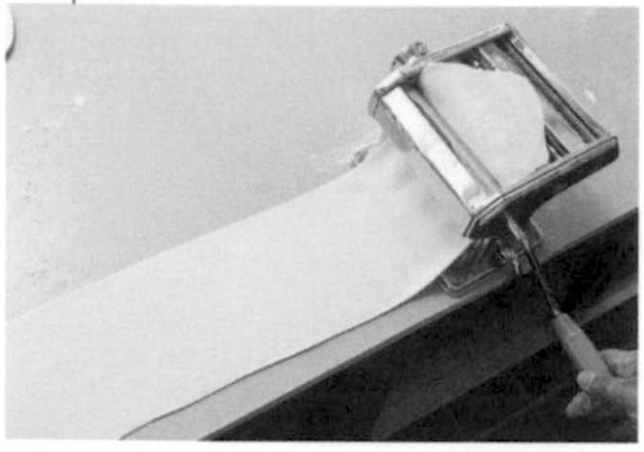

乾料(鹽、鹼水加入水內溶解)加濕料，攪拌成濕散的粉糰，鬆弛10～30分鐘。濕粉糰經複合(壓麵)成麵帶，鬆弛10～30分鐘。

2｜壓麵

麵帶表面撒防黏粉，再壓成0.8±0.1mm之麵帶。

TIPS

- 壓延過程中麵帶不可分割，且所需餛飩皮份量應一次切完。
- 殘麵量不得高於配方總量的 10%，殘麵複合的麵皮會乾硬。

3｜切片

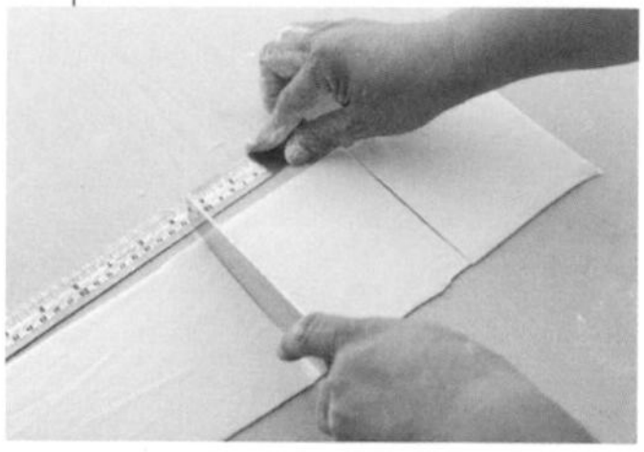

麵帶撒防黏粉摺疊，用刀切成11±1cm正方形麵皮，重約7±1g。

■餛飩製作

製作

數量：15 個

生重：每個 15 ±2g

比例：皮 2（6g）　餡 3（9g）

配料

麵皮：手工或機製餛飩皮

餡料：基本餛飩餡

紗帽形　長餛飩

方法

1｜整形

餛飩皮包餡後，用手整形。

→

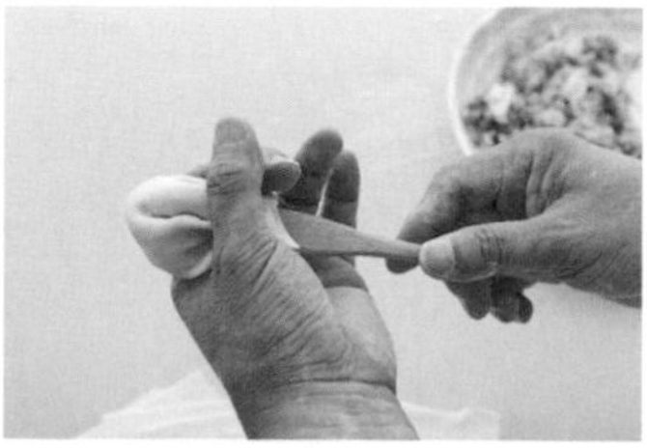

手法①大餛飩：中間要空心。

→

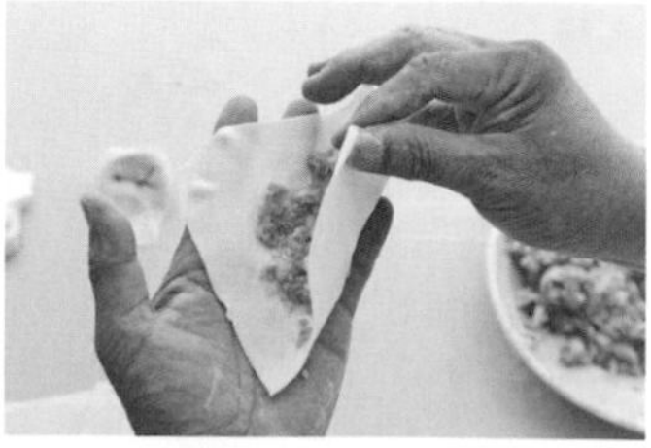

手法②紗帽形：包餡。

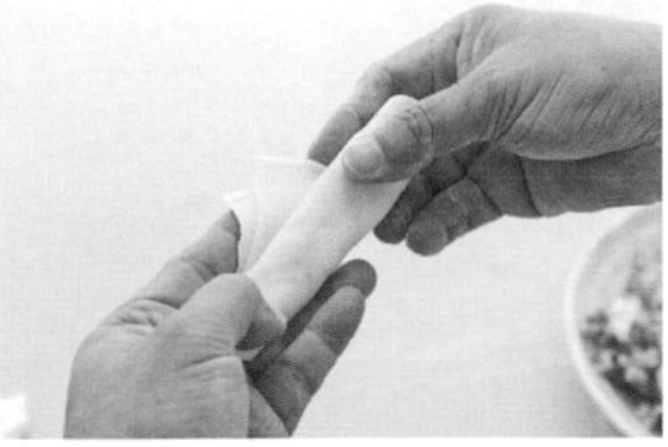

尖端對摺。

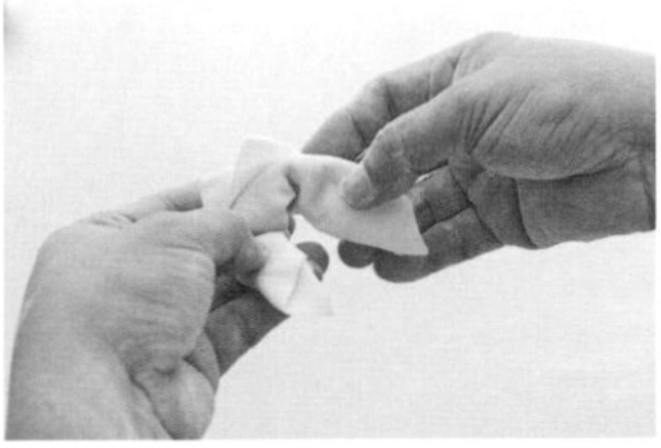

捲起用手摺彎曲。

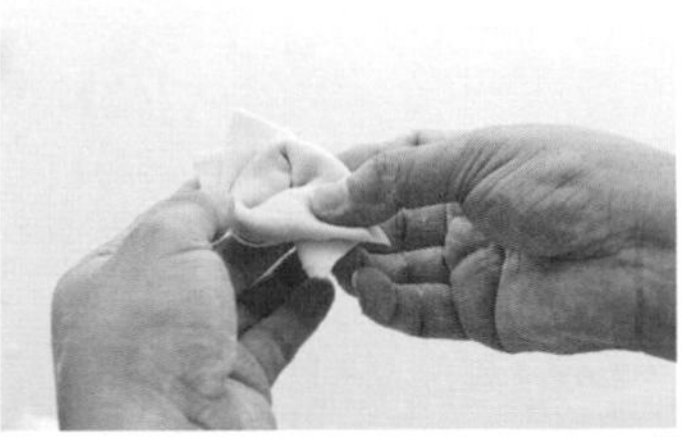

將兩端壓緊。

手法③長餛飩：包餡。

捲起。

再捲。

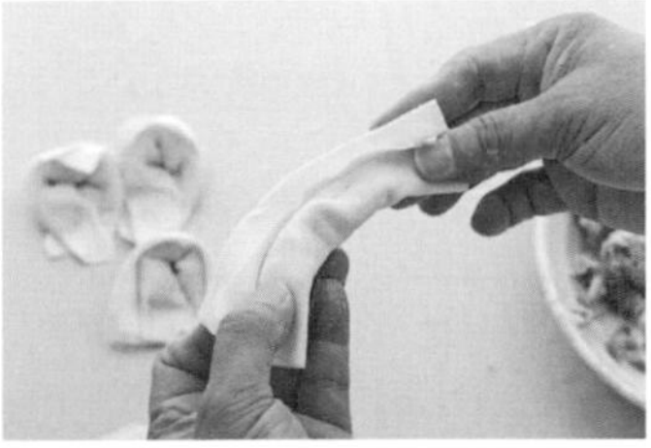

將兩端用手彎曲。

2 包裝

需排列在撒防黏粉的平盤或包裝盒內。

3 熟製

水沸時下餛飩，浮起來，中間鼓起用手指按，有空心感或皮餡分離感覺時，即可加點油撈出。

POINT

- 加蛋的麵皮，油炸時皮酥好吃，水煮時比較不會糊爛。
- 因為皮薄、餡細又少，煮的時間短，熟的速度快。
- 樹薯或馬鈴薯澱粉的防黏效果較佳。
- 最好選用半肥瘦或後腿肉，肥瘦比20：80或30：70較佳。
- 可以打水，但不可打得太稀，否則放置後，餛飩皮容易濕爛。
- 生餛飩可冷凍保存5天以上；熟餛飩要趁熱食用。

鮮肉餛飩餡

製作

數量：15 個

生重：每個 9±1g

配料

鮮肉餡（141g）

主料：

- 絞碎豬肉 100g
- 細鹽 1g
- 高湯或水 20±2g

配料：

- 蔥花 15g
- 薑末 5g

方法

攪拌、調味

主料拌打至黏性，加入配料、調味料拌勻，即可使用或冷藏。

POINT

- 主料要先拌打至有黏性，因鹽會使肉類蛋白溶出產生黏性，與配料拌合時不會鬆散。
- 最好選用半肥瘦或後腿肉，肥瘦比20：80或30：70較佳。

02

燙麵

燙麵大多用中筋麵粉製作，中筋可以產生適量的麵筋，使麵食軟中帶韌，不會黏膩、稀爛。若用低筋麵粉，則因麵筋不夠，產品黏爛不爽。燙麵類多採用蒸、煎、烙方式熟製，如蒸餃、燒賣鍋貼、蔥油餅、餡餅、韭菜盒、單餅、燒餅等，亦可用於製作水煮類麵食。

分類

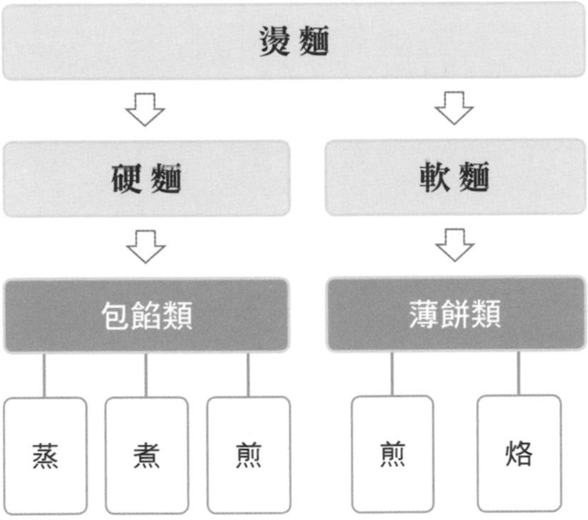

燙麵分為硬性燙麵、軟性燙麵兩類，硬性燙麵的開水量要減少，如蒸餃、燒賣等蒸類，或荷葉餅、烙餅等煎、烙或烤炸類，亦可用於製作水煮類麵食。軟性燙麵常見於蔥油餅、餡餅、蛋餅、芝麻燒餅等大眾麵食。

製作

燙麵是用總水量的30～50%沸水，加入拌勻，再加入冷水調至所需的軟硬度，最後攪

步驟說明	製作程序及作用	注意事項
Step1（揉麵） A. 傳統攪拌法	．麵粉（乾性）加沸水（濕性）攪拌至雪片狀。 ．加入冷水用手（或攪拌機）將麵糰揉或攪拌成光滑均勻軟硬適度的麵糰。	30～50% 沸水先慢慢加入至雪片狀時，才可加冷水，不可一次加入全部水量。
B. 商業化攪拌法	．30～50% 麵粉（乾性）加 30～50% 沸水（濕性）攪拌至均勻的麵糰。 ．加入剩下的麵粉與冷水，揉或攪拌成光滑均勻軟硬適度的麵糰。	30～50% 沸水一次加入至漿糊狀，才可加不足的冷水與麵粉。
Step2 鬆弛（醒麵）	．攪拌後的麵筋強，需放置一段時間。 ．使麵筋軟化以利整形操作。	時間約 30～40 分鐘，沒硬性規定。
Step3 分割（揪麵）	．進行所需大小的分割。 ．將大麵糰分割成所需之大小。	大小一致整齊排列，需預防結皮。
Step4 成形（製餅）	．整形成漂亮的形態，以利產品銷售。 ．需技術性、藝術性，是製作菁華。	有餡或沒餡都要成形，有不同成形手法。
Step5 熟製（成熟）	．麵糰由生變熟，成為衛生易消化麵食。 ．可根據麵糰性質及製品特性熟製。	蒸、烤、煎、烙方式熟製。

拌或揉成光滑的麵糰。原理是利用沸水將部分麵筋燙熟，目的是減少彈性，另外部分澱粉燙熟過程中，會出現膨化和糊化作用，降低麵糰硬度，當水溫愈高，沸水愈多，做出的產品就會愈柔軟，吃起來較無勁道，且會有黏牙、黏手的缺點。

掌握好燙麵的程度，才能製作出好的麵糰，行業中將燙麵程度稱為「三生麵（三成生七成熟）」、「四生麵（四成生六成熟）」，一般燙麵製品脫離不了這兩個比例，燒賣、蒸餃、韭菜盒子等都是此類麵糰，如遇到特殊產品，可增減燙麵比例。

燙麵的水溫和水量是製作的關鍵，並非全部用沸水，而是依照所需產品的性質及軟硬度，用冷水調整，以保持部分韌性。

品評

燙麵產品品質包含大小一致、兩面金黃色、彈展性、外皮香脆或外觀飽滿、樣式整齊、捏合處不得開口、不可有破損龜裂或皺縮，皮柔軟、微甜、風味口感良好、軟硬適中、有韌性、有咬勁、富有彈性、爽口不黏牙。

Q&A

1. 為什麼不可一次加完沸水與冷水的所有水量？

A 沸水尚未與澱粉燙熟膨化和糊化，馬上加入冷水，溫度降低，澱粉糊化量不足，吸水會降低，麵糰會黏，易變形，影響麵糰的口感。

2. **商業化攪拌法有何優點？**

A 改善最難掌控的雪片狀攪拌程度，麵糰均勻不會有顆粒產生。

3. **麵糰軟硬度該如何掌控？**

A 麵粉加沸水後，攪拌時間長，麵糰易成糰，麵糰硬，冷水不易拌入；反之麵粉加沸水後攪拌時間太短，麵糰易成糰，麵糰軟，冷水易拌入麵糰內，但加水量會減少10～20%，麵糰軟黏，硬度掌控在水溫與水量。

4. **麵糰應如何調製？**

A 麵糰攪拌愈光滑愈好，擀拉攤時，不易破皮；麵糰太硬，不易擀薄，麵片太厚，口感不佳；麵皮太軟，會黏而薄，易變形，含餡時易爆出，口感不佳。

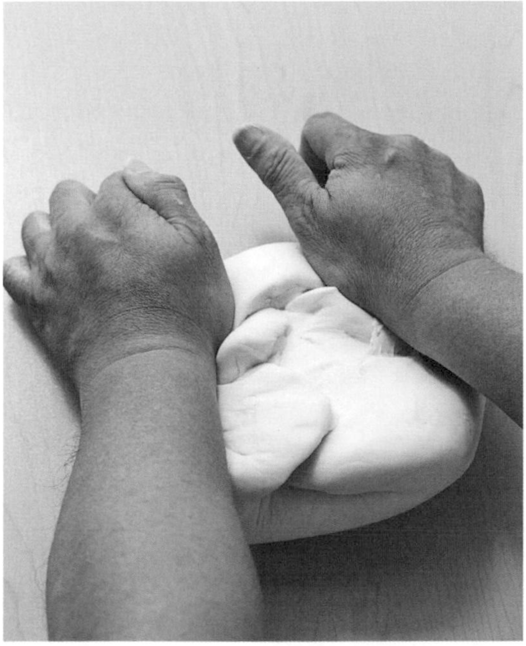

5. **麵糰整形前鬆弛？目的是什麼？**

A 麵糰攪拌後，會有微溫，將麵糰放置一段時間（醒麵），會使麵糰內的水分散出，溫度降低之後，麵糰不黏，以利整形操作。

6. **麵糰操作時，應注意哪些事項？**

A 麵糰要預防結皮，冷卻後再操作，可用油或粉防黏。

7. **燙麵產品應如何保存？**

A 整形後的燙麵生品，需用冷凍或冷藏保存，但需注意乾裂的現象。

8. **那一種麵粉適合燙麵製作？**

A 最合適的麵粉是中筋麵粉，產品不易收縮，口感咬勁好，但也可用高筋麵粉或麵條專用粉，低筋麵粉蛋白質低，澱粉含量高，麵軟咬勁差，容易糊爛。

9. **為什麼不需添加鹽？**

A 鹽能增強麵糰的強度和筋性，因燙麵需軟柔，並不需要加鹽，但為了口感，也可加1～2%。

10. **要使用那一種防黏粉？**

A 可用樹薯或馬鈴薯澱粉，防黏效果較佳，麵糰表面滑而細緻。

蔥油餅

蔥油餅是家常麵食，用手工於麵糰整形時抹油，撒些鹽及蔥花，然後摺捲成螺旋狀，呈現層次感。通常是用燙麵方式製作麵糰，但蔥油餅變化多，也可用冷水麵、發麵製作，可包蔥油餡或撒蔥花。

產品需具此特性：外表樣式整齊、大小一致、外形完整，不變形，蔥粒分布均勻，不得有分散成條黏合不良或外表潰散破損、皮香脆內柔軟、有層次，兩面煎至金黃色，風味口感良好。

製作

數量：2 個

生重：每個 100±5g

直徑：14±1cm

比例：皮 6（90g）
餡 1（15g）

配料

① 麵糰（185g）

乾料：

- 中筋麵粉 100g
- 液體油 5g

濕料：

- 沸水 30±3g
- 冷水 50±5g

② 餡料（32g）

- 蔥花 20g
- 細鹽 2g
- 液體油（可用豬油）10g

③ 外飾

- 白芝麻 2g

方法

1 攪拌

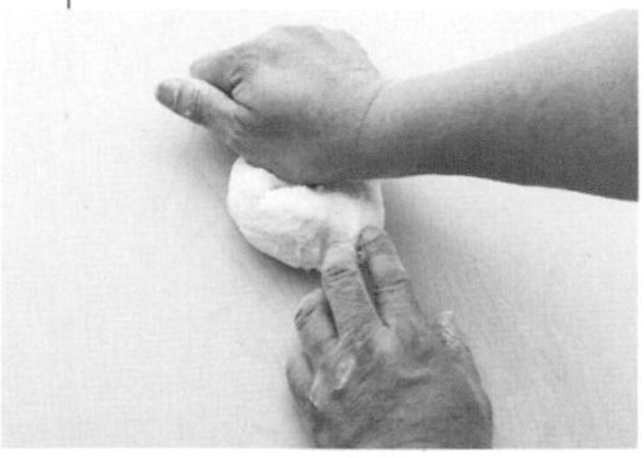

乾料先加入濕料的沸水，拌至雪片狀，加入冷水用手（或攪拌機）揉成光滑麵糰。

2 分割

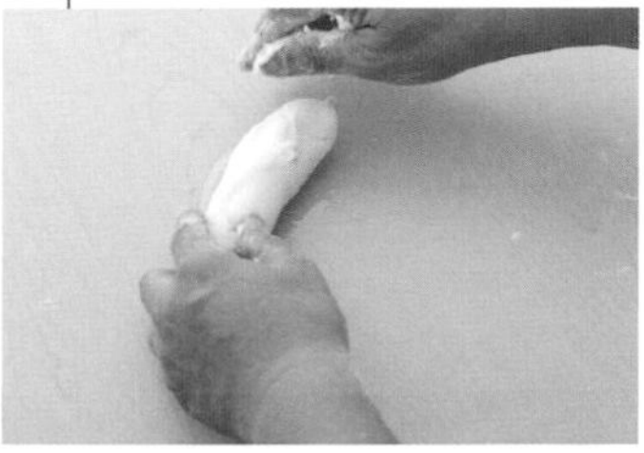

分割成所需大小，鬆弛40～60分鐘。

3 成形

擀或攤開成薄麵皮，上面抹（刷）油，撒鹽。

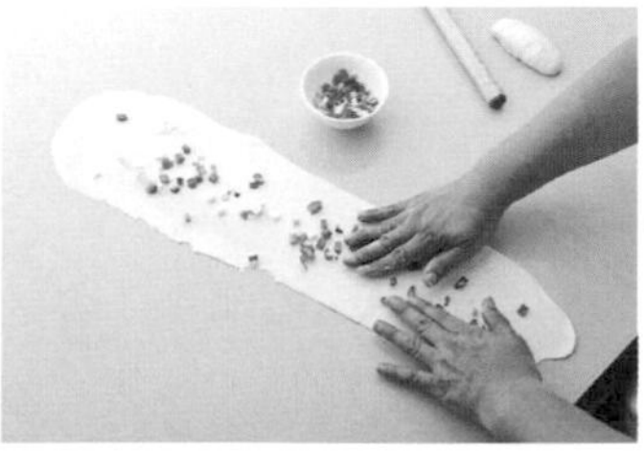

撒蔥花。

用四摺法相疊成一長條。

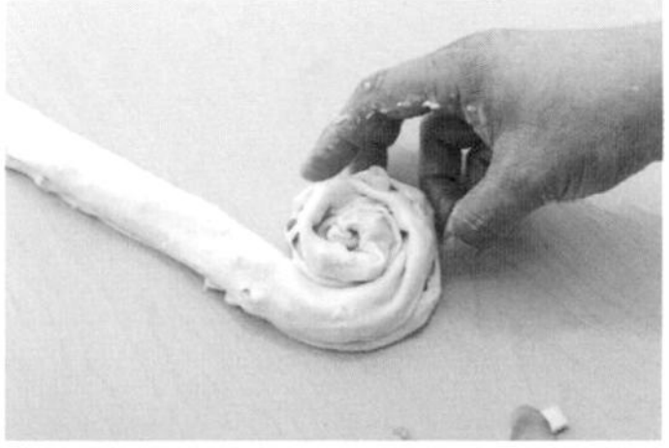

盤捲。

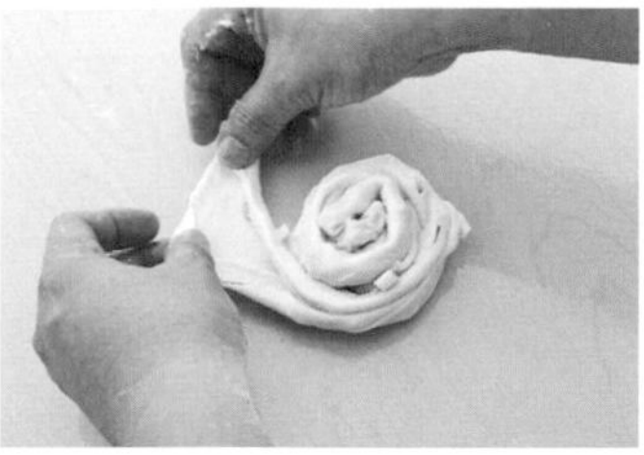

呈圓盤形。

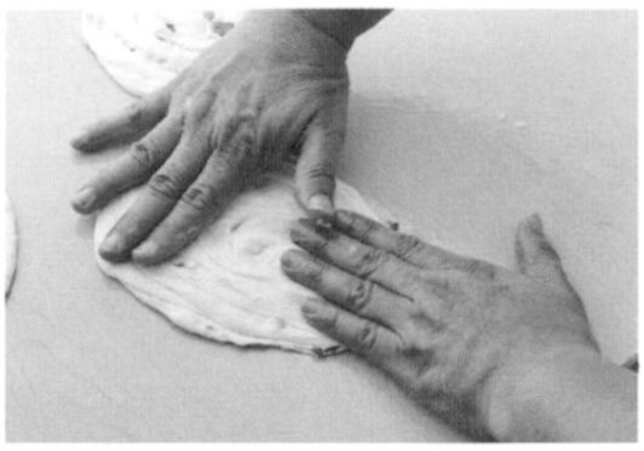

鬆弛後，用手壓扁或攤平，沾點白芝麻。

4 熟製

鍋加熱放油，放入攤擀開的薄餅，煎至兩面均勻著色，取出拍鬆。

POINT

- 不同的油脂有不同的成品，可自行評估選用，豬油最香酥，奶油有奶油香，沙拉油膨脹力小，不會酥但會脆。
- 麵皮愈薄，層次愈佳。若出現不能摺疊情況，可用手抓起成褶即可。捲成圓盤狀時，不要捲緊，鬆弛後較易壓扁。煎之前再用手壓扁，不要太薄，否則型式不良。壓扁後可冷凍保存。
- 煎時麵皮呈半透明狀，會微微膨脹，外表呈金黃色。出鍋後，可用鍋勺與桿麵棍拍鬆，並拍出層次。
- 溫度低，不易起酥層，含有油太少，也不易起酥層。
- 成形後的麵糰可冷凍保存1個月以上；煎熟後的成品，趁熱食用或冷凍、冷藏5天內食用完。

水調麵食｜燙麵｜薄餅類

蛋餅

蛋餅是最常見的早餐冷凍麵食，多半是機械化生產，有冷水淋餅麵糊型及燙麵麵糰型兩種，只要在打散的蛋上鋪一張餅皮，雙面煎一下，即可吃到口感柔軟，富含蛋香味的薄餅，若再搭配甜辣醬、番茄醬或醬油膏食用，就是一道美味的早餐麵食。

蛋餅是用燙麵製成麵糰，以機械或手工整形成直徑28±2cm的麵皮，用油兩面煎熟，再煎蛋蓋上熟麵皮，熟後捲成三至四摺。

產品需具此特性：外表需大小一致，不變形，樣式整齊，外表金黃不可破損，麵皮與蛋不可分離，風味口感良好。

製作

數量：2 個

生重：每個 80±5g

直徑：27±2cm

配料

① 麵糰（172g）

乾料：

- 中筋麵粉 100g
- 細鹽 2g

濕料：

- 沸水 30±3g
- 冷水 40±4g

② 配料

- 雞蛋 2 個

方法

1 攪拌

乾料先加入濕料的沸水，拌至雪片狀。

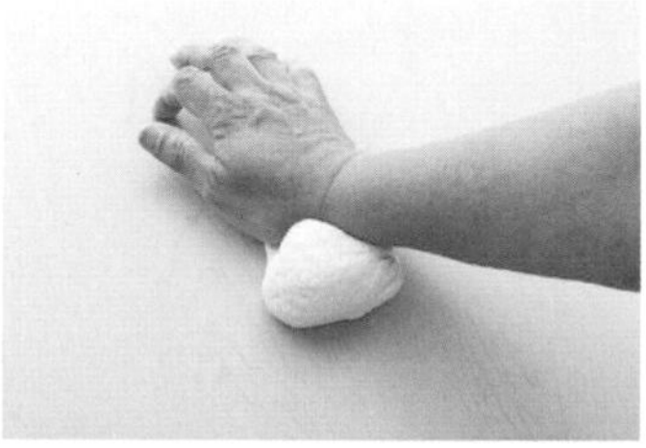

加入冷水用手（或攪拌機）揉成光滑麵糰。

2 分割

將大麵糰分割成所需大小，滾圓，鬆弛40～60分鐘。

3 成形

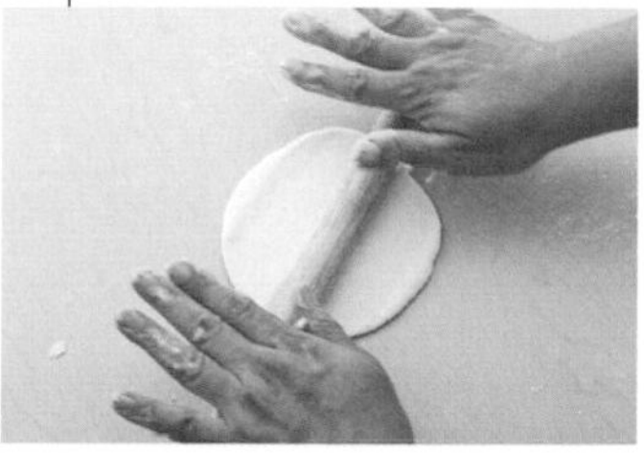

桌面撒防黏粉，將麵糰擀成直徑27±2cm薄麵皮。

4 熟製

薄麵皮先用中大火煎熟。

5 成品

煎蛋。

再將熟麵皮蓋住蛋。

煎熟捲起即可。

TIPS

想要變化時可使用蔥蛋。

POINT

- 麵皮愈薄愈佳，鬆弛後較易擀薄，用麵粉當防黏粉，較容易擀薄，用油當防黏，擀麵易收縮。
- 煎熟後呈半透明狀，會微微膨脹，外表呈金黃色；可冷凍或冷藏。
- 溫度太低或油太少，不易煎出顏色，且麵皮較乾硬。
- 蛋餅皮先煎熟，食用時先煎蛋，再蓋上熟麵皮，煎熟捲起即可。
- 生麵皮可冷凍保存1個月以上；熟麵皮可冷凍冷藏7天以上；加蛋後不可保存，要趁熱食用。

水調麵食｜燙麵｜薄餅類

荷葉餅

荷葉餅是一種家常餅，普遍應用在包烤鴨、捲牛肉、京醬肉絲、蔥絲雞蛋。荷葉餅採用燙麵糰，將二個小麵糰相疊後，以機械或手工整形成18±1cm之圓形薄麵皮，兩面烙熟後，兩片麵片需撕開，再摺成四摺。

荷葉餅是最具發展潛力的麵食，它與墨西哥捲餅略同，可以包或捲任何中西式餡料，可蒸、煎、烙、炒或炸，吃的方式很多，又可冷凍貯存，成本低，是大眾化麵食。

產品需具此特性：外表不可烙焦、外形完整、厚薄大小一致、質地柔軟、具有韌性、嚼之有勁。

製作

數量：8片

生重：每片 20±1g

直徑：18±1cm

配料

① 麵糰（170g）

乾料：

- 中筋麵粉 100g

濕料：

- 沸水 40±4g
- 冷水 30±3g

② 夾心

- 中筋麵粉適量
- 液體油適量

方法

1 攪拌

乾料先加入濕料的沸水，拌至雪片狀。

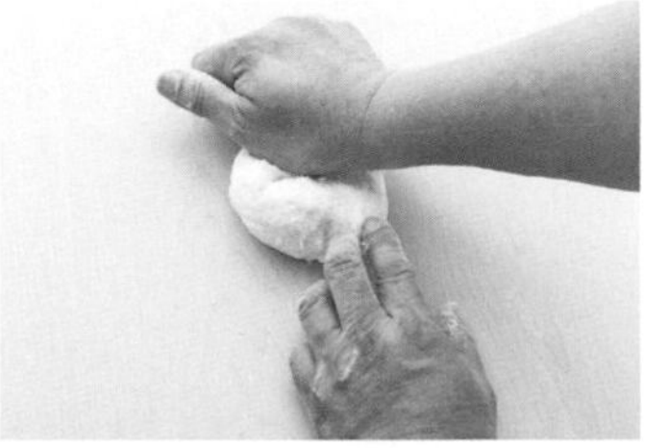

加入冷水用手（或攪拌機）揉成光滑麵糰。

2 分割

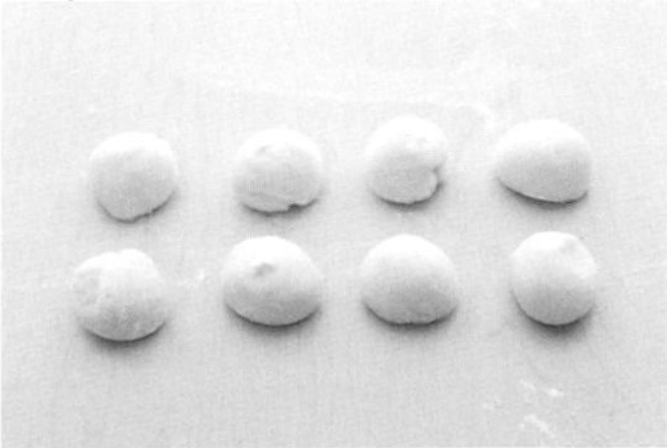

將大麵糰分割成20g，滾圓，鬆弛10～20分鐘。

3 成形

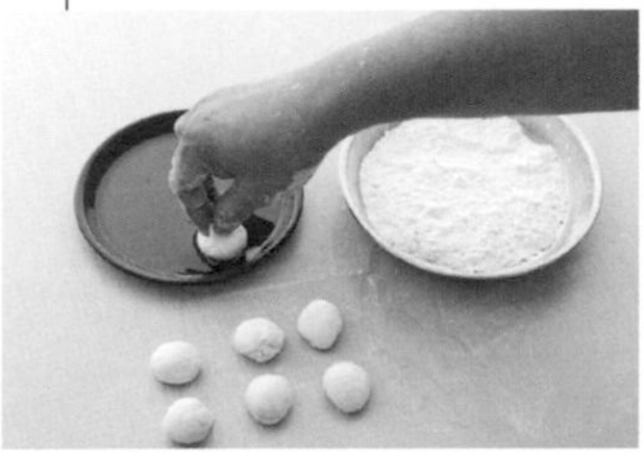

取一個麵糰沾油。

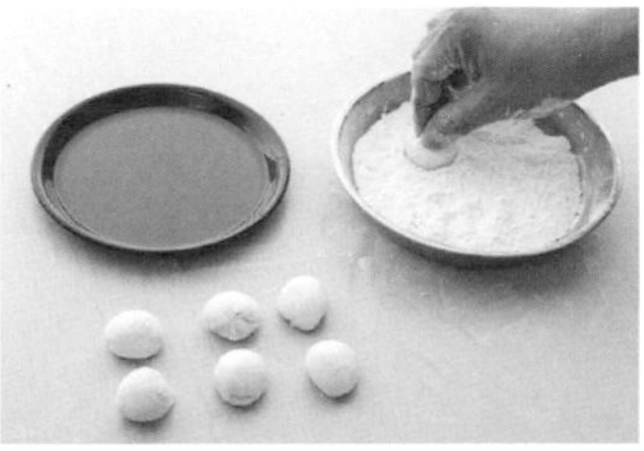

沾麵粉。

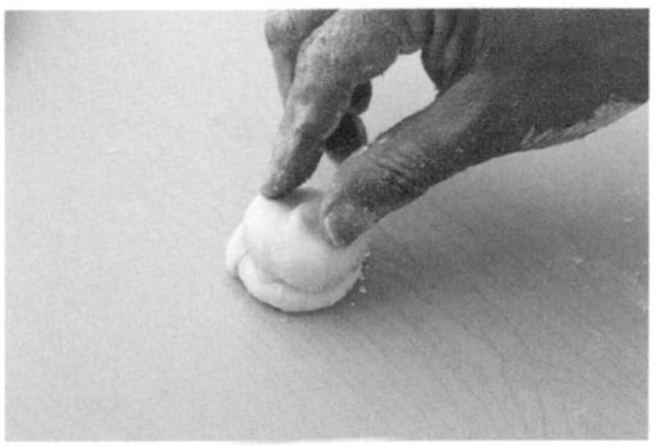

放在另一小麵糰上，相疊。

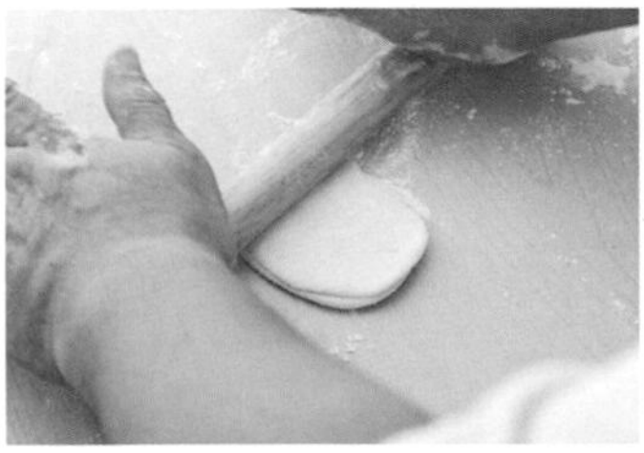

擀成直徑18±1cm之薄圓麵皮。

TIPS

可看出是兩張麵皮相疊。

4 熟製

鍋加熱不放油，放入薄餅，兩面烙至均勻著色取出。

5 成品

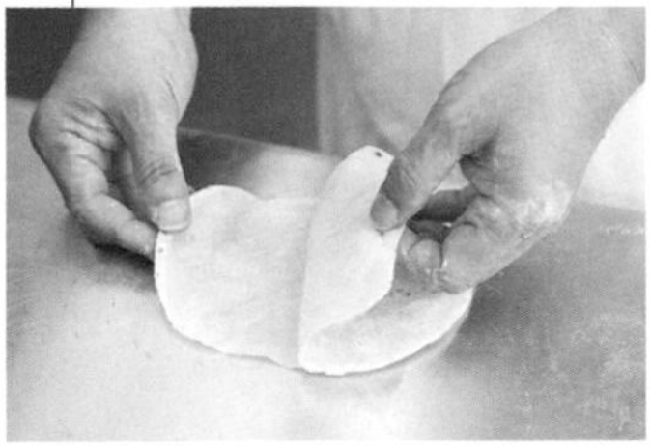

趁熱用手撕開成兩片。

POINT

- 麵皮愈薄愈佳，鬆弛後較易擀薄，用麵粉與油當防黏，較容易擀薄，且兩片不易黏住，易撕開。
- 溫度低，不易煎焦，麵皮較乾硬，烙餅的火力要大，時間短，餅皮才會柔軟。
- 煎時一面呈半透明狀，微微膨脹，反面再烙至膨脹即可取出，用手撕開成兩片。
- 麵糰不適合保存，烙熟的薄餅可冷藏或冷凍5天以上。

水調麵食｜燙麵｜薄餅類

烙餅（炒餅）

烙餅是一種家常薄餅的總稱。煎餅起源，《荊楚歲時記》已有食煎餅記載，而根據考古專家考證，六千年前出土的陶鏊，應是烙餅用的器具。

烙餅所用的麵皮，要擀得勻而薄，經煎或烙熟後，即可包入葷、素菜餡，或切成條狀作成炒餅，可隨時令、食俗變化，是一種簡便及具發展潛力的麵食。烙餅採用燙麵糰也可用冷水麵糰，將麵糰以機械或手工整形成28±2cm之圓形薄麵皮，兩面烙熟。

產品需具此特性：外表不可烙焦、外形完整、厚薄大小一致、質地柔軟、有韌性、嚼之有勁。

製作

數量：2 個

生重：每個 85±2g

直徑：28±2cm

配料

麵糰（170g）

乾料：

- 中筋麵粉 100g

濕料：

- 沸水 40±4g
- 冷水 30±3g

方法

1 攪拌

乾料先加入濕料的沸水，拌至雪片狀。

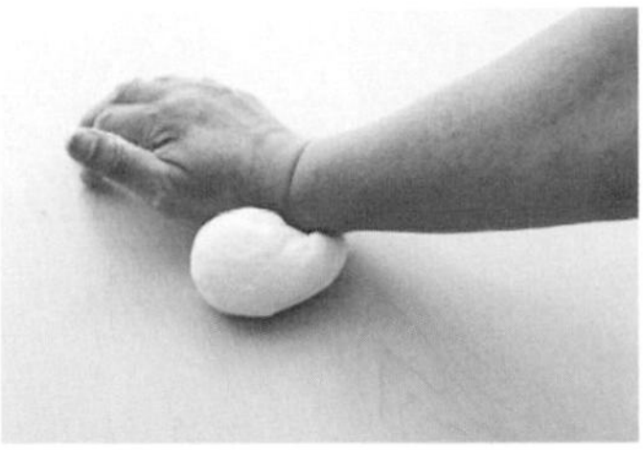

加入冷水用手（或攪拌機）揉成糰。

2 分割

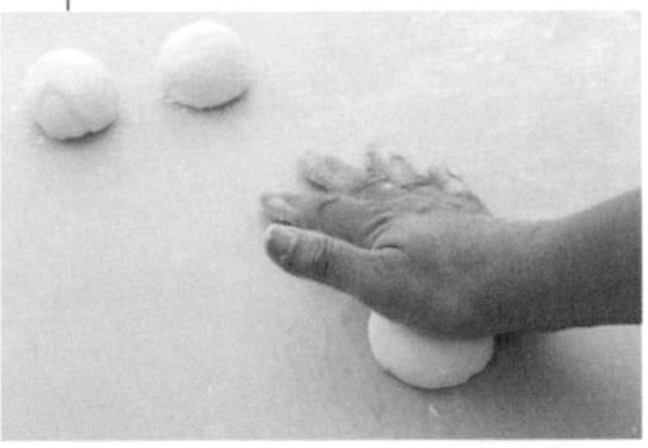

將麵糰分割成所需大小，滾圓，鬆弛10～20分鐘。

3 成形

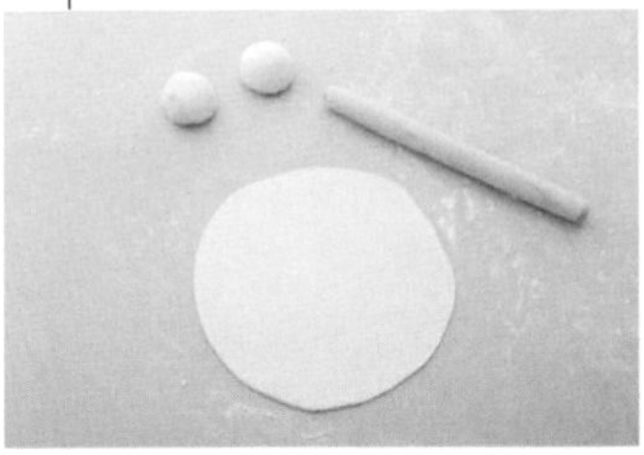

撒防黏粉，將麵糰擀成直徑28±2cm之薄圓麵皮。

4 熟製

鍋加熱不放油，放入薄餅，兩面烙至均勻著色膨脹後取出。

5 成品

冷卻包裝或切成條狀作炒餅。

POINT

- 麵皮不要太硬，鬆弛後較易擀薄，用麵粉當防黏粉，較容易擀薄。
- 不用油煎的餅，火力要大，時間短，餅皮才會柔軟；用油煎的較香。
- 最常見的有炒餅、牛肉捲餅、豆沙鍋餅。

水調麵食｜燙麵｜薄餅類

蔥烙餅

蔥烙餅是另一種蔥油餅，用手工將燙麵擀薄、抹油、撒鹽及大量蔥花，然後包摺，捲成長條，再捲成螺旋形。

蔥烙餅的重點，不在層次而是內餡，內餡的蔥花已調理過，在小火煎烙後，將青蔥的鮮、香、嫩完全呈現出來，再加上柔軟的燙麵皮，食後口齒留香，風味口感良好。蔥烙餅變化多，可用冷水麵、發麵製作。

產品需具此特性：外表樣式整齊、大小一致、外形完整、不變形、不露餡、不爆餡、外酥脆內柔嫩。

製作

數量：2 個

生重：每個 150±10g

直徑：11±1cm

比例：皮 3（90g）

餡 2（60g）

配料

① 麵皮（185g）

乾料：

- 中筋麵粉 100g
- 細鹽 2g
- 豬油或素白油 3g

濕料：

- 沸水 40±4g
- 冷水 40±4g

② 內餡（123g）

- 蔥花 100g
- 豬油或素白油 20g
- 細鹽 2g
- 白胡椒 1g

方法

1 攪拌

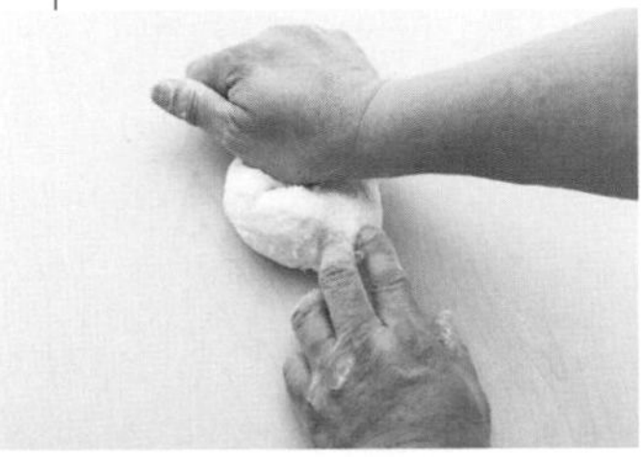

乾料先加入濕料的沸水，拌至雪片狀，加入冷水用手（或攪拌機）揉成糰，鬆弛30～40分鐘，但沒硬性規定。

2 分割

將麵糰分割成所需大小，滾圓，搓成橢圓形，鬆弛10～20分鐘。

3 成形

鬆弛後的麵糰擀開成寬15cm長方形麵皮。

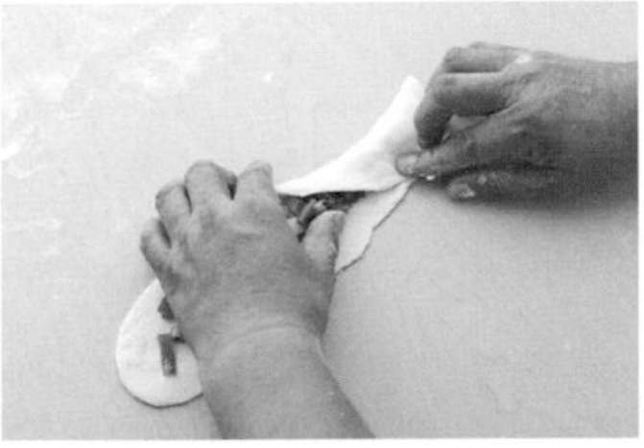

放上內餡，捲包，邊緣用手壓緊。

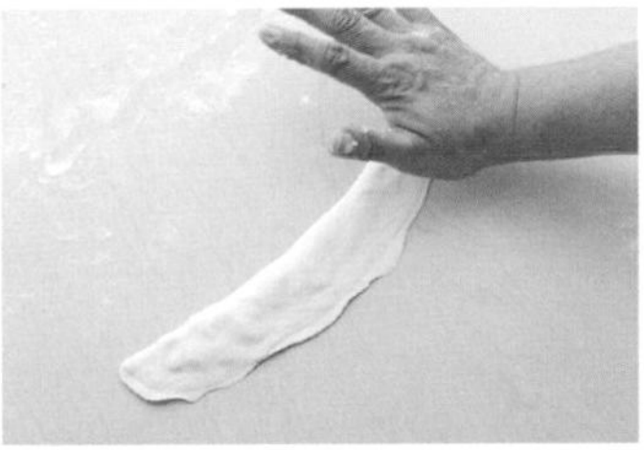

壓緊後拉長成50～60cm。

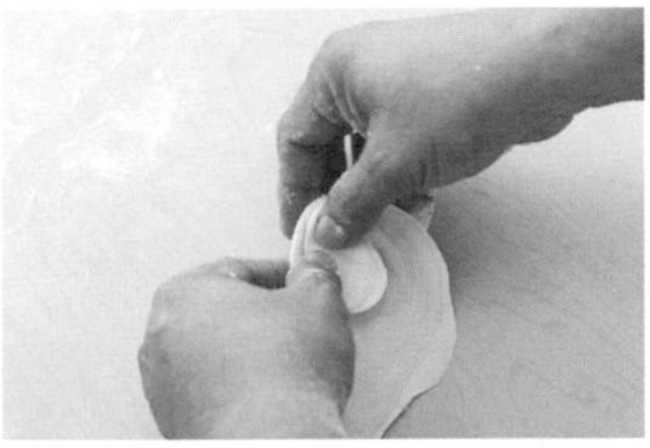

盤捲成圓盤形。

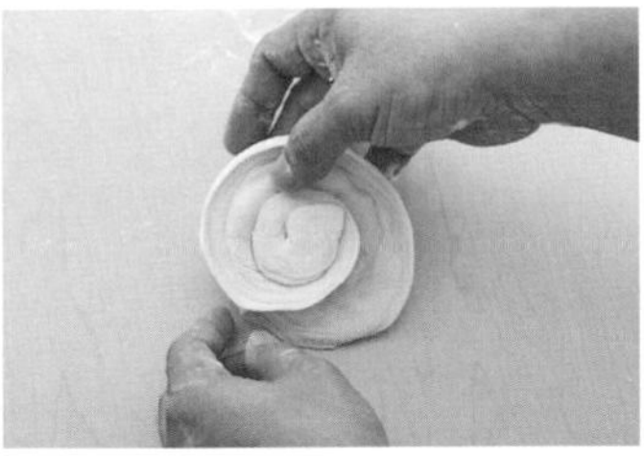

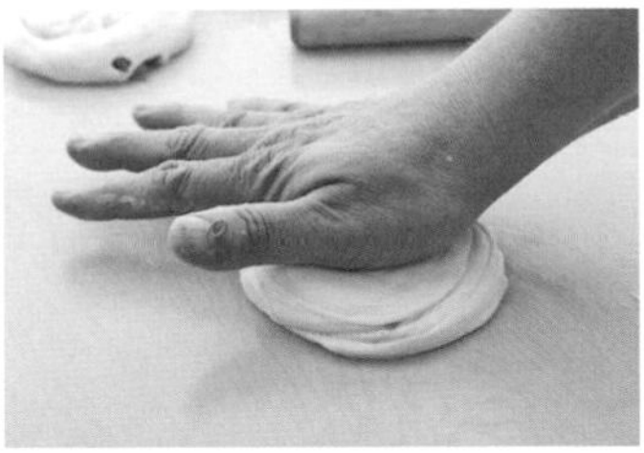

鬆弛30分鐘，用手壓平。

4 熟製

鍋加熱放油，放入薄餅，煎至兩面均勻著色。

POINT

- 液體豬油最香酥，蔥洗淨晾乾水分，蔥味比較香。
- 麵皮不要太薄，包餡拉長時易破皮。
- 溫度要低，用小火煎烙，青蔥的鮮、香、嫩才會完全呈現出來。
- 煎時餅皮呈半透明狀，會微微膨脹，外表呈金黃色，蔥香味濃。
- 麵糰成形後，因有青蔥不適合冷凍或冷藏；熟蔥烙餅要趁熱食用或冷藏2～3天，食用前再小火加熱。

水調麵食 | 燙麵 | 包餡類

鍋貼（煎餃）

鍋貼也稱煎餃，源於水餃包的太多，吃不完留著下餐吃，習慣上會用油將餃子煎熟再食用。鍋貼是粵式師傅吃了煎餃後，再加以改良而來，鍋貼皮是將冷水麵改用燙麵，適合快煎調理，兩端開不開口，並沒有特別要求，所以長條形鍋貼，是以生煎（水油煎）方式煎至底部呈金黃酥脆，至於圓鼓形或折邊波浪紋的煎餃，則可蒸熟後，再以油多水少的油煎方式，煎至金黃酥脆。鍋貼皮可用燙麵製作，也可以用冷水調製，經壓切成圓形麵片，包餡整形後煎熟（可加粉漿水）。

產品需具此特性：外表樣式整齊、大小一致、表面光亮、捏合處不得有開口，表皮不可有破損，底部呈均勻金黃色澤，不可焦黑，皮餡均應熟透且風味口感良好。

製作

數量：16 個

生重：每個 25±2g

比例：皮 2（10g）

餡 3（15g）

配料

麵皮（171g）

乾料：

- 中筋麵粉 100g
- 細鹽 1g

濕料：

- 沸水 40±4g
- 冷水 30±3g

② **餡料**（247g）

主料：

- 絞碎豬肉 130g
- 細鹽 1g
- 高湯或水 20±5g

配料：

- 蔥花 20g
- 薑末 5g
- 細段韭黃 40g
- 碎蝦米 10g
- 香菇末 5g

調味：

- 醬油 5g
- 味精 1g
- 香麻油 5g
- 液體油 5g

調製：主料拌至黏性，配料加入拌勻，調味後試味即可。乾料需泡軟後，再切碎。

手法②

方法

1 攪拌

乾料先加入濕料的沸水，拌至雪片狀。

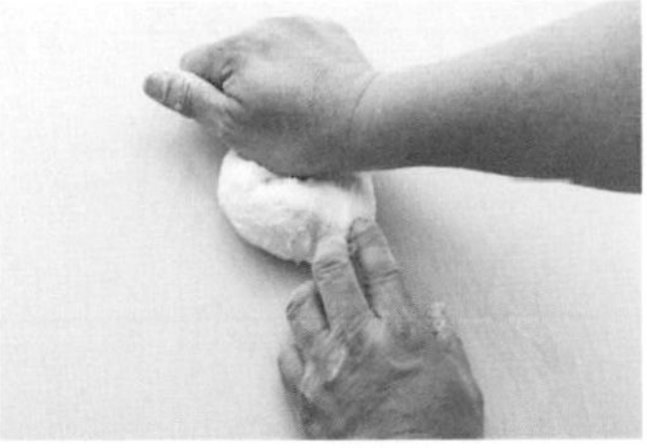

加入冷水用手（或攪拌機）揉成糰光滑麵糰，鬆弛30～40分鐘。

2 成形

將大麵糰分割成所需的大小，用手擀皮。

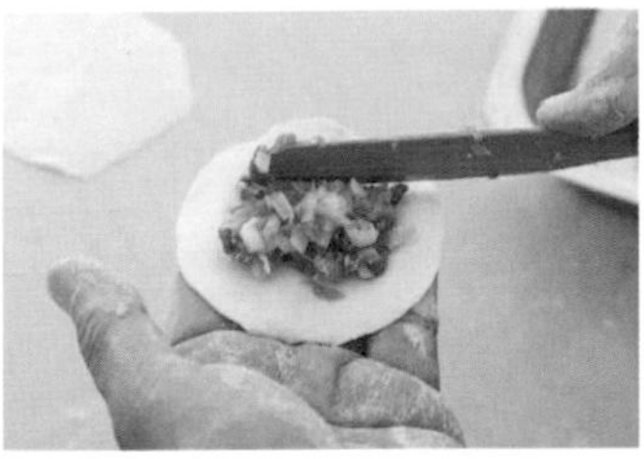

手法①：包餡。

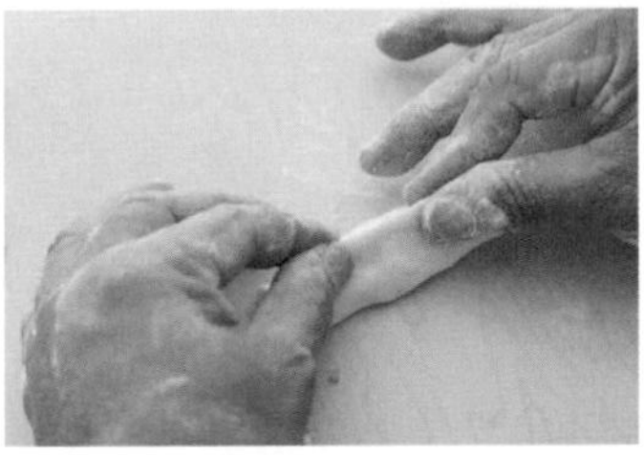

整形成二端開口。

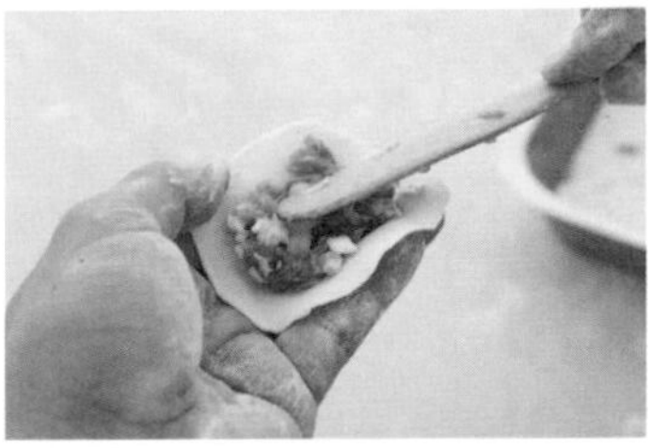

手法②：或將擀好的麵皮，包餡。

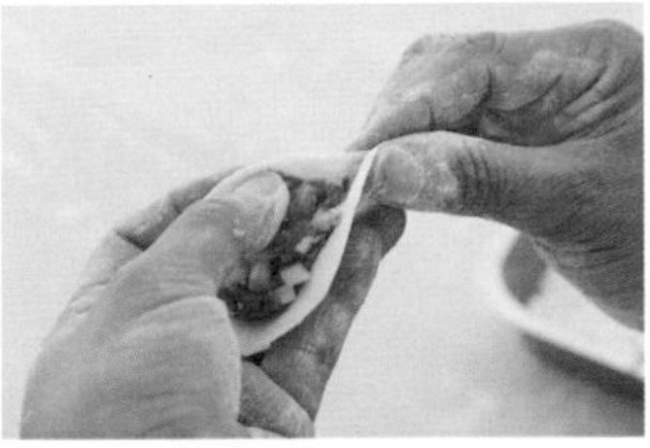

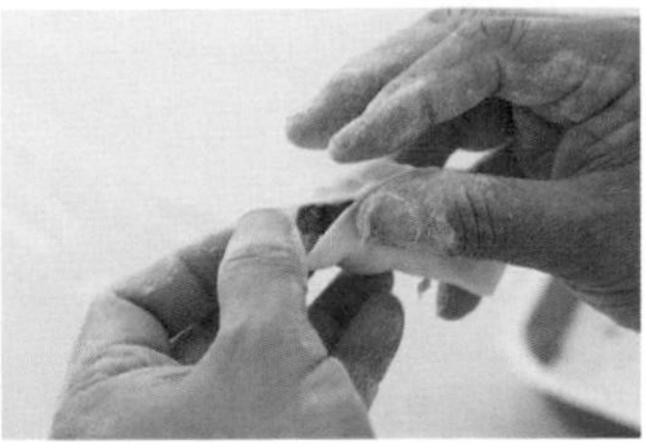

整形成有單邊摺紋的長餃子。

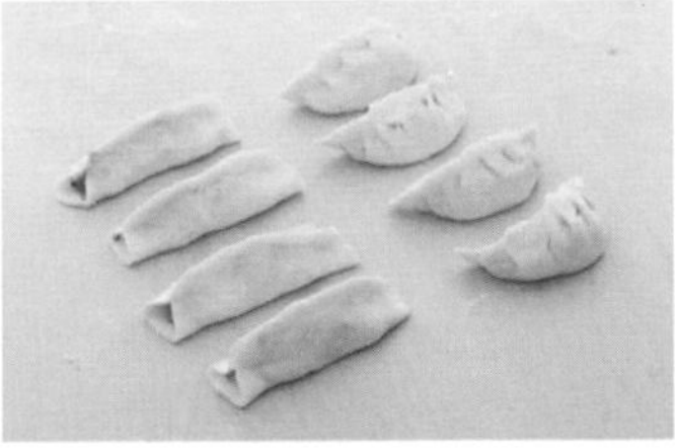

鍋貼（煎餃）完成圖。

3 熟製

平底鍋加熱放油，排入生鍋貼。

加麵粉水。

用中小火煎至水乾，底呈金黃色即可鏟出，底部朝上。

TIPS 麵粉水的製作

麵粉加入水中。

攪拌均勻。

完成圖。

POINT

- 麵皮要光滑柔韌，可加5～10%馬鈴薯或樹薯澱粉，調節口感。
- 調餡宜淡不宜鹹，鹹容易出水，菜料最後加入拌勻，較不易出水，可打水或高湯，打蛋的內餡比較乾散無湯汁。
- 可以冷藏或冷凍，擺放在容器時，底部朝上，比較不易破皮。
- 下鍋前，先熱鍋再加油，鍋貼下鍋後不易沾鍋，加鍋蓋，上皮易熟透而且柔軟。
- 用100%清水加5%麵粉或澱粉拌勻。下鍋後，淋澆在鍋貼上即可。加麵粉水的目的，可使鍋貼煎熟後，底部有一層薄脆而金黃的脆皮。出鍋要酥脆，保持底部向上。
- 鍋貼包好後可冷藏1～2天；熟的鍋貼宜趁熱食用。

水調麵食｜燙麵｜包餡類

韭菜盒

韭菜是家庭中常吃的蔬菜，適合春季食用，將韭菜搭配絞肉、冬粉等材料製成韭菜盒，是適時的佳點。

傳統的韭菜盒餡料做工考究，主要原料要切成碎丁，再和以蔥韭及調味品，燙麵皮包餡後兩片捏合成花邊狀，或對折成半圓狀，或煎或烙，也可以加些水，用水油煎方式熟製，表皮金黃酥脆，內餡鮮美。

產品需具此特性：外表需樣式整齊，外形挺立，大小一致，不變形，封口密合，外表金黃色，表皮不可有破損，皮餡不可鬆散，風味口感良好。

調製：主料拌至黏性，配料加入拌勻，調味後即可。乾料需泡軟後，再切碎。

製作

數量：4 個

生重：每個 80±4g

比例：皮 1（40g）

餡 1（40g）

配料

① **麵皮**（170g）

乾料：

- 中筋麵粉 100g

濕料：

- 沸水 20±2g
- 冷水 50±5g

② **餡料**（210g）

主料：

- 絞碎豬肉 100g
- 細鹽 1g
- 高湯或水 10±5g

配料：

- 蔥花 10g
- 加入細段韭菜 40g
- 薑末 2g
- 濕冬粉絲 30g
- 豆乾 10g

調味：

- 醬油 5g
- 香麻油 5g
- 液體油 5g

方法

1 攪拌

乾料先加入濕料的沸水，拌至雪片狀。

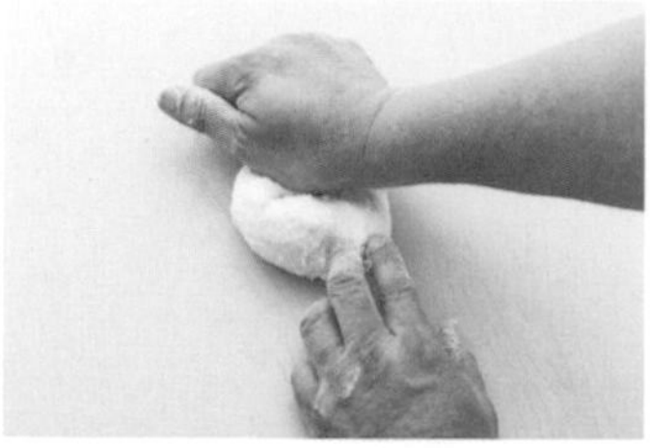

加入冷水用手（或攪拌機）揉成光滑麵糰。

2 擀皮

將麵糰分割成所需大小，鬆弛10～20分鐘。

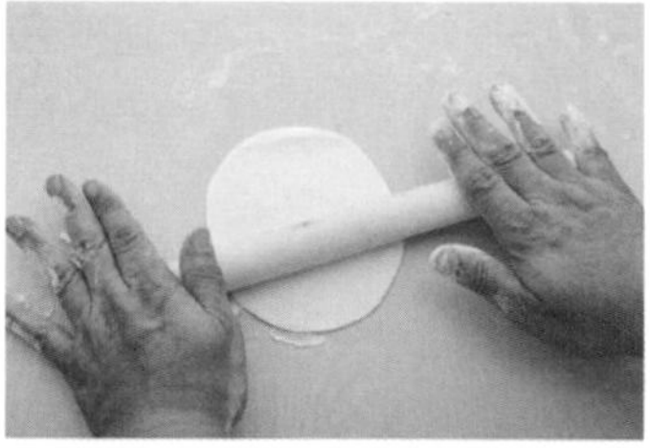

擀成直徑15±1cm。

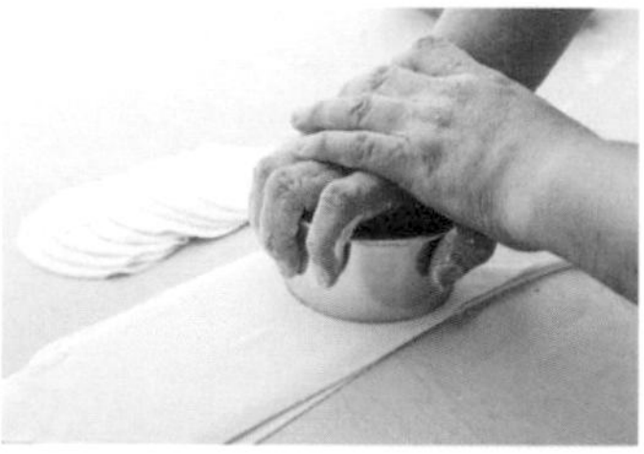

或是壓成寬15cm之長方形薄麵帶，用直徑12～15cm空心模壓出麵皮。

3 成形

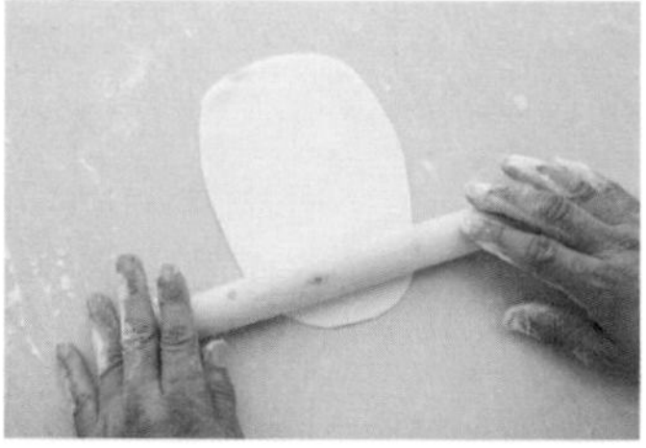

圓麵皮稍擀成橢圓。

餡料放在麵皮下半位置。

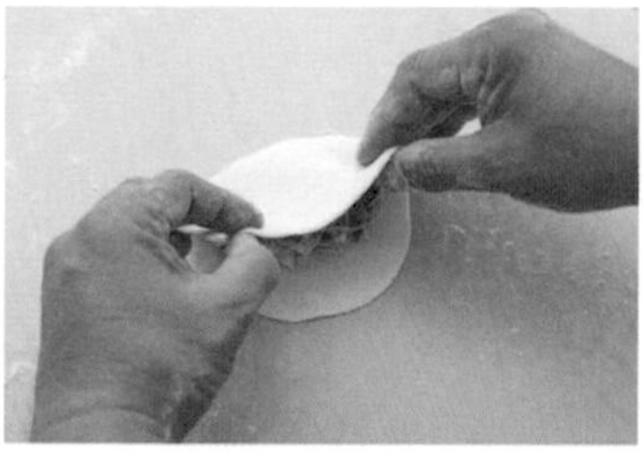

對摺。

整成半圓形。

用手刀沿著麵皮邊緣按壓。

要密合壓緊。

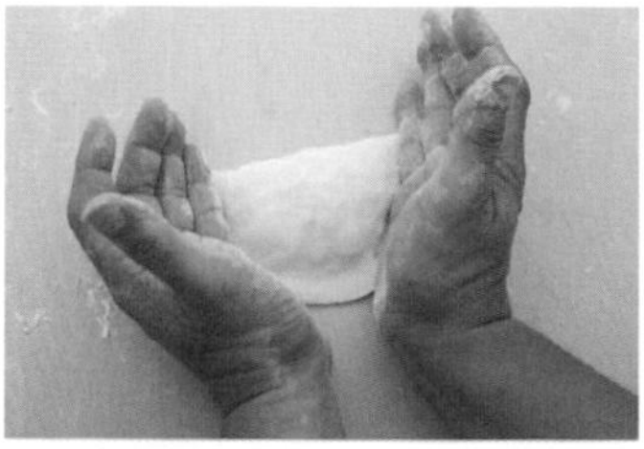

也可用雙手壓緊。

4 熟製

鍋加熱放油。

放入生韭菜盒。

用小火煎至兩面均勻著色。

TIPS 切掉多出的麵皮

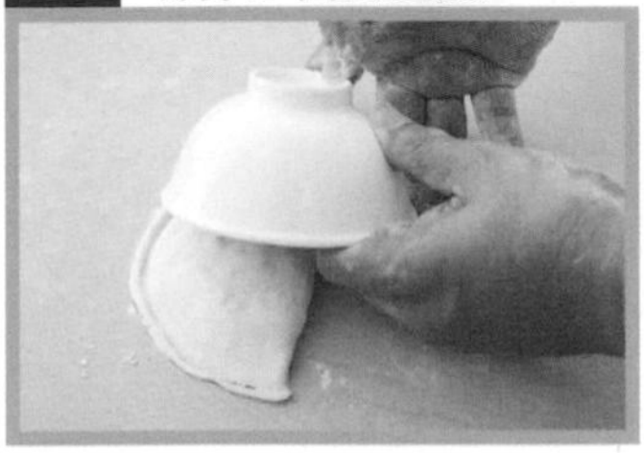

用碗按壓韭菜盒麵皮邊緣。

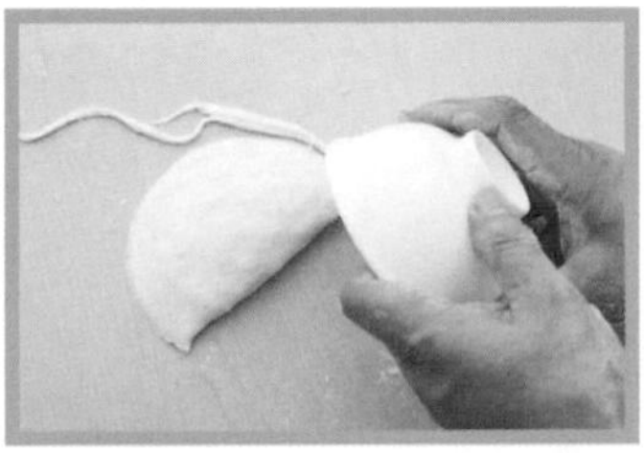

多餘的皮撥掉。

POINT

- 麵皮要光滑柔韌，可加5～10%馬鈴薯或樹薯澱粉調節口感。
- 調餡宜淡不宜鹹，鹹容易出水，用生料韭菜味香，熟料有不同的香味。
- 不需加鍋蓋，皮要慢火煎烙，味香，較易熟透。
- 餡料拌合時會鬆散，不易成糰，可加點芡汁，增加黏性易成糰，包餡容易，且餡料滑潤好吃。芡汁材料，用樹薯澱粉3g加熱水30g拌至黏稠即可。
- 煎時餅皮呈半透明狀，會微微膨脹。對摺後較厚的一邊，可立起來煎，餡比較容易熟透，煎至外表呈金黃色。可以按一下對摺後較厚的一邊，若皮有彈性，代表已熟。出鍋後，韭菜盒需保持乾燥，避免受潮影響口感。
- 生的韭菜盒包好後可冷藏1天；熟的韭菜盒煎好後趁熱食用，或冷藏1天。

水調麵食｜燙麵｜包餡類

豬肉餡餅

常見的餡餅口味有牛肉和豬肉，都是現做現煎。麵皮若要做到薄而富彈性，最好用冷水麵或溫水麵，若要軟Q好吃，燙麵最理想。無論牛肉或豬肉，為了去除腥臊味，餡料中需打入花椒水，還有增香作用。另外餡料中的肉質要柔軟好吃，肥肉要多些，或多加點油脂。餡餅用燙麵製作，以機械或手工整形成適當厚度的麵皮，中間包入餡料整成直徑8±1cm之扁圓形，再煎或油烙熟。

產品需具此特性：外表樣式整齊，大小一致，不變形，封口需完全密合，外表金黃色不可煎焦，表皮不可有破損，皮餡不可鬆散，風味口感良好。

調製：主料拌至黏性，配料加入拌勻，調味後試味即可。

製作

數量：3 個

生重：每個 100±5g

比例：皮 2（40g）

餡 3（60g）

配料

① 麵皮（160g）

乾料：

- 中筋麵粉 80g
- 高筋麵粉 20g

濕料：

- 沸水 20±2g
- 冷水 40±4g

② 餡料（182g）

主料：

- 絞碎豬肉 100g
- 細鹽 2g
- 2% 花椒水 40±4g

配料：

- 蔥花 20g
- 薑末 5g

調味：

- 醬油 5g
- 香麻油 5g
- 沙拉油 5g

方法

1 攪拌

乾料先加入濕料的沸水，拌至雪片狀。

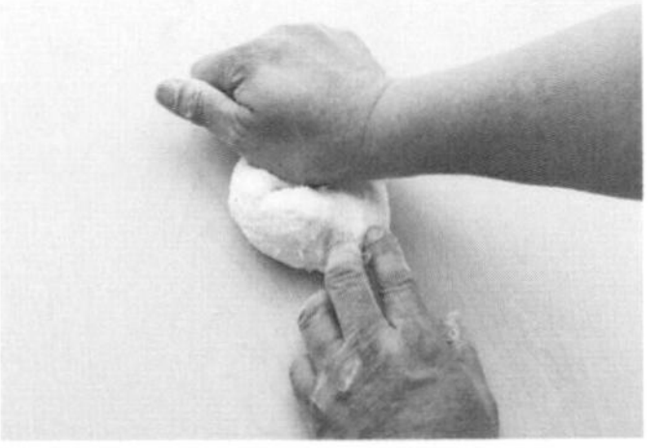

加入冷水用手（或攪拌機）揉成光滑麵糰。

2 分割

將大麵糰分割成所需大小，滾圓，鬆弛10～20分鐘。

3 成形

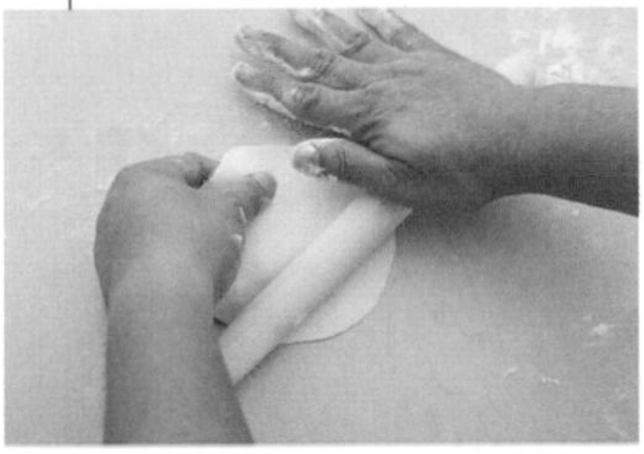

麵糰擀成薄圓形。

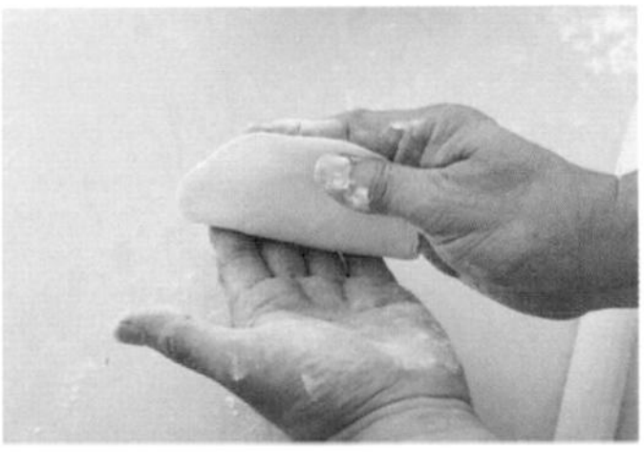

光滑面朝下。

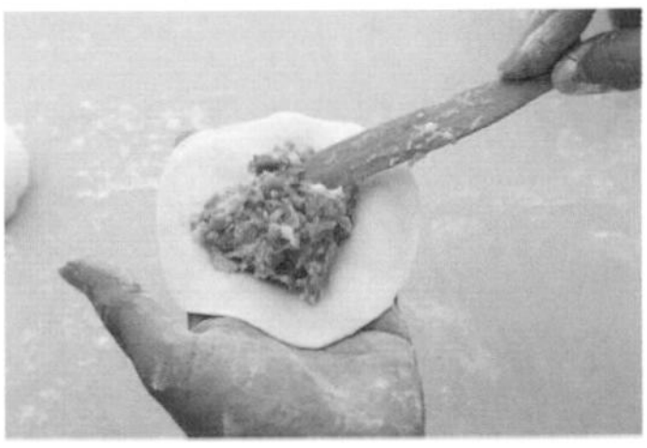

包餡。

整成圓形。

捏成肉包式樣。

4 熟製

鍋子加熱放油。

收口朝下，放入生餡餅。

用小火煎至均勻著色。

翻面後用煎鏟輕壓至直徑8±1cm。

至兩面呈均勻金黃色。

POINT

- 製作薄皮餡餅，麵粉筋性提高，燙麵的沸水減少。
- 調餡宜淡不宜鹹，鹹易出水；餡打水後冷藏，包製前，再拌配料與調味料。
- 不加鍋蓋，要慢火煎烙，易熟透而皮酥脆。
- 肉要打水，湯汁才會多，最好用2%花椒水，可去除腥臊味又可增香。花椒粒用水煮30分鐘後過濾的水，就是花椒水。
- 餡餅呈半透明狀，會微微膨脹，皮餡分離有彈性，外表呈金黃色，就可出鍋，出鍋後要保持乾燥。
- 生餡餅可冷凍1～2天；熟餡餅趁熱食用或冷藏1～2天。

水調麵食｜燙麵｜包餡類

蒸餃

蒸餃顧名思義，是將包好的餃子放入蒸籠，用大火蒸熟。冷水麵製作的麵皮，蒸熟後比較乾硬，因此傳統的蒸餃都採用燙麵製作，以機械或手工壓擀成直徑8cm左右的燙麵皮，中間包餡，經手工成形、以蒸籠或蒸箱蒸熟之產品。

產品需具此特性：外表樣式整齊、外形挺立、大小一致、不變形、外皮不可有破損或龜裂、皮餡不可分離、餡不可鬆散、風味口感良好。

調製：主料拌至黏性，配料加入拌勻，調味後即可。

製作

數量：16 個

生重：每個 25±1g

比例：皮 2（10g）
餡 3（15g）

配料

① **麵皮**（165g）

乾料：

- 中筋麵粉 100g

濕料：

- 沸水 40g
- 冷水 30±3g

② **餡料**（244g）

主料：

- 絞碎豬肉 100g
- 細鹽 1g
- 高湯或水 20±2g

配料：

- 香菇末 20g
- 碎蝦米 10g
- 蔥花 20g
- 薑末 5g
- 細段韭黃 60g

調味：

- 醬油 3g
- 香麻油 5g
- 液體油適量

方法

1 攪拌

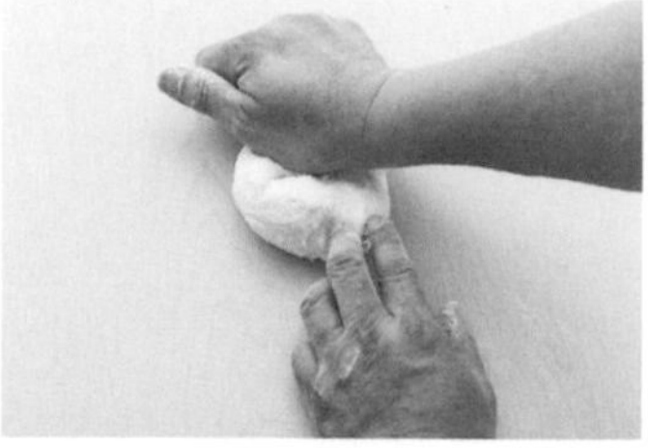

乾料先加入濕料的沸水，拌至雪片狀，加入冷水用手（或攪拌機）揉成糰。

2 鬆弛

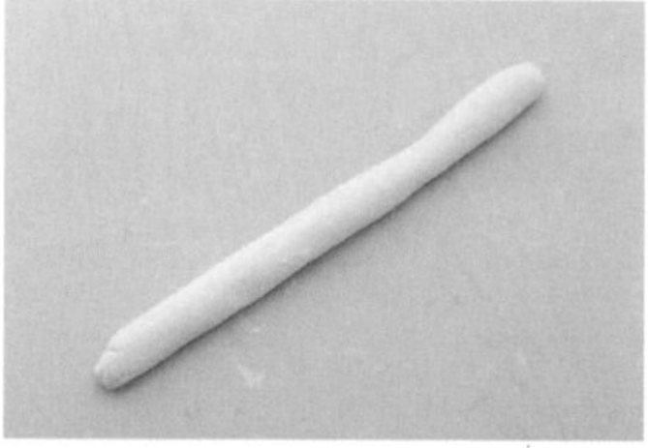

麵糰鬆弛10～20分鐘，再揉光滑，搓成長條。

3 分割

分割成小麵塊。

TIPS 請留意分割麵糰的角度、呈菱形。

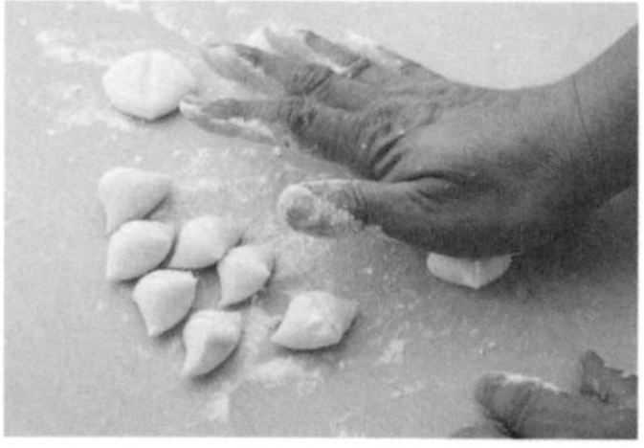

用手掌壓一下。

約成此大小。

用手擀成直徑8cm左右之圓麵片。

4 包餡

包餡後整成彎月形。

5 熟製

排於墊布或防黏紙的蒸籠內，大火蒸熟（約8～10分鐘）。

POINT

- 麵皮要薄，餡料要有黏性，麵皮中央要稍厚，包餡後外表形式美觀。用麵粉當防黏粉，較易擀薄與整形。包餡後，用手整形的摺紋不要太厚，但也不能太薄。
- 最好用蒸烤紙代替墊布；餡料水多或麵皮太軟都會破皮；蒸太久或用濕布也會破皮。
- 蒸的火力要大，時間要控制好，才會好吃，不易破皮；皮會鼓脹，皮餡分離即可。
- 可打水，水多時餡軟湯汁多口感佳，不可蒸太久，因內餡水多，麵皮易爛而破底。
- 熟餃可趁熱食用或冷卻後包裝凍藏，可保存1週。

水調麵食｜燙麵｜包餡類

燒賣

燒賣又稱燒麥或稍麥，元代《樸事通》記載：「以麥麵做成薄片，包肉蒸熟，與湯食之，方言之稍麥。以麵做皮，以肉為餡，當頂做為花蕊，方言謂之稍麥」。流傳至今，燒賣已成為普遍麵食。

燒賣可以用手工壓擀成直徑8cm的燙麵麵皮，也可以機械壓擀，但需用直徑8cm圓形空心模型壓切。中間包餡，經手工成形以蒸籠或蒸箱蒸熟之產品。

產品需具此特性：外表樣式整齊、外形挺立、大小一致、不變形、外皮不可有破損或龜裂、皮餡不可分離、餡不可鬆散、風味口感良好。

製作

數量：16 個

生重：每個 25±2g

比例：皮 2（10g）　餡 3（15g）

配料

① 麵皮（170g）

乾料：

- 中筋麵粉 100g

濕料：

- 沸水 40g
- 冷水 30±3g

② 餡料（260g）

主料：

- 絞碎豬肉 150g
- 細鹽 2g
- 高湯或水 20±2g

配料：

- 香菇末 10g
- 蔥花 20g
- 薑末 5g
- 碎筍丁 40g

調味：

- 醬油 3g
- 香麻油 5g
- 液體油 5g

調製：主料拌至黏性，配料加入拌勻，調味後即可。

方法

1 攪拌

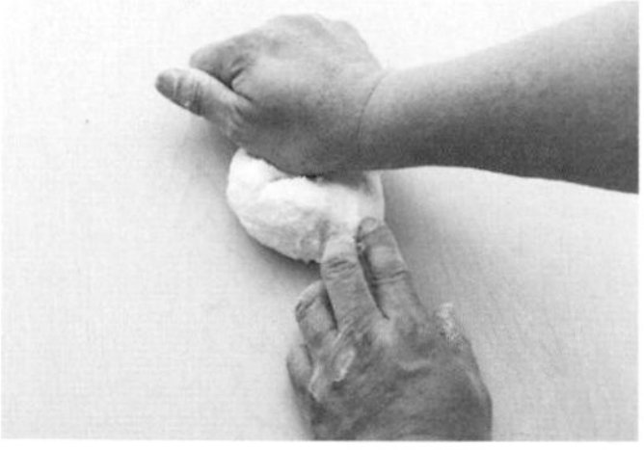

乾料先加入濕料的沸水，拌至雪片狀，加入冷水用手（或攪拌機）揉成光滑麵糰。

2 鬆弛

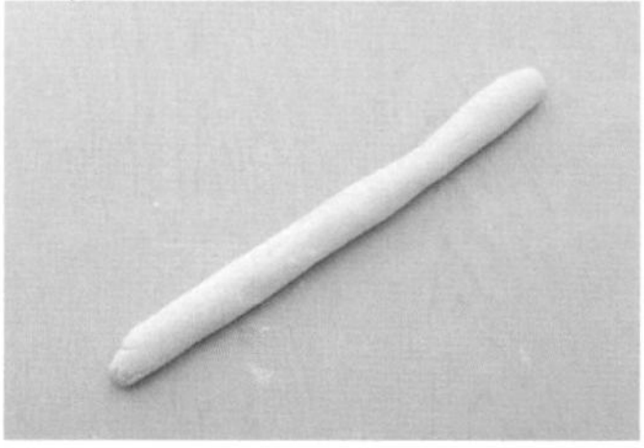

鬆弛10～20分鐘搓成長條。

3 擀皮

切成小麵塊，用手壓一下。

將麵皮擀成直徑8cm之圓形麵片。

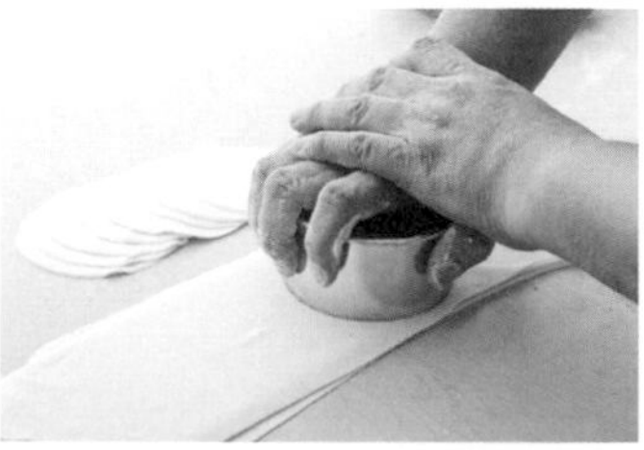

或擀壓成1.2±0.2mm麵帶，用直徑8cm圓空心模壓出。

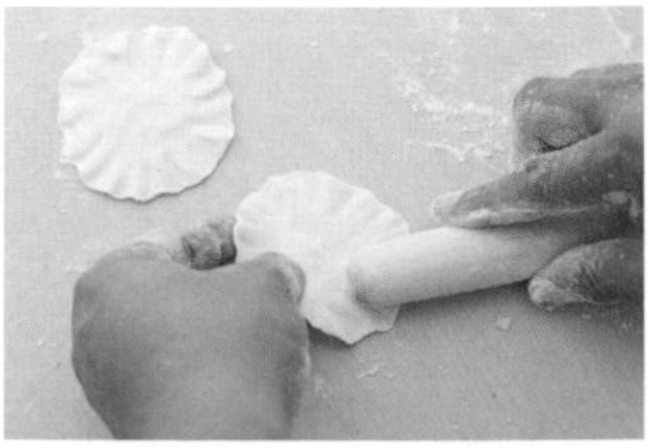

用桿麵棍在麵片邊緣按壓出花紋。

4 整形

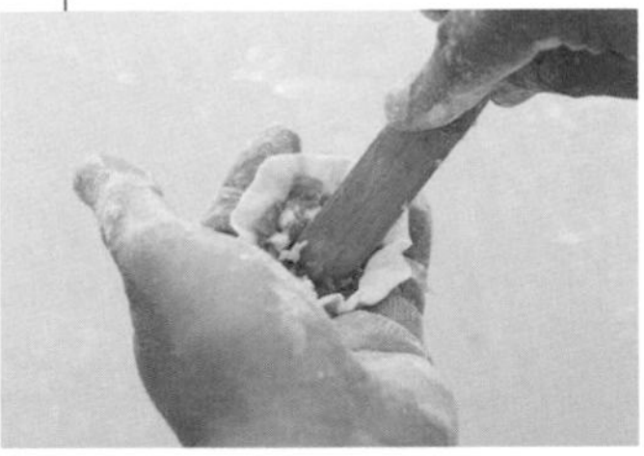

包餡。

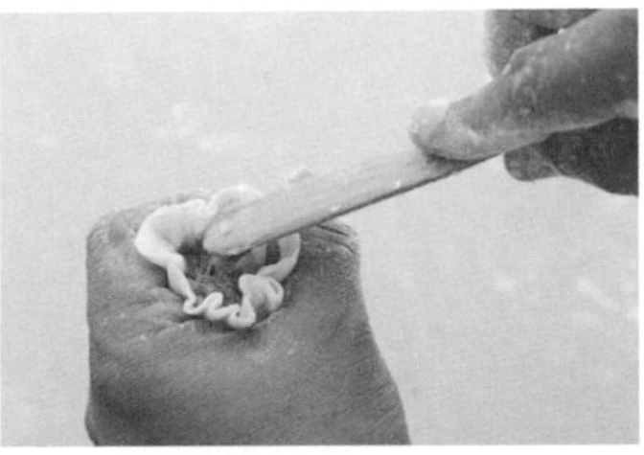

手法①：整成白菜形。

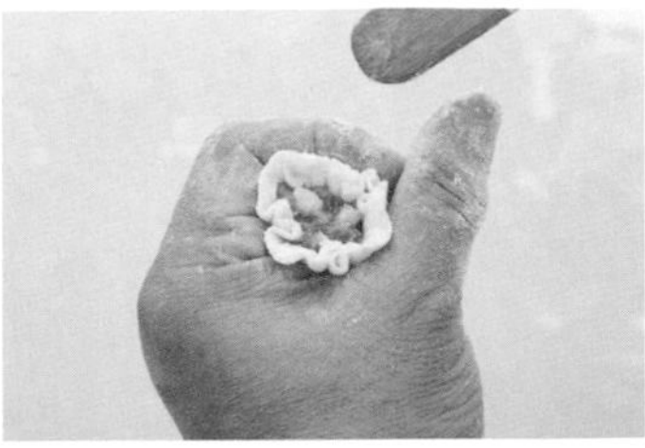

完成圖。

燒賣底部的樣子。

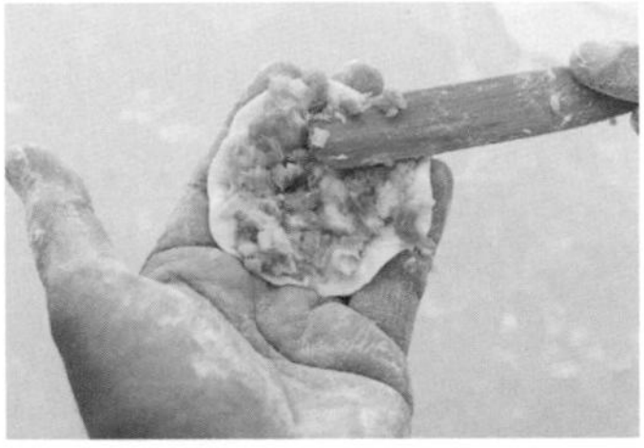

手法②：包餡。

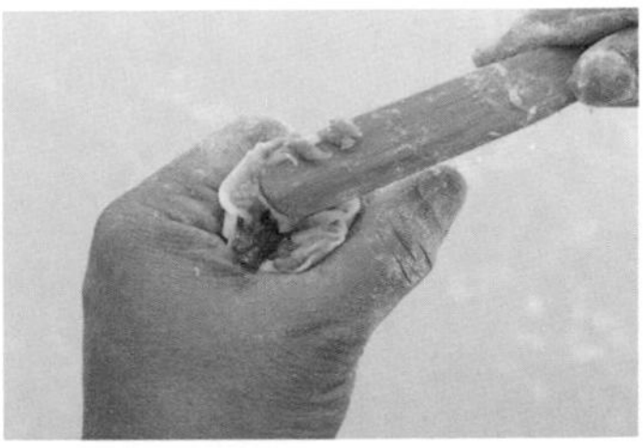

手掌捏合，表面抹平餡料。

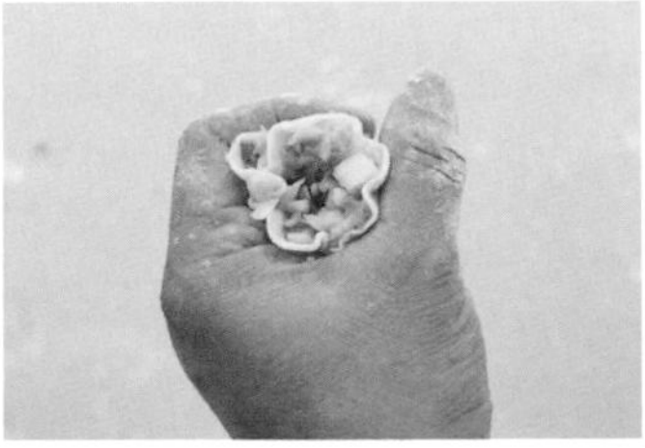

完成圖。

5 熟製

排於墊布或蒸烤紙的蒸籠內，大火蒸熟，約8～10分鐘。

POINT

- 麵皮要薄，餡料要有黏性，麵皮中央要稍厚，包餡後外表形式美觀；用麵粉當防黏粉，較容易擀薄與整形。餡用包餡匙抹平，再用手整形，底部用手捏出腰形。
- 餡料水多或麵皮太軟都會破皮；蒸太久或用濕布也會破皮；最好用蒸烤紙代替墊布。
- 蒸的火力要大，時間要控制好，才會好吃不易破皮。蒸熟時皮鼓脹，皮餡分離，有油水溢出現象。
- 餡可打水，水多湯汁多口感佳；不可蒸太久，因內餡水多，麵皮易爛而破底；加蛋無湯汁，較乾硬。
- 趁熱食用或冷卻後包裝凍藏，可保存1週。

水調麵食｜燙麵｜包餡類

四喜燒賣

四喜燒賣是燒賣的變化麵食，一樣可用手工壓擀成直徑9cm的燙麵皮，或用機械壓薄，再用直徑9cm圓形空心模壓出，包餡後再用手工捏成有四個小口的外表，小口內放入不同蔬菜點綴，以蒸籠或蒸箱蒸熟之麵食。

產品需具此特性：外表樣式整齊，外形挺立，大小一致，四口有點綴，不變形，外皮不可破損或龜裂，皮餡不可分離，餡不可鬆散，風味口感良好。

製作

數量：14 個

生重：每個 36±2g

比例：皮 1（12g）　餡 2（24g）（不含點綴）

配料

① 麵皮（170g）

乾料：

- 中筋麵粉 100g

濕料：

- 沸水 40±4g
- 冷水 30±3g

② 餡料（363g）

主料：

- 絞碎豬肉 250g
- 細鹽 3g
- 泡水剁碎蝦米 20g
- 高湯或水 20±2g

配料：

- 香菇末 20g
- 蔥花 20g
- 薑末 5g

調味：

- 醬油 5g
- 香麻油 10g
- 液體油 10g

＊可加味精 1g。

調製：主料拌至黏性，配料加入拌勻，調味後即可。

③ 點綴（60g）

- 紅蘿蔔末 15g
- 碗豆仁 15g
- 玉米粒 15g
- 香菇末 15g

方法

手法①　手法②

1 攪拌、鬆弛

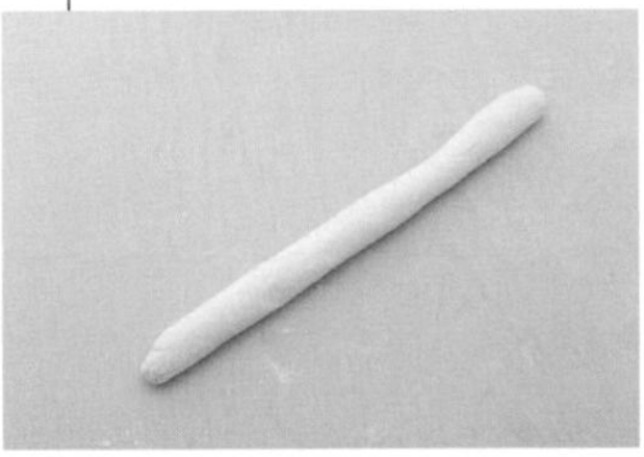

乾料先加入濕料的沸水，拌至雪片狀，加入冷水用手（或攪拌機）揉成光滑麵糰。鬆弛10～20分鐘，搓成長條。

2 分割

切成小麵塊，用手壓一下，擀成直徑9cm之圓形麵片。

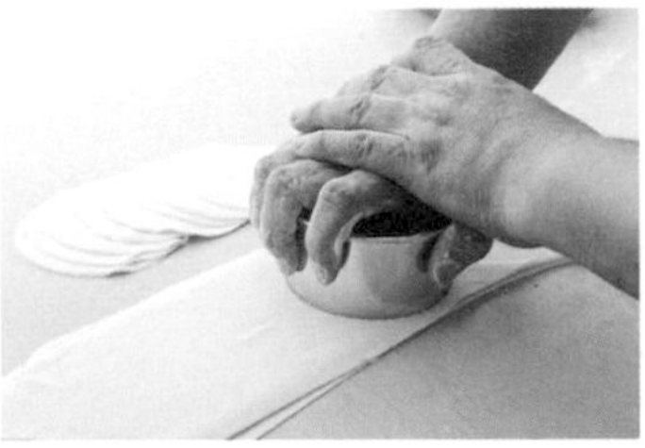

或壓成1.2±0.2mm麵帶，用直徑9cm圓空心模壓出。

3 整形

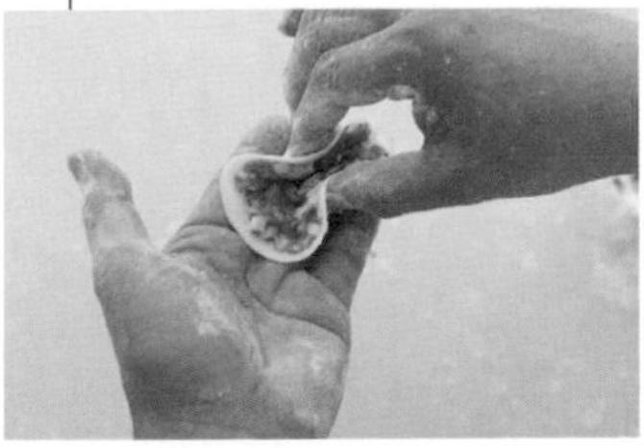

手法①：包餡後整成四口。

中間捏緊。

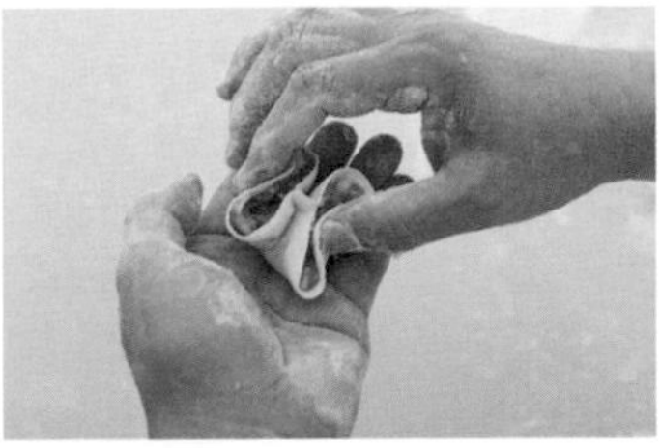

兩旁捏緊。

邊邊拉出尖角。

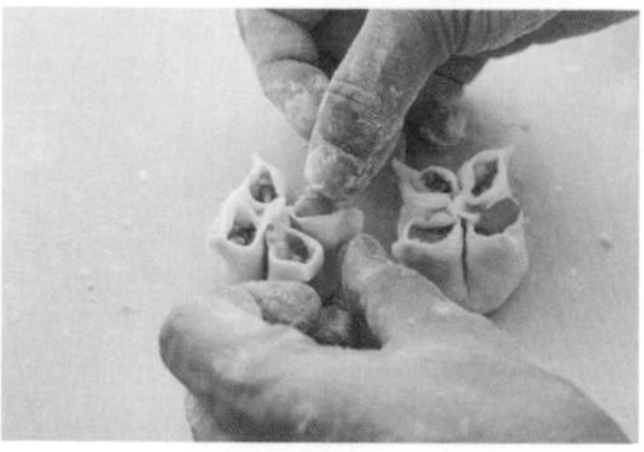

口內放不同蔬菜點綴，排於墊布或蒸烤紙的蒸籠內。

手法②：包餡後整成二口。

另一邊也拉一下。

口內放不同蔬菜點綴，排於墊布或蒸烤紙的蒸籠內。

4 熟製

大火蒸熟（約8～10分鐘）。

POINT

- 麵皮要薄，餡料要有黏性，麵皮中央要稍厚，包餡後外表形式美觀；用麵粉當防黏粉，較容易擀薄與整形。餡用包餡匙抹平，再用手捏出四孔及腰身，四孔上面點綴裝飾料。
- 最好用蒸烤紙代替墊布，餡湯汁多或麵皮太軟都會破皮。
- 蒸的火力要大，時間要控制好，燒賣才會好吃，且不易破皮。蒸熟時餡硬，表面有油水溢出現象。
- 可以打水，視材料的吸水而定，水多肉嫩好吃，但內餡水太多，外皮易爛會破底。加蛋代替水，餡會更硬，因蛋遇熱會凝固，而使餡變硬。
- 趁熱食用或冷卻後包裝冷藏，可保存2～3天。

第6章

發麵製作

01

發麵

發麵麵食與日常生活關係密切，經常食用的包子、花捲、饅頭就是經典代表，這是一種利用由不同的膨脹原料發酵製作而成的麵食，發酵技術歷經酒酵法、酸漿法、酵麵法、酵汁法等演變，創新後，更臻完善。

發展

我國在東漢《四民月令》中載有「酒溲餅入水即爛也」，這種「酒溲餅」應是發酵的麵餅；在《齊民要術》中亦有「白餅作法：過濾取汁，用汁和麵，待麵糰發起即可做餅」的說明，由此可見「酒溲餅」就是今日的「酒釀餅」。

分類

發麵有發酵麵與發粉麵兩種，以生物膨脹劑（活性酵母、老麵）作為膨脹的是發酵麵，如饅頭、包子、花捲等；以化學膨脹劑（泡打粉、小蘇打粉、碳酸氫銨）或物理攪拌（打入空氣）作為膨脹來源的是發粉麵，例如蒸蛋糕、馬拉糕、黑糖糕、開口笑、薩其馬等。

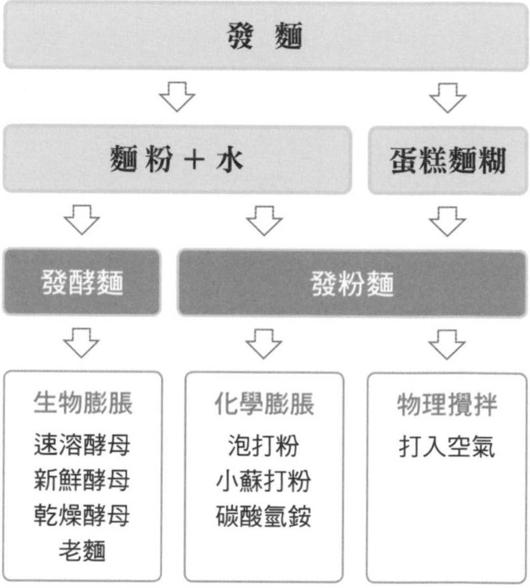

發酵麵

發酵麵又稱活麵，是由水、麵粉與酵母或老麵或麵種調製的膨鬆麵糰。

特性為組織鬆軟有發酵香，調製重點在發酵的程度，只要掌控發酵程度，即可製作各種不同性質的發酵麵食。發酵麵是酵母菌利用麵糰的糖與其他營養物質進行繁殖作用時，產生大量的二氧化碳，促使麵糰膨鬆。麵糰發酵程度，是製作發酵麵食最重要的步驟，發酵時的變化、影響麵糰發酵的因素及發酵方法，也會影響發酵麵製作時的成功率，所以製作發酵麵食時要特別留意這幾個因素。

分類

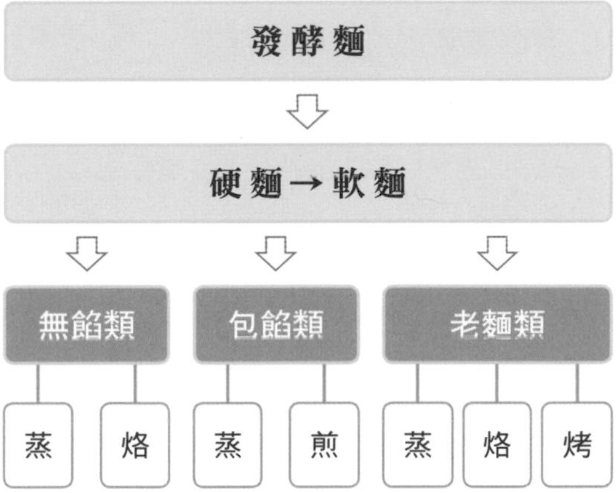

發酵麵因產品特性，有硬麵糰（嫩發麵或小發麵）與軟麵糰（大發麵、全發麵、嗆麵），這些不同性質的麵糰，可製作包餡（包子類）、不包餡（饅頭花捲類）與老麵類三大類麵食。

影響發酵麵因素

麵糰之所以會膨脹，是因為酵母菌在發酵過程中，產生的二氧化碳被麵粉形成的麵筋保留，至於膨脹力的大小及保留能力的好壞，與下列因素息息相關。

- **酵母用量**：用量多，氣體產生能力強，可縮短發酵時間；用量少，氣體產生能力弱，發酵時間要延長。
- **麵粉品質**：澱粉與糖含量多，氣體產生能力強，可縮短發酵時間；含量少，氣體產生能力弱，發酵時間要延長。蛋白質含量多，氣體保留強，但氣體產生速度慢，發酵時間可延長；含量少，氣體保留弱，但氣體產生速度快，發酵時間可縮短。
- **發酵室溫度或麵糰溫度**：溫度低，氣體產生慢，要延長發酵時間，雜菌不易產生；

麵糰發酵過程

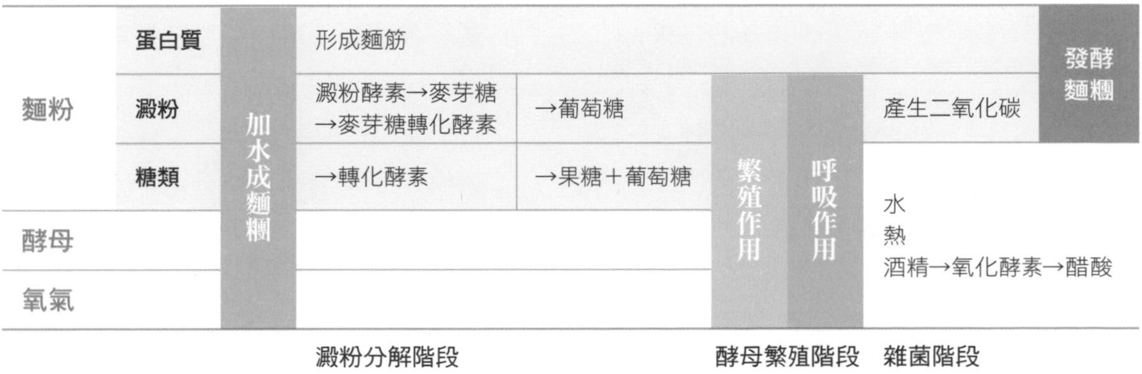

麵粉
蛋白質
澱粉
糖類
酵母
氧氣
加水成麵糰
形成麵筋
澱粉酵素→麥芽糖
→麥芽糖轉化酵素
→葡萄糖
→轉化酵素
→果糖+葡萄糖
繁殖作用
呼吸作用
產生二氧化碳
發酵麵糰
水
熱
酒精→氧化酵素→醋酸
澱粉分解階段
酵母繁殖階段
雜菌階段

溫度高，氣體產生快，縮短發酵時間，雜菌產生快，麵糰容易發酸。可用麵糰溫度來調節。

- **麵糰軟硬**：麵糰軟，氣體產生快，縮短發酵時間；麵糰硬，氣體產生慢，延長發酵時間。
- **發酵時間**：發酵時間過長，造成發酵過度，酸味會增加，麵筋太軟，影響品質；發酵時間過短，造成發酵不足，膨脹力不足，麵筋未軟化，韌性大，成品脹不大。

製作

1. **攪拌**：乾料混合加濕料，攪拌或用手揉成均勻而光滑的麵糰，鬆弛5±3分鐘，但沒有硬性規定。

TIPS 攪拌時，需注意每種產品麵糰的軟硬度。鬆弛時間不可太久，以免氣體太多壓不出來，造成組織粗糙孔洞多。

2. **壓麵**：麵糰經摺疊反覆壓麵或擀壓成光滑的麵片。
3. **整形**：麵片捲成圓柱體用刀切成長小段。

TIPS 可再成形，使規格統一、大小一致、外形美觀。

4. **發酵**：整形後，排列於墊了防黏紙的蒸盤或蒸籠上，放入發酵箱發酵40±10分鐘。

TIPS 發酵是製作發酵麵糰過程中最重要的手續，發麵製品組織的鬆軟、硬實、體積大小、品質好壞都和發酵有很大的關係，因此發酵程度的判斷非常重要，一般發酵可用容積法審視，麵糰體積增加約 1 倍時，即算發酵完成。

5. **熟製**：蒸籠或蒸箱需先加熱至水沸騰，放入後用中大火蒸熟。

TIPS 熟製需根據麵糰性質、大小、外形特性及製品特色，如蒸、煮、烤、炸、烙或煎，以達到麵食特性的要求。

6. **成品**：冷卻後包裝，冷藏或冷凍貯存。

中點小百科 **容積法**

判斷發酵程度的一種簡便方法，用透明容器，放入欲發酵的麵糰與整形後的麵糰放在同一環境，至體積增加 1 倍大時即可熟製。

Q&A

1. 發酵麵應選用何種麵粉？

A 中筋粉心麵粉最理想，但需視產品及材料的特性，可以添加高筋麵粉或低筋麵粉調節。

2. 製作發酵麵時，應該如何掌握適當加水量？

A 需根據麵粉的吸水性及產品特性而定，一般來說，麵粉與水的比例約2：1。

3. 發酵麵要加入多少糖、油或酵母，該如何判斷？

A 需根據產品特性決定，這些材料加入愈多麵糰愈軟，濕性原料就要酌量減少。

4. 製作發酵麵，可以添加泡打粉嗎？

A 可以，但需瞭解所添加泡打粉的pH值，避免影響饅頭品質。一般來說，饅頭添加的比例為1～1.5%，叉燒包或發糕可以提高至3～4%，老麵饅頭則可添加鹼水替代。

5. 用速溶酵母粉製作發酵麵時，是否需要添加鹼，達到中和酸的作用？

A 用速溶酵母粉發麵，不用添加鹼水，速溶酵母粉是由純酵母菌培養，不似老麵夾雜大量乳酸菌、醋酸菌，麵糰比較不會變酸，因此不必添加鹼水中和。如果發麵時間拖長，導致麵糰變酸，就需要添加少量鹼水中和。

6. 發酵麵要如何製作較佳，如何操作組織才會細緻？

A 麵糰攪拌（揉）至光滑，可縮短壓麵時間。鬆弛時間不宜過長，壓麵後的組織才會細緻。麵皮壓至適當厚度後，用手捲成圓柱體，要搓緊搓勻；操作動作要快，發酵才會均勻細緻。

7. 是否要用發酵箱進行發酵？要如何控制最後發酵的溫度與濕度？

A 發酵溫度建議在32±2℃，濕度以不乾皮為原則，約70±5%。室溫達到30℃以上時，可直接在室溫發酵，室溫若在20℃以下時，可移置發酵箱發酵。

8. 蒸箱或蒸籠的火力大小如何控制？要用何種火力蒸製？如何判斷是否蒸熟？

A 熟製時，應視爐具火力大小，隨時調節時間，可先開大火至98±2℃，視蒸的情況，再改中小火保持溫度，或用中小火蒸至98±2℃。也可以用聞、拍及視覺判斷，無論是蒸或烤的發酵麵糰，熟製過程中，鼻子會聞到麵香味，若是麵糰品質不佳，會聞到酸味；至於拍是指打開鍋蓋，用手指指腹輕觸發酵麵糰，是否有彈性；視覺判斷是用眼睛看麵糰表皮的光澤，亮度夠，而且滑順，代表熟了，如果亮度稍差，還需再多些熟製時間。

9. 麵糰發酵時，要到那一種程度才可移入蒸箱熟製？

A 可用容積法測量，生麵糰要進行發酵時，可將50g生麵糰放入容器內，直到麵糰體積增加約1倍大時，即可入蒸箱蒸製。

10. 沒有蒸熟或烤熟，可否再蒸或烤？

A 可以，除了需要補足蒸、烤的時間以外，另外還要多蒸或烤2～3分鐘。

11. 如何保存？食用時，又要如何回蒸？

A 發酵麵食可趁熱食用或冷卻後包裝，冷藏可保存3～5天或冷凍1個月以內。回蒸時，火力不可太大，否則會容易縮皺。

發酵麵食｜饅頭類

分類

饅頭在長期發展過程中，由於消費者的嗜好、原料品質、加工方法的不相同， 形成了口感、風味及地方特色的饅頭，種類繁多，分類很難。經歸納依用途、生產方式、形狀與結構、口感、口味等分類如下：

消費用途	主食饅頭
	非主食饅頭
生產方式	手工饅頭
	機製饅頭
形狀	無餡：圓形饅頭、刀切饅頭、花捲
	有餡：包子、叉燒包
口感	硬式：北方嗆麵饅頭
	軟式：南方發麵饅頭
口味	淡味饅頭
	甜味饅頭

製作

1. **攪拌或揉麵**：乾料混合加濕料，攪拌或用手揉成光滑的麵糰，鬆弛5±3分鐘。
2. **壓麵**：麵糰經反覆壓麵、或用桿麵棍擀壓成麵片。
3. **整形**：麵片捲成長圓柱體，用機器或刀切成所需大小的麵塊。
4. **發酵**：搓圓或直接排列於墊防黏紙的蒸盤或蒸籠內，在32±2℃溫度下發酵40±10分鐘（體積增加1倍）。
5. **熟製**：蒸籠或蒸箱先加熱至水沸騰，放入後用中大火蒸熟。
6. **成品**：冷卻後包裝，冷藏或冷凍貯存。

品評

饅頭應有良好風味、柔軟口感及光滑外表，如果出現不良狀態，就需予以改善。

改善 1：饅頭風味不良

饅頭風味應具有純正麥香和發酵香味，無不良風味。若有酸、鹼、澀、餿等不良異味，可能與麵粉變質、添加劑成分、污染成分、發酵不良、pH值不合適、產品變質有關，應根據實際情況予以解決。

改善 2：饅頭內部結構及口感不良

饅頭口感是決定品質的指標，好的饅頭要柔軟有筋、彈性好不發黏、內部結構均勻細緻。若組織結構不良則饅頭發黏、筋力彈性差、孔洞不夠細膩等。影響饅頭組織的因素有：加水量、攪拌程度、麵糰發酵、揉麵操作、發酵程度等，需調節製作方式，才可使饅頭的口感改善。

改善 3：饅頭縮皺

饅頭縮皺是指饅頭蒸或復蒸時表面縮皺，像燙麵或死麵。防止縮皺應從原料（柔韌材料）或製作流程調整。攪拌或揉麵要足夠，麵糰pH值要合適、發酵要適度、蒸製的溫度與方法等都是解決饅頭縮皺的關鍵。

饅頭品評的方法

品評項目		判斷標準
表面	比容	膨脹：體積／重量比，標準為 2.8 倍。
	高度	挺立：中間高度，標準為 7cm（大小不同標準不同）。
	色澤	白度：白或乳白，如果顏色呈淺黃、黃、灰暗，則品質差。
	結構	表皮：光滑，如果皺縮、塌陷、有氣泡、凹點或燙班，則品質差。
	形狀	形式：對稱、挺立，如果形狀扁平或不對稱，則品質差。
內部	結構	組織：氣孔細小均勻，如果組織太細密、有大氣孔，則品質差。
	彈性	熟度：回彈快、能復原可壓縮，如果呈現回彈弱、不回彈，則品質差。
	韌性	咀嚼：咬勁強，如果咬勁弱、掉渣或咀嚼乾硬、無彈性，則品質差。
	黏性	口感：爽口不黏牙，如果稍黏或很黏，則品質差。
	氣味	風味：具有小麥香氣、無異味，如果有異味，則品質差。

改善 4：饅頭表面不光滑

饅頭應表面光滑，無裂口、無裂紋、無氣泡、無明顯凹陷。光滑對饅頭銷售影響很大。裂口可能是水分過低、麵糰pH值過高、揉麵不足，發酵不足等因素所致；裂紋多是發酵濕度太低，可調節發酵箱濕度解決。起泡是因為麵糰pH值過低、揉壓麵時防黏粉過多、發酵濕度過大、發酵過度、蒸箱氣壓過高等原因造成的。

改善 5：饅頭要有光澤

饅頭表皮應為乳白色、無黃斑、無暗點、組織結構細膩，色澤均一。原料品質和添加劑會影響光澤、攪拌，揉麵不足及麵糰過酸，都有可能導致色澤不正常，另外鹼性大或黴菌滋生，也有可能使饅頭發黃。

另外，饅頭以熱食為主，蒸好的饅頭稍涼，溫度約40～60℃時，是最好食用的階段，此時饅頭細密均勻、富有彈性、咬勁強、有韌性感、爽口不黏牙，最能吃到饅頭的風味。如果饅頭完全冷卻，會因澱粉的老化、彈柔性降低、掉渣，且口感乾硬，很難正確評價饅頭的品質水準。

Q&A

1. 製作饅頭要用什麼麵粉最為理想？

A 饅頭的作法很多，麵粉的品質最為關鍵，不能選擇筋度太高的麵粉，麵包用的麵粉就比較不適用，除非使用特殊原料。若要蒸出裂開的饅頭（開花饅頭或叉燒包），則需用較低筋度的低筋麵粉。

2. 如何製作光滑細緻的饅頭？

A 要讓饅頭表皮光滑細緻，與饅頭的氣孔有關，如果攪拌或揉麵足夠，直至麵糰表面光滑細膩，再經壓麵處理，能使麵糰的氣體排除，組織緊密，表面會光滑，色澤會呈潔白或小麥天然的乳白色。

3. 如何製作光滑而不皺縮、塌陷、有氣泡、凹點或燙斑的饅頭？

A 合適的麵粉、適當的水量，經適當的壓麵、成形後，饅頭外觀挺立飽滿、氣孔細小均勻，發酵與蒸製過程，饅頭不會扁塌。另外，麵筋支撐力足不會產生縮皺，當內部壓力與組織強度足夠時，饅頭能保持較大的膨脹度，冷卻和降壓時，回縮力小於支撐力，也不會有縮皺情況。

4. 蒸饅頭時有何要訣？

A 蒸饅頭時，蒸器內需保持微壓狀態（蓋緊不可漏氣）和氣體迴旋狀態（蒸氣在蒸器內需上下流動），既要適量排出氣體又要讓蒸氣不斷進入，但是蒸氣壓力不宜太高，以防止局部麵糰表面會被熱水滴燙死。

5. 饅頭如何判斷是否蒸熟？

A 用手輕拍饅頭，有彈性感覺，就代表蒸熟了。另外，手指腹輕按饅頭表面，陷下去的凹坑，很快平復，也可以判斷饅頭熟了，如果凹陷下去的坑無法復原，表示還沒有蒸熟。或者用手撕饅頭表皮，如果能夠順利揭開表皮，表示饅頭已熟，無法撕開，表示還要再繼續蒸到熟為止。

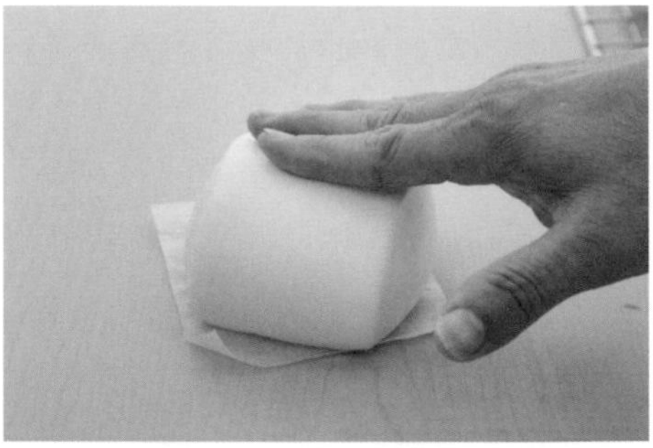

輕拍饅頭有彈性，代表已經蒸熟。

按壓表面，凹坑很快平復，代表已蒸熟。

撕饅頭表皮也可判斷，順利撕開表示已熟。

6. 蒸熟的饅頭為何會與蒸籠布黏在一起？

A 這是因為蒸籠布太乾的緣故，饅頭放入蒸籠時，應先將蒸籠布用水浸濕。目前已改用不會沾黏的防黏紙或蒸飯巾代替蒸籠布。

7. 為何打開蒸籠後，饅頭會隨即塌陷？

A 代表發酵時間太長，發酵過了頭。由於發酵過度，會讓麵糰面積加大，而且向外擴散，麵糰表面會失去支撐力，致使膨脹後出現塌陷狀，降低發酵時間或減少酵母用量，就可以改善饅頭塌陷狀況。

8. 為什麼饅頭的內部組織會鬆散？

A 表皮雖然完整，但是內部的組織鬆散孔洞大，吃起來口感不佳，感覺粉粉的，這是因為發酵太久，蒸熟後內部組織撐大，口感不夠綿密，孔洞多且過大，減少發酵時間或減少酵母粉用量，會改善內部鬆散的結構。

9. 為什麼饅頭蒸熟後，會乾扁、縮皺？

A 饅頭蒸好了，打開蒸籠沒多久，出現縮皺，沒有彈性，乾乾硬硬，表面乾皺的狀態，這是發酵不足，無法膨脹所造成的，蒸的過程中雖有膨脹，但內部組織支撐力不夠，反而縮皺、乾扁，口感乾硬，不柔軟。可以延長發酵時間，讓麵糰軟一點，或增加酵母粉數量，改善乾扁、縮皺的問題。

10. 為什麼饅頭蒸熟後，全部沾黏在一起？

A 饅頭蒸熟後，如果出現饅頭邊邊相互沾黏一起，或是沾黏到蒸籠的狀態，這代表在放置生麵糰時，忽略了彼此間隔的安全距離，蒸饅頭的過程中，麵糰體積會膨脹大約一倍，因此放置時，需要預留半個饅頭以上的空間，避免饅頭蒸熟後會相互沾黏。

11. 為什麼饅頭的表面會濕黏？

A 饅頭冷卻後，表面會濕黏，口感極差，這是因為水氣回滲關係，饅頭回蒸時特別嚴重。蒸饅頭的過程中，會產生大量蒸氣，冷卻後，蒸氣會在蒸龍中凝結成水珠，並滴落回滲到饅頭中，因此蒸熟後，需立刻將饅頭移出蒸籠中。

12. 如何測量饅頭的容積比？

A 準備一個可以放入饅頭的硬容器，先用小米（或體積小的圓形菜籽）填滿，記得要刮平，接著倒出小米，再放入饅頭，將倒出的小米再度填滿，此時會有多餘的小米，將多出的小米用量筒測量，得到的cc數，就是饅頭的體積，一般是使用3個饅頭測量的平均數參考，會測得比較準確的容積比。

13. 小米可以用白米取代嗎？

A 白米顆粒太大，非圓形，並不適用，反而芝麻更佳。

白饅頭（刀切）

饅頭又稱饅首、蒸餅、饃饃等，唐朝文獻有「起膠（酵）餅」的記載，後來演變成目前的發麵饅頭。源於古代部落對宗教的崇拜，需用人頭祭拜，後來發展成「和麵為劑，塑成人頭，內餡以牛羊等肉代之，名曰『蠻頭』」，再由音調關係，轉變成「饅頭」。饅頭用發酵麵糰製作，需經適當之鬆弛或發酵，壓延後經分割整形成圓形（圓球）饅頭，或刀切成長方饅頭，發酵後，再用蒸籠蒸熟的產品。

產品需具此特性：外表挺立、表面光滑、大小一致，不破皮、不起大泡、不縮皺、不得有裂口、無不正常斑點，內部切開後組織均勻、無鹼味及酸味等異味，具有適當的韌性與咀嚼感。

製作

數量：2 個

生重：每個約 80±5g

配料

麵糰（165g）

乾料：

- 中筋麵粉 80g
- 低筋麵粉 20g
- 速溶酵母粉 2g
- 細砂糖 7g
- 素白油 1g

濕料：

- 冷水 55±5g

方法

1 攪拌

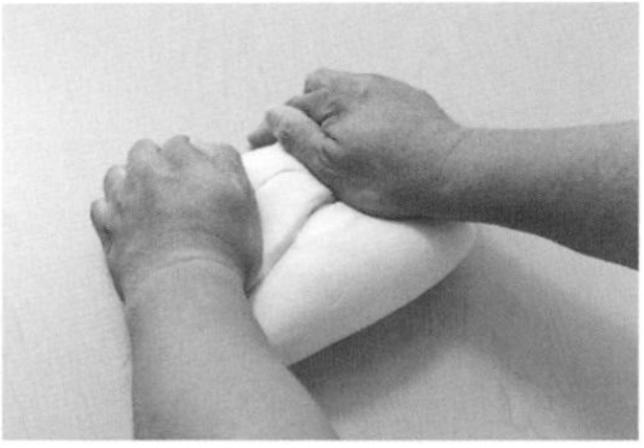

乾料混合加濕料，攪拌後用手揉成光滑的麵糰，鬆弛5±3分鐘。

2 壓麵

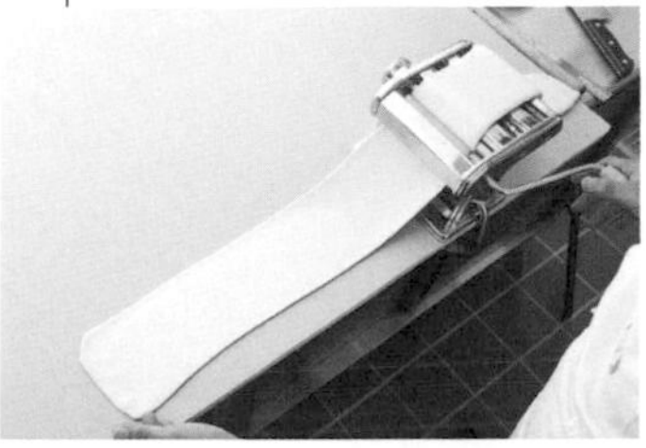

麵糰經反覆壓麵或擀壓成麵片。

3 整形

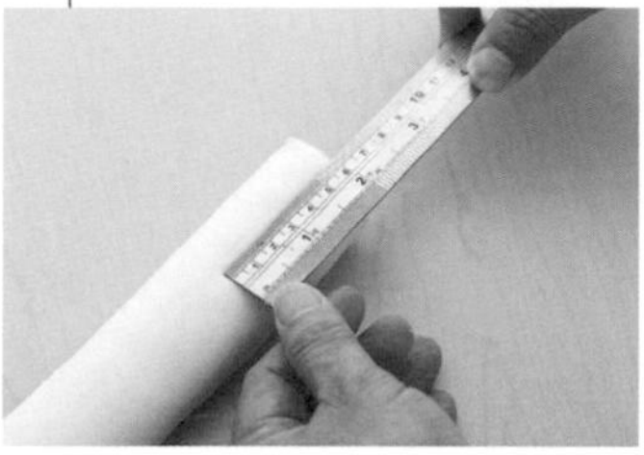

手法①：麵片捲成長12±1cm之圓柱體。

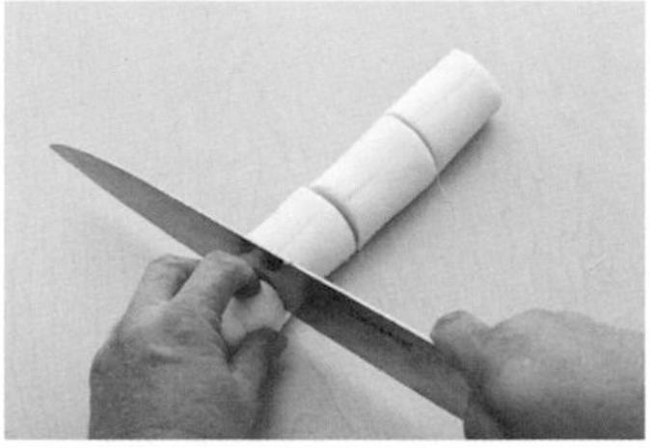

用刀切成長6±1cm小塊。

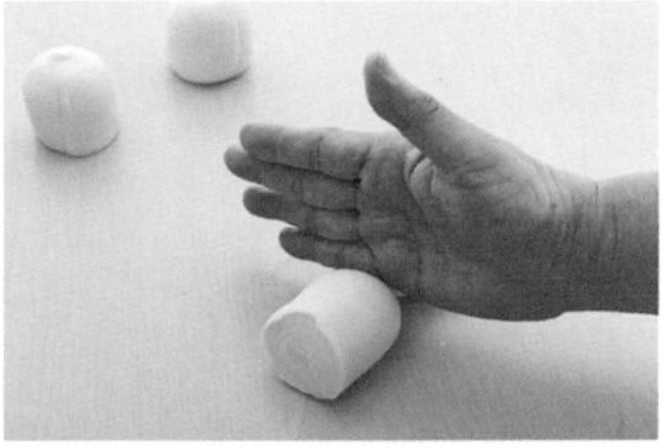

手法②：也可用手刀由中間滾切成兩塊。

手切面朝上，用手向下壓成圓頂形。

4 發酵

整形後排列於墊紙的蒸盤或平盤上，發酵至體積增加1倍。

5 熟製

蒸籠或蒸箱先加熱至水沸騰，放入後，用中小火蒸11±1分鐘。

POINT

- 因水沸騰的時間無法預測，無法判斷熟製的時間，易造成不熟或蒸過度。所以水沸後再蒸，比較容易計時。
- 大火蒸的饅頭較容易縮皺，但表皮光滑、口感彈性佳；小火蒸的饅頭比較不會縮皺，外形漂亮、口感較黏、彈性較差。

全麥饅頭

小麥經解剖後，分胚芽、胚乳及麩皮三部分，胚乳是小麥主要成分，麩皮、胚芽則為副產品，磨粉時經常被剔除，因含有豐富纖維素及部分蛋白質、脂肪等成分，近來已被聯合國糧農組織認定為膳食纖維，是平衡膳食結構必需的營養素之一，也因為受到重視，整粒小麥研磨的全麥粒粉及石磨全麥粉，已獲得國內外營養學專家視為改善飲食結構最好的新素材。

全麥饅頭用發酵麵糰製作，經壓延後分割整形成圓形饅頭（圓球），或刀切成長方饅頭，發酵後，再用蒸籠蒸熟的產品。

產品需具此特性：外表挺立、表面光滑、大小一致、不起泡、不縮皺、無不正常之斑點，內部切開後組織均勻、無異味（鹼味及酸味），具有適當的韌性與咀嚼感及濃馥的麥香味。

製作

數量：2 個

生重：每個約 80±5g

配料

麵糰（170g）

乾料：

- 中筋麵粉 70g
- 全麥麵粉 30g
- 速溶酵母粉 2g
- 細砂糖 10g
- 素白油 2g

濕料：

- 冷水 56±5g

方法

1 攪拌

乾料混合加濕料，攪拌後用手揉成光滑的麵糰，鬆弛5±3分鐘。

2 壓麵

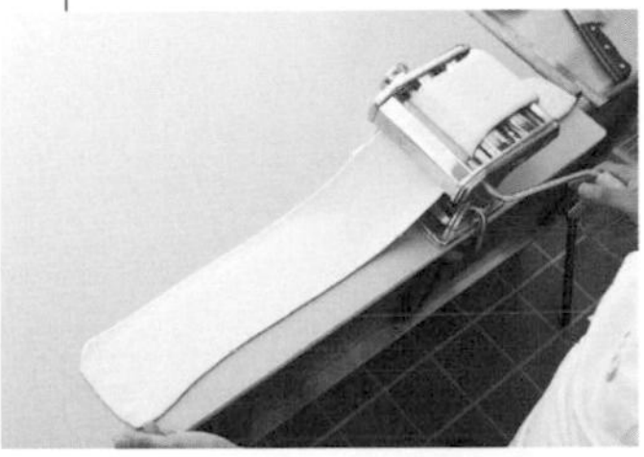

麵糰經反覆壓麵或擀壓成麵片。

3 整形

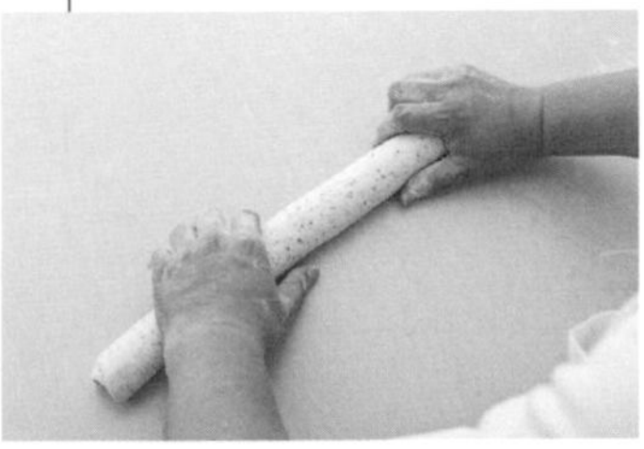

捲成圓柱體。

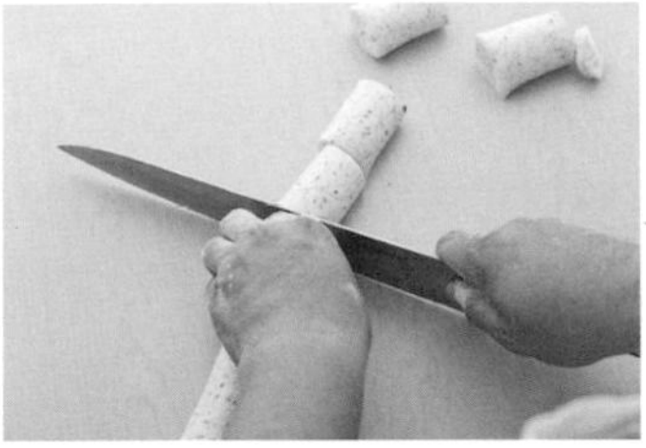

切成小塊。

TIPS

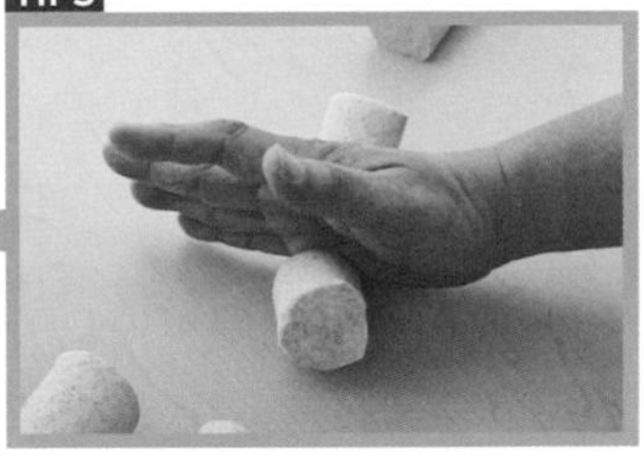

同前，也可用手刀由中間滾切成兩塊，上下壓成圓頂形。

4 發酵

整形後排列於墊紙的蒸盤或平盤上，發酵至體積增加1倍。

5 熟製

蒸籠或蒸箱先加熱至水沸騰，放入後用中小火蒸12±1分鐘。

POINT

- 石磨全麥粉是整粒小麥在磨粉時，僅僅經過碾碎，不需除去麩皮、胚芽，因磨製過程的時間短，溫度極低，營養價值高，一般全麥麵粉是用高速粉碎機或重新調製組合方式生產，營養仍會流失，兩者之間的營養成分，當然會有很大的不同。
- 特別注意加水量及攪拌時間，當全麥粉比例達51%以上時，產品體積小、組織粗、口感差，建議全麥粉用量在30%以內較佳，10%最好吃。

發酵麵食｜饅頭類

胚芽饅頭

小麥胚芽是小麥發芽部位，含有人體八種必需胺基酸，是穀物中含量最高，另含有具有抗氧化作用的油脂性維生素E，因油脂在室溫下容易有油耗味，製造麵粉時會被篩除。小麥胚芽適合用低溫烘焙或用小火炒乾，會有獨特清香味，可放冷藏庫貯存，將小麥胚芽添加入麵粉內，製作出來的胚芽饅頭會有清香胚芽風味。

胚芽饅頭用發酵麵糰製作，經壓延後分割整形成圓形，或刀切成長方饅頭，發酵之後，再用蒸籠蒸熟的產品。

產品需具此特性：外表挺立、表面光滑、不起泡、不皺縮，內部組織均勻、有清香的胚芽的風味，具有適當的韌性與咀嚼感。

製作

數量：2 個

生重：每個約 90±5g

配料

麵糰（180g）

乾料：

- 中筋麵粉 100g
- 烤熟胚芽 10g
- 速溶酵母粉 2g
- 細砂糖 10g
- 素白油 2g

濕料：

- 冷水 56±5g

方法

1 攪拌

乾料混合加濕料，攪拌後用手揉成光滑的麵糰。

加入熟胚芽揉勻，鬆弛5±3分鐘。

2 壓麵

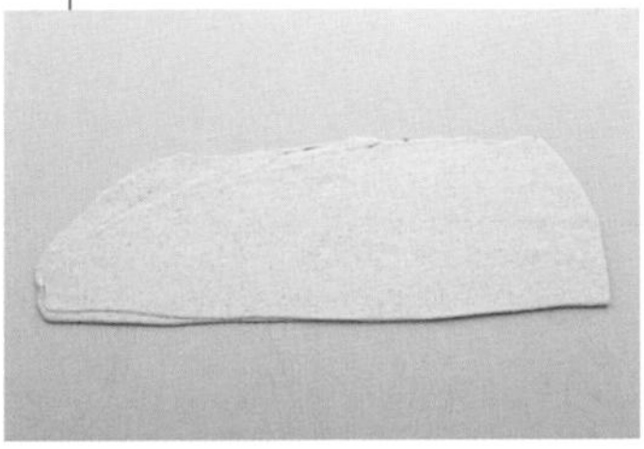

麵糰經反覆壓麵或擀壓成麵片。

3 整形

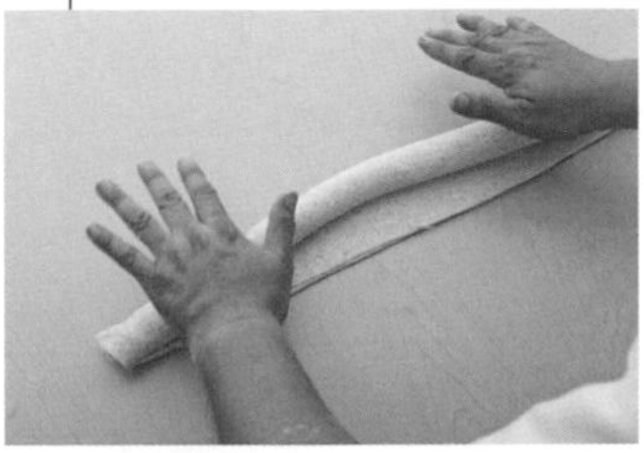

捲成圓柱體。

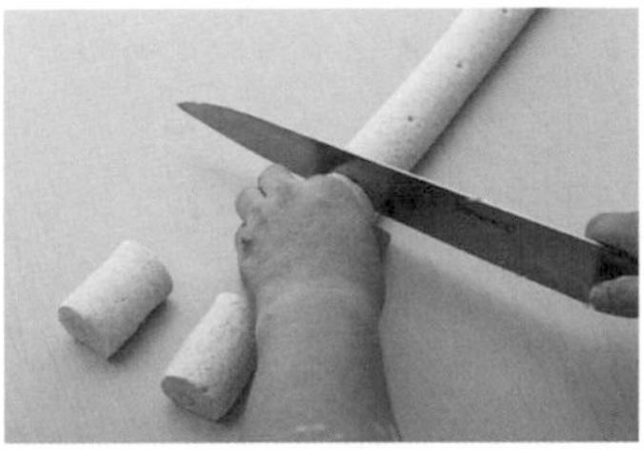

切成小塊。

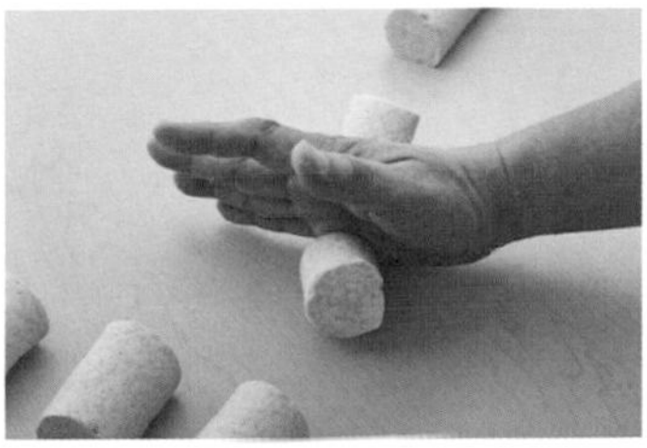

也可用手刀由中間滾切成兩塊。

4 發酵

整形後排列於墊紙的蒸盤或平盤上，發酵至體積增加1倍。

5 熟製

蒸籠或蒸箱先加熱至水沸騰，放入後用中小火蒸12±1分鐘。

POINT

- 胚芽的酵素活性，會影響麵糰品質，一定要經過熟化處理，可蒸熟再烤香，或者直接用150～170℃溫度烤香。
- 特別注意加水量及攪拌時間，胚芽比例達10%時最好吃。

雜糧饅頭

每種穀物所含有的營養成分各有特點，不同的糧食，營養價值也會不同，如小米富含色胺酸、胡蘿蔔素，豆類富含優質蛋白，高粱含有不飽和脂肪酸。現代人吃習慣精製米、麵，雜糧吃的太少，不符合膳食平衡的營養原則，多吃膳食纖維豐富的雜糧麵食，可以增加攝取膳食纖維的比例。雜糧口感粗糙，要作出好吃的雜糧饅頭，關鍵在於添加的比例要拿捏，宜少不宜多。雜糧饅頭用發酵麵糰製作，經壓延後分割整形成圓形，或者用刀切成長方饅頭，發酵後，再用蒸籠蒸熟的產品。

產品需具此特性：外表挺立、表面光滑、不起泡、不縮皺，內部組織均勻、有雜糧風味，具有適當的韌性與咀嚼感。

製作

數量：2 個

生重：每個約 90±5g

配料

麵糰（194g）

乾料：

- 中筋麵粉 100g
- 雜糧粉 30g
- 速溶酵母粉 2g
- 細砂糖 10g
- 素白油 2g

濕料：

- 冷水 50±5g

方法

1 攪拌

乾料混合加濕料，攪拌後用手揉成光滑的麵糰。

加入雜糧揉勻。

2 壓麵

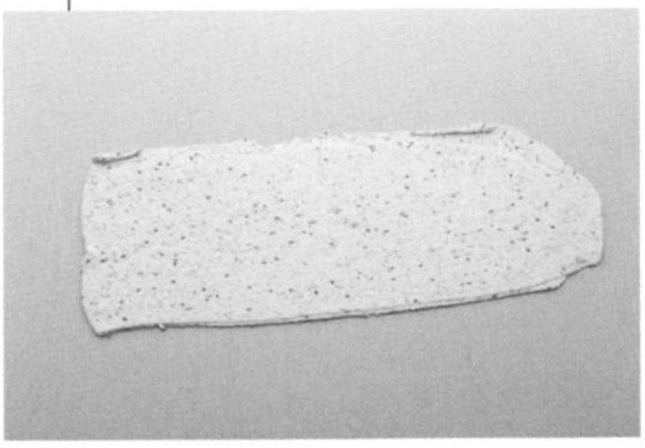

麵糰經反覆壓麵或擀壓成麵片。

3 整形

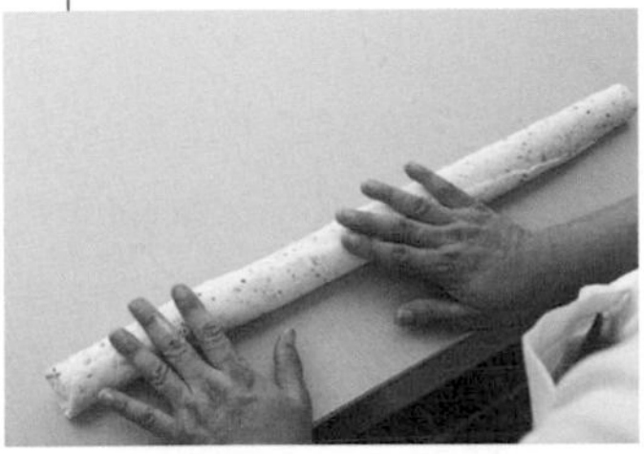

麵片捲成圓柱體。

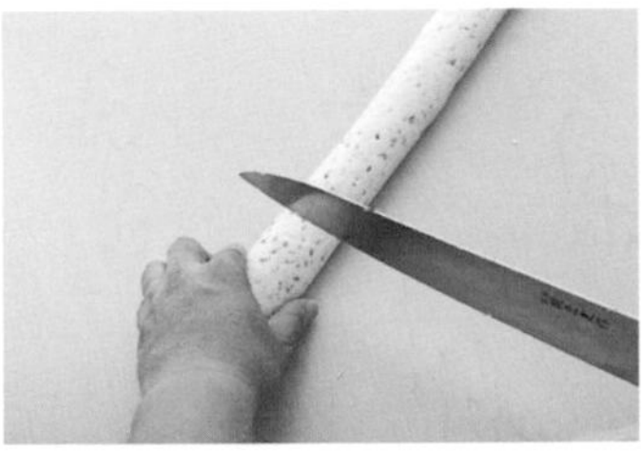

切成小塊。

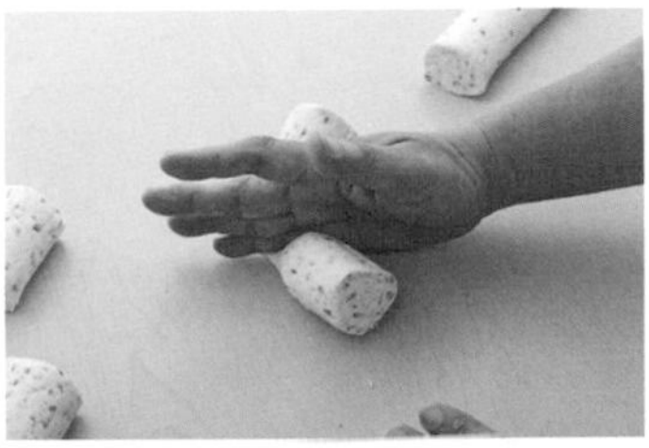

也可用手刀由中間滾切成兩塊。

4 發酵

整形後排列於墊紙的蒸盤或平盤上，發酵至體積增加1倍。

5 熟製

蒸籠或蒸箱先加熱至水沸騰，放入後用中小火蒸12±1分鐘。

POINT

- 可直接使用烘焙用的雜糧粉或用十穀米等雜糧，泡軟後加水蒸熟，冷卻後加入拌揉。
- 細砂糖可以改為紅糖，也可加少量炒熟黑芝麻，增添風味。
- 可以改用橄欖油，但組織較粗。

芋頭饅頭

芋頭又稱芋艿，是多年生草本植物芋的地下肉質球莖，為亞熱帶地區重要糧食作物。西漢已有芋頭的記載，蘇軾稱讚芋頭香甜，比喻為龍涎香。芋頭為澱粉類食物，可蒸或煮，質地鬆，並有特殊香味、口感細軟，綿甜香糯，營養價值高，又易於消化，是一種很好的鹼性食物。芋頭外皮因含刺激性成分，使人手部發癢，削皮避免直接接觸。芋頭饅頭用發酵麵糰製作，經壓延後分割整形成圓形，或刀切成長方饅頭，發酵後，再用蒸籠蒸熟的產品。

產品需具此特性：外表挺立、表面光滑、不起泡、不縮皺，內部組織均勻鬆軟、有濃郁的芋頭風味，具有適當的韌性與咀嚼感。

製作

數量：2 個

生重：每個約 90±5g

配料

麵糰（190g）

乾料：

- 中筋麵粉 100g
- 蒸熟芋頭 30g
- 速溶酵母粉 2g
- 細砂糖 6g
- 素白油 2g

濕料：

- 冷水 50±5g

方法

1 攪拌

乾料混合加濕料，攪拌後用手揉成光滑的麵糰。

加入蒸熟芋頭揉勻。

2 壓麵

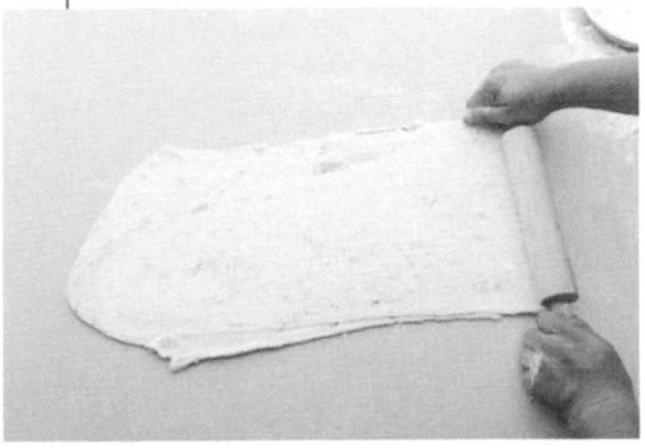

麵糰經反覆壓麵或擀壓成麵片。

3 整形

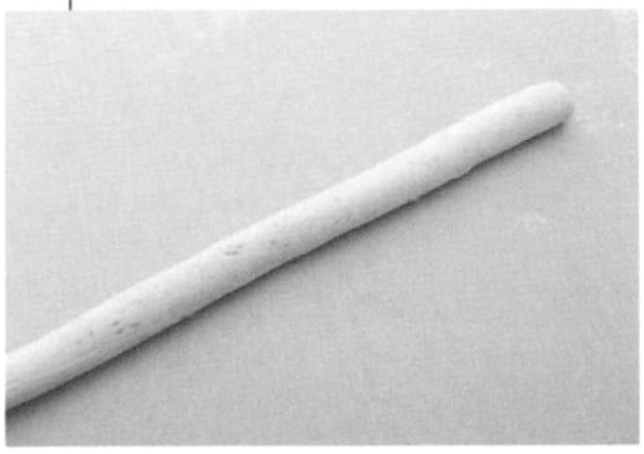

麵片捲成圓柱體。

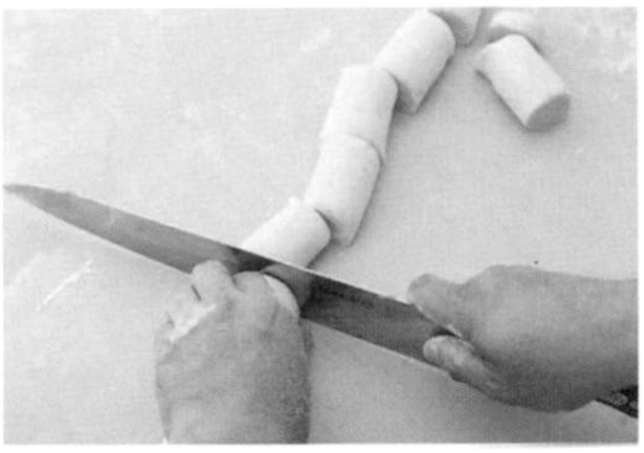

切成小塊。

4 發酵

整形後排列於墊紙的蒸盤或平盤上，發酵至體積增加1倍。

5 熟製

蒸籠或蒸箱先加熱至水沸騰，放入後，用中小火蒸12±1分鐘。

POINT

- 芋頭削皮後，銼成細絲或切成片狀，大火蒸熟，待麵糰攪拌光滑後，加入用慢速拌勻或用手拌入麵糰混勻即可。
- 若有需要，才添加少許芋泥香精。
- 可用南瓜、紅心甘藷、紫色山藥等澱粉類瓜薯替代，使用前需削皮或去籽，經蒸熟或壓泥後再加入攪拌。

南瓜饅頭

紅豆饅頭

紅豆是常見的食材，含有蛋白質、澱粉、食物纖維、多種無機鹽及微量元素。紅豆具有清熱解毒、利尿消腫等功效，自古以來備受關注，李時珍稱紅豆為「心之穀」，可見紅豆對身體的好處。

麵食業常使用豆沙餡、蜜紅豆及紅豆粒餡製成內餡或夾心，主原料都來自紅豆。紅豆饅頭用發酵麵糰製作，經壓延後的麵片，抹上一層紅豆餡，捲成圓柱形，分割整形成刀切饅頭，發酵後，再用蒸籠蒸熟。

產品需具此特性：外表挺立、表面光滑、不起泡、不縮皺，內部組織均勻、有紅豆的香味，具有適當的韌性與咀嚼感。

製作

數量：2 個

生重：每個約 100±5g

配料

① 麵糰（165g）

乾料：

- 中筋麵粉 100g
- 速溶酵母粉 2g
- 細砂糖 6g
- 素白油 2g

濕料：

- 冷水 55±5g

② 餡料

- 紅豆粒餡 50g

方法

1 | 攪拌

乾料混合加濕料，攪拌後用手揉成光滑的麵糰，鬆弛5±3分鐘。

2 | 壓麵

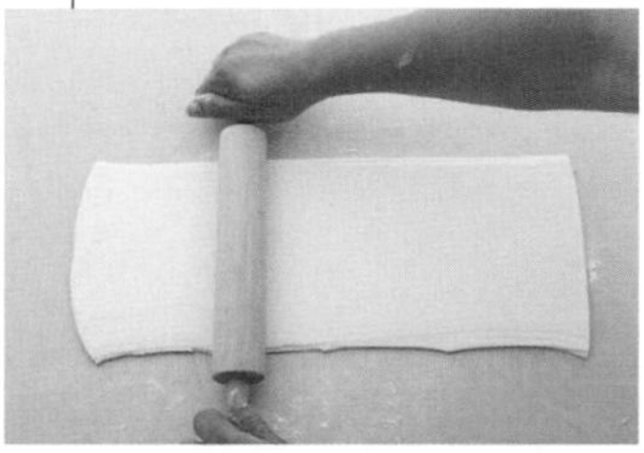

麵糰經反覆壓麵或擀壓成麵片。

紅豆粒餡均勻抹於麵片上。

3 | 整形

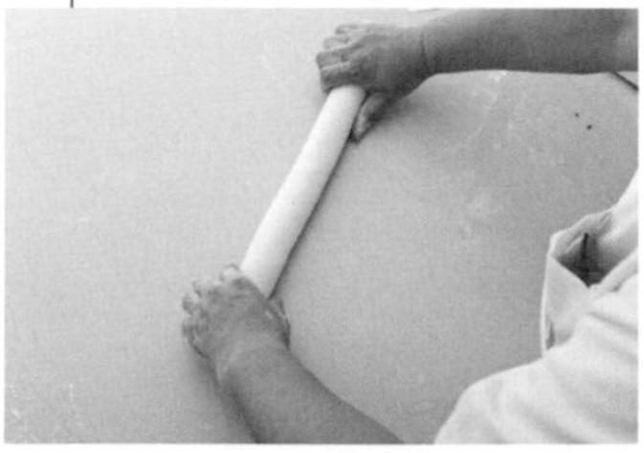

手法①：麵片捲成圓柱體。

切成小塊。

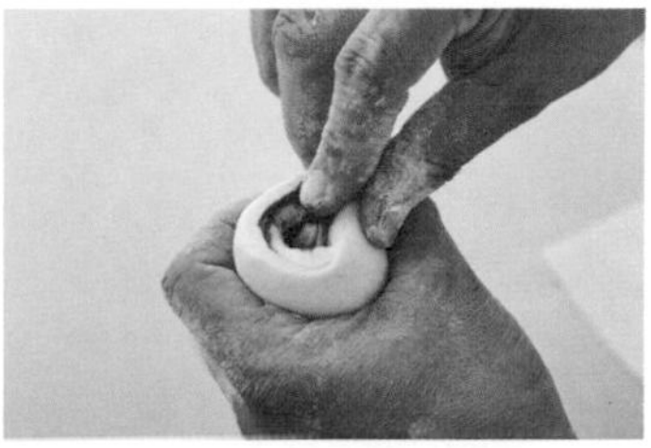

手法②：將麵塊一端用手抓捏。

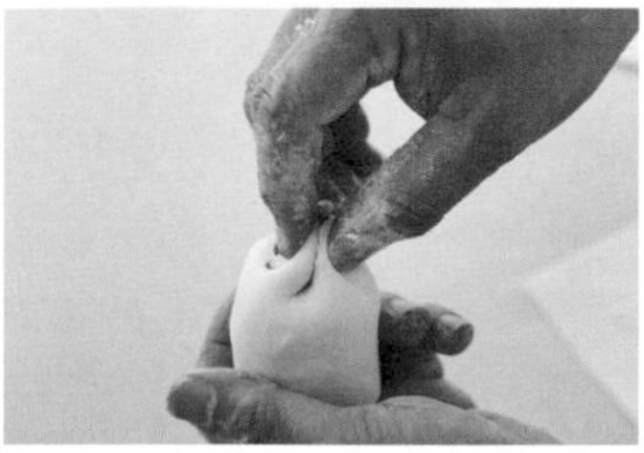

收緊。

抓捏的底部朝下，用手將花瓣撐開。

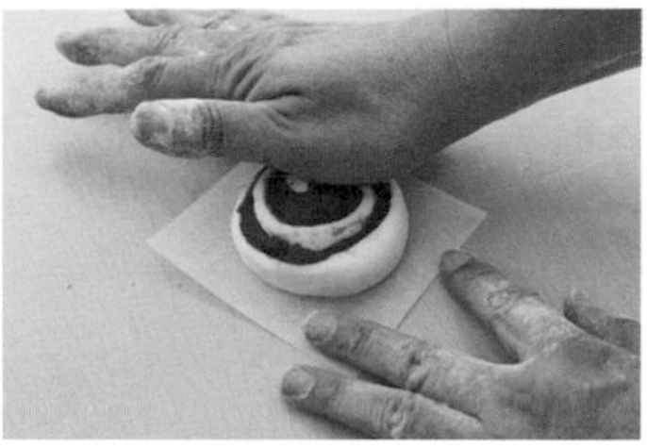

放在桌上按壓一下。

4 | 發酵

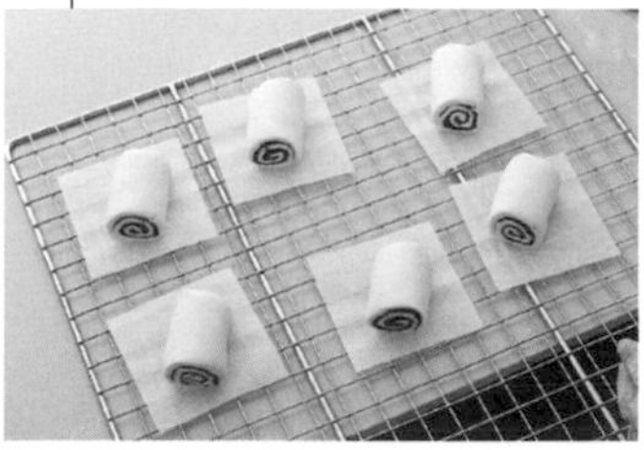

整形後排列於墊紙的蒸盤或平盤上，發酵至體積增加1倍。

5 | 熟製

蒸籠或蒸箱先加熱至水沸騰，放入後用中小火蒸9±1分鐘。

POINT

- 豆餡製作需要專業設備以及技術，建議使用市售產品。
- 蜜紅豆夾心會粒粒分明，但豆粒稍硬，紅豆粒餡是豆沙含有豆皮，餡料比較柔軟。

發酵麵食｜饅頭類

雙色饅頭

雙色饅頭是用一種麵糰分成兩半，一半是用小麥原色的白麵粉，另外一半麵糰加上不同顏色，如巧克力醬、可可粉、咖啡粉或紅糖、竹炭粉等，攪拌成有色的麵糰，再與白麵糰疊捲整形製成，產品有明顯的色層感。發酵麵糰攪拌後，分成兩塊麵糰，各別壓延成麵片，兩片相疊再擀薄，捲成圓柱形，壓延後經分割整形成圓形（圓球）饅頭，或刀切成長方饅頭，發酵後，再用蒸籠蒸熟。

產品需具此特性：外表挺立、表面光滑、大小一致、有明顯層次、不破皮、不起大泡、不縮皺、不得有裂口、無不正常斑點，內部切開後組織均勻、無鹼味及酸味等異味，具有適當的韌性與咀嚼感。

製作

數量：2 個

生重：每個約 80±5g

配料

麵糰（164g）

乾料：

- 中筋麵粉 80g
- 低筋麵粉 20g
- 速溶酵母粉 2g
- 細砂糖 8g
- 素白油 2g

濕料：

- 冷水 52±5g

＊調色用糖色或可可粉。

方法

1 攪拌

乾料混合加濕料，攪拌後用手揉成光滑的麵糰，鬆弛5±3分鐘。

2 壓麵

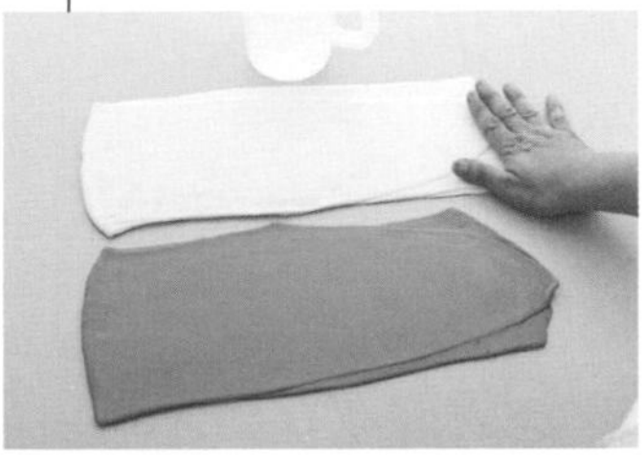

平分二塊，一塊白麵糰，另一塊加糖色揉成紅麵糰，個別擀壓成麵片。

3 整形

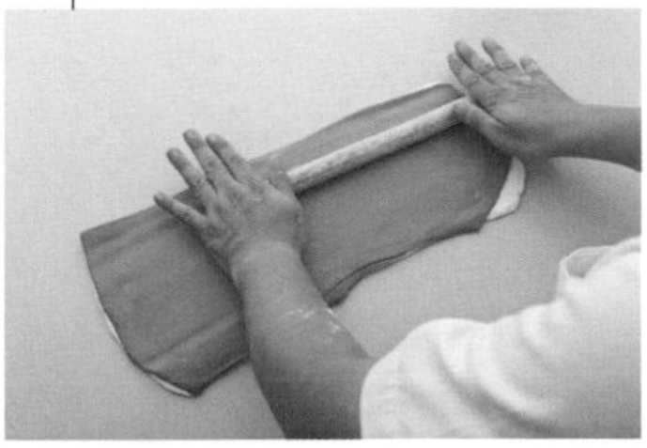

兩片相疊，再擀壓一次。

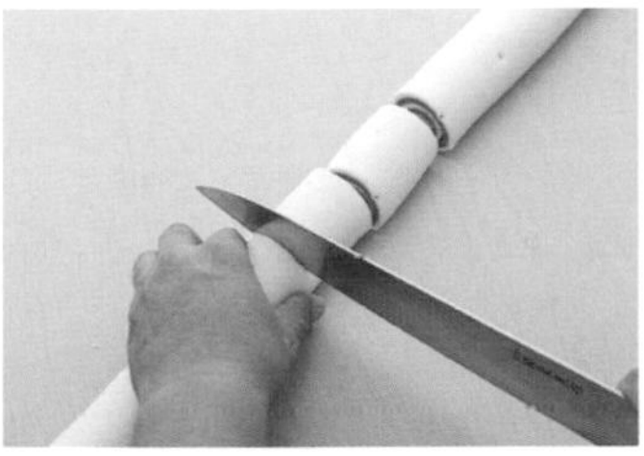

捲成圓柱體，切成小塊。

4 發酵

整形後排列於墊紙的蒸盤或平盤上，發酵至體積增加1倍。

5 熟製

蒸籠或蒸箱先加熱至水沸騰，放入後，用中小火蒸11±1分鐘。

POINT

- 通常攪拌後的麵糰已經開始發酵，不同時間的麵糰發酵程度不同，如果合併使用，饅頭組織與外形常出現不美觀現象；然而，如果先攪拌的麵糰事先冷藏，減慢發酵速度的話，則可以合併使用。
- 擀得薄一點，捲的圈數多，就會增加紋路，可以將切成塊的麵糰，以直、橫、斜、疊、捲等手法操作，就可以變化出不同的花樣。

變化①

變化②

花捲

花捲是藝術化的饅頭，將製作饅頭的麵糰整形成擰花、盤捲或帶花褶，就成為花捲了。由於捲入的輔料、摺捲的層次及花紋不同，因而形成口味、花式不同的各式花捲。

花捲是用發酵麵糰製作，經適當鬆弛後壓延成單一麵帶，夾入餡心後分割、不限花樣的整形，發酵後再用蒸籠蒸熟的產品。

產品需具此特性：外表挺立、表面光滑、花式一致、大小一致、不破皮、不起泡、不縮皺、不得有接合不良、無不正常之斑點，內部切開後的組織均勻、沒有鹼味及酸味等異味、具有適當的韌性與咀嚼感。

製作

數量：4 個

生重：每個約 50±5g

配料

① **麵糰**（169g）

乾料：

- 中筋麵粉 100g
- 速溶酵母粉 2g
- 細砂糖 10g
- 素白油 2g

濕料：

- 冷水 55±5g

② **夾心**（32g）

- 蔥花 20g
- 液體油 10g
- 鹽 1g

方法

1 壓麵

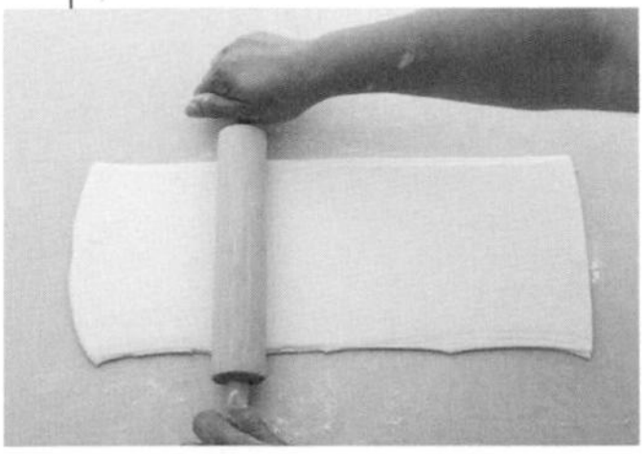

乾料混合加濕料，攪拌後用手揉成光滑的麵糰，鬆弛5±3分鐘，經反覆壓麵或擀壓成麵片。

2 整形

麵片刷油，抹鹽，撒蔥花、也可加點紅蘿蔔粒。

TIPS 蔥先加鹽、油調味，會出水，容易滑動，不好整形。

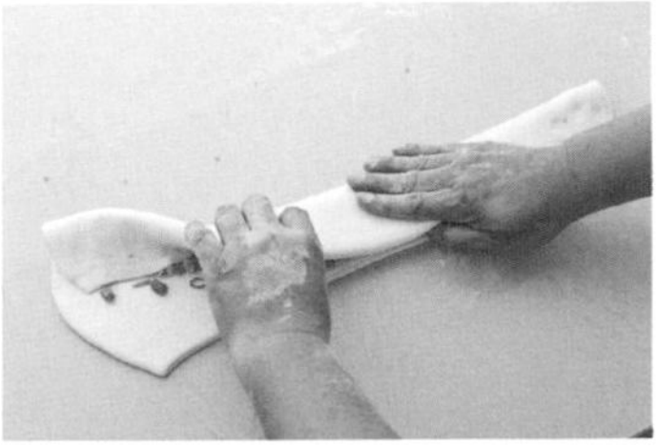

摺三摺，形成一長條。

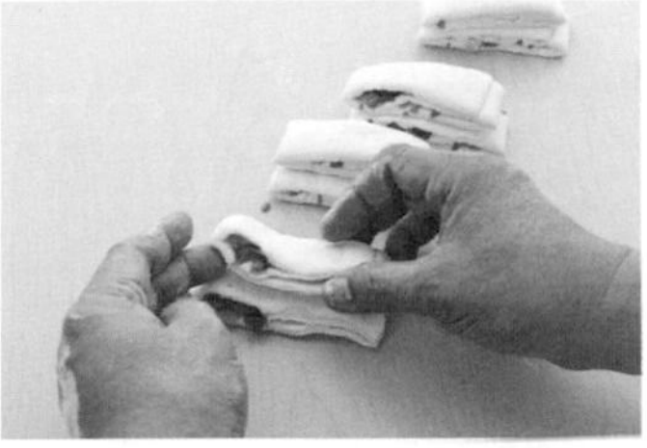

切成長2±1cm的小塊，每兩塊相疊。

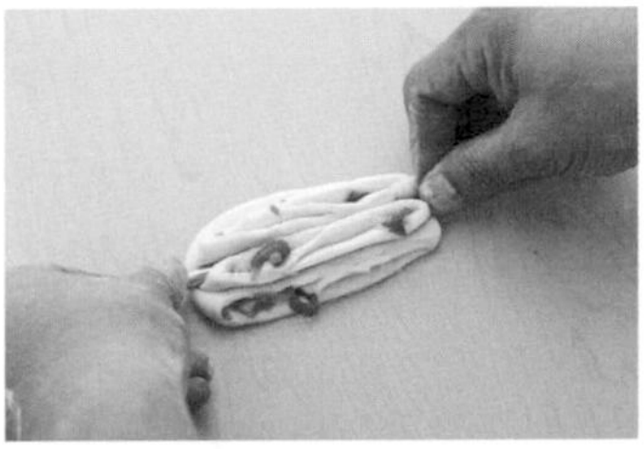

手法①：中間用筷子壓下。

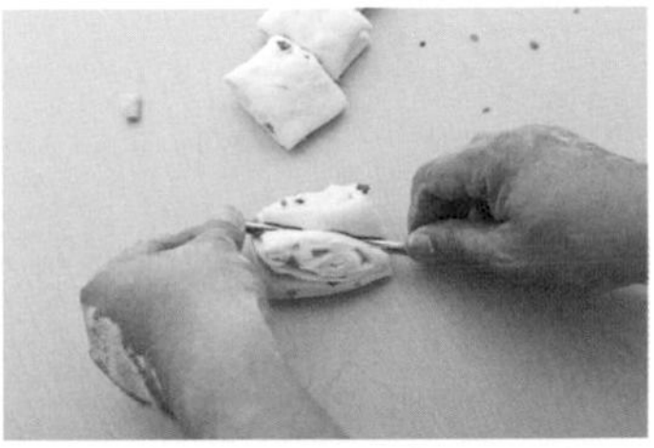

手法②：斜對角用筷子壓下。

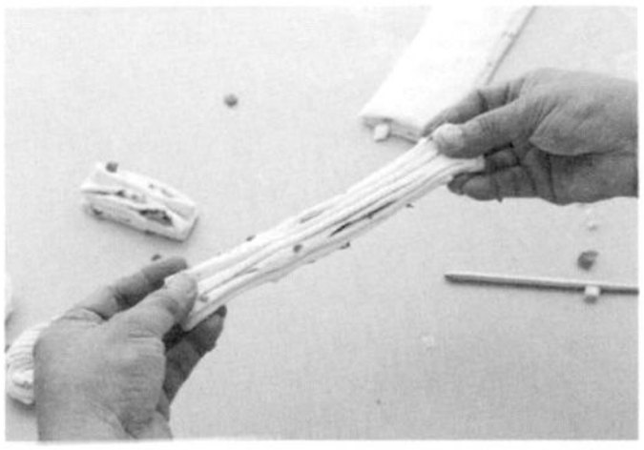

手法③：中間用筷子壓下，用手拉長。

雙手往反方向捲。

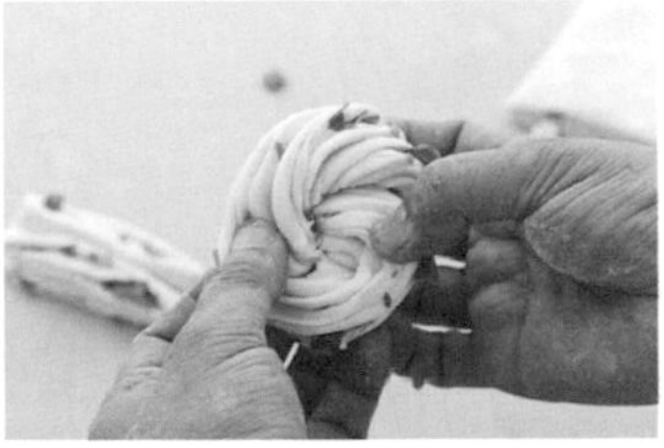

捲成類似圓形的麻花。

3 發酵、熟製

整形後排列於墊紙的蒸盤或平盤上，發酵至體積增加1倍。蒸籠或蒸箱先加熱至水沸騰，放入後用中小火蒸9±1分鐘。

TIPS 操作速度要快，發酵時間可酌量縮短，如果體積小，蒸的時間不可太長。

中點小百科 製作變化

①**烤花捲**：可以用烘烤方式熟製花捲。整形後的花捲，放入烤盤，刷蛋液，撒一些白芝麻，發酵後，放入烤箱，用200℃溫度烤熟。

②**炸花捲**：也可以用半煎炸方式熟製花捲。麵片不夾心，抹油捲起即可，切成小段沾白芝麻壓扁，發酵後蒸熟，食用時，用油以半煎炸的方式煎炸至金黃色。

銀絲捲（金絲捲）

銀絲捲因製作精細，麵內捲入潔白如銀的細麵絲而聞名，除蒸食外，還可入油鍋炸至色澤金黃，是宴會著名的點心。使用發酵麵糰製作，經適當鬆弛或發酵、以壓麵機進行壓延，分切為麵皮及麵絲，麵皮包入刷油的麵絲，生麵絲直徑需小於0.5cm，之後整成長條體，兩端麵絲不可外露，發酵後，再用蒸籠蒸熟的產品。

產品需具此特性：外表呈長條形、表面光滑細緻、式樣整齊、大小一致、麵皮包合處不得有開口、不破皮、不起泡、不縮皺、無不正常之斑點，蒸熟後麵絲需能完全分開、麵絲與麵皮間不得有大孔隙、沒有餿味及酸味等異味、有適當韌性與咀嚼感。

製作

數量：2 個
生重：每個約 80±5g
規格：長 8±1cm
比例：皮 1（40g）
絲 1（40g）

配料

① 麵糰（170g）

乾料：

- 中筋麵粉 100g
- 速溶酵母粉 2g
- 細砂糖 10g
- 素白油 2g

濕料：

- 冷水 56±5g

② 抹油

- 液體油 10g

方法

1 攪拌

乾料混合加濕料，攪拌後用手揉成光滑的麵糰，鬆弛5±3分鐘。

2 壓麵

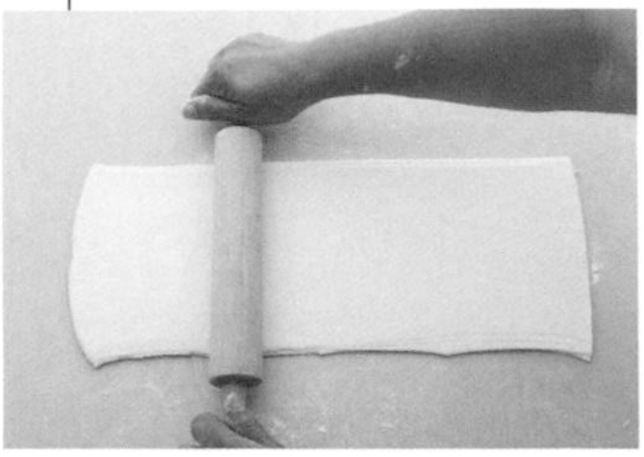

經反覆壓麵或擀壓成麵片。

3 整形

切成10±2cm x 12±2cm麵片，兩片一組。

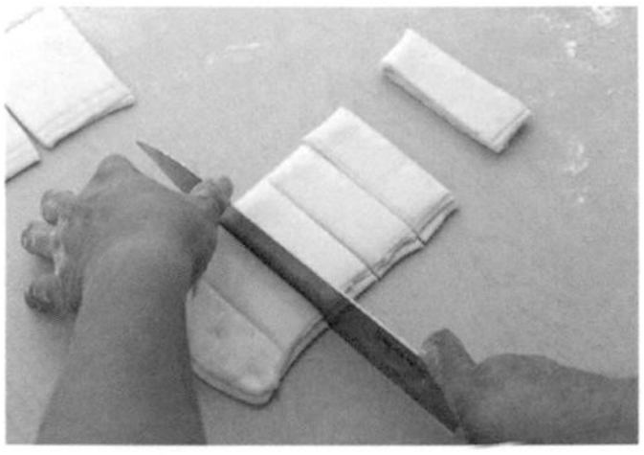

一片對摺。

→

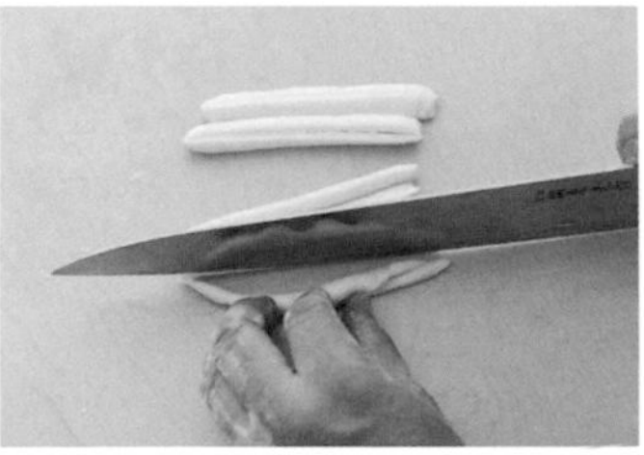

切麵絲。

→

抹油。

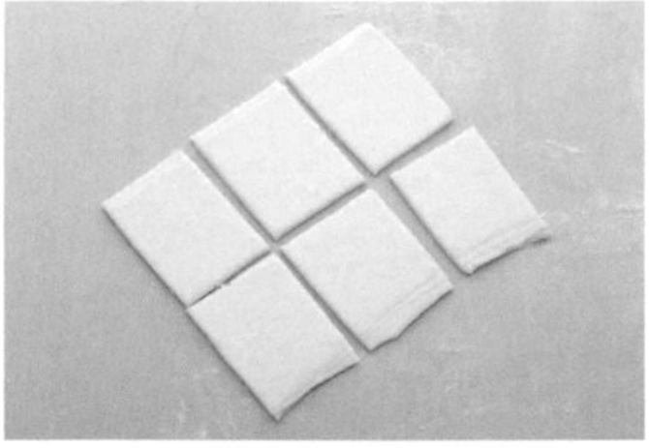

一片切成六小片作外皮。

→

兩邊擀薄，表面刷少許水。

→

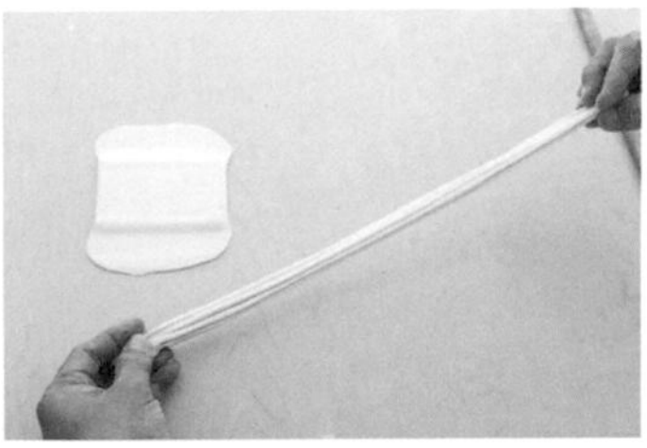

將抹油的細麵絲拉長。

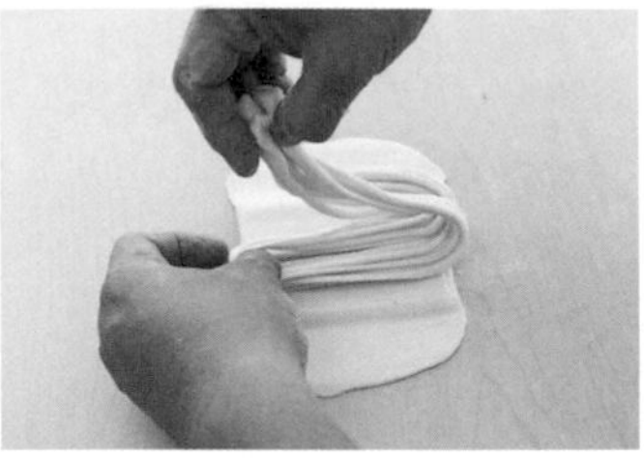

摺成麵皮長度。

→

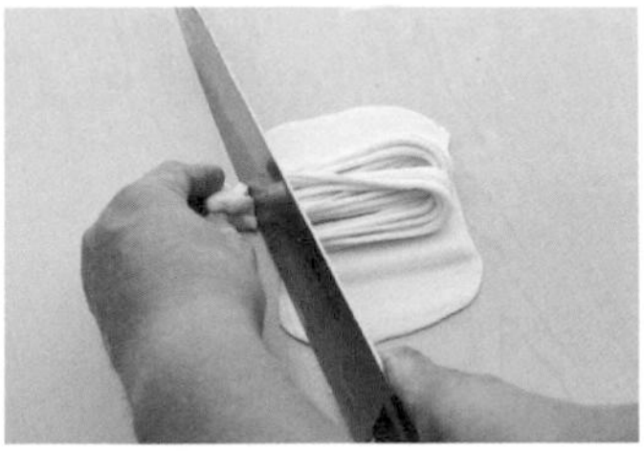

多出來的麵絲可切掉。

→

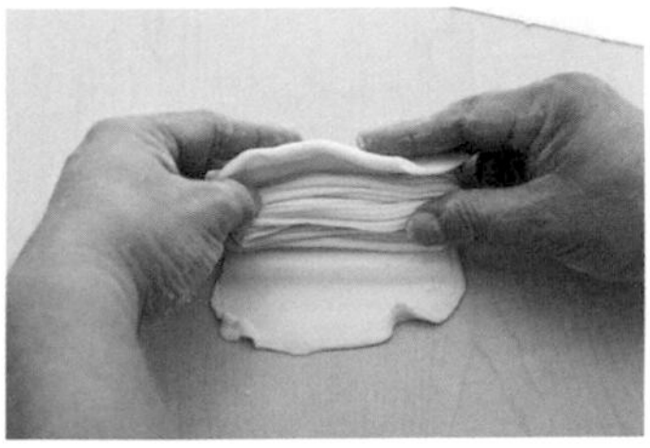

包好。

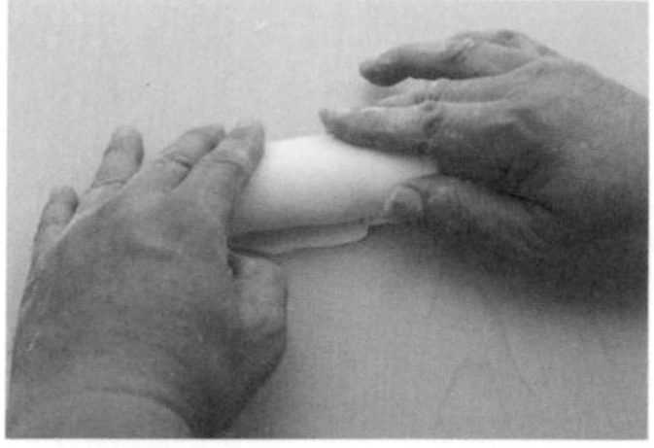

成圓柱形。

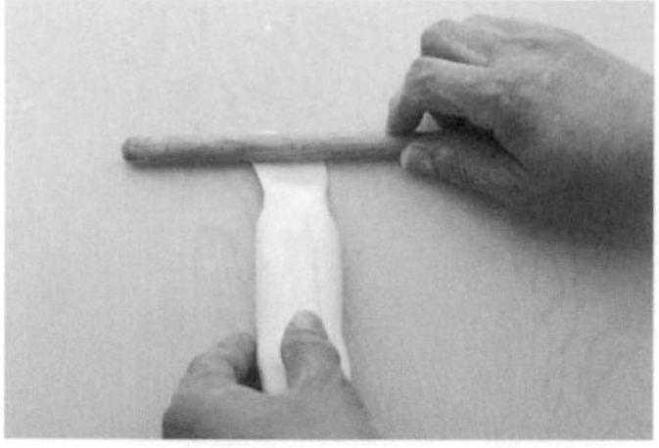

兩端壓薄，包緊。

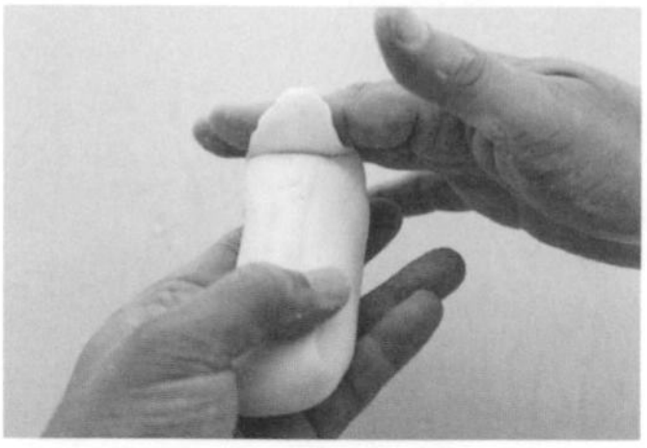

包緊。

4 發酵

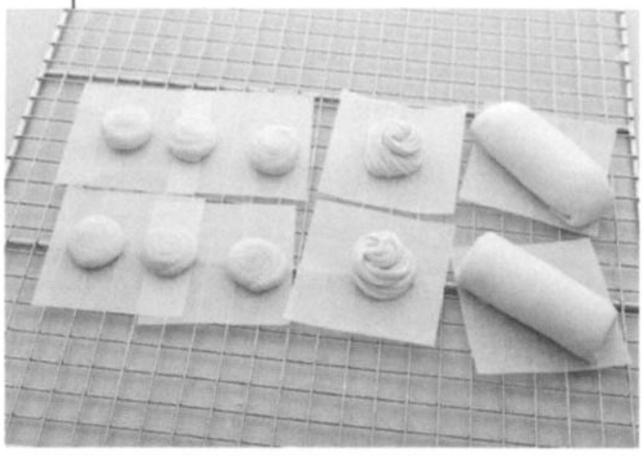

整形後排列於墊紙的蒸盤或平盤上，發酵至體積增加1倍。

5 熟製

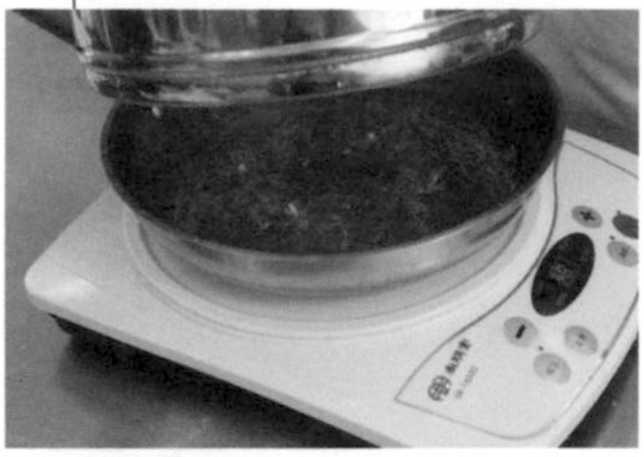

蒸籠或蒸箱先加熱至水沸騰，放入後用中小火蒸20±1分鐘。

POINT

- 麵絲要沾油，可撒點麵粉，麵絲才會分離。
- 銀絲捲回蒸，趁熱用160±10℃油炸至金黃色，比較不會吸油。
- 銀絲捲的麵絲是被包住的，外表看不出，吃的時候才看的到麵絲。金絲捲則是用麵絲纏繞，外表可看到麵絲，商業生產則是用裹油方式捲成圓柱，再切成小段，切面向上，蒸熟後中心會凸出成尖塔形，兩者都可油炸。
- 操作速度要快，發酵時間可酌量縮短，如果體積小，蒸的時間不可太長。

金絲捲

麵糰壓光滑，平放桌上，表面刷液體油。

切成細麵絲。

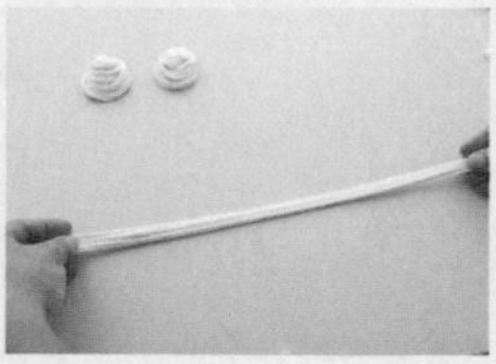

並用手拉長。

以手指盤捲成塔狀。

發酵麵食｜饅頭類

千層油糕

千層油糕為傳統名點，是用層層麵皮中間夾油酥，取其油潤及香味，表面撒點蜜桔皮或是蜜餞，可以增加果香與口感。蒸熟冷卻後，再切成菱形小塊，產品層次分明、層層糖油相間、綿軟、口感獨特、甜而不膩、香濃可口。

千層油糕使用發酵麵糰製作，經適當鬆弛或發酵，以壓麵機或桿麵棍進行壓擀成薄麵片，麵片抹入油酥後整成有層次的麵片，經整形與最後發酵後，以蒸籠蒸熟之產品。

產品需具此特性：外表呈菱形、光滑細緻、式樣整齊、大小一致、不破皮、不起泡、不縮皺，層次分明、沒有鹼味及酸味等異味、有適當韌性與咀嚼感。

製作

數量：1 片

生重：每片約 200±10g

規格：熟後切成 4±1cm 菱形小塊

比例：皮 4（160g）
夾 1（40g）

配料

① 麵糰（170g）

乾料：

- 中筋麵粉 100g
- 速溶酵母粉 2g
- 素白油 2g
- 細砂糖 10g
- 奶粉 1g

濕料：

- 冷水 56±5g

② 夾心（40g）

- 中筋麵粉 20g
- 液體油 20g

③ 表飾

- 綜合蜜餞 20g

方法

1 壓麵

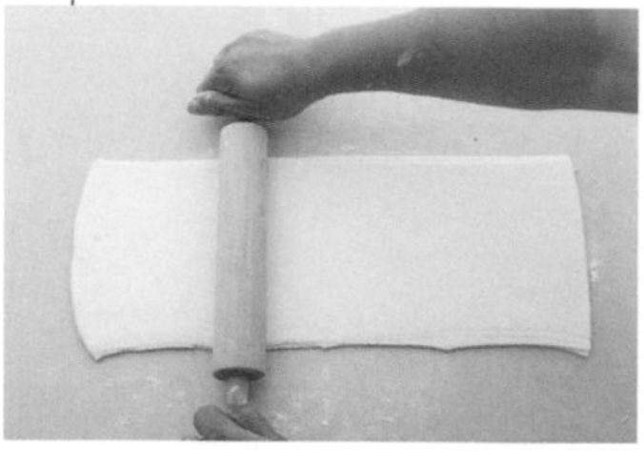

乾料混合加濕料，攪拌後揉成光滑的麵糰，鬆弛5±3分鐘，麵糰經反覆壓麵或擀壓成麵片。

2 整形

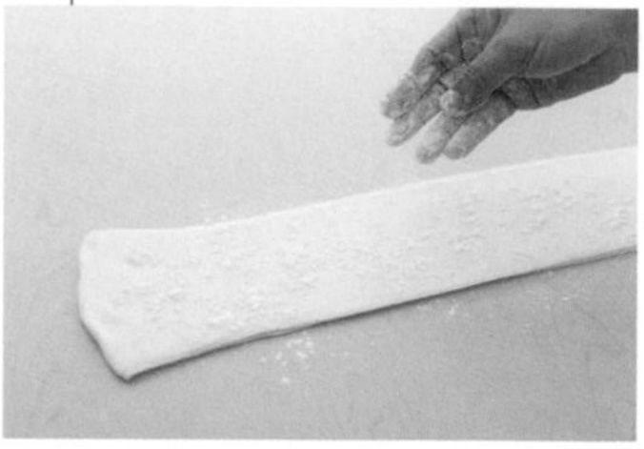

刷油，撒粉。

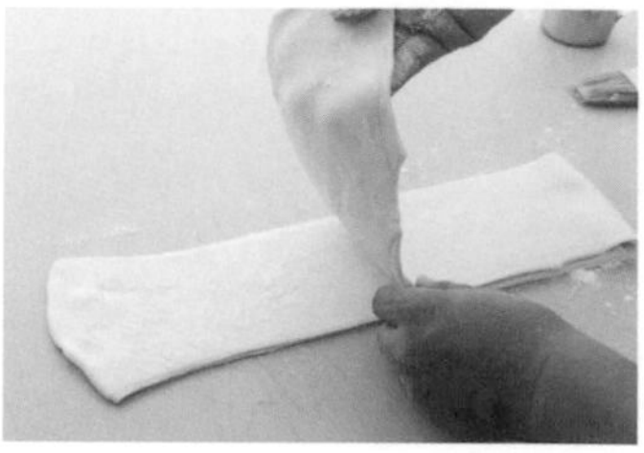

擀長，對摺，再刷油、撒粉、再擀長。

對摺，再刷油、撒粉。

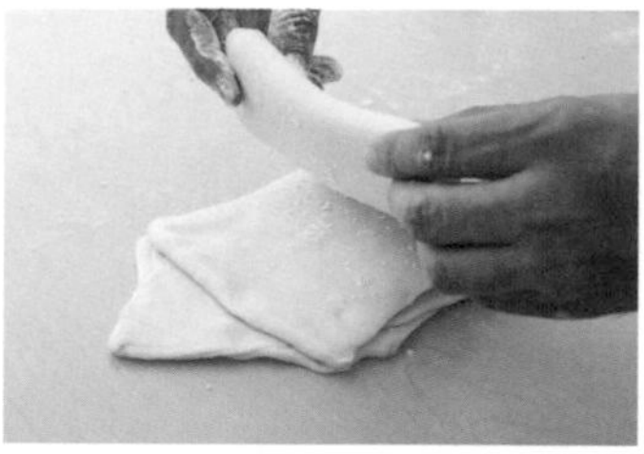

摺成正方形。

表面撒蜜餞，按壓一下。

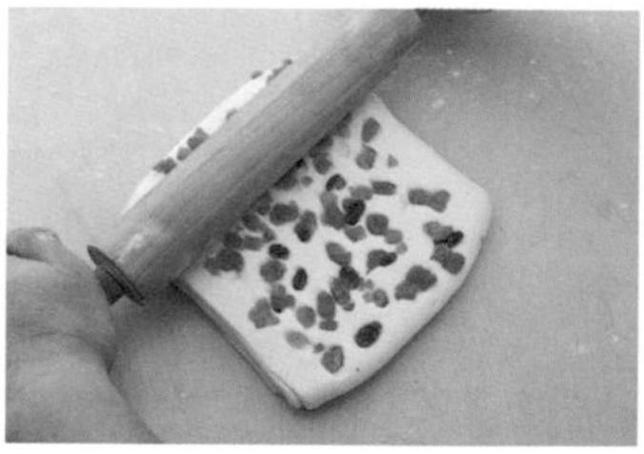

稍微擀平。

表面叉洞。

TIPS 可以預防表面鼓起，保持外形平整。

3 發酵

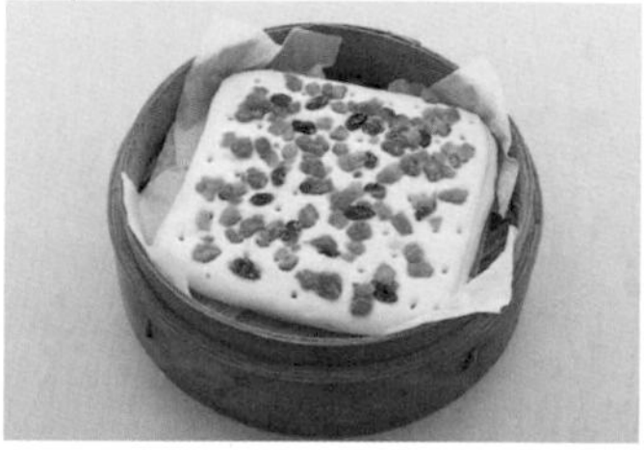

整形後放入墊紙的蒸盤或平盤上，發酵至體積增加1倍。

4 熟製

蒸籠或蒸箱先加熱至水沸騰，放入後用中小火蒸30±5分鐘。

POINT

- 每次摺擀後，一定要鬆弛，才不會收縮，一般用三摺，要摺3～4次。
- 是否有蒸熟，可用竹籤插入中心，測試到沒有生麵，也可以用手指輕按中間，有彈性代表熟了，若彈性差，還需再多蒸一點時間。

發酵麵食｜包子類

分類

包子是由饅頭演變來的，饅頭包餡就是包子，在長期發展過程中，由於消費者喜好、原料品質、加工方法的不同，形成了口感、風味及具有地方特色的包子，款式很多元。

包子是用發酵麵糰，切成小麵糰後，包入葷、素餡料的發酵麵食。餡料好壞會直接影響包子品質和口感，餡料是用各種葷、素原料調製而成，通常葷餡較多，素餡較少。常見的葷餡有鮮肉餡、菜肉餡，使用豬肉、羊肉、牛肉等紅肉，加入韭菜、韭黃、大白菜、高麗菜、芹菜等調製而成，由於餡料不同，製作時，應掌握原料性質、特點，採取不同的加工、調製方式，發揮每款包子的特色。

依餡心大小有所不同

有些地區，饅頭與包子沒有分別，包餡的稱肉饅頭，沒包餡的稱饅頭。至於包子規格，會依照麵糰的比例，區分為小籠包、中包、大包。餡料很多，可以分為鹹的菜、肉，或甜的豆沙、黑糖，常用的餡料有肉、芝麻、豆沙、菜等。下表是依照生產方式、形狀與餡料、熟製、口感、口味等分類。

製作

1. **攪拌或揉麵**：乾料混合加濕料，慢速攪拌或用手揉成光滑的麵糰，鬆弛5±3分鐘。
2. **壓麵**：麵糰經反覆壓麵或用桿麵棍摺疊擀壓成麵帶。
3. **整形**：
   - 機制：麵帶用機器直接包餡、成形。
   - 手工：刀切成小麵塊，擀成中間厚旁邊薄的麵皮，包餡後成形。
4. **發酵**：成形後直接排列在墊防黏紙的蒸盤或蒸籠內，用32±2℃發酵30±10分鐘。

生產方式	形狀與餡料	熟製方式	口感	口味
手工包子	葷餡：鮮肉、菜肉	蒸：肉包、菜包	韌性：北方包子	鹹味包子
機製包子	素餡：豆沙、素菜、花素	煎：生煎包	柔性：南方包子	甜味包子

5. **熟製**：蒸籠或蒸箱先加熱至水沸騰，放入後用中小火蒸12±2分鐘。
6. **成品**：冷卻後包裝，冷藏或冷凍皆可。

品評

品評項目		判斷標準
表面	高度	挺立，中間高度標準為5cm。
	色澤	白度，白或乳白的顏色良好，淺黃、黃、灰暗的顏色差。
	結構	表皮，光滑程度愈加者良好，皺縮、塌陷、有氣泡、凹點或燙斑顯示表皮不佳。
	形狀	形式，對稱、褶紋密者為佳，無紋或不對稱為差。
內部	結構	組織，氣孔細小均勻（差／太緊密、有大氣孔粗糙）。
	彈韌	熟度，回彈快、咬勁強（差／回彈弱、咬勁弱）。
	餡料	口感，爽口、不鬆散、不成硬糰、有油水（差／口味不佳）。
	氣味	風味，具麥香、餡香、無異味（差／有異味）。

品評

表面及內部是包子品評的項目，標準如下：

常見品質問題

包子應有良好風味、柔軟口感及光澤外表，如果出現不良狀態，就需予以改善。

■ **風味不良**

包子的風味來自麵皮與餡料，應具有麵香與餡料特殊鮮味，若有不良異味，可能是麵皮或餡料調製不當、麵糰發酵不好，或是產品變質出現問題，應根據實際情況予以調整。

■ **外表縮皺**

包子縮皺是蒸或復蒸時，表面出現縮皺，像燙麵、死麵的情況。防止縮皺應從原料、製作流程調整，其中包含原料的選用、攪拌或揉麵要夠、麵糰pH值要合適、發酵程度要合宜、皮餡比例、蒸製溫度與方法，以上都是解決包子縮皺的關鍵，其中又以皮餡比例影響最大，皮薄餡多，或餡料肥肉太多時，特別容易發生。

■ **表面不光滑**

包子表面要光滑且有光澤，無裂口、無氣泡、無明顯凹陷。出現裂口的原因，可能是水分過低、麵糰太硬無法捏合所致；會起泡是因為麵糰pH值過低、揉麵乾粉過多，麵糰太硬，或是麵糰發酵不足造成。

包子品嚐

包子以熱食為主，蒸好的包子稍涼，溫度約60～70℃，是最好食用階段，此時包子細密柔軟、富有彈性、咬勁強、內餡風味佳、爽口不黏牙；如果完全冷卻，會因澱粉老化，使得口感乾硬，很難做出正確評價。

Q&A

1. 包子要用那一種麵粉製作最理想？

A 做包子的方法很多，麵粉是關鍵，不能選擇筋度太高的麵粉，高筋麵粉比較不適用，中筋粉心麵粉最佳，也可以加入10～20%低筋麵粉，麵皮較柔軟。

2. 包子褶紋要如何操作才會漂亮？

A 麵糰要揉光滑，鬆弛時間不宜過長，麵皮壓麵的柔軟度要控制得宜，整形動作要快，麵皮不要發酵起來，褶紋與組織會呈現最佳狀態。

3. 包餡時，為何麵皮的中央要稍厚？

A 包餡時，麵皮需往上拉出褶紋，底不厚，易拉薄或破皮，會使餡料外露。

麵皮的中央要稍厚。

4. 如何製作出表皮光滑，不皺縮、不塌陷、沒有氣泡或燙斑的包子？

A 製作時的每一個步驟都必須到位，適合的麵粉、適當的水量、適當的壓麵、發酵與蒸製的時間掌控都是關鍵，成形後的包子就會挺立飽滿，不會縮皺、有氣泡，或燙斑出現。

5. 包子蒸製時，有何要訣？

A 包子蒸製時，量多用大火，量少用中大火或中小火，但最終溫度要達到98～100℃，才會蒸熟。另外，蒸器內需保持微壓狀態和氣體迴旋，可以保持蒸的溫度。使用密閉蒸器時，需保有氣體適量排出及蒸氣不斷進入狀態，但通入的蒸氣壓力不宜太高。蒸好後先關火，不要馬上開蓋或開門，因為熱氣瞬間從熱到冷，易讓包子出現縮皺現象。

6. 如何判斷包子是否蒸熟？

A 以下方式皆可以判斷：用手輕拍包子，有彈性即熟；手指腹輕按後，凹坑很快平復，代表熟了，凹陷不復原，表示還沒有蒸熟；聞到餡料香味或麵香味，就是熟了，否則未熟。

7. 使用竹蒸籠或不銹鋼蒸籠蒸包子，兩者之間有何差別？

A 竹蒸籠會透氣，因此蒸氣壓力較小，溫度較低；不銹鋼蒸籠因密合度較好，蒸氣壓力較大，溫度較高，又易滴水，包子易出現黃斑。蒸的火力與蒸氣散佈是關鍵，火太大，蓋子太密，或火太小，蒸氣不足時，易使包子蒸不好。

8. 蒸籠布與防黏紙時，哪一種材質較佳？

A 蒸籠布透氣性好，蒸熟後的包子底部較鬆軟，缺點是蒸籠布會乾，包子易沾黏在布上，需注意衛生；蒸烤紙是蠟紙，防黏性好，乾淨衛生，但透氣性稍差，蒸熟後的包子底部較平滑緊密。

9. 包子的餡料可以打水嗎？

A 可以適量加一些清水，讓肉吸收水分，但不宜加太多的水，以免餡料太稀不好包，蒸熟的包子底部會有濕爛的感覺。灌湯包的餡會多汁，源自於麵皮較緊密，吸水較慢的關係。

發酵麵食｜包子類

肉包

三國時期已經流行用包子和饅頭做乾糧，是基本主食，最初是有包餡，後因糧荒，就用純麵製作包子，發展到後來，北方稱無餡的乾糧為饅頭，有餡的乾糧為包子。

無論有餡或無餡，包子能夠成為麵食的代表，與三國的諸葛亮有著密切關係。諸葛亮率軍進軍西南，橫渡瀘水時，士兵出現了致死疾病，諸葛亮下令將不同肉類混合在一起，剁成肉泥，包入麵糰裏，做成人頭形狀，蒸熟了給士兵食用，逐漸在士兵之間傳開了，說人頭形的「饅頭」可以避瘟邪。由於諸葛亮發明的肉餡饅頭深入市井小民的生活中，最後演變成「饅頭裏裝X餡」的食物，像是梅乾菜包、素菜包、壽桃包、蘿蔔絲包、生煎包等都是典型代表。

肉包是用發酵麵，經適當鬆弛或發酵後，用擀壓方式進行壓延後，分割包餡，整形成圓形或麥穗形，再經發酵蒸熟之產品。

產品需具此特性：外表光滑細緻、捏合處不得開口、餡不可外露、大小一致、不可起泡、不縮皺、無不正常斑點，內部組織均勻、無異味、具適當的韌性與咀嚼感、且風味口感良好。

製作

數量：4 個

生重：每個 60±2g

比例：皮 2（40g）　餡 1（20g）

> **調製**：主料拌至有黏性，加入配料拌勻，加調味拌勻，冷藏。

配料

① 麵皮（170g）

乾料：

- 中筋麵粉 80g
- 低筋麵粉 20g
- 速溶酵母粉 2g
- 細砂糖 10g
- 素白油 2g

濕料：

- 手工用冷水 55±5g
- 機製用 50±5g

② 五香內餡（92g）

主料：

- 碎豬肉 60g
- 鹽 1g

配料：

- 蔥花 15g

調味：

- 醬油 2g
- 細砂糖 2g
- 香麻油 2g
- 液體油 4g
- 水 4g
- 五香粉 1g
- 胡椒粉 1g

③ 蛋黃內餡（114g）

主料：

- 碎豬肉 30g
- 鹽 1g

配料：

- 蔥花 15g
- 脫水大白菜 30g
- 鹹蛋黃 2 個（30g）

調味：

- 醬油 2g
- 細砂糖 2g
- 香麻油 2g
- 液體油 2g

方法

1 攪拌

乾料混合加濕料，攪拌後用手揉成光滑的麵糰，鬆弛5±3分鐘。

2 壓麵

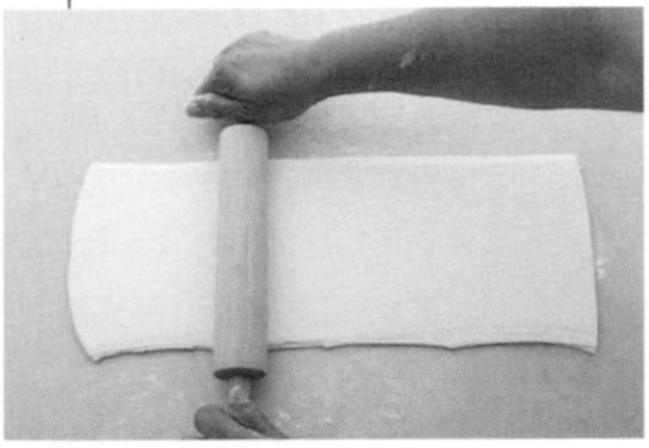

用桿麵棍摺疊擀壓。

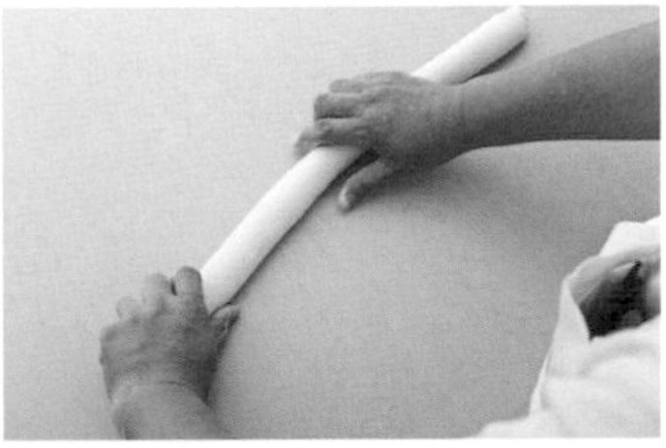

捲成圓柱形。

3 整形

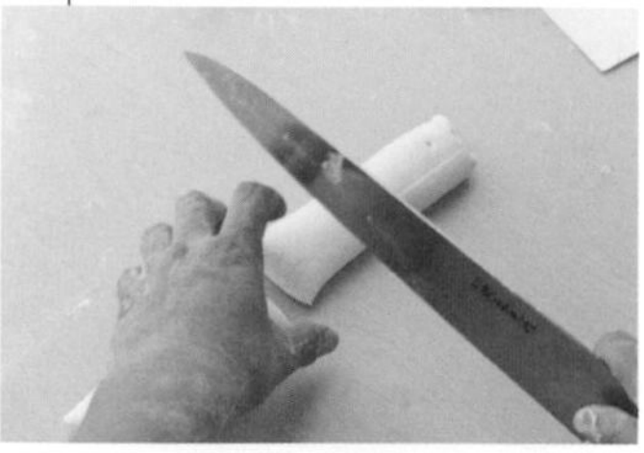

用刀切成40±2g小麵塊。

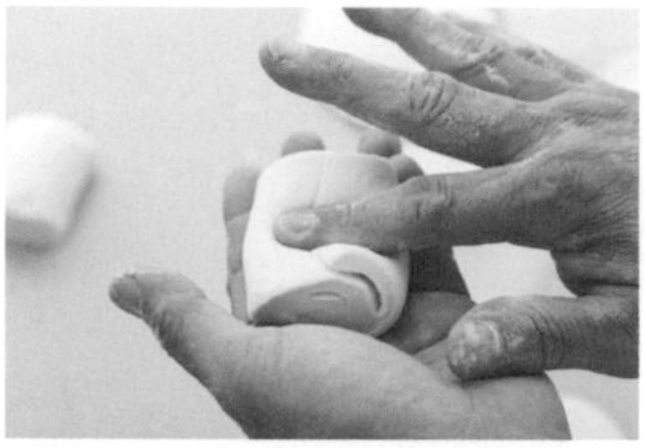

食指按壓小麵塊中間。

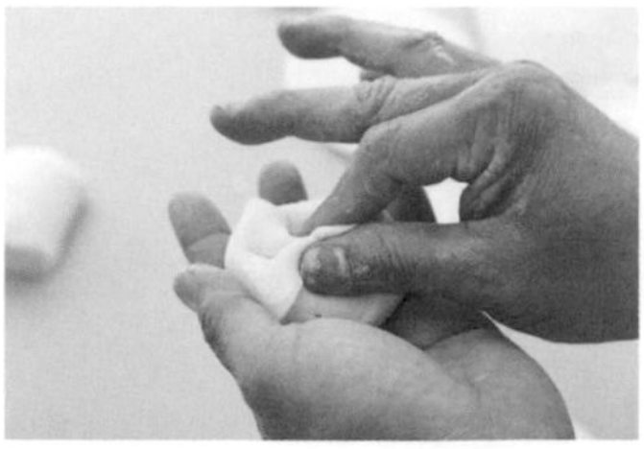

將兩端捏近。

中間處抓捏。

收口朝下。

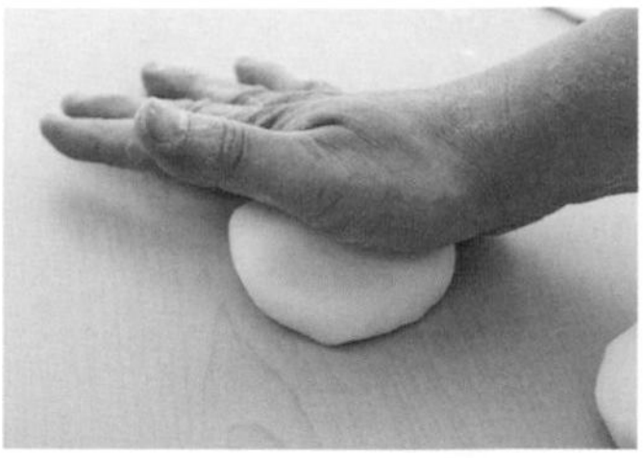

按壓。

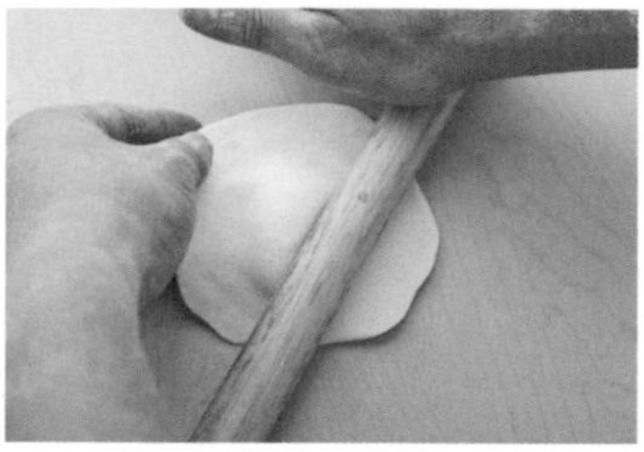

擀成中間厚，旁邊薄的麵皮。

收口朝上，包餡。

用手捏褶成圓形。

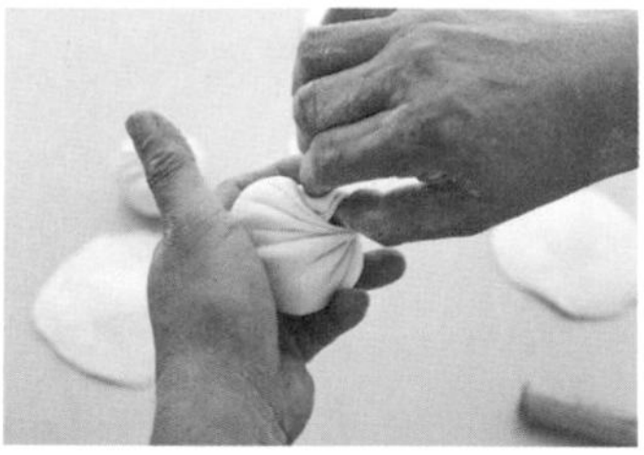

4 發酵

直接排列於墊防黏紙的蒸盤或蒸籠內，用32±2℃發酵至體積增加1倍。

5 熟製

蒸籠或蒸箱先加熱至水沸騰，放入後用中大火蒸12±2分鐘。

POINT

- 打開蒸籠蓋子後，目視包子鼓脹，皮有光澤，或用手指腹輕按包子表面，有彈性，有肉餡香味，就是蒸熟了。

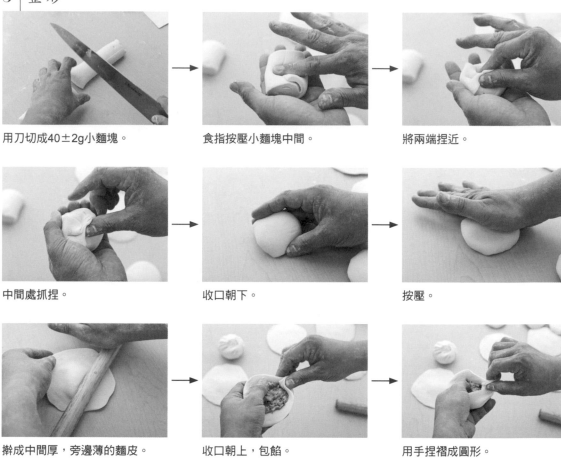

發酵麵食｜包子類

麥穗包

包子最早出現在魏、晉時期，原名叫「饅頭」。晉代《餅賦》中說的曼頭其實就是包子。至於「包子」名稱，則始於宋代。陸遊《籠餅》一詩的注釋為：「蜀中雜彘（即豬）肉作巢（即餡）的饅頭，佳甚，唐人止謂饅頭為籠餅。」由此可證，四川地區用豬肉做饅頭已頗負盛名，連詩人都作詩記錄。

北宋《清異錄》中，有記載食舖中賣包子的文字、《夢梁錄》記載包子的內容，是根據餡心命名，有水晶包、筍肉包等，至於《居家必用事類全集》對於包子的描述，則有豬肉餡、蟹黃餡、菜餡等，風味各具特色。

包子餡料歷經時代變遷，為了符合現代人生活的步調，除了傳統鮮肉餡料外，還開發出各式各樣的包子，種類之多，可用琳瑯滿目形容，如蛋黃肉包、芋泥包、素菜包、筍肉包、雪菜肉包等，包子已從最早的飽腹乾糧成為滿足味蕾的中式美味。

麥穗包是用發酵麵，經適當之鬆弛或發酵後用擀壓方式進行壓延後，分割包餡整形成麥穗形，再經發酵蒸熟之產品。

產品需具此特性：外表光滑細緻、捏合處不得開口、餡不可外露、大小一致、不可起泡、不縮皺、無不正常斑點，內部組織均勻、無異味、具適當的韌性與咀嚼感、且風味口感良好。

製作

數量：4 個

生重：每個 60±2g

比例：皮 2（40g）　餡 1（20g）

配料

① 麵皮（165g）

乾料：

- 中筋麵粉 80g
- 低筋麵粉 20g
- 速溶酵母粉 2g
- 細砂糖 6g
- 素白油 2g

濕料：

- 手工用冷水 55±5g
- 機製用 50±5g

② 菜肉餡（90g）

主料：

- 碎豬肉 40g
- 鹽 1g

配料：

- 蔥花 10g
- 脫水大白菜 30g

調味：

- 醬油 2g
- 細砂糖 3g
- 香麻油 2g
- 液體油 2g

③ 花素餡（90g）

主料：

- 小方豆干 20g
- 碎蝦米 5g
- 煎熟碎蛋 20g

配料：

- 蔥花 5g
- 薑末 3g
- 脫水青江菜 20g

調味：

- 醬油 1g
- 細砂糖 1g
- 細鹽 1g
- 香麻油 2g
- 味精 1g
- 液體油 5g
- 水 10g
- 胡椒粉 1g

調製：主料拌至有黏性或拌勻，加入配料拌勻，加入調味拌勻後冷藏。

方法

1 攪拌

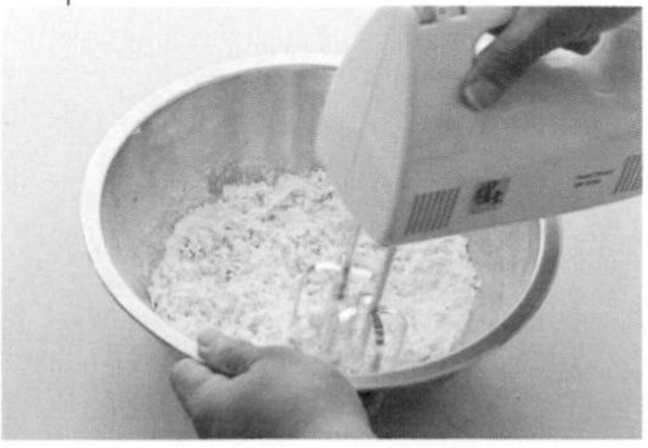

乾料混合加濕料，攪拌後用手揉成光滑的麵糰，鬆弛5±3分鐘。

2 壓麵

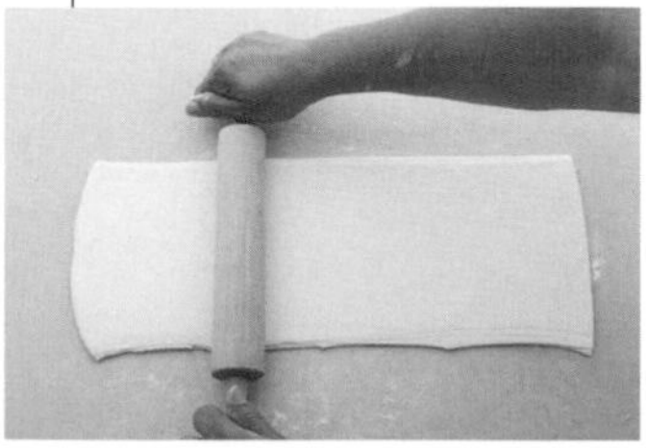

用桿麵棍摺疊擀壓。

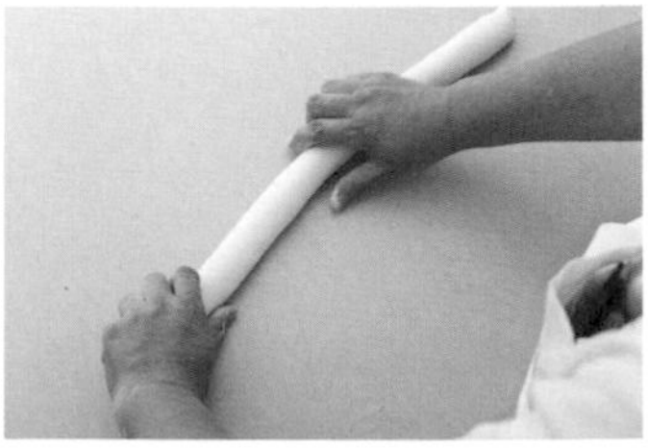

捲成圓柱形。

3 整形

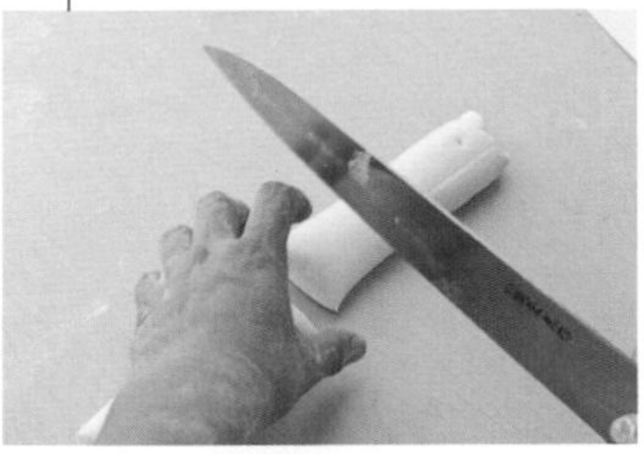

用刀切成小麵塊。

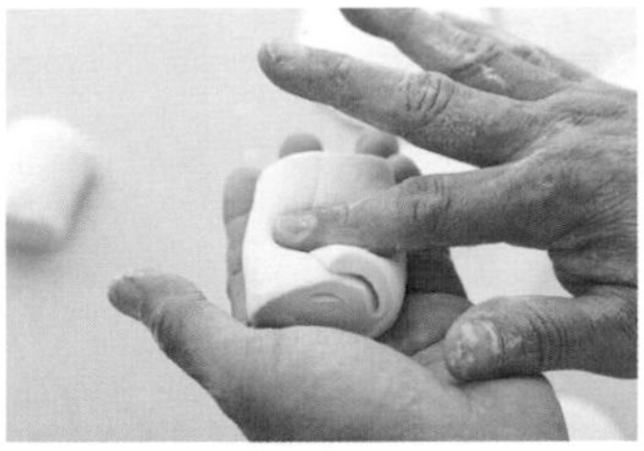

食指按壓小麵塊中間。

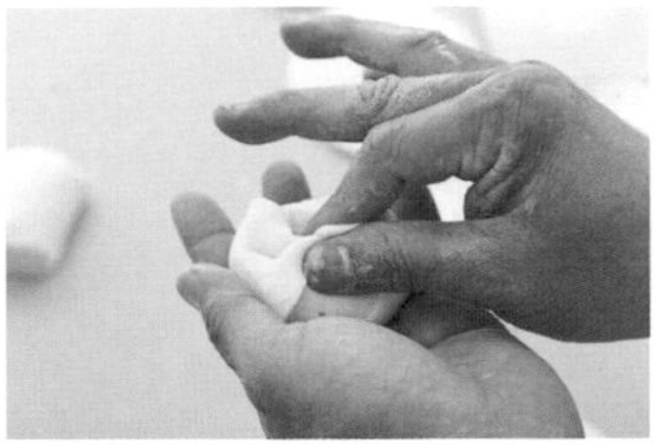

將兩端捏近。

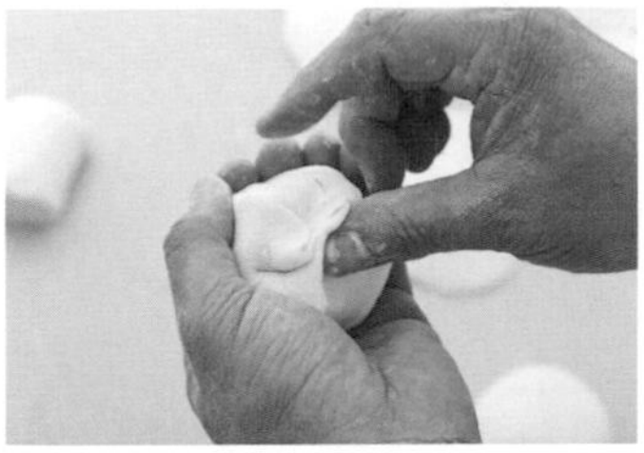

中間處抓捏。

收口朝下。

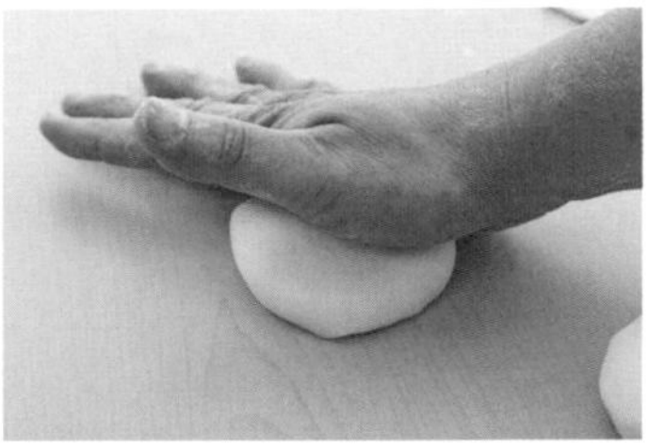

按壓。

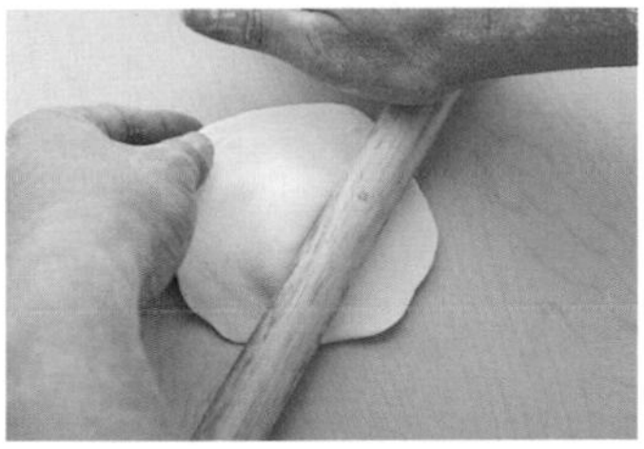

擀成中間厚，旁邊薄的麵皮。

收口朝上，包餡。

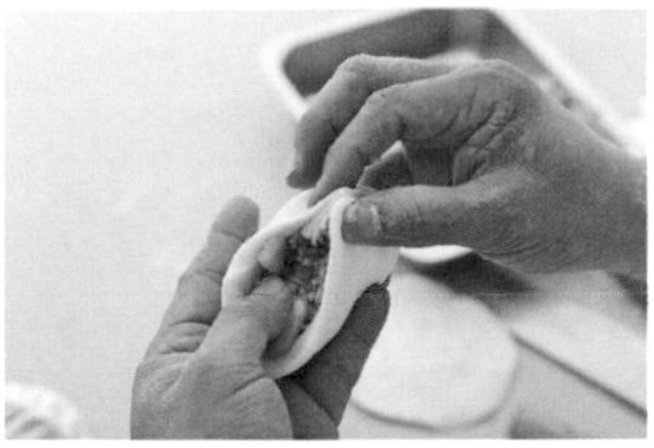

用手捏褶。

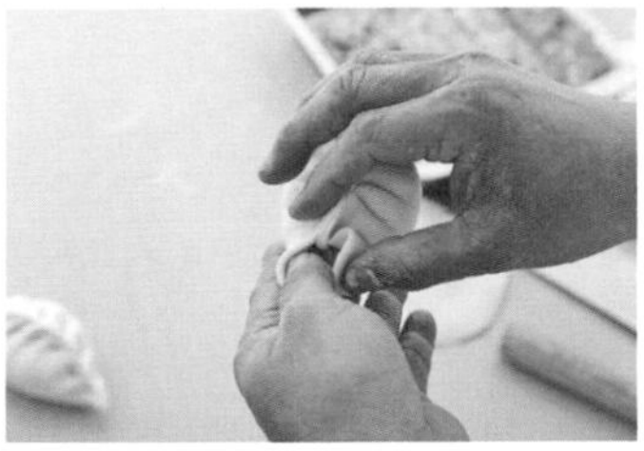

成麥穗形。

4 發酵

用32±2℃發酵至體積增加1倍。

5 熟製

蒸籠或蒸箱先加熱至水沸騰，放入後用中大火蒸12±2分鐘。

POINT

- 花素餡中的青江菜洗淨後，用熱水汆燙，冷卻切碎擠乾水分，會剩下55±5%的份量。
- 花素餡沒有肉餡的黏性，可以加少量的芡汁拌勻，芡汁作法是用10g樹薯澱粉，加入100g的水，拌勻後煮至透明。

發酵麵食｜包子類

發麵小籠包

小籠包源自上海，因體積小，用小蒸籠蒸製而得名，又因起源於南翔鎮，故有「南翔小籠包」之稱。小籠包通常以新鮮豬腿肉為餡料，包餡時，要注意皮的摺紋。小籠包是採用發酵麵，經適當鬆弛或發酵，分割包餡整形成圓形，需要有12道以上摺紋，再經最後發酵蒸熟之產品。

產品需具此特性：外表挺立、表面光滑、式樣整齊、大小一致、底部或表面不可破皮、不起泡、不縮皺、捏合處不得開口、餡不外露、沒有不正常斑點，沒有異味、具有適當的韌性與咀嚼感、風味口感良好。

製作

數量：8 個

生重：每個 35±2g

比例：皮 4（20g）

餡 3（15g）

配料

① 麵皮（164g）

乾料：

- 中筋麵粉 100g
- 速溶酵母粉 2g
- 細砂糖 6g
- 素白油 1g

濕料：

- 手工用冷水 55±5g
- 機製用 50±5g

② 內餡（120g）

主料：

- 碎豬肉 80g
- 鹽 1g

配料：

- 蔥花 20g
- 薑末 5g

調味：

- 醬油 2g
- 細砂糖 2g
- 香麻油 4g
- 液體油 5g
- 白胡椒粉 1g

調製：主料拌至有黏性或拌勻，加入配料拌勻，加入調味拌勻後冷藏。

方法

1 | 攪拌

乾料混合加濕料，攪拌後用手揉成光滑的麵糰，鬆弛5±3分鐘。

2 | 壓麵

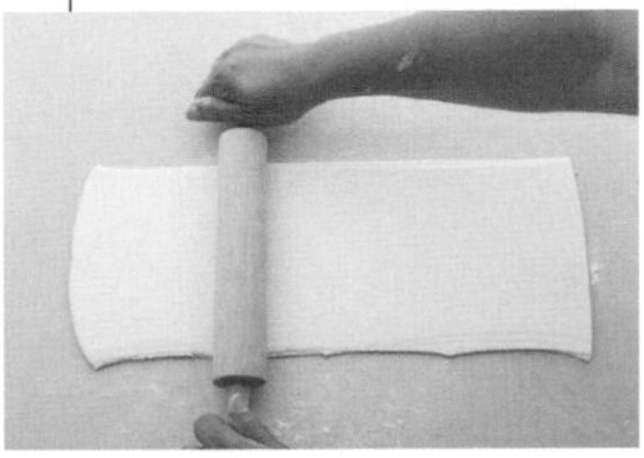

用桿麵棍摺疊擀壓。

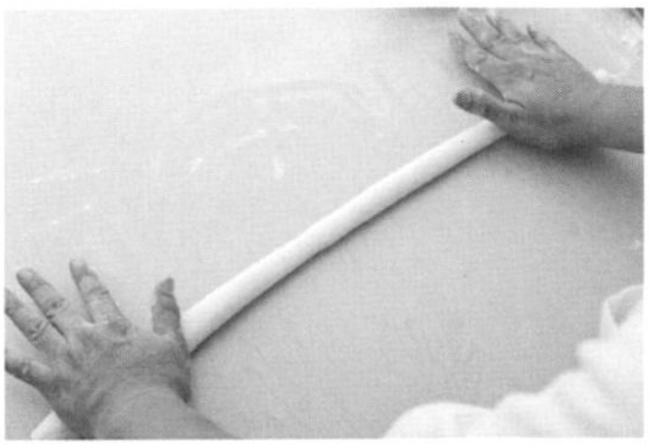

捲成圓柱形。

3 | 整形

用滾刀手法切成小麵塊。

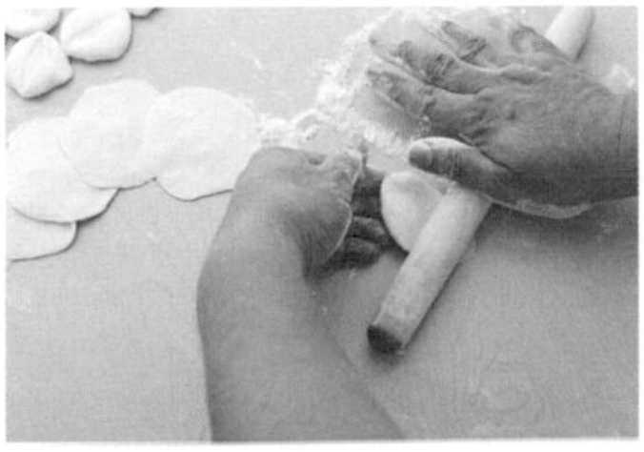

擀成中間厚旁邊薄的麵皮。

收口朝上，包餡。

用手捏褶花紋成圓形。

4 | 發酵

排列於墊防黏紙的蒸盤或蒸籠內，用32±3℃發酵至體積增加1倍。

5 | 熟製

蒸籠或蒸箱先加熱至水沸騰，放入後用中大火蒸10±2分鐘。

POINT

- 麵糰要揉光滑，鬆弛時間不宜過長，麵皮要柔軟有彈性，整形動作要快，麵皮不要發酵起來，褶紋與組織會較佳。
- 小籠包（發麵）可以打水，但麵皮的糖、油要少加，因為柔性材料多的麵皮柔軟容易吸水，麵皮蒸熟會軟爛。

發酵麵食｜包子類

叉燒包

叉燒包是廣東具代表性的點心之一，是廣式早茶的四大天王，以切成小塊的叉燒肉，加入蠔油等調味成為餡料，外面以麵皮包裹，蒸熟後，表面會裂開而露出叉燒餡料，滲出陣陣叉燒的香味。傳統叉燒包有一標準口訣：「高身雀籠型，爆口微露餡」。叉燒肉是廣東燒味，將肥瘦適中的豬肉浸泡在叉燒汁內，以叉子叉肉放在火上燒烤而成，切丁加入調製好的叉燒醬製成的餡料，口感軟嫩多汁、色澤鮮明、香味四溢。叉燒包是以發酵麵，經適當發酵後，分割成適當大小的麵糰，包入叉燒餡成形後，用蒸籠或蒸箱蒸熟之產品。

產品需具此特性：外表需有三瓣或以上自然裂口、光滑細緻、大小一致、捏合處不得開口、可起泡、縮皺及不正常斑點、叉燒汁液不可外流，內部組織細緻、無鹼味、有適當韌性、風味口感良好。

製作

數量：4 個
生重：每個 60±2g
比例：皮 2（40g）
餡 1（20g）

配料

① 麵皮（188g）

乾料：

- 低筋麵粉 80g
- 小麥澱粉 20g
- 泡打粉 4g
- 細砂糖 30g
- 素白油 10g
- 速溶酵母粉 4g

濕料：

- 冷水 40±2g

② **內餡**（95g）

主料：

- 叉燒肉丁 50g
- 蠔油 4g

餡汁：

- 細砂糖 10g
- 鹽 1g
- 水 20g
- 醬油 3g
- 玉米澱粉 2g
- 樹薯澱粉 2g
- 液體油 3g

調製：餡汁配料混合均勻，用小火煮至膠亮，冷卻後與主料拌勻。

方法

1 攪拌

乾料混合加濕料，攪拌後用手揉成光滑的麵糰，發酵100±20分鐘，再攪拌或用手揉成光滑。

2 整形

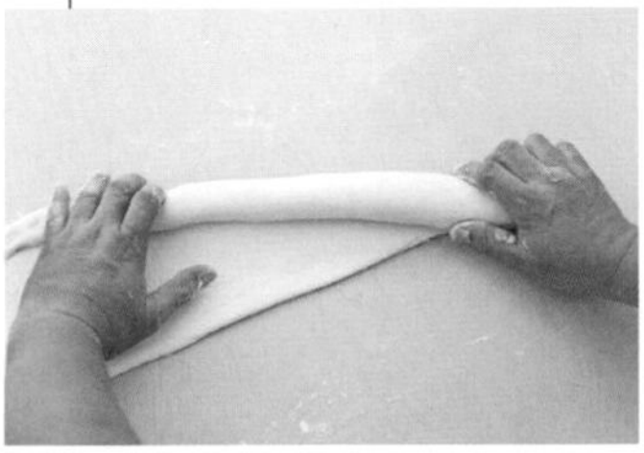

捲成圓柱形。

用刀切成小麵塊（也可以用手分塊）。

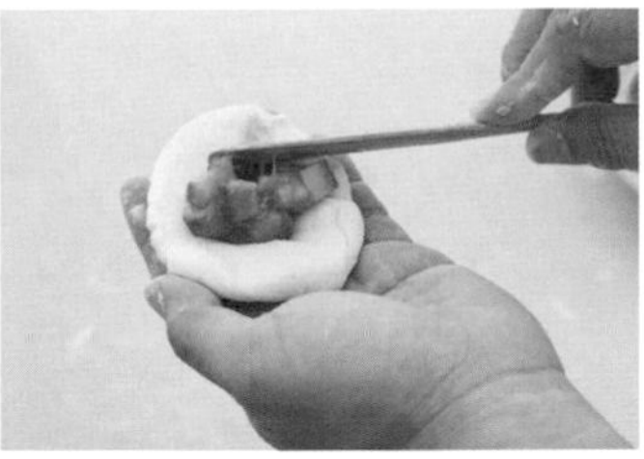

用手壓成中間薄旁邊厚的麵皮，包餡。

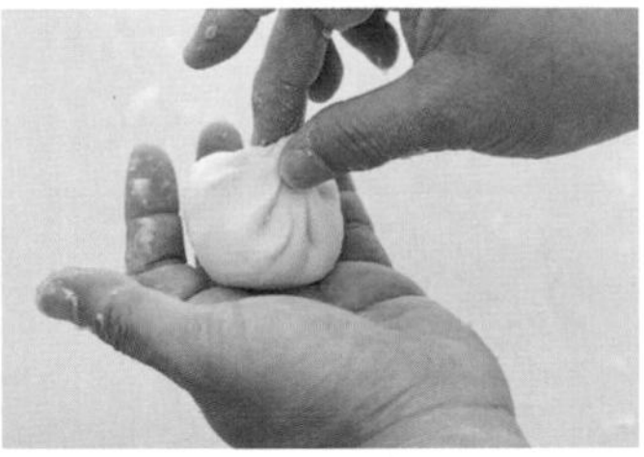

收口捏緊朝上。

3 熟製

排列於墊防黏紙的蒸盤或蒸籠內，放入已加熱至水沸騰的蒸鍋或蒸箱，用大火蒸12±2分鐘。

POINT

- 加入小麥澱粉主要是降低麵粉筋度，因其性質與麵粉相近。其他澱粉只有玉米粉、在來米粉可取代，但容易老化。
- 收口捏緊及用包子捏褶的花紋，同樣會有漂亮的裂口，捏褶愈多，裂口不會愈多。
- 餡汁加入比例不要太高，容易流汁，只要能均勻黏住叉燒肉即可。
- 麵糰要發酵到麵筋軟化，很容易拉斷，才可再次攪拌或揉光滑。
- 火力愈大愈好，裂紋較佳，食用時，回蒸火力不可太大。
- 蒸之前為保持麵糰彈性造成的拉力，包餡後馬上蒸較易漲裂，若發酵再蒸、展性增加較沒有裂口。

刈包（荷葉包）

刈包是早期福州人移民台灣時，引進的小吃加以改良，外皮是由饅頭麵糰製成半扁圓形麵皮，再夾入焢肉、酸菜、花生粉以及香菜，因外形像老虎咬著肉，所以又叫「虎咬豬」。

因刈包似錢包象徵發財之意，所以尾牙吃刈包，有祈求財富到來的吉祥寓意。刈包用發酵麵製作，經適當之鬆弛或發酵、壓麵整形成橢圓形，對摺成半圓形，經最後發酵蒸熟之產品。

產品需具此特性：外表光滑、式樣整齊、不起泡、不皺縮、無異味、無不正常斑點，具有適當的韌性與咀嚼感、風味口感良好。

製作

數量：2 個

生重：每個 80±2g

配料

① 麵皮（164g）

乾料：

- 中筋麵粉 80g
- 低筋麵粉 20g
- 速溶酵母粉 2g
- 細砂糖 10g
- 素白油 2g

濕料：

- 冷水 50±5g

② 抹油

- 液體油 10g

方法

1 攪拌

乾料混合加濕料，攪拌後用手揉成光滑的麵糰，鬆弛5±3分鐘。

2 壓麵

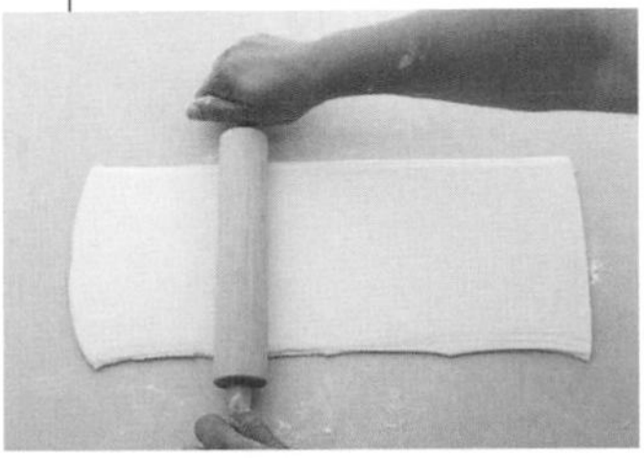

用桿麵棍摺疊擀壓，擀成厚1.0±0.1cm麵片。

3 整形

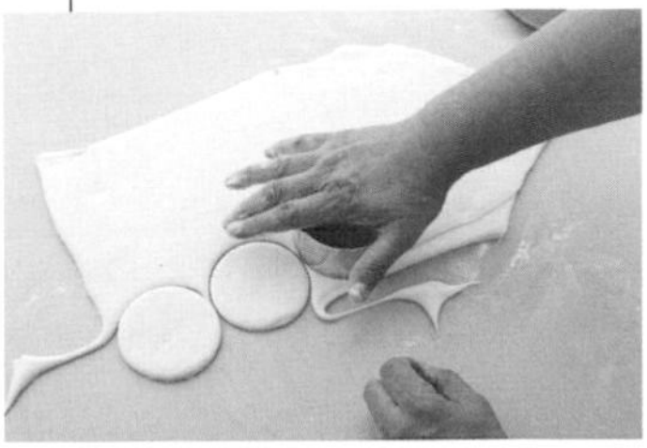

用空心模壓出。

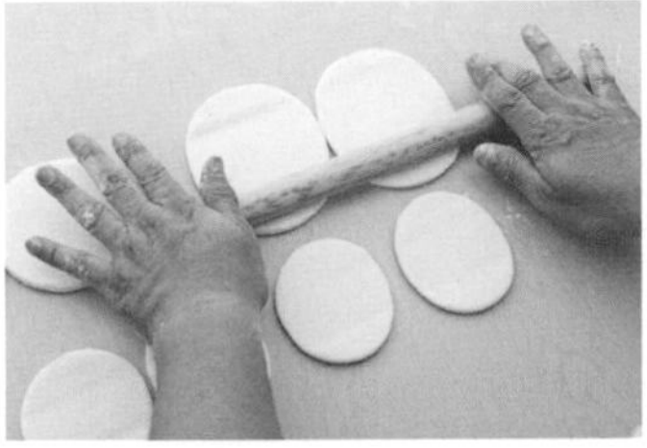

擀成橢圓形麵皮。

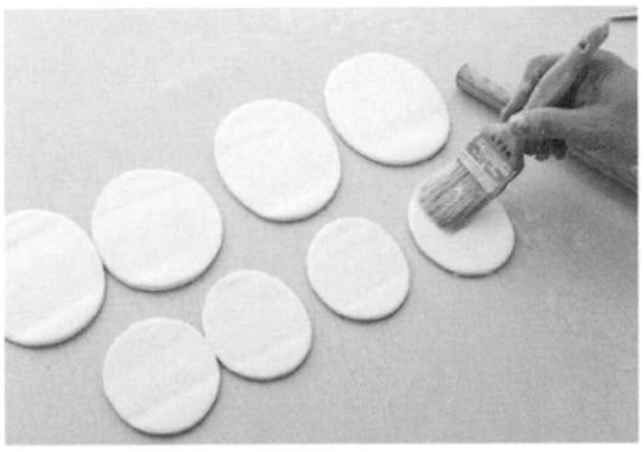

刷油。

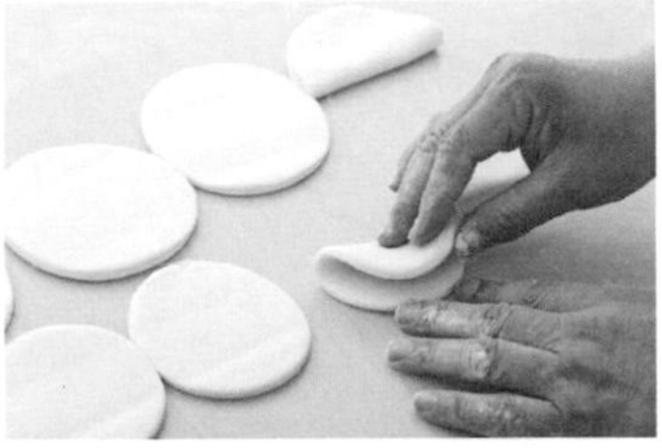

對摺成半圓形。

手法①：用塑膠刮板在表面壓上花紋。

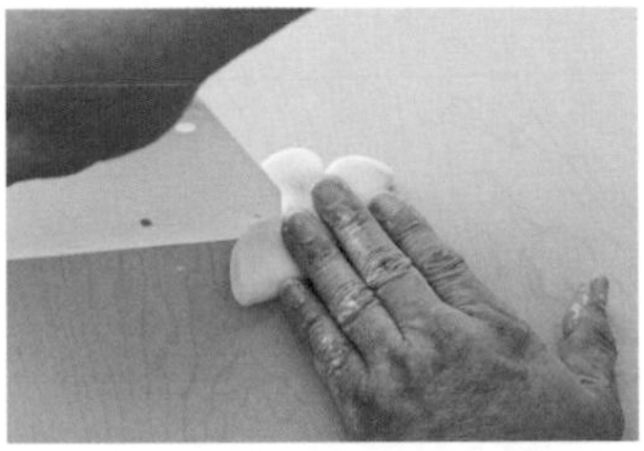

手法②：用塑膠刮板在邊緣內推。

手法③：用塑膠刮板在表面壓出菱形花紋。

4 發酵

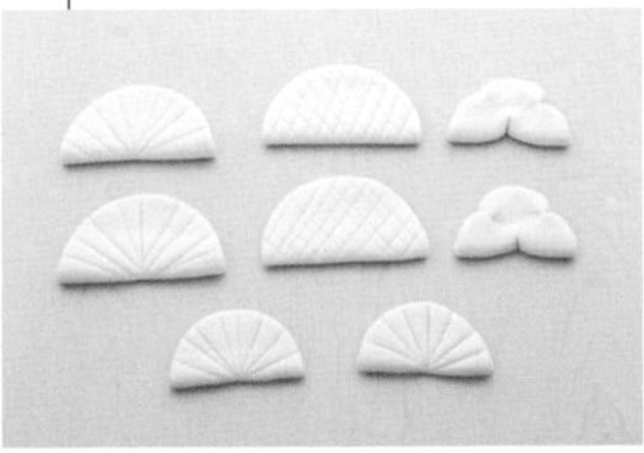

直接排列於墊防黏紙的蒸盤或蒸籠內，用32±2℃發酵至體積增加1倍。

5 熟製

蒸籠或蒸箱先加熱至水沸騰，放入後用中大火蒸10±2分鐘。

POINT

整形時中間刷油，撒少許麵粉，再對摺成半圓形。焢肉、東坡肉、滷肉等鹹味餡料最適合夾入刈包。

發酵麵食｜包子類

水煎包

水煎包又稱生煎包，是煎熟的有餡包子，又稱生煎饅頭或生煎包子，餡料以鮮豬肉為主，並加入不同種類的配料，如高麗菜、大白菜、韭菜、冬粉等。水煎包以發酵麵為外皮，經適當之鬆弛或發酵，分割包餡，捏合整成圓形，至少八道以上紋路，經最後發酵，排放在有油的平底鍋內，加水撒白芝麻，煎至底部呈金黃色。

產品需具此特性：外表挺立、光滑、式樣整齊、大小一致、不破皮、不縮皺、捏合處不得開口、餡無外露，皮餡不可嚴重分離、具有適當韌性、風味口感良好、無異味、咬嚼時有芝麻及蔥花香味。

製作

數量：6 個
生重：每個 50±5g
比例：皮 1（25g）
餡 1（25g）

配料

① 麵皮（158g）

乾料：
- 中筋麵粉 100g
- 速溶酵母粉 2g

濕料：
- 冷水 56±5g

② 內餡（151g）

主料：
- 絞碎豬肉 60g
- 鹽 1g

配料：
- 脫水高麗菜 60g
- 蔥花 10g
- 薑末 5g

調味：
- 鹽 1g
- 醬油 2g
- 香麻油 2g
- 液體油 10g

調製：主料拌至有黏性或拌勻，加入配料拌勻，加調味拌勻後冷藏。

③ 表飾

- 白芝麻 10g

方法

1 攪拌

乾料混合加濕料，攪拌後用手揉成光滑的麵糰，鬆弛5±3分鐘。

2 壓麵

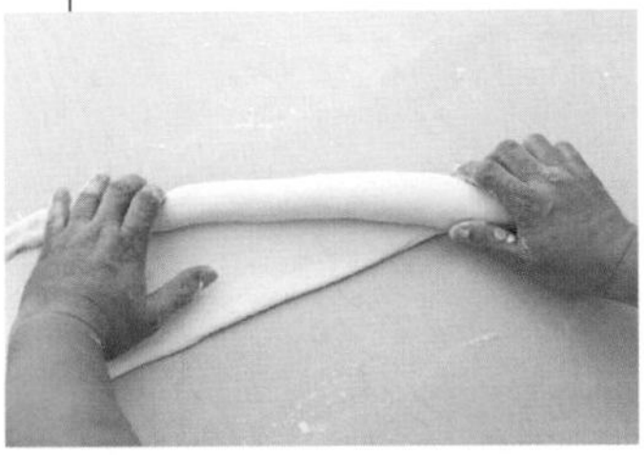

用桿麵棍摺疊擀壓，捲成圓柱形。

3 整形

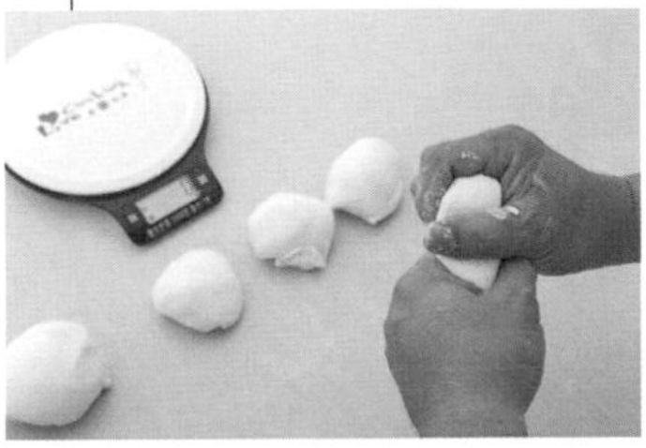

用刀切成小麵塊（或是用手楸）。

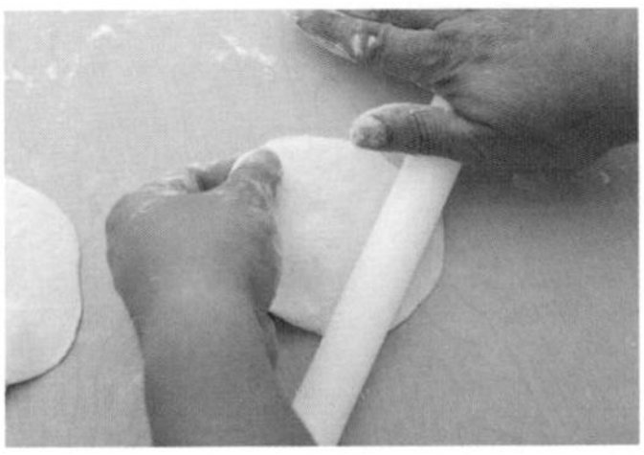

用手按壓一下、擀成中間厚旁邊薄的麵皮。

→

收口朝上，包餡。

→

用手捏褶花紋成圓形，直接排列於盤內，用32±2℃發酵至體積增加1倍。

4 熟製

鍋燒熱加油，排入包子，加入麵粉漿。

→

撒白芝麻。

→

蓋上蓋子，煎至底部呈金黃色，約17±2分鐘。（可翻面再煎）

POINT

- 高麗菜切碎加鹽拌勻，擠出水分，剩下約50～60%，若與沸水汆燙後再脫水的高麗菜比較，加鹽脫水的高麗菜較脆。高麗菜脫水後的重量，可用韭菜、大白菜替代。
- 加水後火力要大，水快乾時改為小火，底要酥脆，煎的時侯可加5～10%的麵粉漿代替清水。
- 包子鼓脹，皮有光澤，手指腹輕按有彈性，有香味，底呈香脆的金黃色。

三角糖包（三角豆沙包）

用紅糖當作餡料的稱三角糖包，是喜吃中式甜食老饕的最愛，由於紅糖精製程度比較低，保留了不少礦物質、維生素及醣類營養素，甜度口感層次豐富。

製作發酵麵時，用紅糖替代白糖，經適當鬆弛或發酵後壓延，經分割、包入紅糖或紅豆粒餡，整形成三角形，再經最後發酵，以蒸籠蒸熟之產品。

產品需具此特性：外表呈三角形、光滑細緻、捏合處不得開口、餡不外露、大小一致、不起泡以及縮皺、無不正常斑點，沒有異味、具有適當的韌性與咀嚼感、風味口感良好。

製作

數量：4 個

生重：每個 60±2g

比例：皮 2（40g）

餡 1（20g）

配料

① 麵皮（164g）

乾料：

- 中筋麵粉 100g
- 速溶酵母粉 2g
- 白糖或紅糖 10g
- 素白油 2g

濕料：

- 冷水 50±5g

② 內餡（80～90g）

- 紅豆粒餡或紅糖 80g

方法

1 攪拌

乾料混合加濕料，攪拌或用手揉成光滑的麵糰，鬆弛5±3分鐘。

2 壓麵

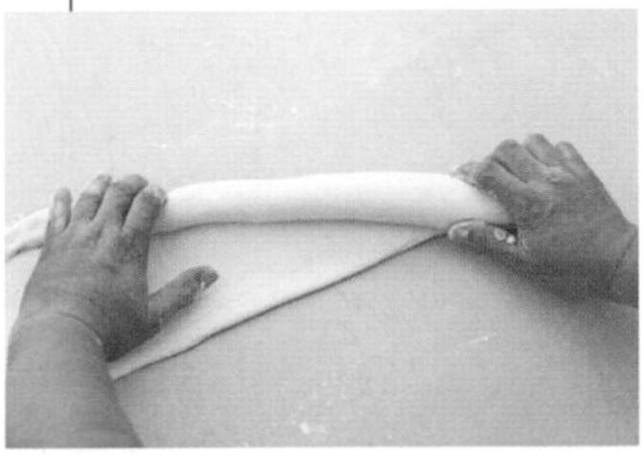

用桿麵棍摺疊擀壓，捲成圓柱形。

3 整形

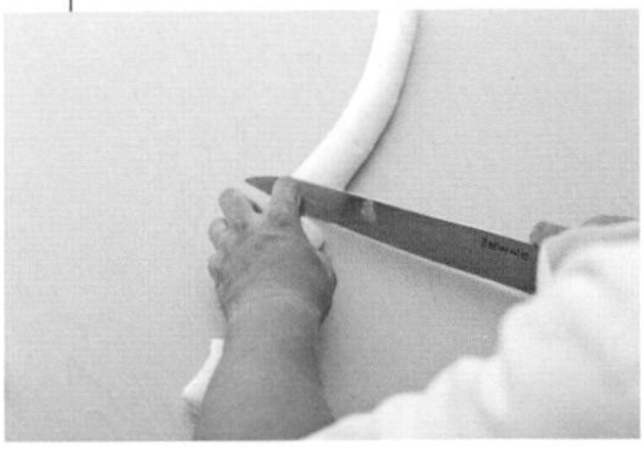

用刀切成小麵塊。

用手掌按壓一下，擀成旁邊厚、中間略薄的麵皮。

→

收口朝上，包餡。

→

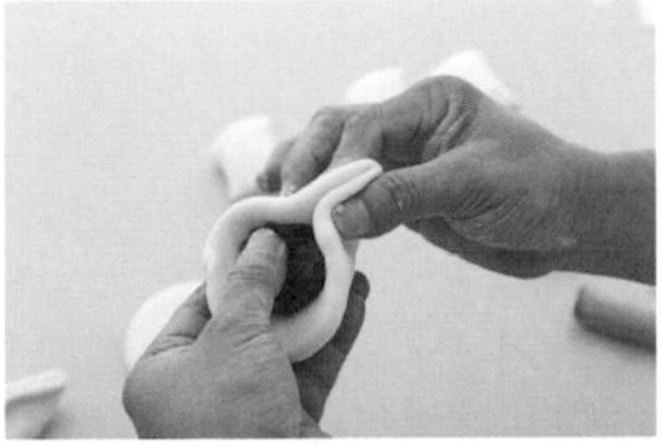

用手捏成三角形。

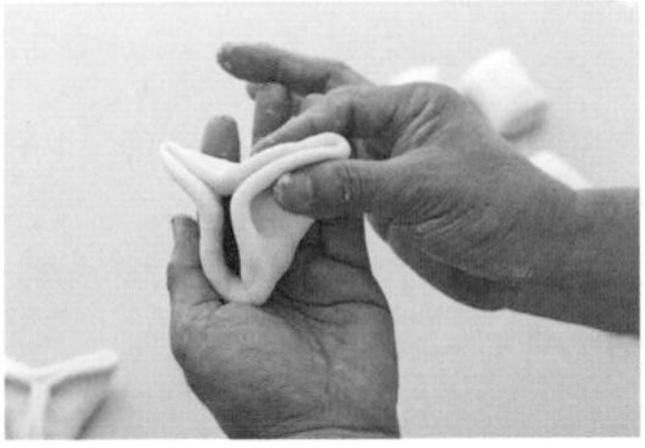

4 發酵

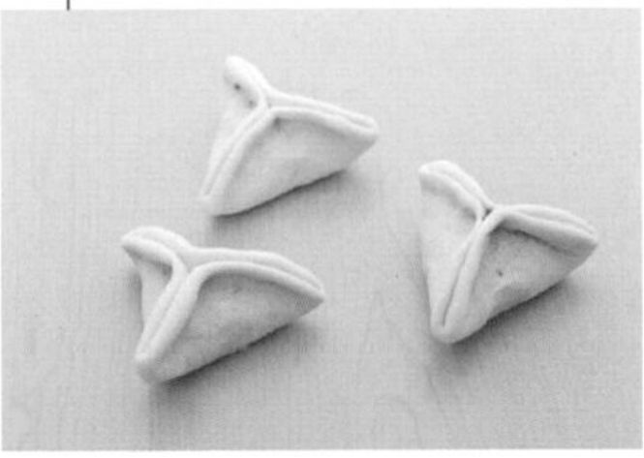

用32±3℃發酵至體積增加1倍。

5 熟製

蒸籠或蒸箱先加熱至水沸騰，放入後用中大火蒸10±2分鐘。

POINT

- 三角糖包可包紅豆粒餡，若要改用紅糖替代時，麵糰也改用紅糖（如圖）。
- 麵皮呈圓形，從三端收口，完成三角形，捏合處要緊，才不會漲裂開口。
- 中大火蒸至表面鼓脹、有光澤，手指腹輕按有彈性、有發酵香味。

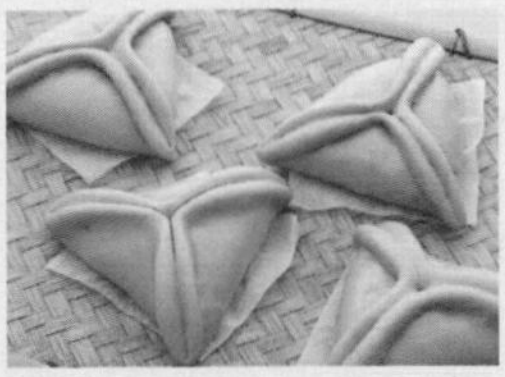

豆沙包（壽桃）

豆沙包是用紅豆沙為餡料的發酵麵食，自古以來，紅豆餡的香濃口味深受人們喜愛，是傳統麵食最常使用的餡料。壽桃是由豆沙包變化的發酵麵食，取型自仙桃，代表長壽之意，製作精致的壽桃，還會加上兩片綠葉，象徵壽命延年。豆沙包又因習俗不同，有座桃與睡桃之分。製作的發酵麵，有甜、淡之分，經適當鬆弛或發酵後壓延，分割、包入紅豆粒餡，整形成圓形、繡球、壽桃等形狀，再經最後發酵，以蒸籠蒸熟之產品。

產品需具此特性：外表光滑細緻、捏合處不得開口、餡不可外露、大小一致、不起泡、不縮皺、無不正常斑點，無異味、具適當的韌性與咀嚼感、風味口感良好。

製作

數量：4 個

生重：每個 60±2g

比例：皮 2（40g）

餡 1（20g）

配料

① 麵皮（169g）

乾料：

- 中筋麵粉 100g
- 速溶酵母粉 2g
- 細砂糖 10g
- 素白油 2g

濕料：

- 冷水 55±5g

② 內餡（80g）

- 紅豆粒餡 80g

方法

1 攪拌

乾料混合加濕料，攪拌後用手揉成光滑的麵糰，鬆弛5±3分鐘。

2 壓麵

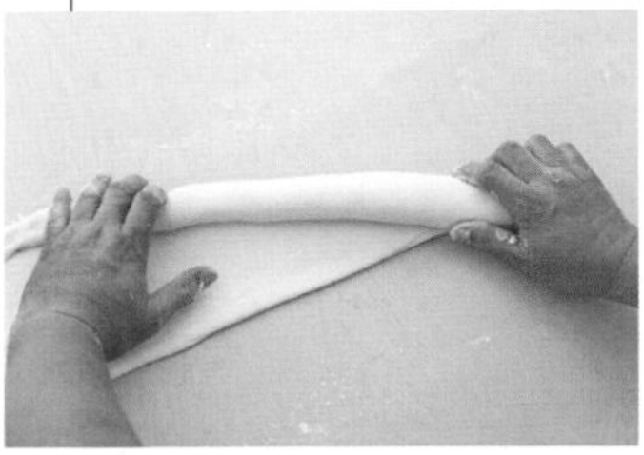

用桿麵棍摺疊擀壓，捲成圓柱形，用刀切成小麵塊。

3 整形

擀成中間厚、旁邊薄的麵皮，收口朝上，包餡。

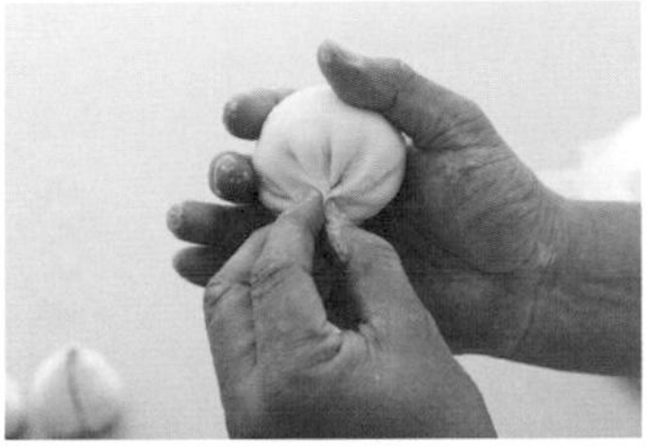

收口朝下。

整成圓形，用手整成尖尾。

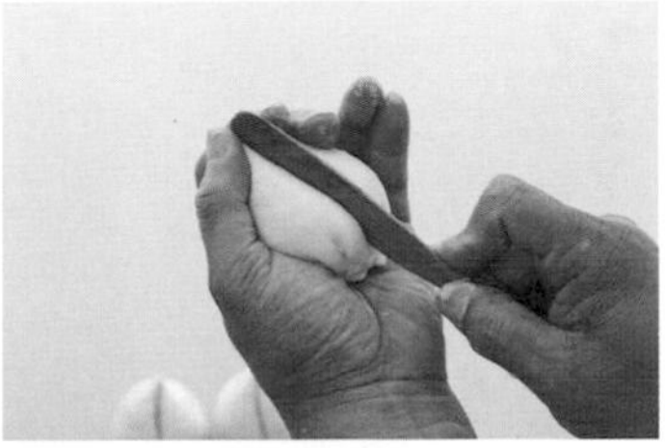

用刮刀或包餡匙壓溝紋。

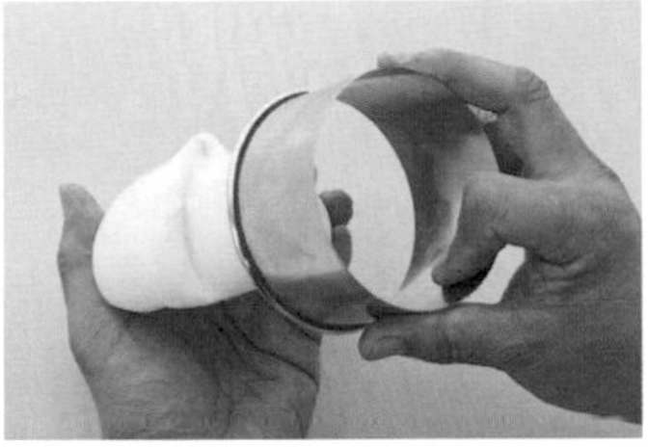

或用模具壓溝紋。

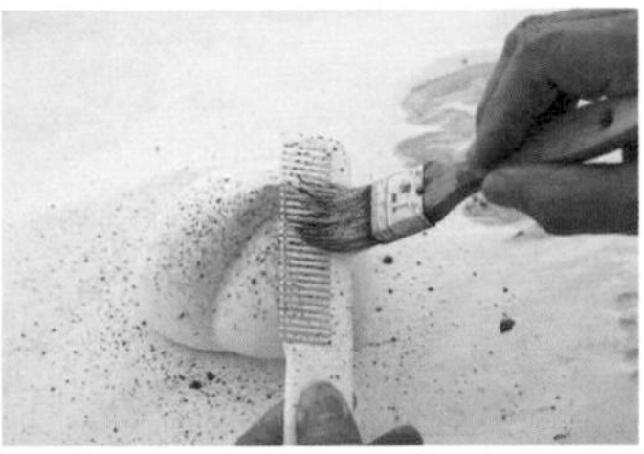

蒸熟後趁熱可刷噴紅色素。

4 發酵、熟製

發酵至體積增加1倍，用蒸籠或蒸箱先加熱至水沸騰，放入後用中大火蒸10±2分鐘。

POINT

- 包餡後整成圓形，中央可用黑芝麻點綴，裝飾以外還可知道包餡種類的記號。
- 中、大火蒸至表面鼓脹、皮光澤、手指腹輕按有彈性、有發酵香味。
- 包餡後整成圓形，用花鉗作表面造型。

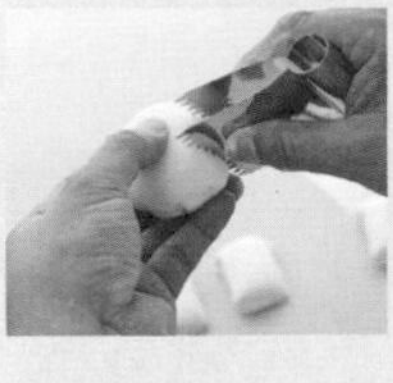

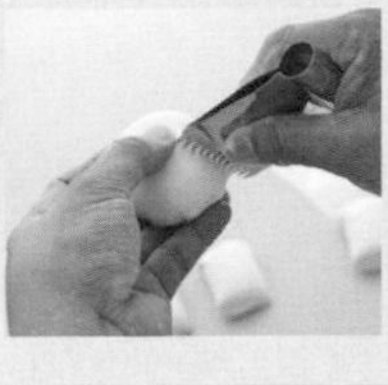

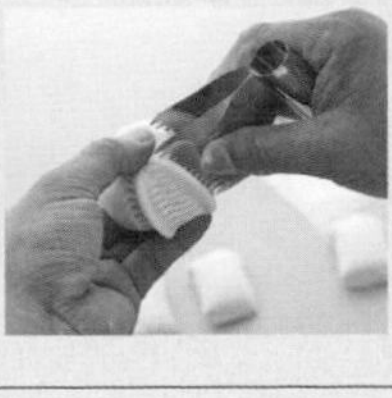

作法：

將花鉗鋸齒端插入麵糰，夾深一點，或再用力轉一下即可變斜紋。

麵龜系列

麵龜是中華文化敬神拜祖祭祀，最獨特的一種麵食禮俗，是祭拜、吃平安的應景麵點，是使用印模或手工模擬各式吉祥物型態製作，外表需用紅色代表「喜氣」，「龜」代表吉祥、長壽；「圓」象徵食祿、事事圓滿、有福氣；「魚、錢」表示富饒、有餘，具有「祈求長壽、財運亨通、多子多孫、食祿與事事圓滿」意義。

麵龜製作是用發酵麵，經適當之鬆弛或發酵後壓延、分割、包入白豆沙餡，整形成吉祥物形態，再經最後發酵以蒸籠蒸熟之產品。

產品需具此特性：外表光滑細緻、捏合處不得開口、餡不外露、不起泡、不縮皺，風味口感良好。

製作

數量：壽龜 1 個

比例：皮 4（160g） 餡 1（40g）

數量：祿圓 2 個

比例：皮 4（80g） 餡 1（20g）

數量：福魚、錢 4 個

比例：皮 4（40g） 餡 1（10g）

配料

① 麵皮（164g）

乾料：

- 中筋麵粉 80g
- 低筋麵粉 20g
- 速溶酵母粉 2g
- 細砂糖 10g
- 素白油 2g

濕料：

- 冷水 50±5g

② 內餡（40g）

- 白豆沙餡 40g

方法

1 攪拌

乾料混合加濕料，攪拌後用手揉成光滑的麵糰，鬆弛5±3分鐘。

2 整形

用桿麵棍摺疊擀壓，捲成圓柱形，再用手抓成所需大小。

→

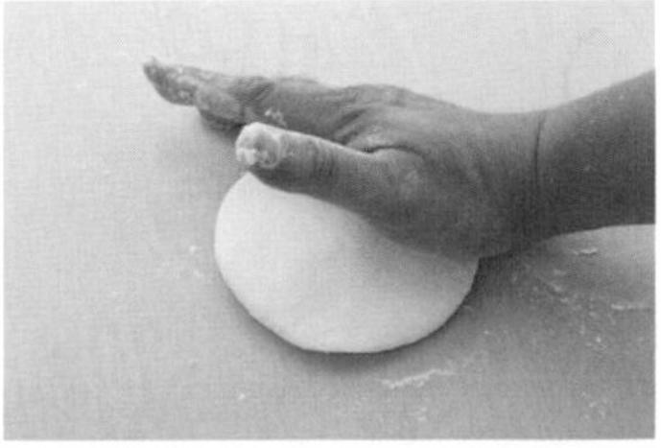

收口朝下，用手掌按壓成麵皮。

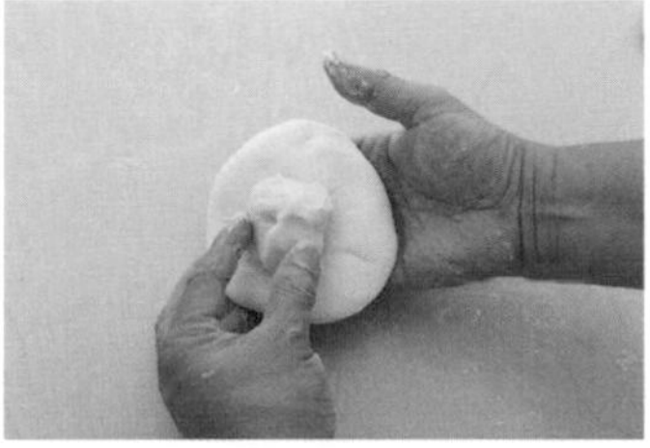

收口朝上、包餡。

→

手法①：龜（壽）→切成160g小塊，包餡、整成橢圓形。

→

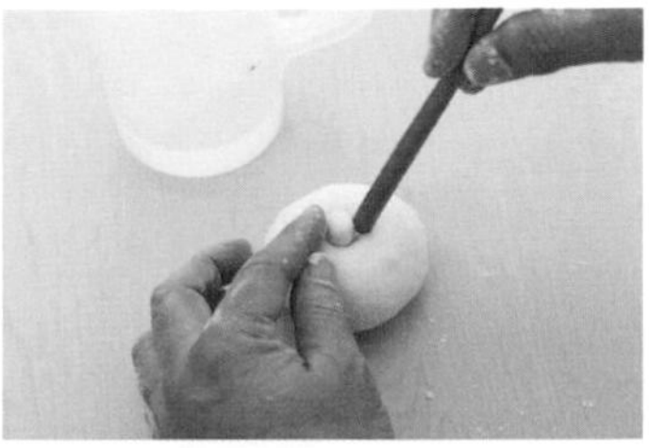

手法②：圓（祿）→切成80g小塊，包餡後，表面崁入小麵糰。

手法③：錢（福）→切成40g小塊，包餡後，整成長條形，表面刷紅色素。

3 發酵

直接排列於墊防黏紙的蒸盤或蒸籠內，表面刷紅色素，用40±2℃烘或發酵至體積增加1倍。

4 熟製

蒸籠或蒸箱先加熱至水沸騰，放入後用中大火蒸熟。

TIPS

錢需趁熱用印模壓出紋路。

POINT

- 發酵產品蒸熟冷卻，水分蒸發後，會慢慢增加彈性，無法印出紋路，所以需趁熱用印模壓印。
- 傳統麵龜多用無油白豆沙，入口而化。
- 火力愈大光澤愈佳，食用時，回蒸火力不可太大。
- 打開蓋子時，外表鼓脹、有光澤、手指腹輕按有彈性、有發酵香味。

兔子包

包子的傳統外形，不是圓形，就是麥穗造形，變化不多，但在求新求變的麵食業裡，常將不同食材與不同造型融入包子裡，呈現出琳瑯滿目、美不勝收的新面貌，如奶黃包、椰蓉包、芝麻包、蓮蓉包、刺蝟包、兔子包、佛手包等，讓包子搖身一變，成為時尚美食典範，呈現嶄新願景。兔子包使用發酵麵，經適當之鬆弛或發酵後壓延、分割、包入豆沙餡，整形成兔子形，再經最後發酵，以蒸籠蒸熟之產品。

產品需具此特性：外表光滑細緻、捏合處不得開口、餡不外露、大小一致、不起泡、不縮皺、無不正常斑點，無異味、具適當的韌性與咀嚼感、風味口感良好。

製作

數量：5 個

生重：每個 40±2g

比例：皮 3（30g）

餡 1（10g）

配料

① 麵皮（162g）

乾料：

- 中筋麵粉 100g
- 速溶酵母粉 2g
- 細砂糖 6g
- 素白油 2g

濕料：

- 冷水 52±5g

② 內餡（50g）

- 紅豆粒餡 50g

方法

1｜攪拌

乾料混合加濕料，攪拌後用手揉成光滑的麵糰，鬆弛5±3分鐘。

2｜壓麵

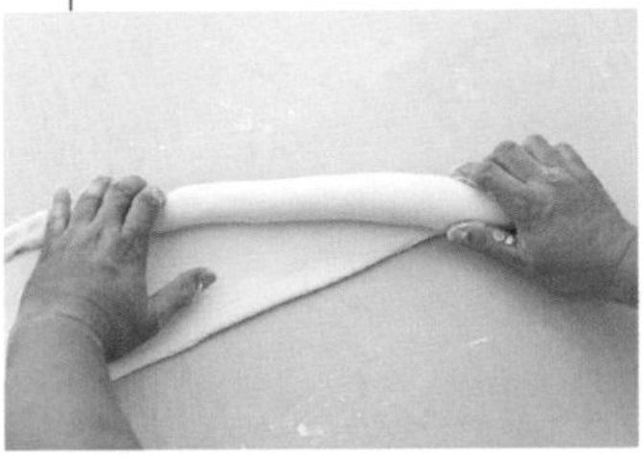

用桿麵棍摺疊擀壓，捲成圓柱形。

3｜整形

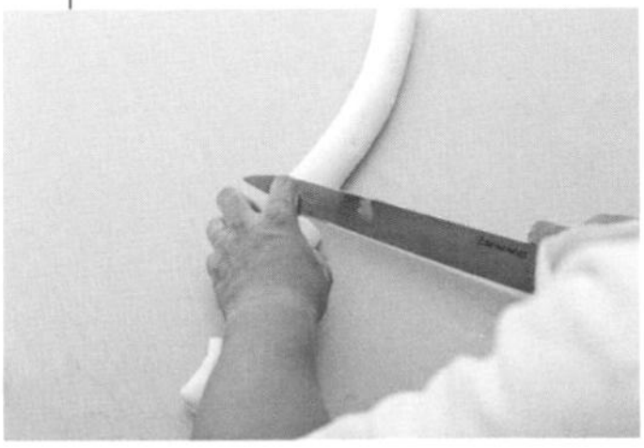

用刀切成小麵塊。

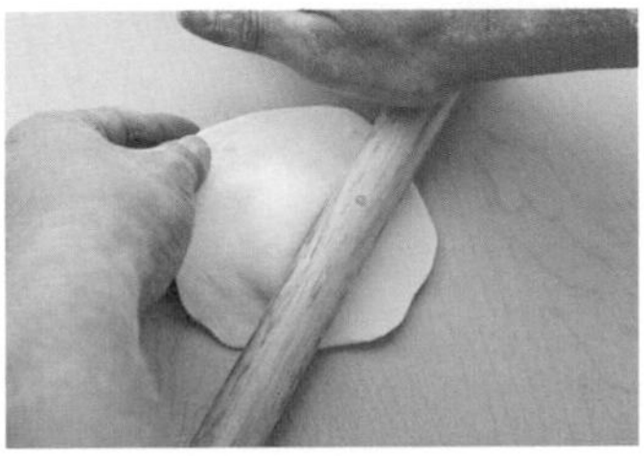

擀成中間厚、旁邊薄的麵皮。

→

包餡。

→

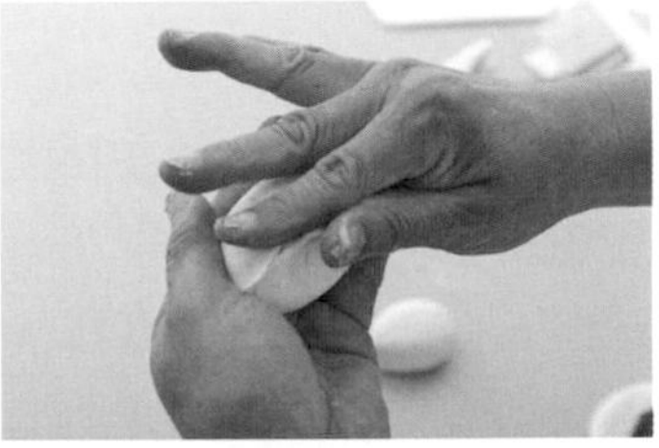

用手捏搓成尖橢圓。

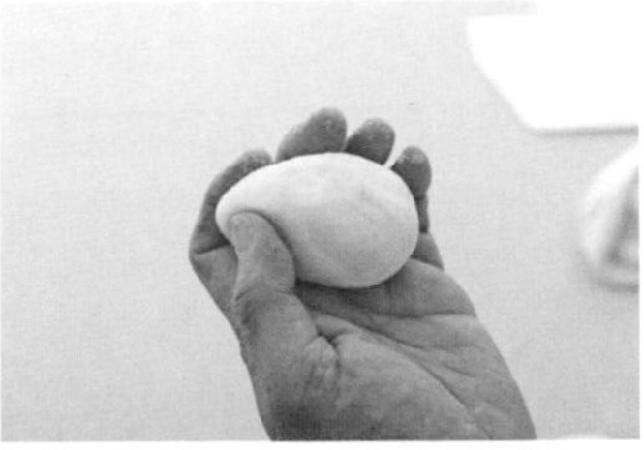

收口朝下，在尖端處輕捏一下。

→

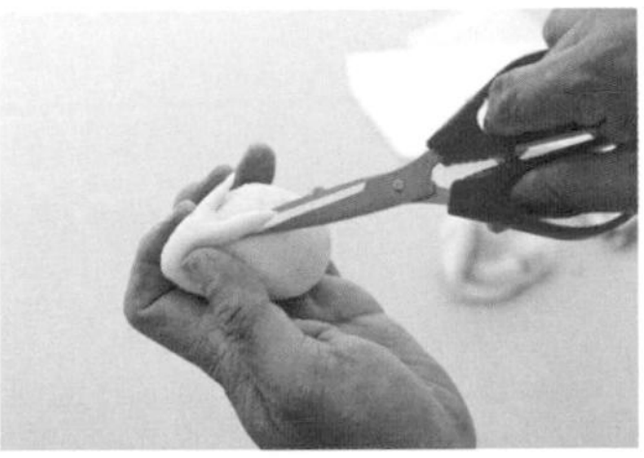

用剪刀剪耳朵。

→

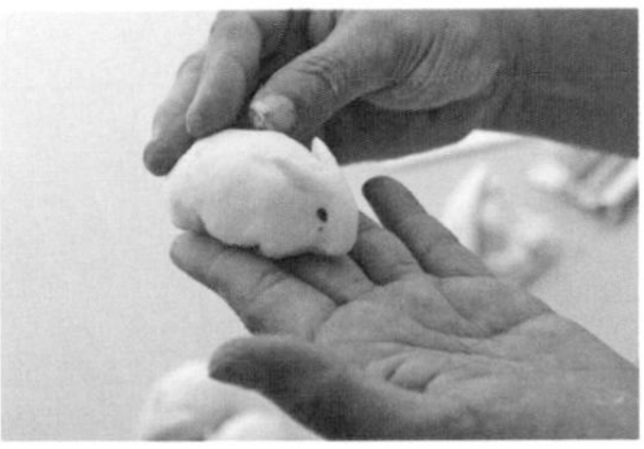

用黑芝麻點眼睛。

4｜發酵

用32±3℃發酵至體積增加1倍。

5｜熟製

蒸籠或蒸箱先加熱至水沸騰，放入後用中大火蒸10±2分鐘。

POINT

- 傳統兔子包大多用含油紅豆沙，可塑性較強。
- 火力愈大，光澤愈佳，但較易縮皺，食用時，回蒸火力不可太大。
- 打開蒸籠蓋子時，兔子包表面鼓脹、有光澤，手指腹輕按有彈性，有發酵香味。

發酵麵食｜老麵類

分類

老麵又稱麵種或酵子，含大量酵母菌及雜菌，是具酸味的發酵麵，因為成本低廉，目前尚有不少地區仍然在採用。《飲膳正要》記載，蒸餅作法是將酵子、鹽、鹼加溫水調勻後，摻入白麵，和成麵糰，第二天再摻入白麵，揉勻後做餅，即可入籠蒸，其中提到的「酵子」就是老麵種，蒸餅要放入鹽和鹼，可增強麵筋與中和麵糰的酸味，可使蒸餅雪白鬆軟，口感更佳。由此可知，中國古代的發酵麵食，是運用酒酵、酵麵製成蒸餅，以及後世流傳的「老麵饅頭」與「老麵包子」。

老麵在長期發展過程中，由於風味及地方特色不同，發展出各種不同麵糰與不同的熟製方法，下表是依麵糰性質、熟製方式歸納整理後的老麵分類。

麵糰性質	產品
軟麵糰	蔥烙餅、紅豆烙餅
一般麵糰	羊角饅頭、鍋貼饅頭、饅頭、包子、花捲、甜光餅、鹹光餅
硬麵糰	火燒、厚鍋餅

熟製	產品	工具
水蒸	饅頭、包子、花捲	蒸籠、蒸箱
烙烤	厚鍋餅、火燒、烙餅	平底鍋
水烤	羊角饅頭、鍋貼饅頭	深水炒鍋
烘烤	甜光餅、鹹光餅	烤箱

製作原理

老麵因發酵時間較長，發酵過程中會受到雜菌作用產生酸，需添加鹼中和酸，會產生更多的二氧化碳，使麵糰膨脹，因此老麵具有較重的發酵味與少許的鹼味。在發酵過程中也受酵素作用，加上酸和鹼的化學反應，使麵糰含水量增加，麵糰會變得更柔軟。

三大發酵過程留意問題

- **留意室溫變化**：當室溫低於4℃或高於30℃時，需採取特別措施來穩定發酵。低於4℃時，麵糰溫度低，無法達到發酵溫度，最好用發酵箱或蓋一層棉被保溫；高於30℃時，發酵特別快需降低麵糰溫度。
- **控制溫度**：老麵發酵溫度最好控制在28～30℃，最高不超過30℃。溫度高時，有利於乳酸菌、醋酸菌的繁殖，適合乳酸菌繁殖的溫度是37℃，醋酸菌繁殖的溫度為35℃，導致麵糰酸味物質太多，需縮短發酵的時間。溫度低時，發酵速度慢或發不起來，達不到發酵目地。
- **酵母菌多寡**：老麵發足時，所含的酵母菌多，但不宜使用發酵過度的老麵，會軟塌成糊狀，而且帶有臭味。

麵糰發酵程度鑒別

- **麵糰發酵不足**：麵糰筋性強，彈性好，孔洞小而少，酸味比較輕。
- **麵糰發酵過度**：麵糰下陷，筋性差，孔洞大像棉絮，較濕黏，有明顯的酸味。
- **麵糰發酵適當**：麵糰稍有彈性，略下陷，有少許筋性，質地柔軟光滑，孔洞多而小，有酒香味。

麵糰加鹼程度鑒別

麵糰加鹼後，會中和麵糰的酸，可產生更多二氧化碳，使麵糰膨脹，鑒別老麵加鹼程度，可用嗅、揉、看、拍、抓等方法。

- **加鹼不足**：麵糰有酸味，鬆軟無勁，撲撲聲，孔大而不勻，會沾手。
- **加鹼過多**：麵糰有鹼味，結實帶勁，叭叭聲，孔小呈長扁形，不沾手。
- **加鹼正常**：麵糰無酸鹼味，有酒香味，富有彈性和韌性，膨膨聲，分布均勻的芝麻小孔，不沾手有筋性，彈性較強。

製作方法

麵種製作

1. **攪拌**：乾料與濕料混合攪拌，或用手揉成均勻的軟麵糰。
2. **發酵**：攪拌後的麵糰放置3～4小時，視發酵環境與條件，沒有硬性規定。

老麵製作

1. **攪拌**：水與麵種拌勻，再與麵粉攪拌，或用手揉成均勻而光滑的麵糰，注意所需麵糰的軟硬度。

軟性老麵

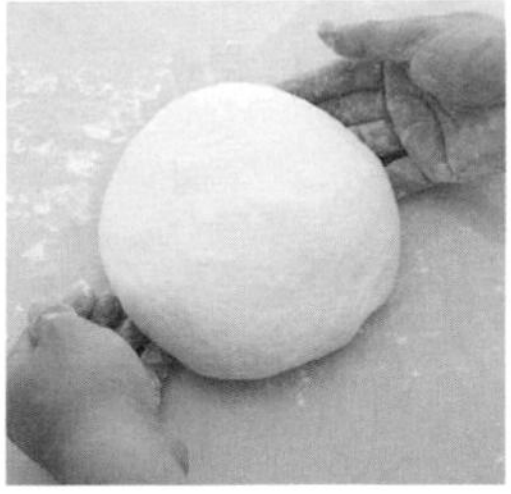

硬性老麵

2. **發酵**：攪拌後的麵糰放置12～18小時，通常是隔夜發酵，視產品或發酵環境與條件，沒有硬性規定。

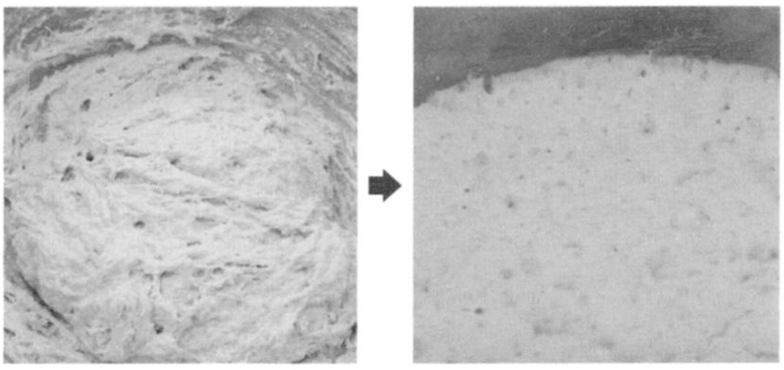

下一次老麵製作

1. 每天製作後，留下適量的老麵當麵種，用於製作第二天，也就是下一次的老麵。
2. 老麵使用量與麵粉的比例一般為15～50：100；應根據水溫、季節、室溫、發酵時間等因素靈活掌控。氣溫高，老麵比例可少些；氣溫低，老麵比例應增加。

產品製作

方法

1. **攪拌或揉麵**：乾料混合加濕料，加老麵攪拌或用手揉成光滑的麵糰，再鬆弛60±20

分鐘。

2. **壓麵**：麵糰經反覆壓麵或用桿麵棍摺疊擀壓成麵片。
3. **整形**：麵片捲成長圓柱體，用刀切成所需大小的小麵塊。
4. **發酵**：搓圓或直接排列於墊紙的蒸盤或蒸籠內，用32±2℃發酵至體積增加1倍。
5. **熟製**：可用蒸、烤、炸、烙或煎等方式來熟製，時間要看產品的特性、體積大小、火力大小、熟成數量、產品厚薄、餡心種類、外形式樣等因素來判斷。
6. **成品**：冷卻後包裝，冷藏或冷凍皆可。

品評

表面及內部是老麵品評的方法，下表是品評項目。

品評項目		判斷標準
表面	比容	膨脹，體積／重量比（標準為2.8倍）。
	高度	挺立，中間高（差／扁平）。
	色澤	白度，白或乳白（差／淺黃、黃、灰暗）。
	結構	表皮，光滑（差／皺縮、塌陷、有氣泡、凹點或燙班）。
	形狀	形式，對稱、挺立（差／扁平或不對稱）。
內部	結構	組織，氣孔細小均勻（差／太細密、有大氣孔粗糙）。
	彈性	組織，氣孔細小均勻（差／太細密、有大氣孔粗糙）。
	韌性	咀嚼，咬勁強（差／咬勁弱、掉渣或咀嚼乾硬，無彈性）。
	黏性	口感，爽口不黏牙（差／稍黏或黏）。
	氣味	風味，具麥香、無異味（差／有異味）。

老麵應有良好風味、柔軟口感及光澤外表，如果出現下列不良狀態，就需予以改善。

1. **表面易塌陷**：揉麵不均勻，蒸氣太強，酵母過期後勁無力，麵粉品質差老麵太少。
2. **饅頭過於膨鬆，成品塌陷成形不好**：發酵時間過長，麵糰太軟，老麵太多。
3. **饅頭表面不白**：麵粉品質差，麵糰太軟，發酵速度太快，成形未保持表面光滑，老麵太多。
4. **表皮無光澤、縮皺或裂開**：發酵速度太快，饅頭成形粗糙，防黏粉太多，未保持表面光滑，麵筋含量低，老麵太少。
5. **饅頭冷卻後發硬、掉屑**：麵粉品質差，麵糰太乾，揉的時間不足，發酵不足，老麵太少。
6. **內部組織粗糙**：麵粉品質差，揉麵防黏粉太多，麵糰太軟，發酵太快，老麵太多。
7. **發酵太慢**：老麵酵母活性不足，麵糰溫度較低，發酵溫度不夠，老麵太少。
8. **表皮起泡**：發酵濕度太大，成形時麵糰內有氣泡，蒸時水滴在表面，老麵太少。
9. **饅頭體積小、沒發起來，成死麵**：麵筋不足，老麵酵母量不夠，發酵時間不夠，麵糰未鬆弛，老麵酵母失效，老麵太少。
10. **饅頭風味不良**：麵粉品質差，麵筋不足，發酵不夠，老麵太少，老麵變質，加鹼量不正確。老麵污染，pH值不合適以及產品變質等都有可能風味出問題。

饅頭品嚐

饅頭以熱食為主，蒸好的饅頭在40～60℃是最佳食用階段，如果完全冷卻，因澱粉老

化，彈柔性降低，掉屑乾硬，很難正確評價饅頭品質。

Q&A

1. 製作老麵用什麼麵粉最理想？

A 做老麵產品，麵粉很關鍵，不能選擇筋度太高的麵粉，使用製作麵包的麵粉比較不適用，除非使用特殊的原料，一般都會選用中筋麵粉或加入少許低筋麵粉。

2. 如何製作光滑、細緻的饅頭？

A 光滑細緻與饅頭的氣孔有關，老麵麵糰的攪拌程度或揉麵足夠、發酵或加鹼控制良好，再經壓麵處理後，能將麵糰的氣體完全排除，組織緊密，產品表面會光滑、細緻，還能避免表面產生氣泡。

3. 蒸出的饅頭顏色變黃，應如何處理？

A 鹼加多了，蒸出來的饅頭會有難聞的鹼味，顏色會變黃，可以用小火回蒸的方式處理，只需在蒸饅頭的水內加上白醋，回蒸後即可變白，無鹼味。

4. 為什麼要加鹼水？

A 老麵發酵後，麵糰會含豐富的醋酸菌、乳酸菌等雜菌，致使麵糰的酸味加重，麵筋蛋白質結構會變弱，氣體保留性不足，饅頭體積會縮小，所以需加入總麵粉重量的0.1～0.3%的碳酸氫鈉或碳酸鈉，中和產生的酸，饅頭品質可明顯改善，如色澤增白、體積增大、組織結構細密、口感乾爽、香味濃。

5. 如何製作光滑而不皺縮、塌陷、有氣泡、凹點或燙斑的老麵饅頭？

A 要選用適宜的麵粉、適當的水量，經過適當的搓揉或壓麵，成形後的饅頭挺立飽滿、氣孔細小均勻，發酵與蒸製過程中，饅頭不會扁塌、縮皺或有燙斑。

6. 麵糰要如何「嗆」麵粉？

A 麵糰太軟，需加入適量的麵粉再揉硬，俗稱「嗆粉」。嗆入的麵粉量可達麵粉總量的40～50%，一般多在10～20%之間，蒸出的饅頭筋性強，有咬勁，比較乾硬，像嗆麵饅頭、槓子頭等都是採用嗆麵粉製作而成的麵食。

7. 用老麵製作饅頭，還需要添加酵母？

A 氣候偏冷時，發酵速度會慢，可添加少量酵母及少許糖加速發酵時間。

8. 培養老麵宜注意的事項？

A 老麵培養的間隔以不超過12小時較佳，每次需再加入同比例的麵粉與水，才可延續培養，長時間不用，要重新培養。

9. 如何判斷需加入適量的鹼水？

A 根據實驗，經酵母發酵的麵糰30分鐘後，pH值從6.5下降至5.5，2小時以後，pH值降至4.5～5.0，蒸出來的饅頭，雖無明顯酸味，但饅頭體積小、發黏，因此需要加入適量的鹼水。究竟要如何添加鹼水？往往需要經驗累積，鹼的濃度、發麵程度、成品品質、氣候變化及操作速度等因素都要密切配合，新手或經驗不足者，可加泡打粉或小蘇打粉代替鹼水。另外，尚需注意酵母種類的選擇，不同菌種的酵母，發酵之後會有不同的酸味與風味，必須慎選酵母的種類。

10. 如何控制老麵的發酵時間？

A 用麵糰軟硬度控制，發酵時間長，麵糰要硬，發酵時間短，則麵糰要軟。

11. 老麵加的鹼要如何選用？

A 隔夜的老麵可用小蘇打（碳酸氫鈉）來中和酸，因為小蘇打酸鹼度比較穩定，質地乾，較容易定量，且產氣性又大於鹼粉，拌溶後即可使用。

12. 老麵產品的保存期？

A 所有產品除了趁熱食用外，常溫可保存1～2天，冷藏3～5天，冷凍3～5週。

發酵麵食

老麵製作

麵種又稱酵頭、麵肥或引子，是一種培養酵母。麵種是指第一次用酵母或天然發酵所培養的麵糰，在下次攪拌麵糰時，用來替代一般酵母。

配料

① 第一次麵種（182g）

乾料：

- 中筋麵粉 100g
- 新鮮酵母 2g

（或速溶酵母粉 0.7g）

濕料：

- 冷水 80g

方法

攪拌

1. 乾料混合加濕料，攪拌或用手揉拌均勻。

發酵

2. 室溫發酵 4 ～ 6 小時。

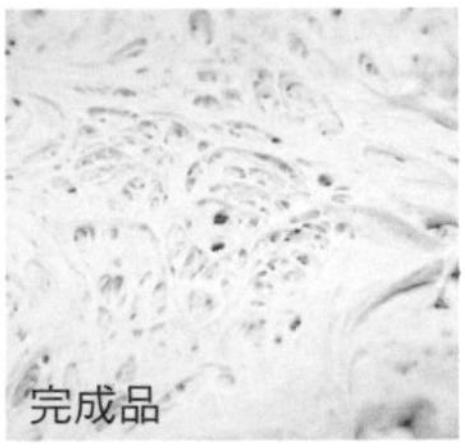

配料

② 第一次老麵（360g）

乾料：

- 中筋麵粉 100g

濕料：

- 第一次麵種 180g
- 冷水 80g

TIPS

每天留下 180g 作麵種，培養第一次老麵，可循環製作。

方法

攪拌

1. 濕料與麵種先混合，攪拌均勻，再加入麵粉拌勻。

發酵

2. 室溫發酵 12 ～ 18 小時（或隔夜發酵）。

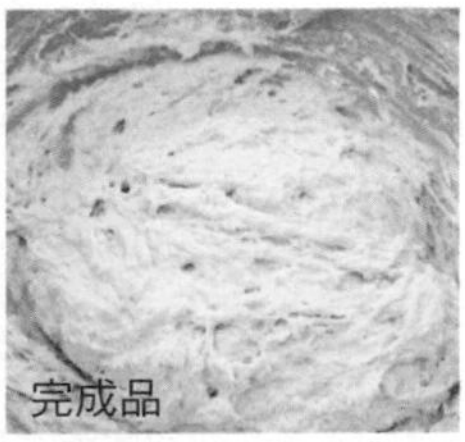

發酵麵食｜老麵類

老麵饅頭

老麵又稱麵種、酵頭，是前幾次發麵的延續麵糰，發酵時會有其他雜菌而產生酸性物質，所以需要加弱鹼性的小蘇打（碳酸氫鈉）或鹼水（碳酸鈉）予以中和，會產生獨特的特殊風味，用這種麵糰蒸製的饅頭，非常香Q而有嚼勁。

用老麵製作饅頭的方法，是用前一夜培養的老麵或前一天留下來的麵糰，當作酵母（麵種），加入適量的水與麵粉（冷水麵糰），以及其他配料，經整形、發酵、蒸製而成的饅頭，因麵種已經有酵母菌，使用的酵母用量可以減少，不僅不會失掉口感風味，甚至保留獨特香氣。

老麵饅頭是使用老麵麵糰，經適當發酵、壓延後，經分割、整形成圓饅頭或刀切饅頭，再經最後發酵，以蒸籠蒸熟之產品。

產品需具此特性：外表挺立、表面光滑、表面不破皮、不起大泡、不縮皺、不得有裂口，內部組織均勻、沒有鹼味或酸味與異味，具有適當的韌性與咀嚼感。

製作

數量：3 個

生重：每個 100±5g

配料

麵糰（320g）

乾料：

- 中筋麵粉 60g
- 低筋麵粉 40g

濕料：

- 老麵 220g
- 鹼水 0.1g（需彈性調節）

方法

1 攪拌

乾料混合加濕料，攪拌或用手揉成光滑的麵糰，鬆弛5±3分鐘。

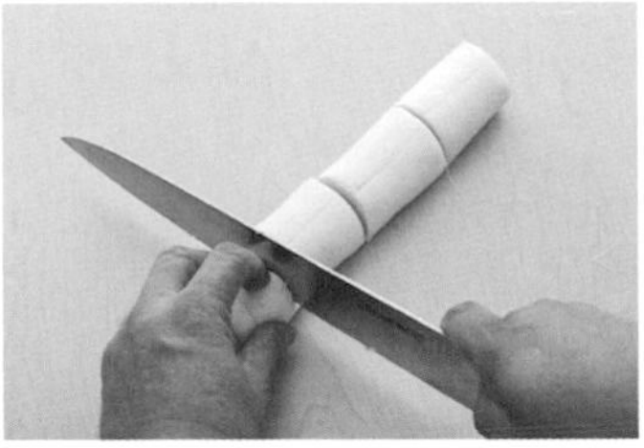

用刀切成塊狀，或用手刀切塊。

2 壓麵

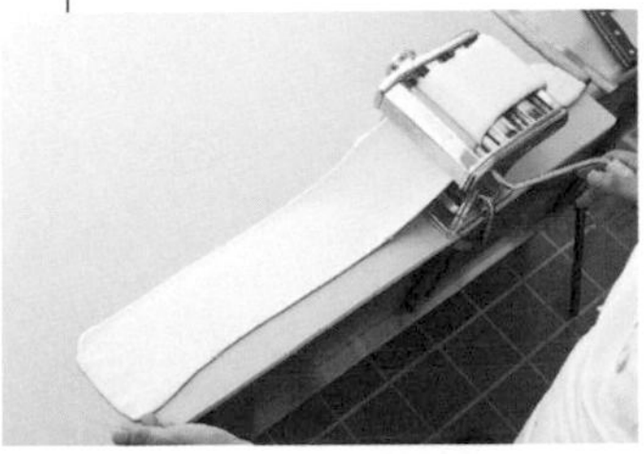

經反覆壓麵或擀壓成麵片。

3 整形

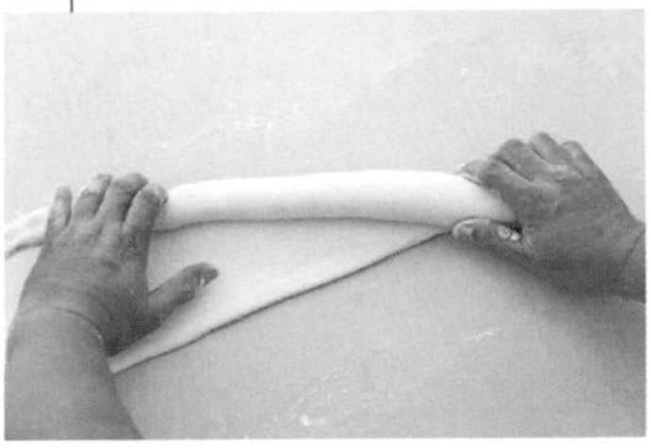

麵片捲成圓柱體。

4 發酵

排列於墊防黏紙的蒸盤或蒸籠上，發酵至體積增加1倍。

5 熟製

蒸籠或蒸箱先加熱至水沸騰，放入後用中小火蒸12±2分鐘。

POINT

- 環境或氣候偏冷時，可以添加少量酵母與糖，可加速發酵。
- 鹼水調製：食用級鹼粉25g、沸水100g，攪拌至溶解，冷卻後用耐酸鹼容器貯存，隨時取用，不可用工業用的鹼塊調製。

鍋貼饅頭（羊角饅頭）

鍋貼饅頭是用老麵麵糰經適當發酵、壓延後，經分割以手工搏成羊角形態，又稱「羊角饅頭」，再以圓底炒鍋或平底鍋，將發酵後的麵糰排在鍋邊，鍋的中間加水，用半蒸、半烙的方式，將麵糰蒸、烙熟，產品表面呈白色，底部呈金黃色。熱食時，底脆香而內鬆軟，別具特色，因為是貼在鍋邊烙製，因此又稱「鍋貼饅頭」。

產品需具此特性：外表挺立、光滑、不破皮、不縮皺、底呈金黃色，內部組織均勻、沒有鹼味及酸味與異味，具適當的韌性與咀嚼感。

製作

數量：4 個

生重：每個 80±5g

配料

麵糰（320g）

乾料：

- 中筋麵粉 60g
- 低筋麵粉 40g

濕料：

- 老麵 220g
- 鹼水 0.1g

方法

1 攪拌

乾料混合加濕料，攪拌或用手揉成光滑的麵糰，鬆弛5±3分鐘。

2 壓麵

經反覆壓麵或擀壓成麵片。

3 整形

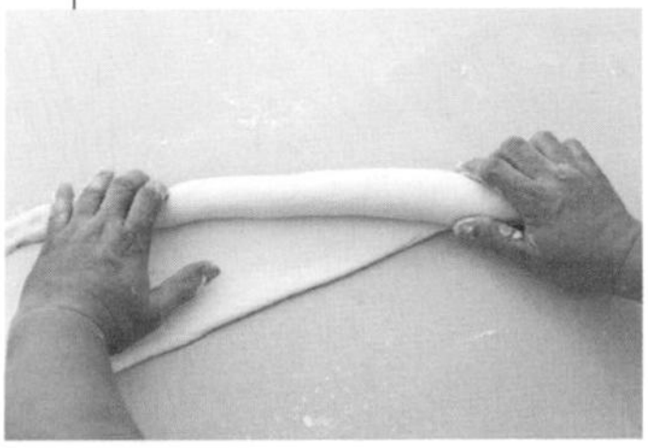

麵片捲成圓柱體。

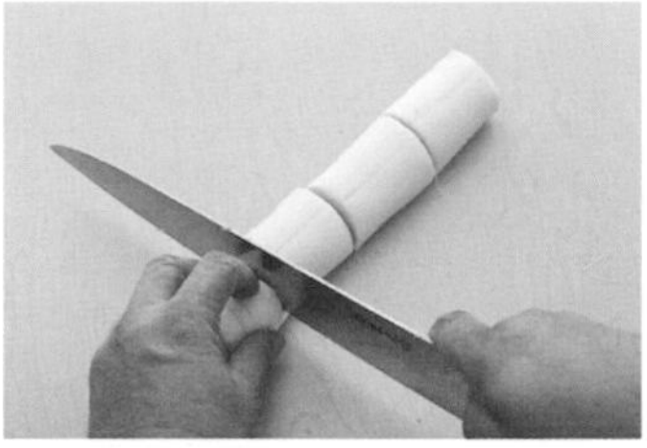

用刀切成小塊。

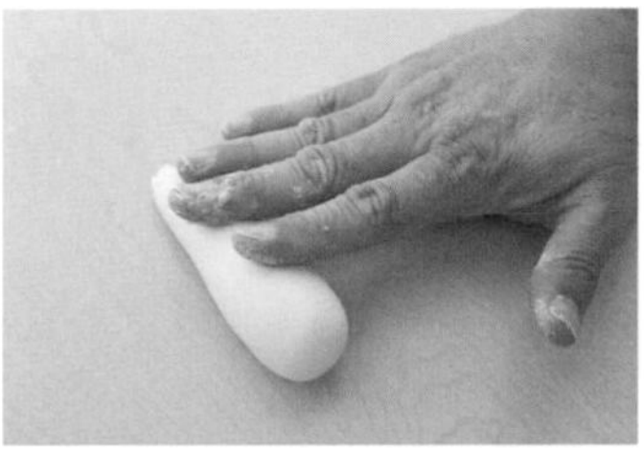

用手工摶成羊角形（紡錘形）。

4 發酵

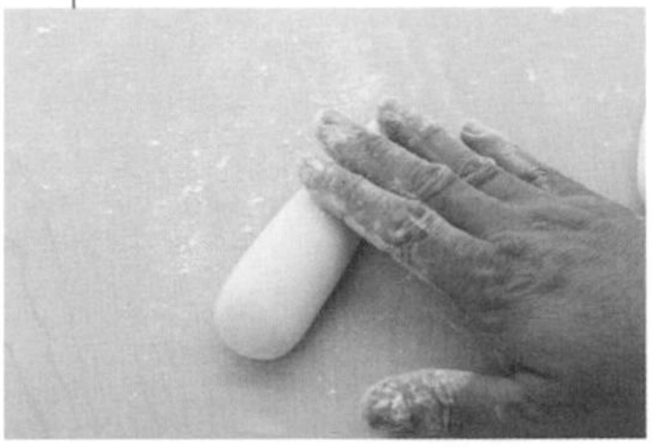

整形後沾防黏粉，排列於平盤上，發酵至體積增加1倍。

5 熟製

平煎盤擦油，排入發酵後的麵糰，加水（水烙法）。

將煎盤一邊墊高。

TIPS 墊高目的是不讓饅頭浸濕。

蓋上蓋子，用中小火蒸烤約14±2分鐘。

至底部著色，熟透鏟出。

POINT

- 煎盤加水目的是，水滾後所產生的水蒸氣，可蒸熟表面，底部則由煎盤烙至金黃的鍋巴。
- 用手輕拍表面，有彈性，有光澤，手指腹輕按凹陷，會很快回復，底部呈金黃色，代表饅頭已蒸熟。

老麵包子

包子要做到皮薄、餡多，需要有祕訣，老麵包子的麵皮最好用老麵麵糰，經適當鬆弛或發酵後，用擀壓方式進行壓延後，分割包餡整形成圓形或麥穗形，再經發酵蒸熟之產品，麵皮需要有10道以上的摺紋，餡料要有汁，才有好吃的口感。

產品需具此特性：外表光滑細緻、捏合處不得開口、餡不可外露、不可起泡、不縮皺，無異味、內部組織均勻、具適當韌性與咀嚼感、風味良好。

調製：主料拌至有黏性，加入配料、調味拌勻後冷藏。

製作

數量：6 個

生重：每個 90±2g

比例：皮 2（60g）

　　　餡 1（30g）

配料

① 麵糰（360g）

乾料：

- 中筋麵粉 60g
- 低筋麵粉 40g

濕料：

- 老麵 260g
- 鹼水 0.1g

② 內餡（203g）

主料：

- 碎豬肉 150g
- 鹽 1g

配料：

- 蔥花 30g

調味：

- 醬油 3g
- 砂糖 4g
- 香麻油 5g
- 液體油 10g

方法

1 攪拌

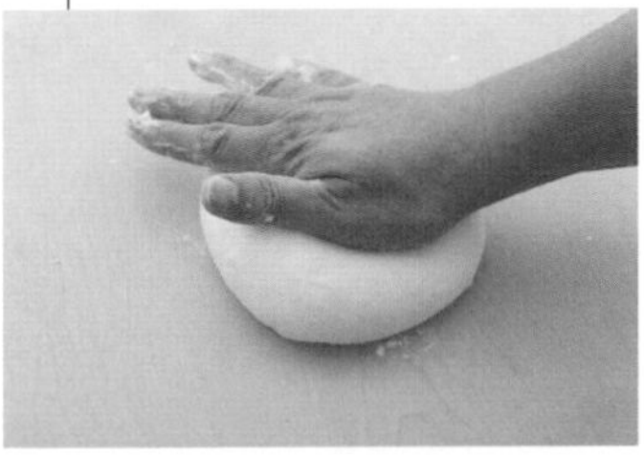

乾料混合加濕料，攪拌或用手揉成光滑的麵糰，鬆弛5±3分鐘。

2 壓麵

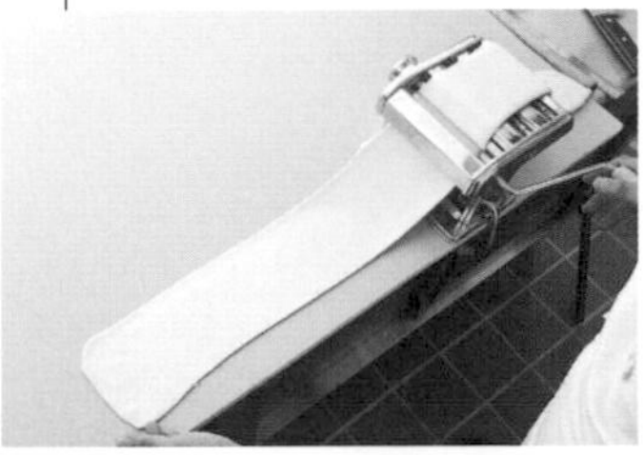

麵糰經反覆壓麵或擀壓成麵片。

3 整形

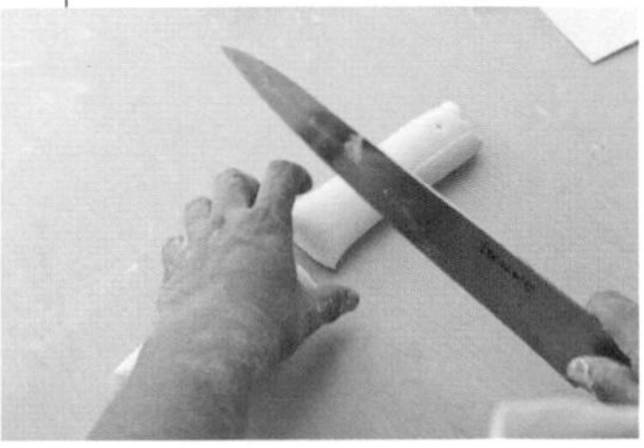

捲成圓柱體，用刀切成小麵塊。

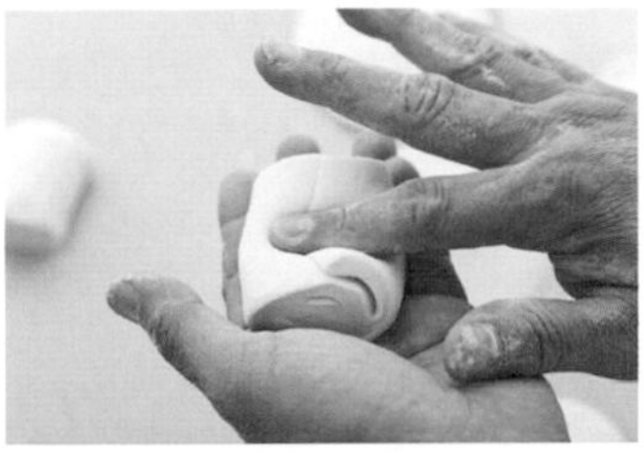

食指按壓小麵塊中間。

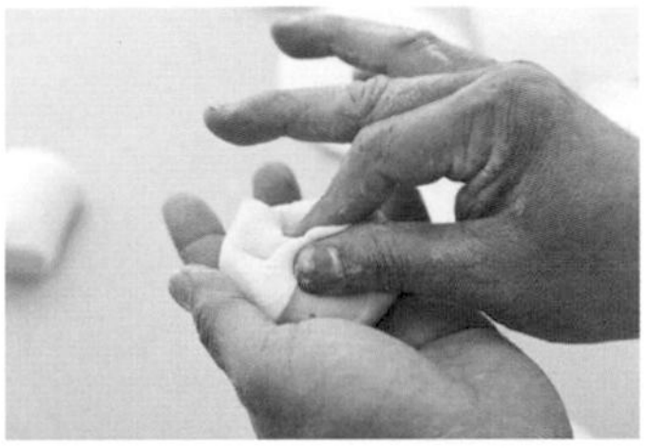

將兩端捏近。

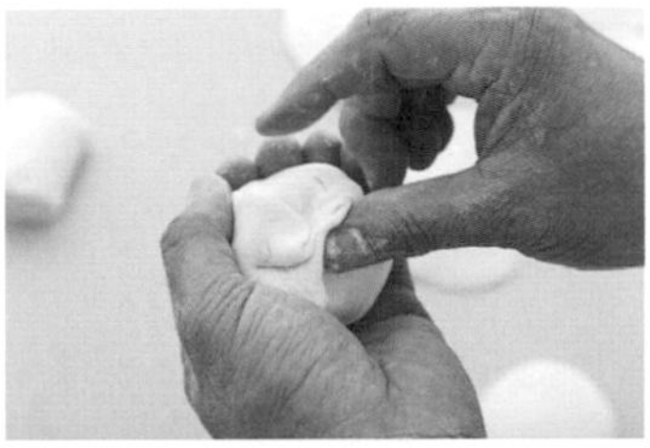

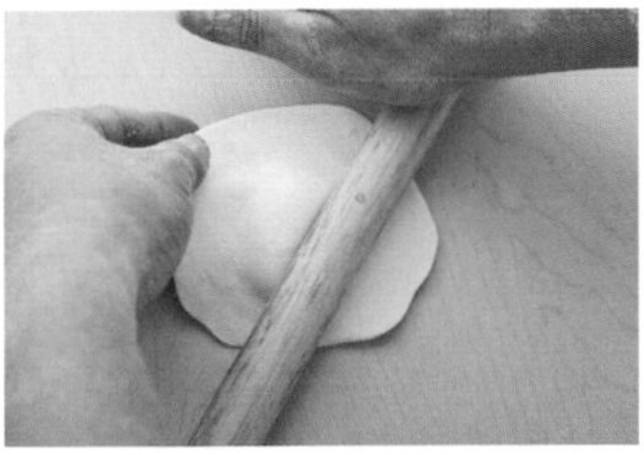

收口朝下，按壓，擀成中間厚，旁邊薄的麵皮。

收口朝上，包餡。

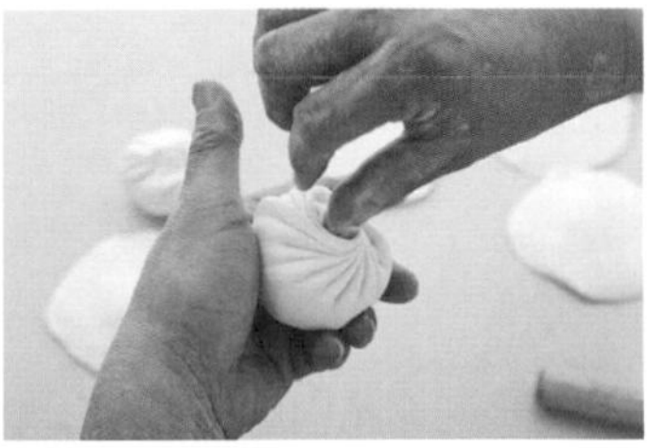

用手捏褶成圓形。

4 發酵

直接排列於墊紙的蒸盤或蒸籠內，用32±2℃發酵至體積增加1倍。

5 熟製

蒸籠或蒸箱先加熱至水沸騰，放入後，用中大火蒸12±2分鐘。

POINT

- 老麵包子為主食，麵皮要較紮實，湯汁不會滲入麵皮，才有適當的韌性與咀嚼感。
- 因包子包餡時，麵皮需往上拉出褶紋，底不厚易拉薄或破皮漏餡。
- 包子鼓脹，皮有光澤，手指腹輕按有彈性，有內餡香味代表已蒸熟。

三角烙餅

老麵製作的三角烙餅，麵糰需發酵足夠，才會產生酸，經加鹼中和後，會有獨特特殊風味，烙餅鬆軟而有嚼勁。

三角烙餅是用軟性老麵麵糰，不加任何配料的發酵烙餅，台灣俗稱「豆標」，或稱「小時候的大餅」。產品大多整成圓形，發酵後，用平底鍋兩面煎烙成金黃色的大餅，外皮香組織鬆軟，發酵香味十足，又耐貯存。

產品需具此特性：外表挺立不可軟趴、表面光滑，內部有不規則的大小孔洞、組織鬆軟、無異味、具適當的韌性與咀嚼感。

製作

數量：1 個

生重：每個 650±5g

大小：直徑 28±2cm

配料

麵糰（652g）

乾料：

- 中筋麵粉 100g
- 細砂糖 40g
- 鹽 2g
- 泡打粉 10g

濕料：

- 老麵 500g

方法

1 攪拌

乾料混合加濕料，攪拌或用手揉成光滑的麵糰。

2 壓麵

滚成大圓形。

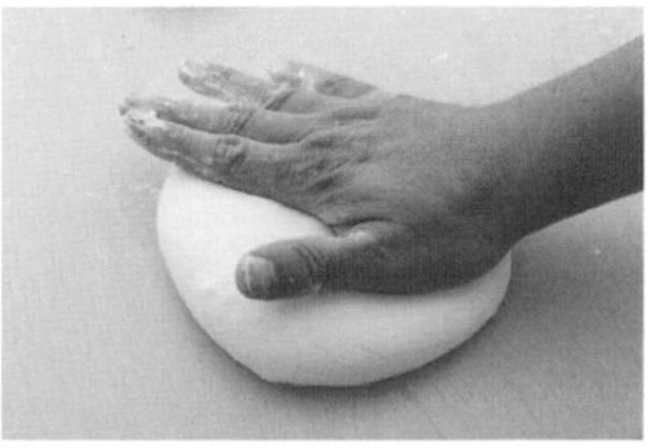

稍壓扁，鬆弛10±2分鐘。

3 整形

用手按薄（也可用桿麵棍擀薄）。

直徑約28±2cm。

4 發酵

整形後，表面撒防黏粉，排列於平盤上，發酵至體積增加1倍。

5 熟製

煎盤擦油（可以不擦油），將發酵後麵糰的正面朝下放入。

搖動麵糰，用中小火煎烙8±2分鐘，至底部著色，需翻轉數次，烙至金黃色，熟透鏟出。

POINT

- 麵糰軟硬會影響內部孔洞，麵糰太硬，組織較緊密，孔洞小，需增加鬆弛或發酵時間；麵糰軟，孔洞大而組織鬆軟，久放比較不會乾硬。
- 油烙和乾烙的區別在，油烙大餅因直接接觸鐵板，溫度較高，易烙焦、油膩，但有油香味；乾烙不必加油，只有烙餅表面的少許麵粉，未直接接觸鐵板，不易燒焦，無油香，但有麵粉炒過的香味，較耐貯存。三角烙餅最好用乾烙，比較有發酵的麵香。

蔥油烙餅

蔥油烙餅是用發酵足夠的軟性老麵麵糰，以三角烙餅製作方式，包入蔥油餡。烙餅的花樣很多，多以老麵製作，整成圓形，發酵後，用平底鍋煎或烙，成為金黃色的大餅，若加上不同的配料或餡料，可做出各種不同風味的烙餅。

產品需具此特性：外皮挺立、光滑、金黃色，內部組織鬆軟、發酵香味十足、有不規則的大小孔洞、有蔥香味、無異味、具適當的韌性與咀嚼感。

調製：主料、配料拌勻，調味即可。

製作

數量：2 個
生重：360±5g
大小：直徑 20±2cm
比例：皮 5（300g）
餡 1（60g）

配料

① 麵糰（614g）

乾料：

- 中筋麵粉 100g
- 細砂糖 2g
- 鹽 2g
- 泡打粉 10g

濕料：

- 老麵 500g

② 內餡（140g）

主料：

- 蔥花 120g

配料：

- 液體油 12g
- 鹽 8g

方法

1 攪拌

乾料混合加濕料，攪拌或用手揉成光滑的麵糰。

2 滾圓

滾成圓形，用手稍壓扁，鬆弛10±2分鐘。

3 整形

放蔥、加油、加鹽。

用手將蔥和油、鹽混和。

用手抓捏收口。

收口朝下，鬆弛10±2分鐘。

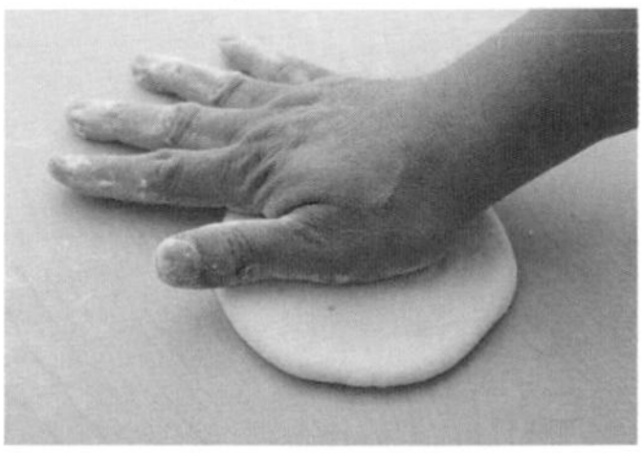

按壓成直徑20±2cm之扁圓形，整形後，表面撒防黏粉，排列於平盤上，發酵至體積增加1倍。

4 熟製

煎盤擦油（可以不擦油），發酵後的麵糰正面朝下放入。

搖動麵糰，用中小火煎烙8±2分鐘，需至底部著色，需翻轉數次，烙至金黃色，熟透鏟出。

POINT

- 麵皮太硬包餡後鬆弛或發酵不足，蔥與鹽接觸太久，會出水，皮會軟爛，蔥會破皮而漏出。
- 油烙和乾烙的區別在油烙是鐵板上有淋油，由於烙餅直接接觸鐵板，油溫較高，易烙焦、油膩，但有油香。乾烙不必加油，只有烙餅表面少許麵粉，未直接接觸鐵板，不易燒焦，無油香，但有麵炒過的香味，較耐貯存。蔥油烙餅最好用油烙，比較有蔥香味，但不用油烙則可耐保存。

發酵麵食｜老麵類

厚鍋餅（大鍋餅）

一種巨無霸的烙餅，形如平底鍋的「大鍋餅」，可以烙製成直徑40公分，厚達5～10公分的餅，又大又厚，所以稱為厚鍋餅。大鍋餅一般以老麵製作，用小火慢慢烙熟，不放任何調味，可以吃到麵粉的香甜味，紮實鬆軟而有勁。厚重、緊實的大餅，要烙得熟透，又不會烙焦，非得有點技巧。由於成品水分少，有止飢、飽食作用，又易保存，是以前農村的主食。為了取食方便，會在厚鍋餅表面壓上紋路，烙熟後一塊塊切開。除了原味之外，目前也開發各種不同風味的厚鍋餅。

產品需具此特性：外皮金黃，內部組織緊實細密、發酵香味十足、無異味、具適當的韌性與咀嚼感。

製作

數量：1 個

生重：每個 1500±10g

大小：直徑 26±2cm
（同平底鍋大小）

配料

① 麵糰（1500g）

乾料：

- 中筋麵粉 200g
- 低筋麵粉 300g

濕料：

- 老麵 1000g
- 鹼水 0.1g

② 外飾

- 黑芝麻 10g

方法

1 攪拌

乾料混合加濕料，攪拌或用手揉成光滑的麵糰，鬆弛5±3分鐘。

2 整形

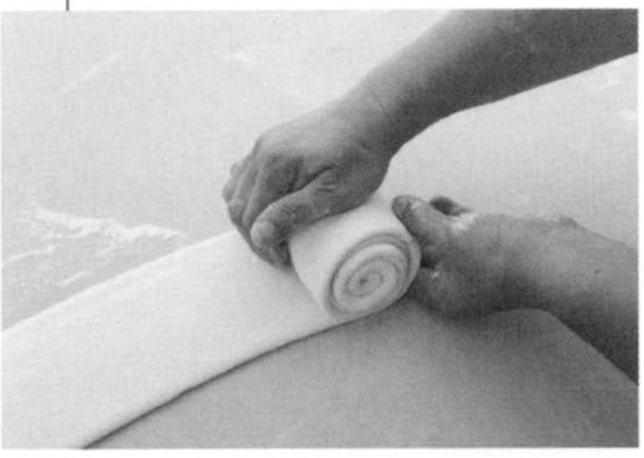

經反覆壓麵或擀壓成長麵片，捲成圓柱形。

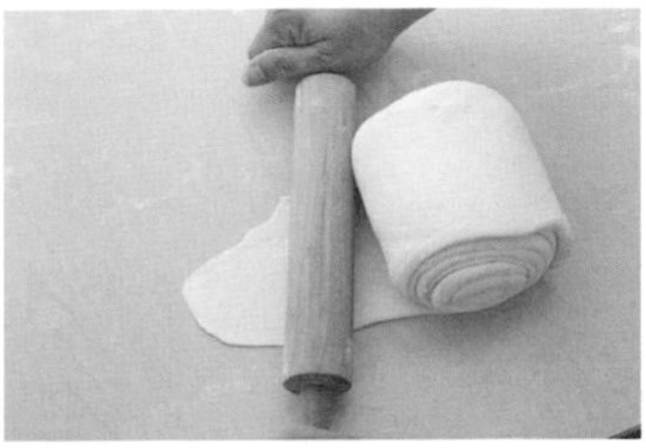

捲起後尾端要壓薄、黏住，鬆弛5±3分鐘。

將麵餅直立，用手及桿麵棍稍微壓平。

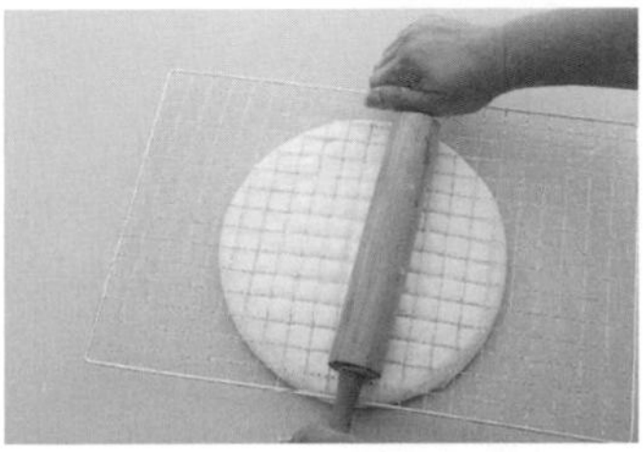

放在鐵網上，用桿麵棍擀壓，同平底鍋大小。

倒出後在每格紋路中間扎一孔洞。

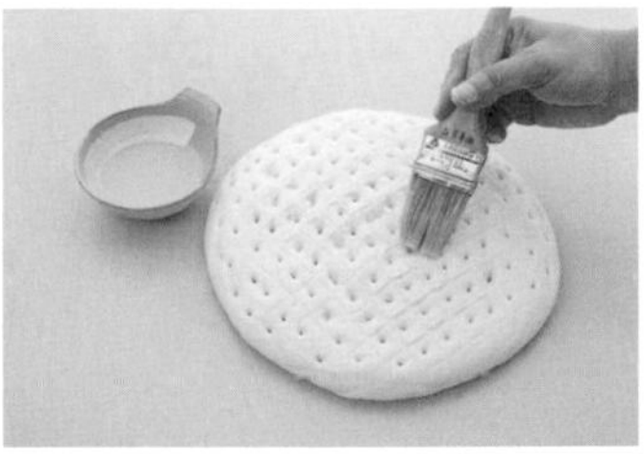

表面刷水。

撒上黑芝麻，發酵5±3分鐘。

3 熟製

放入平底鍋轉動麵糰，加蓋，用微火烙，著色後翻轉數次，約60±10分鐘，至兩面金黃色，熟透後鏟出。

POINT

- 使用有格紋的鐵網整形麵糰的用意，是一種表面裝飾、扎洞間距一致性，有利切塊，中間不會鼓起、色澤均勻等作用。
- 中間扎洞作用在於通熱、通氣，可以加速使紮實的厚鍋餅烙熟的時間。
- 用手輕拍表面，可以從膨膨聲、餅邊是否有彈性、底部是否均勻呈現金黃色、竹籤插中央，是否有麵香味溢出等來判斷是否烙熟。

紅豆烙餅

紅豆烙餅是三角烙餅、蔥油烙餅延伸而來甜點，三角烙餅是用軟性老麵麵糰製作而成，包入紅豆粒餡後稱為紅豆烙餅。

麵糰經包餡整成圓形發酵後，用平底鍋或平板煎或烙的方式，將餅煎烙成皮金黃、內鬆軟的圓餅，由於發酵香味十足，又有紅豆餡的香甜，是喜甜食者最佳的麵點。

產品需具此特性：外皮挺立、光滑、金黃色，內部組織鬆軟、發酵香味十足、有不規則的大小孔洞、有紅豆香味、無異味、具適當的韌性與咀嚼感。

製作

數量：8 個

生重：每個 120±5g

大小：直徑 12±2cm

比例：皮 2（80g）
餡 1（40g）

配料

① **麵糰**（652g）

乾料：

- 中筋麵粉 100g
- 細砂糖 40g
- 鹽 2g
- 泡打粉 10g

濕料：

- 老麵 500g

② **內餡**

- 紅豆粒餡 320g

方法

1 攪拌

乾料混合加濕料，攪拌或用手揉成光滑的麵糰，分割成8個。

2 滾圓

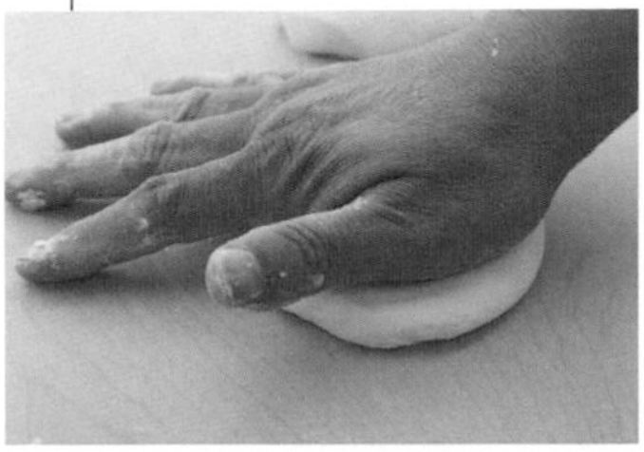

滾成圓形，用手稍壓扁，鬆弛10±2分鐘。

3 整形

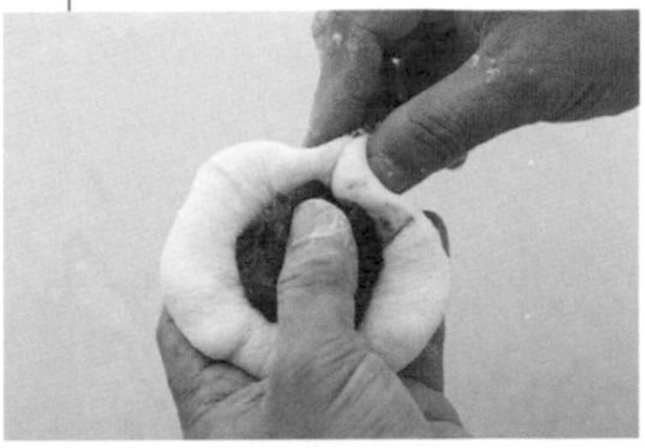

包紅豆粒餡、抓捏收口。

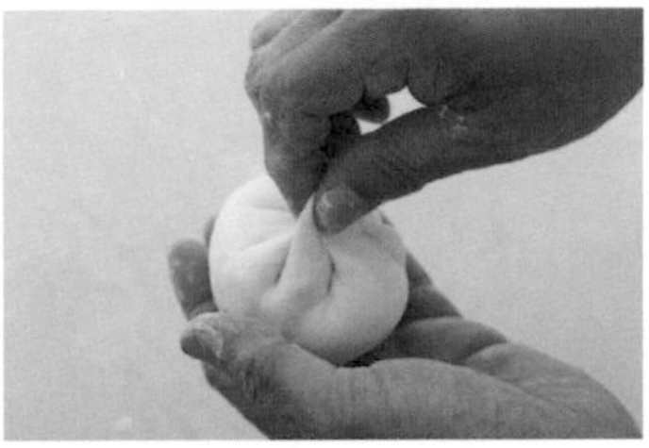

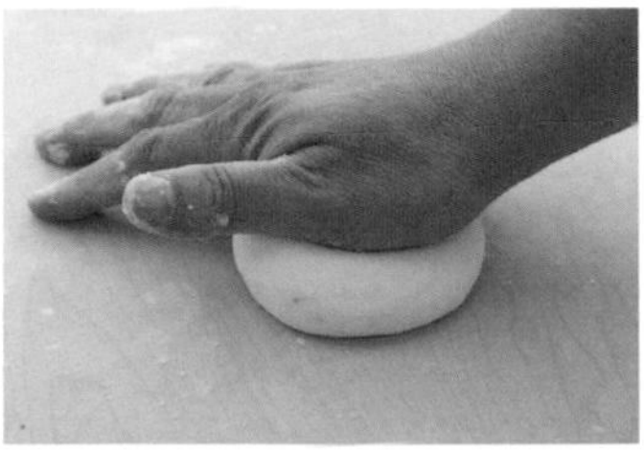

用手稍壓扁，鬆弛10±2分鐘。

按壓成直徑12±2cm之扁圓形。

4 發酵

整形後，表面撒防黏粉，排列於平盤上，發酵至體積增加1倍。

5 熟製

煎盤不擦油，發酵後的麵糰正面朝下放入。

晃動麵糰，用中小火煎烙8±2分鐘，直至底部著色，需翻轉數次，烙至金黃色即可鏟出。

POINT

擀麵皮時，需注意及掌握中心厚、邊緣薄的原則。麵皮太硬，餡太軟，會漏餡。麵皮太軟，餡太硬，一樣容易漏餡。包餡後鬆弛或發酵不足時，餡易外漏。

發酵麵食｜老麵類

鹹光餅

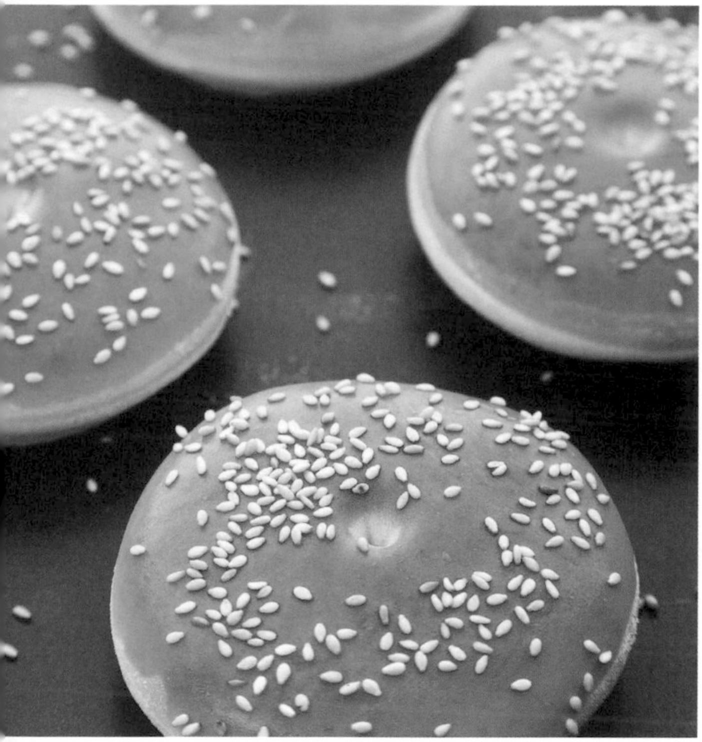

鹹光餅的製作，傳統是用木炭缸爐，將做好的餅胚貼在缸壁上，用炭火慢慢把餅烤熟，烤出來的鹹光餅，個個金黃香脆。 鹹光餅用料簡單，只有麵粉、老麵、鹽，表面沾白芝麻，有芝麻及發酵香味。

早期鹹光餅是用麻繩串起掛在將士身上，作為乾糧用的小餅，這種形狀似銅錢的小餅流傳民間，還成為祭祀的供品，也可以剖開夾餡作為點心。

產品需具此特性：外皮金黃香脆、挺立，內部組織鬆軟、發酵味十足、有不均勻的孔洞、無異味、具適當的韌性與咀嚼感。

製作

數量：5 個

生重：每個 40±2g

大小：直徑 7±1cm

配料

① 麵糰（205g）

乾料：

- 中筋麵粉 100g
- 速溶酵母 2g
- 細砂糖 2g
- 鹽 1g
- 泡打粉 0.5g

濕料：

- 老麵 60g
- 冷水 40g

② 外飾

- 蛋水 10g
- 白芝麻 10g

方法

1 攪拌、鬆弛

乾料混合加濕料，攪拌或用手揉成光滑的麵糰，鬆弛50±10分鐘。再揉光滑。

2 整形

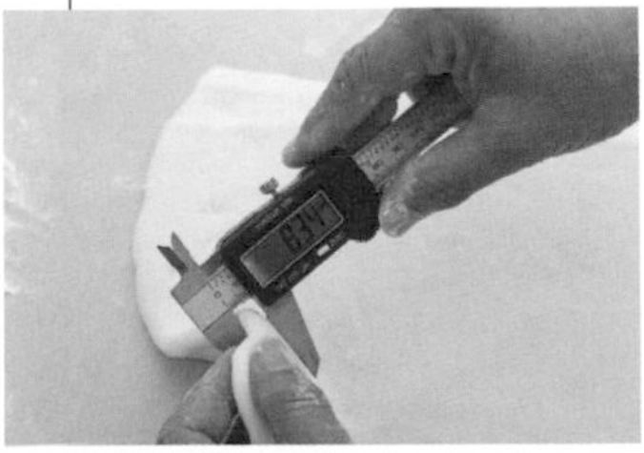

用桿麵棍擀薄，厚度約0.8～1cm。

用7±1cm空心模壓出。

整形後排列於平盤上，中央用筷子扎洞。

表面刷蛋水。

撒白芝麻。

3 發酵

發酵至體積增加1倍。

4 熟製

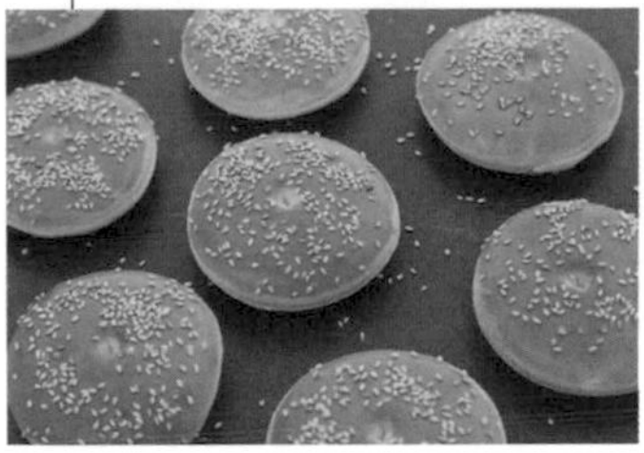

烤溫250±10℃，上下火全開，烤8±2分鐘，至金黃色即可。

POINT

- 中間扎洞可通熱通氣，又不會鼓起，可加速烤焙時間。
- 高溫短時間烘烤，組織柔軟而不會乾硬，口感好吃；至於是否熟透，可用手指腹輕按表面，有彈性、表面呈均勻的金黃色。
- 夾饃是乾烙的圓形麵餅，略同漢堡麵包，厚度約2～3cm，組織較緊實，食用時由旁邊剖開，中間可夾肉餡、蔬菜、肉鬆等作為主食。因鹹光餅與夾饃略同，組織較鬆軟，口感甚佳。

甜光餅

甜光餅的用料除了麵粉、老麵、鹽之外，還多了糖，目前多用烤箱烘烤，表面沒有任何裝飾，只有發酵及甜味，中間有扎洞，形狀似古代銅錢，早年是用麻繩串起掛在將士，或遠行人的身上充當乾糧，也有用於小孩四個月收涎。

產品需具此特性：外皮金黃、挺立，內部組織鬆軟、有甜味及發酵香味、無異味、具適當的鬆軟的咀嚼感。

製作

數量：5 個
生重：每個 40±2g
大小：直徑 7±1cm

配料

① 麵糰（215g）

乾料：

- 中筋麵粉 100g
- 速溶酵母 2g
- 細砂糖 12g
- 鹽 1g
- 泡打粉 0.5g

濕料：

- 老麵 60g
- 冷水 40g

② 外飾

- 蛋水 10g

方法

1 攪拌、鬆弛

乾料混合加濕料，攪拌或用手揉成光滑的麵糰，鬆弛50±10分鐘。再揉光滑，鬆弛5±2分鐘。

2 整形

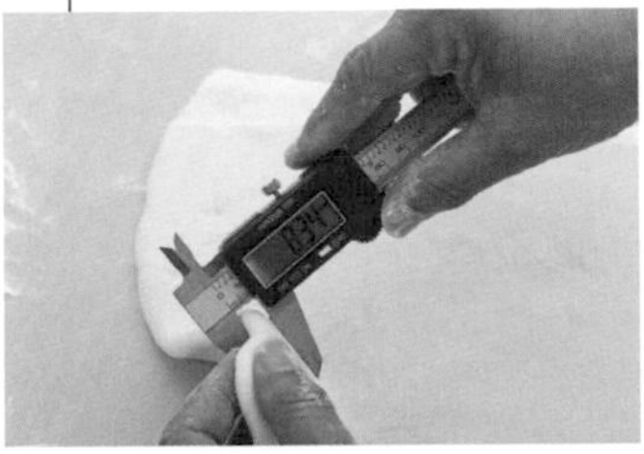

用桿麵棍擀薄，厚度約0.8～1cm。

用7±1cm空心模壓出。

整形後排列於平盤上，中央用筷子扎洞。

表面刷蛋水。

3 發酵

發酵至體積增加1倍。

4 熟製

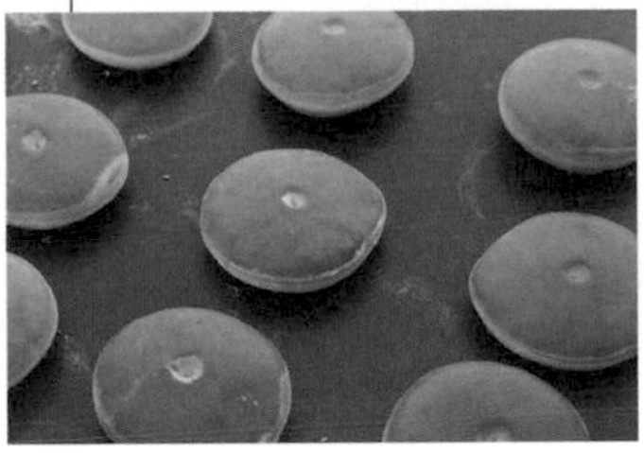

烤溫250±10℃，上下火全開，烤8±2分鐘，至金黃色即可。

POINT

- 中間扎洞可通熱、通氣，又不會鼓起，可加速烤烙的時間。
- 高溫短時間烘烤，組織柔軟而不會乾硬，口感好吃。至於是否熟透，用手指腹輕按表面，有彈性、表面呈均勻的金黃色，因糖比較多，需注意熟製時間。

火燒（槓子頭）

火燒是一種類似手掌心大的乾糧，狀似燒餅，熱呼呼口感最好吃。火燒是用鐵板烙烤而成，也因此稱為火燒，因口感很紮實，又稱槓子頭。

火燒是真材實料的乾糧，使用堅硬的冷水麵糰與少許老麵糰製成，不加糖，不加鹽，不加油，質地紮實，耐嚼、耐飢，咬下去的時候，會覺得沒什麼味道，咀嚼愈久，麵粉的甜香味就會從齒唇中流露出來，可以浸泡牛肉湯或羊肉湯一塊來吃。火燒可久存，是早年出遠門必備的食品。

產品需具此特性：外皮香脆，內部組織細密鬆軟、麵香味十足、無異味、具適當的韌性與咀嚼感。

製作

數量：6 個

生重：每個 120±10g

大小：直徑 7±1cm

配料

麵糰（780g）

乾料：

- 中筋麵粉 300g
- 低筋麵粉 200g

濕料：

- 老麵 50g
- 冷水 230g

方法

1 攪拌、壓麵

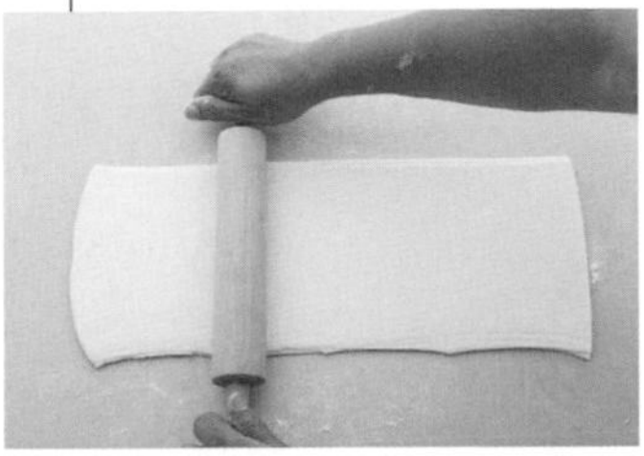

乾料混合加濕料，攪拌或用手揉成光滑的麵糰，鬆弛5±3分鐘，經反覆壓麵或擀壓成光滑的麵片。

2 整形

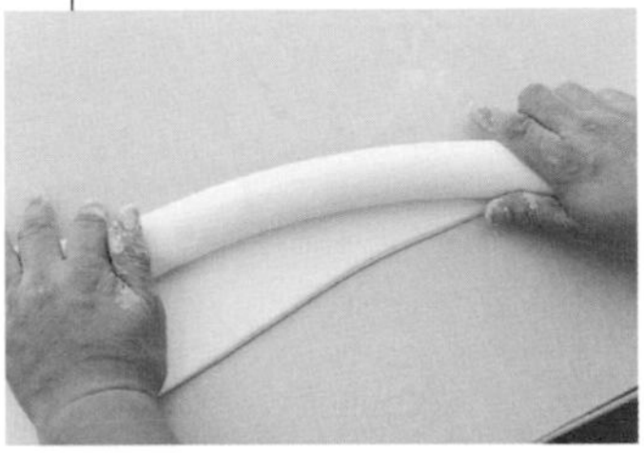

麵片捲成長圓柱。

→

分切成小塊，將麵糰放入空心模用手壓成圓形。

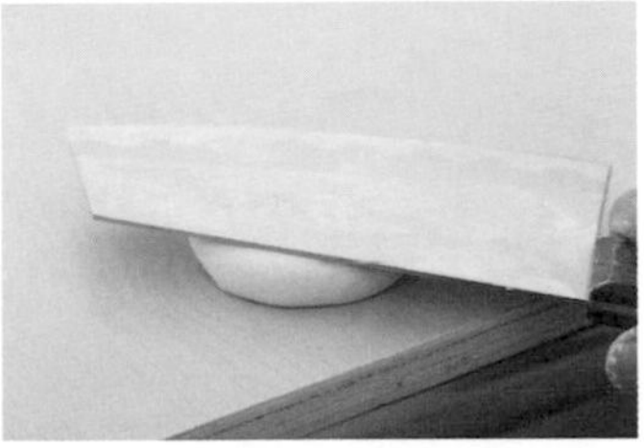

麵糰用刀背壓成2～3cm厚。

→

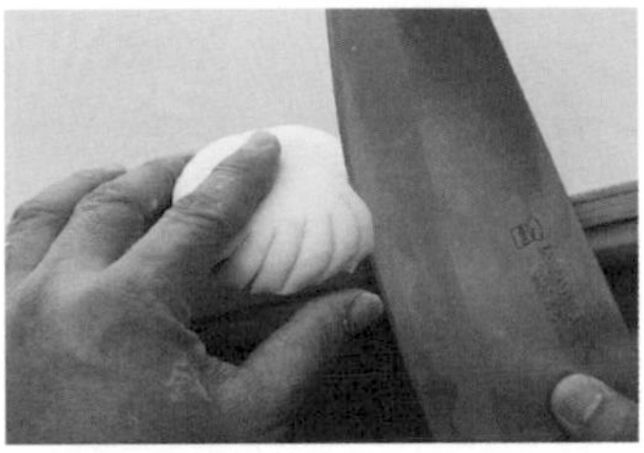

旁邊用刀砍紋路。

→

中間壓印，撐開旁邊紋路。

3 發酵

整形後表面朝下排列於平盤，發酵至體積增加1倍，用筷子在中間扎一小孔。

4 熟製

烤溫250±10℃，上下火全開，烤至表面著色。翻面再烤均勻，熟透出爐。

POINT

- 用刀砍紋路，有整形用意，也是表面裝飾，比較容易烤熟，中間不會鼓起。
- 中間扎一小洞的目的是因麵糰過於緊實，不易烤或烙熟，中間扎洞可通熱通氣，又不會鼓起，可加速烙熟的時間。
- 火燒沒有糖，不易著色，高溫短時間烘烤，外脆硬，內柔軟；低溫長時間烤出的火燒乾硬不好吃，但耐貯存，需泡湯汁食用。至於是否熟透，要用手輕拍表面，要有紮實的膨膨聲、兩面均呈均勻的金黃色、竹籤插中央後，會有麵香味溢出。

02

發粉麵食

發粉麵食是麵糰或麵糊於加熱或攪拌時，產生大量氣體，使麵食增加體積、產生鬆軟的組織。這些氣體除了水蒸氣與攪拌時打入的空氣外，主要是添加的化學膨大劑產生的二氧化碳，若使用過量，成品的組織粗糙，影響產品的風味與外觀，因此添加量要特別注意。

分類

發粉麵食是依不同麵糰或麵糊性質調製，依不同膨發特性與熟製方法，分為蒸烤與油炸二大類，茲分述如下：

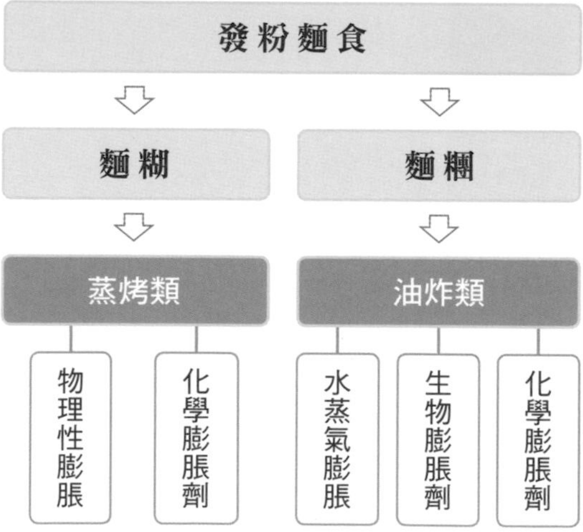

- **蒸烤類：**內部組織細綿、有較強的材料香味，如蒸（烤）蛋糕、馬拉糕、黑糖糕、夾心蛋糕等。麵糊是根據口感及產品特性調製，分化學膨脹與物理（攪拌）膨脹二種，產品含水量較高，不宜久存。
- **油炸類：**產品鬆酥或鬆脆、內部組織有粗糙也有細綿、富油香味，如巧果、開口笑等。麵糰是根據個人口感與喜好及產品特性而調製，產品含水量較低，但因特性不同，貯存期也不同（本類在《第七章 油炸麵食》）。

膨大原理

發粉麵食主要是靠化學膨大劑的作用，使產品體積增加組織又鬆軟，因鬆軟的組織，內部的細小孔洞易與唾液作用，可透出可溶物刺激味覺反應風味，又因消化酵素關係，消化快消化率高。發粉麵食膨脹乃因物理性（攪拌）與化學性（膨大劑）產生氣體，再由麵粉形成的麵筋將氣體保留，其中以熟製過程時產生的二氧化碳影響最大，這些氣體的產生與保留，其實是息息相關，但攪拌時被拌入的空氣也是影響因素。

- **空氣：**麵食製作過程，用機械的作用將空氣拌入，如麵糊攪拌時，利用高速攪拌將空氣拌入麵糊，被拌入的空氣，於蒸或烤的過程中，受熱膨脹使產品脹大。

- **水蒸氣**：麵糰或麵糊含有多量的水分，水分遇熱後會產生水蒸氣，可使產品脹大。
- **氣體**：麵糰或麵糊若含化學膨大劑，遇熱會產生二氧化碳或氨氣，使產品體積膨脹。較常用的有泡打粉、小蘇打粉、銨粉等。

製作方法

麵糰

1. **攪拌或揉麵**：乾料混合，加濕料，攪拌或用手揉成光滑的麵糰，鬆弛5分鐘以上。
2. **分割**：依製品分割所需重量與數量。
3. **整形**：依製品。
4. **發酵**：依製品。
5. **熟製**：油炸或蒸，時間與條件依製品不同而設定。
6. **成品**：冷卻後包裝，冷藏或冷凍。

麵糊

1. **攪拌**：麵糊攪拌的程度，依照製品不同而調整。
2. **鬆弛**：依製品不同。
3. **裝盤**：依製品用的不同模具，分裝所需重量與數量。
4. **熟製**：放入蒸籠或蒸箱，熟製時間與條件依製品不同而設定。

品評

表面與內部品評項目如下表：

品評項目		判斷標準
表面	**色澤**	色度，色澤均勻（差／灰暗）。
	結構	形態，完整（差／皺縮、塌陷、有氣泡、凹點或燙班）。
	形狀	形式，外形（表面、底面）平整、挺立（差／扁平或不對稱）。
內部	**結構**	組織，氣孔細小均勻，分布適中無雜質（差／有大氣孔粗糙）。
	彈性	熟度，鬆軟回彈快（差／回彈弱）。
	黏性	口感，爽口不黏牙（差／稍黏或黏）。
	氣味	風味，甜度適中、有應有的風味、無異味（差／有異味）。

Q&A

1. 麵糊類用什麼麵粉最理想？

A 麵糊的麵粉很關鍵，不能選擇筋度太高的麵粉，麵包用的麵粉就比較不適用，除非使用特殊的原料，低筋麵粉最適合。

2. 如何製作光滑細緻的麵糊？

A 光滑細緻與麵糊的氣孔有關，麵糊攪拌足夠表面會光滑細膩，組織細密。

3. 如何製作不皺縮塌陷的麵糊類麵食？

A 合適麵粉、適當水量，若膨脹度較大因麵筋支撐力不足時會產生縮皺塌陷。

4. 麵糊類麵食蒸製有何要訣？

A 蒸製時蒸器內需保持微壓狀態和氣體的迴旋，通入的蒸氣壓力不宜太高，防止水滴在麵糊表面造成局部糊爛。

發糕

發糕是我國過年或祭祀時供桌上的應景食物，象徵發財的發糕，即使口味不受現代人喜愛，但為了討個好彩頭，依舊是不可少的食品。傳統的發糕都是用在來米製作，近年有改用麵粉製作的發糕。原料以攪拌機或打蛋器攪拌混合成適當麵糊，裝模後經蒸箱或蒸籠蒸熟之產品。

產品需具此特性：外表有3瓣以上之自然裂口、色澤均勻、無異常斑點、有光澤、底部不得密實或有生麵糊，內部組織均勻、口感鬆軟、富彈性、不黏牙、無不良風味。

製作

數量：2 個（115cc 模型）

生重：120±10g

配料

麵糊（254g）

乾料：

- 低筋麵粉 100g
- 泡打粉 4g
- 細砂糖 70g

濕料：

- 水 80±10g

方法

1 攪拌

乾料混合，加濕料，攪拌成光滑的麵糊，鬆弛5±3分鐘。

TIPS

麵糊要攪打至光滑。

2 裝盤

再攪拌至光滑，裝入容器內。

TIPS

裝麵糊的高度，為容器高的8～9分滿，裂紋會較佳。

3 熟製

蒸籠或蒸箱先加熱至水沸騰，放入後用大火蒸20±3分鐘。

POINT

- 材料一定要攪拌至光滑細緻，鬆弛時間不宜過長，模型裝好後最好再拌一次，組織會較均勻，裝杯後要馬上蒸。
- 蒸籠或蒸箱需先加熱至水沸騰才可蒸，因發糕表面需要裂開，熟製時火力要大，火力大小會影響產品的品質與裂紋。
- 本產品可冷藏，常溫約可保存2～3天。
- 用手指腹輕按中心，有彈性很快平復時表示已熟，凹陷不復原則是還沒蒸熟；用竹籤插入中心不沾麵糊表示已熟，沾麵糊表示還沒蒸熟（如圖）。

黑糖糕

用紅（黑）糖製作的蒸糕，稱黑糖糕，是早期流傳在民間於廟宇慶典或重要節日時用來祭拜神明或祖先，帶來好運及財富用的供品，不能久放，通常是現做現賣，口感有點黏，與鬆糕的口感相似。黑糖糕經攪拌混合成麵糊，裝模經蒸箱或蒸籠蒸熟，產品表面微鼓並用白芝麻裝飾。

產品需具此特性：外表有光澤、不塌陷、無異常斑點、底部不得有密實未膨脹或未熟的麵糊，內部組織均勻、口感鬆軟、富彈性、不黏牙、良好的紅糖風味。

製作

數量：2 盤（450cc 模型）

生重：180±10g

配料

① 麵糊（377g）

乾料：

- 低筋麵粉 100g
- 馬鈴薯澱粉 50g
- 泡打粉 7g
- 紅糖 100g

濕料：

- 水 120±10g

② 表飾

- 熟白芝麻 10g

方法

1 攪拌

乾料混合，加濕料。

攪拌成光滑的麵糊，鬆弛約5±3分鐘。

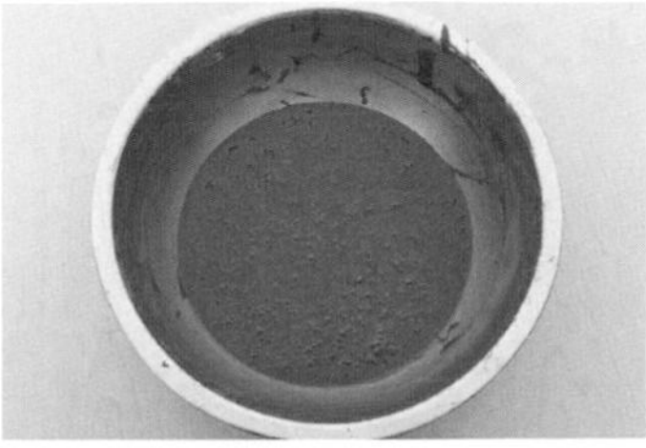

麵糊攪打至光滑。

2 裝盤

裝入容器內（450cc鋁箔盒）。

TIPS

裝麵糊的高度為容器高的5～6分滿，外形最佳。

3 熟製

蒸籠或蒸箱先加熱至水沸騰，放入後用大火蒸25±5分鐘。

熟後撒上白芝麻。

POINT

- 紅糖一定要拌溶，麵糊要攪拌至光滑，鬆弛時間不宜過長，麵糊的氣泡要少外形較佳，模型裝好後最好用刮刀再拌一次，組織會較均勻，拌後馬上蒸。
- 蒸籠或蒸箱需先加熱至水沸騰才可蒸，因黑糖糕表面需要光滑，熟製時火力要大，火力太小表面會有一圈白色泡沫，會影響產品的品質。
- 若使用樹薯澱粉比較軟Q、柔軟，不易老化。
- 本產品可冷藏，常溫約可保存2～3天。

發粉麵食｜麵糊類

馬拉糕

馬拉糕製作方法很多，發酵法是用麵粉、雞蛋、豬油、液體油混合發酵蒸製而成，若發酵足夠，馬拉糕會變成褐色；簡易製法，是將原料攪拌混合成適當麵糊，裝模後蒸熟，無需發酵，因此鬆軟度較差

產品需具此特性：外表微鼓、不規則、不塌陷、色澤均一、無異常斑點、金黃色，切開近表面處有不規則的孔洞、組織均勻、底部不得有濕軟組織或未熟麵糊、口感鬆軟、有蛋及鹼的香味、富彈性、不黏牙、沒有不良風味。

製作

數量：2 盤（450cc 模型）

生重：180±10g

配料

麵糊（379g）

乾料：

- 低筋麵粉 100g
- 泡打粉 3g
- 布丁粉 10g
- 二砂糖 100g
- 小蘇打粉 1g

濕料：

- 蛋 130g
- 蒸發奶水 20g
- 水 5g
- 液體油 10g

方法

1｜攪拌

蛋先攪打均勻。

乾濕料混合。

攪拌成光滑的麵糊。

2｜裝盤

放入容器內，鬆弛30±10分鐘。

TIPS

裝麵糊的高度為容器高的 6 ～ 7 分滿最佳。

3｜熟製

蒸籠或蒸箱先加熱至水沸騰，放入後用大火蒸20±5分鐘。

POINT

- 材料一定要拌溶，麵糊要攪拌至光滑，鬆弛時間要長，麵糊的氣泡要上升，產品外形與組織較佳，不可拌後馬上蒸。
- 麵糊裝入容器後，鬆弛時間長一點，麵糊內的氣泡往上浮，熟製時火力大，會影響表面的平滑，形成不規則的紋路，若火力太小，表面有一圈白色泡沫，紋路不佳。
- 麵糊在容器內放置時間長一點，膨大劑產生的氣體會往上浮，大火蒸的時候，表面馬上凝結封住氣體，形成的大小不均的孔洞。
- 蛋不需打發，只要打散拌勻即可；布丁粉可以不加，加入的目的是使色澤與香味較佳。
- 本產品可冷藏，常溫約可保存2～ 3 天。

發粉麵食｜麵糊類

蒸蛋糕

蒸蛋糕歷史悠久，頗受歡迎的傳統糕點。原料經攪拌混合成適當麵糊，裝模後蒸熟。

產品需具此特性：外皮平坦、光滑細緻、不塌陷、不縮皺、無裂口、色澤正常、無異常斑點或與麵粉結塊、鬆軟，內部組織均勻、細密、富彈性、蛋香、不黏牙、不油膩、口感鬆軟、富彈性、不黏牙，切開後底部不得有未膨發或生麵糊。

製作

數量：2 盤（450cc 模型）

生重：180±10g

配料

麵糊（373g）

乾料：

- 低筋麵粉 100g
- 細砂糖 100g
- 奶粉 3g
- 沙拉油 10g

濕料：

- 蛋白 100g
- 蛋黃 50g
- 水 10g
- 香草香精少許

方法

1 攪拌

蛋黃及蛋白分開。

蛋白稍打發，慢慢加入細砂糖。

再打至有尖峰狀。

加入蛋黃。

拌勻。

加入麵粉拌勻。

加入油、奶水（奶粉＋水）充分拌勻，攪拌完成。

2 裝盤

依容器大小，裝入容器內。

TIPS

裝麵糊的高度為容器高的 6 ～ 7 分滿外形最佳。

3 熟製

蒸籠或蒸箱先加熱至水沸騰，放入後用中大火蒸20±3分鐘。

POINT

- 不用全蛋打發的原因是蛋白有打發性，蛋黃是乳化性，混合打發需較長時間，且孔洞較粗。蛋白與糖較易打發，孔洞小而細緻，蛋黃加入輕拌即可均勻，時間短，蛋糊均勻細緻。
- 蛋白加糖愈多，攪拌後的尖峰（濕性發泡）愈挺，拌蛋黃時比較不易消泡。
- 麵粉太細或拌的時間太久，或加入的液體原料太多，比較會消泡。
- 裝麵糊的高度為容器高的6～7分滿外形最佳。材料拌至光滑即可，模型裝好後馬上蒸。
- 熟製時火力太大、麵粉筋度太弱，蛋糕較易縮皺。

夾心鹹蛋糕

原料經攪拌混合成適當麵糊，用肉燥作夾心餡，以蒸箱或蒸籠蒸熟之產品。除了具蒸蛋糕的口味外，又因餡料風味的不同，可用玫瑰醬、果醬、豆沙、芋頭、滷肉等作夾心，會使形態更美，口味更佳。

產品需具此特性：外面平坦光滑、不塌陷、色澤正常鬆軟、上下層蛋糕不得分離，內部組織均勻、底部不得有未膨發或生麵糊、口感鬆軟、富彈性、不黏牙。

製作

數量：一盤（600cc 模型）

生重：420±10g（含夾心肉燥）

比例：麵 5（350g）　肉 1（70g）

配料

① 麵糊（373g）

乾料：

- 低筋麵粉 100g
- 細砂糖 100g
- 奶粉 3g
- 沙拉油 10g

濕料：

- 蛋白 100g
- 蛋黃 50g
- 水 10g

② 肉燥（83g）

主料：

- 絞碎豬肉 40g

配料：

- 碎蝦米 3g
- 白芝麻 10g
- 油蔥酥 30g

調味：

- 醬油、鹽等少許

調製：主料炒熟，加配料炒香，加入調味後試味。

方法

1 攪拌

蛋黃及蛋白分開。

蛋白稍打發，慢慢加入細砂糖。

再打至有尖峰狀。

加入蛋黃拌勻。

加入麵粉拌勻，再加入油充分拌勻。

2 裝盤

在容器裡放入一半麵糊。

表面放入肉燥。

3 熟製

蒸籠或蒸箱先加熱至水沸騰，放入後用大火蒸10±2分鐘，取出。上面再蓋上剩下的麵糊。

抹平。

最後表面再撒上肉燥，再用中火蒸熟。

POINT

- 夾心餡料比麵糊重，一半麵糊先蒸熟才放餡料，不會沈底，夾心餡要適量而不可過量，過量太重會往下沈，可以留一些鋪表面一起蒸熟。
- 夾心餡最好用質輕的肉燥，外形較佳。
- 熟製時火力不要太大，火力大小會影響產品品質。

第7章

油炸類製作

01

油炸麵食

油炸麵食是以高溫油炸作為熟製的一種麵點，如麻花、油條等。主要原料是麵粉、豆類、薯類、果仁等，製作過程時，會用油的熱度，將油炸物含有的水分，於受熱之後急劇汽化，致使製成的麵點體積增大、酥脆度增加、香氣撲鼻。

油炸的傳熱介質是油脂，溫度加熱到160～180℃時，油脂會從油鍋中吸收到的熱量，傳遞到製品表面，也就是說，高溫會由外部逐步傳向內部，麵點很快被加熱至熟，而且色澤均勻。油溫愈高時，麵點中心溫度上升愈快；物體愈來愈厚時，內部溫度上升跟著緩慢下來。

發展

在敦煌文書中，有不少「煮油、煮油麵、煮菜麵、煮羢羣、煮佛盆」等熟食用詞，其中的「羢羣」，是一種炸的發麵油餅，是寺僧的主食。

目前常見的饊子、麻花之類油炸麵食，《本草綱目》已有記載「寒具，即今饊子也」，是用麥、稻、黍等原料油炸而成，春秋戰國時期已經流傳，是「寒食節」食用的冷食，距離現在，饊子流傳已有兩千多年的歷史，雖歷經演變及流傳，變化不大。

命名緣由

油炸麵食是利用膨大劑、酵母或老麵、酥鬆性原料與水的反應，透過高溫油炸時產生的氣體，再加上麵糰內水分的蒸發、麵筋的保氣能力，使麵糰變膨鬆，口感酥香、鬆脆。

中點小百科 寒食節由來

大家都知道四月份有一個「清明節」，全家要掃墓，其實還有一個幾乎快要被淡忘的「寒食節」，源自於春秋戰國期間的重要日子。晉國公子重耳在外流亡十九年，後來回到晉國繼任，成為春秋五霸之一晉文公。

重耳流亡期間，隨扈侍從介子推曾經割下腿肉烹煮給重耳食用，卻沒有得到賞賜，引來不平者的抱屈聲。晉文公立刻派人尋覓介子推，已經和母親一塊隱居山中的他，不肯下山見面，有人建議火燒山，介子推是孝子，為了擔心母親，一定會被煙燻出來，晉文公下令放火燒山一個月，火熄之後，介子推與母親相擁而亡。晉文公懊惱難過，下令將火燒山這天訂為介子推忌日，宮中不生火，吃冷食。

油炸麵食命名大多用外形，如開口笑、兩相好、麻花，或用口味命名的有，油香餅、鹹炸餅、蛋散等，基本上並沒有複式的命名。

製作原理

油炸麵食會有酥香鬆脆，甜鹹適度的口感，製作關鍵在於麵糰，其中的油、水、麵粉、蛋、糖、合理比例，以及攪拌程度與相互搭配的特性，是影響鬆、酥、脆的三大指標，另外油炸火候的調節也會是關鍵。

油炸食品會有鬆脆口感，一般是使用膨鬆性麵糰，該類麵糰含有適當、適量能夠產生氣體的輔助原料，或採用適當的調製方法，使麵糰發生生物性、化學性或物理性反應，進而產生氣體，再透過加熱，氣體膨脹的物理原理，從而賦予製品膨鬆酥脆的結構。

另外，透過部分的機械作用，會將空氣拌入，如篩麵粉、攪拌麵糊的動作，或油炸時，因為受熱而讓麵糰膨脹。此外，水蒸氣也是讓麵糰膨脹的因素之一，麵糰含有水分，水分遇熱後會產生水蒸氣，可以使產品體積脹大。

油脂品質的優劣會影響酥脆口感，油炸時，油脂氧化的關係，會發黑、濃調、起泡沫，進而產生油耗味，會降低油炸麵食的品質，預防的作法是，選用含大量油酸、低碘、穩定性高的油品，並控制油溫不要超過200℃，減少油與空氣的接觸，方能製作出優良品質的油炸麵食。

麵糰分類

麵糰分類	
發酵麵食／酵母菌	糖麻花、兩相好
發粉麵食／膨大劑	脆麻花、油條、開口笑、薩其馬、巧果
酥油麵食／油酥層	金絲酥、千層酥、蓮花酥

發酵麵食

- **老麵麵糰**：發酵香味較強，產品鬆軟，彈韌性差、勁力小、色澤較黃、內部組織孔洞大，可用於糖麻花或兩相好的製作。
- **新鮮麵糰**：發酵香味較弱、產品鬆軟、有點彈韌性、勁力稍大、內部組織孔洞較小、成形與操作方便，也可用於糖麻花或兩相好的製作。

發粉麵食

有較強的油香味，產品鬆酥或鬆脆、內部組織有孔或有細孔，像是開口笑、薩其馬、油條等。

酥油麵食

產品酥脆、有層次感、膨脹由油酥融化形成、有比較強的油香味，像是蓮花酥、千層酥等。

製作技術

油炸技術

- **炸油數量**：油量多，油溫較穩定。
- **油品潔淨**：油脂潔淨會影響製品的風味。

- **火力大小**：火大油溫高；火小油溫低 。
- **適當油溫**：不同麵點需不同油溫，分低溫（80～150℃）及高溫（180～220℃）。
- **炸製時間**：應根據產品特性、種類、大小等來控制時間。
- **安全操作**：油溫變化快，隨時注意避免事故發生。

油炸操作

- **低溫油炸**：適用於較厚、帶餡，或有油酥及薄脆高糖的製品。
- **高溫油炸**：適用於膨鬆、空心類的麵點。

Q&A

***1.* 為什麼麵糰要攪拌或揉光滑？**

A 產品表面會呈現光滑細緻，保氣性佳，產品膨脹幅度大。

***2.* 麵糰的軟硬度為什麼會影響外形？**

A 麵糰硬，整形容易縮小，可以延長鬆弛時間，好操作，但體積較小；麵糰太軟，容易黏手而變形，兩條細麵糰對摺搓捲也易黏在一起，炸不透且會回軟，沾粉又多，油炸用油會呈現髒黑。

***3.* 油炸油溫度的高低，對成品的品質有哪些影響？**

A 高溫不易炸透，會回軟或炸黑；低溫易炸透，色淺，吸油多，體積小而硬，所以要控制火的大小，穩定油溫。

***4.* 為什麼要用中筋麵粉？**

A 中筋麵粉不易收縮，又有合適的體積及酥脆的口感；高筋麵粉易收縮不易整形，產品硬；低筋麵粉，搓長易斷，口感鬆酥。

***5.* 炸油要選用那一種油脂比較好？**

A 用豬油炸較酥，沙拉油炸較脆，或者添加棕櫚油也是一種選擇，最好用油炸專用油。

***6.* 用新鮮或老油炸？還是舊油炸？對品質有何影響？**

A 新鮮油炸出來的產品，色澤較淺；老（舊）油炸出來的產品，色澤較深，容易產生油耗味。

***7.* 麵糰整形後，要注意那些細節才不會影響成品？**

A 麵糰製作過程中，要預防結皮，整形後鬆弛時，最好不要結皮，會影響外表的光澤。

中點小百科 **結皮**

麵糰表面會因製作環境的濕度不足，表面會乾燥而呈乾皮的現象，製作者都用結皮稱之。

油炸麵食｜發酵類

糖麻花

糖麻花的特點是硬、酥、脆、甜，是由饊子演變而成的。麻花外觀類似繩子，由於外表裹著糖，內部組織膨鬆，具有很好的咬感，是可口零嘴。

先製作麵糰，可用發酵或發粉製成麵糰，經過適當鬆弛或發酵後，將麵糰壓成麵帶，切條後再整形，不限絞股，再經最後發酵、油炸後，裹上糖凍，即完成了糖麻花。

產品需具此特性：外表大小一致、色澤均勻、不可炸焦、兩端接頭不可鬆開、裹糖要均勻乾爽、不可受潮回軟，內部組織膨鬆、口感香脆。

製作

數量：6 條

生重：每條 25±2g（不含裹糖凍）

長度：12 ～ 15cm

比例：麵 5（25g）
糖 3（15g）

配料

① 麵糰（161g）

乾料：

- 低筋麵粉 80g
- 中筋麵粉 20g
- 細砂糖 2g
- 鹽 1g
- 碳酸氫銨 1g
- 液體油 1g
- 速溶酵母粉 1g

濕料：

- 蛋 5g
- 水 50±5g

② 糖凍（95g）

乾料：

- 細砂糖 70g

濕料：

- 麥芽糖 5g
- 水 20g

*可加糖粉4g

方法

1 麵糰

乾料加濕料，攪拌或用手揉成光滑麵糰，鬆弛30分鐘。

2 整形

擀成薄麵帶。

用刀切條，鬆弛10分鐘。

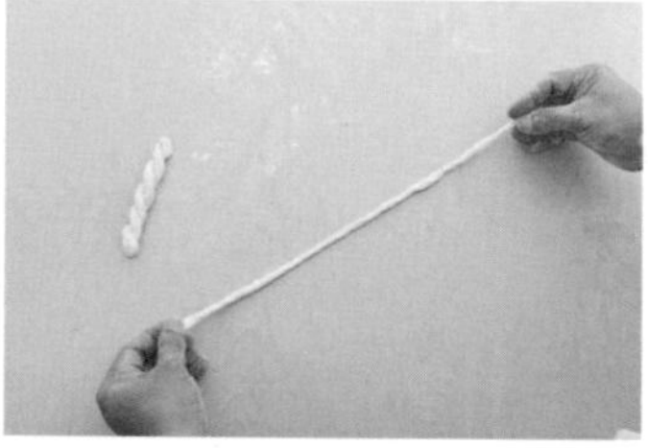

用手搓拉至50～60cm。

兩端反向搓捲後懸空提起合攏。

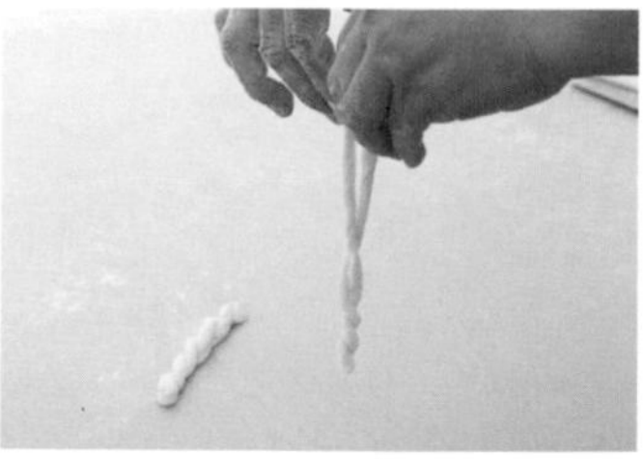

會自動擰成二股麻花。

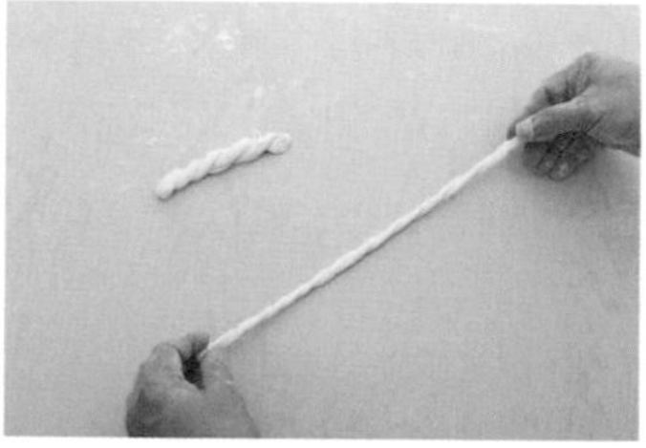

再用手搓拉至25～30cm。

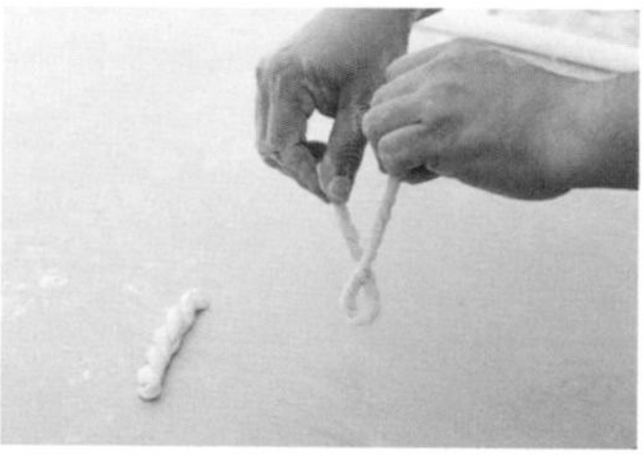

搓捲成四股麻花，約12～15cm。

用手指扣住轉捲。

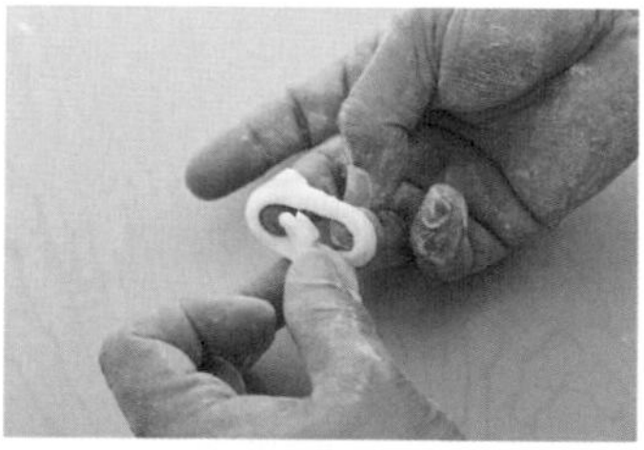

將尾端叉入圓環內。

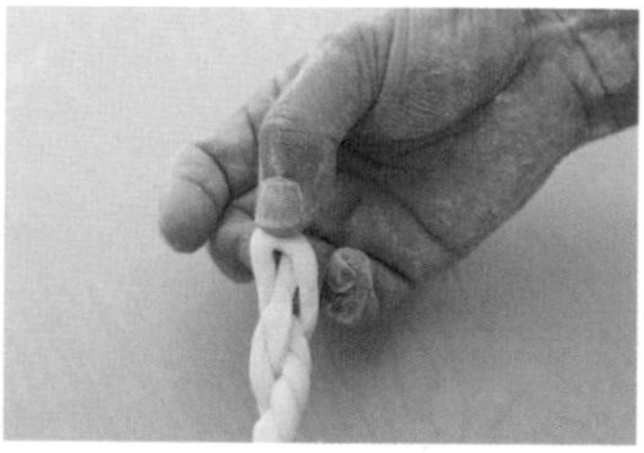

3 鬆弛

鬆弛10分鐘，放入溫度150～170℃油鍋，炸至金黃色（脆硬）。

4 糖凍

乾濕原料混合煮至溫度115～118℃。

TIPS

用吹泡鐵絲（自製）沾糖漿，若吹出成串泡泡，表示溫度已經足夠。

5 裹糖

將炸好的麻花放入拌鍋內，倒入熱糖漿。

迅速拌至黏絲出現，加入少許糖粉，拌至返砂。

POINT

- 有三種方法可以判斷理想麵糰的硬度，用手搓麵糰時，不收縮，也不黏；麵糰拉搓合攏前，可先撒防黏粉，絞股明顯，而且不會黏在一起；容易炸至金黃色，不回軟。
- 油炸時，麻花會膨脹，下鍋時需預留膨脹的間隙，要注意數量，不可滿鍋。數量少，油炸溫度容易升高，要注意調整油溫，需用關火或小火調控。
- 糖漿煮至115～118℃，溫度不足，糖凍太黏麻花會回軟，過度時，很快返砂，無法與麻花拌勻。拌糖漿時，要注意安全，不要沾到手，避免被高溫燙傷。
- 糖返砂不足時，可以再多加點糖粉，中和一些黏性。
- 糖漿到達一定濃度後，會變黏稠，攪拌時所拌入的空氣，會被糖漿包住而使體積膨脹、變白，返回到砂糖的外形，但因含有空氣及水分，故入口而化，口感乾爽，這就是綿白糖。
- 碳酸氫銨（臭粉）在短時間釋放大量氣體，可使產品體積大，孔洞多，易炸且較鬆脆，可改用泡打粉。
- 使用防潮濕、防高溫的密封袋保存糖麻花，又不容易回軟。保存期限會因油炸油的新鮮度而不同，建議1～2週口感最佳。

油炸麵食｜發酵類

兩相好

兩相好又名雙胞胎、馬花糋，是傳統台灣小吃，常見於街角、巷弄間，是用兩片麵皮夾上糖心，油炸後又相連一起的油炸麵食，吃起來香酥有韌性，咬感十足。麵糰的製作，可用酵母、發粉或老麵。麵糰經過適當鬆弛或發酵後，擀或壓延成麵帶，再以糖餡作夾心，並切成菱形小塊，發酵後，用中溫油炸至熟。

產品需具此特性：外觀大小一致，色澤均勻，不可炸焦，外角需膨大成60度以上，夾心層炸好後有顆粒狀的糖酥脆粒，但不可有硬糖塊，麵片接頭不可斷開、需相連，組織鬆軟有拉絲的大孔洞，吃起來香酥有韌性，口感良好。

製作

數量：2 個

生重：每個 100±5g（含糖餡）

長度：5cm×8cm（菱形）

比例：麵 6（90g）
餡 1（15g）

配料

① **一般麵糰**（185g）

乾料：

- 高筋麵粉 70g
- 中筋麵粉 30g
- 小蘇打粉 1g
- 碳酸氫銨 1g
- 細砂糖 10g
- 鹽 1g
- 速溶酵母粉 2g
- 液體油 2g

濕料：

- 水 60±5g

② 老麵麵糰（214g）

乾料：

- 高筋麵粉 60g
- 中筋麵粉 40g
- 小蘇打粉 1g
- 泡打粉 1g
- 細砂糖 10g
- 老麵 40g
- 液體油 2g

濕料：

- 水 60±5g

③ 糖餡（41g）

乾料：

- 低筋麵粉 15g
- 糖粉 20g
- 液體油 1g

濕料：

- 水 5±2g

方法

1 | 麵糰

乾料加濕料，攪拌或用手揉成光滑麵糰，鬆弛30分鐘。

2 | 整形、鬆弛

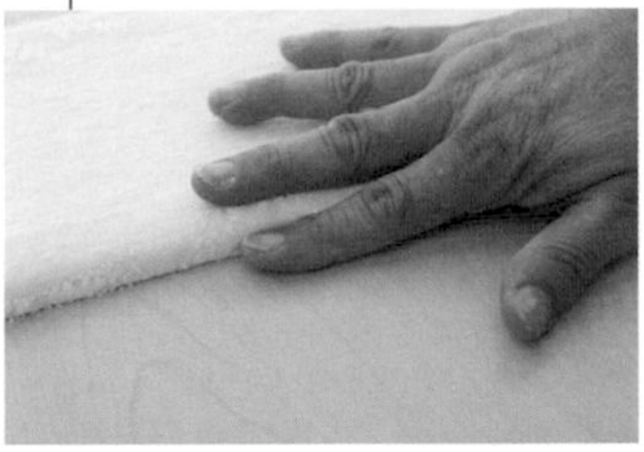

麵糰擀成麵帶，厚度約食指寬。

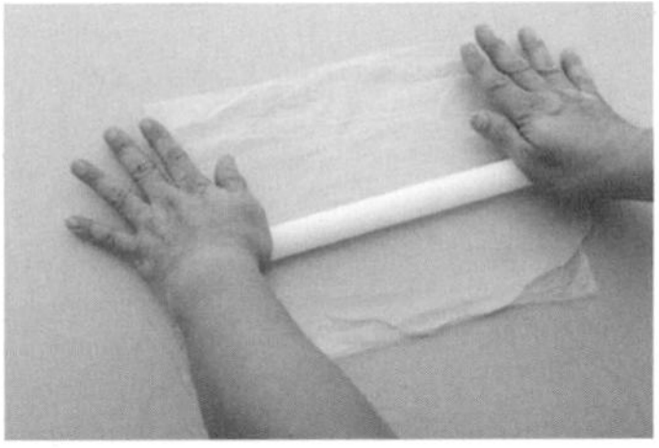

糖餡放入塑膠袋中擀薄。

TIPS 製作糖餡時，乾料加濕料拌勻需注意軟硬度的調節。

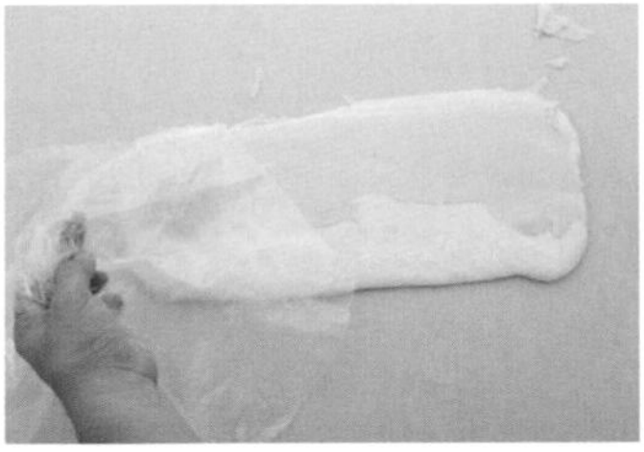

鋪在麵帶上。

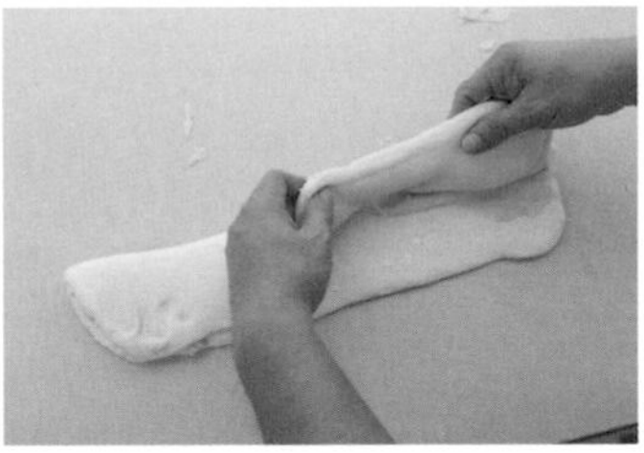

將麵帶對摺。

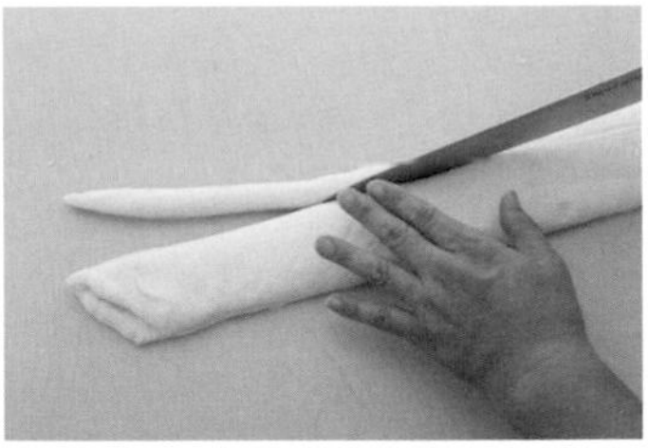

麵帶多餘部分用刀切除。

用刀切割成菱形塊。

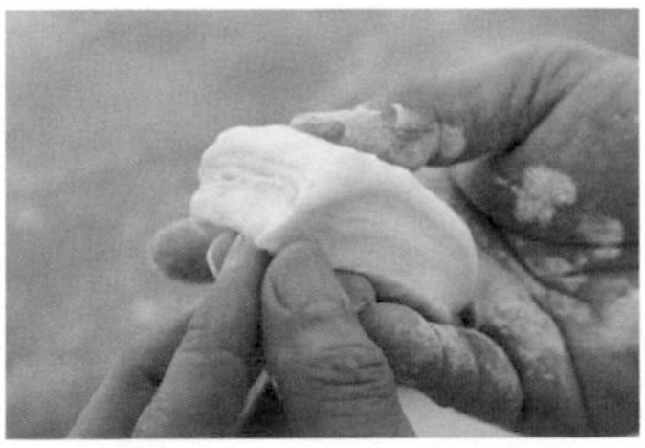

菱形塊剖面可看到兩層麵帶及中間的糖餡。

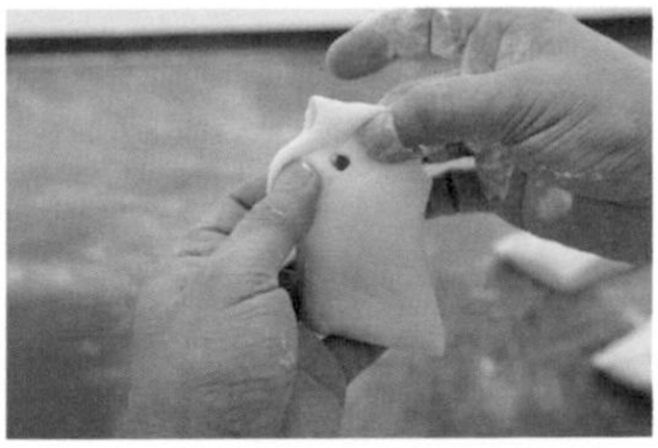

將菱形塊上方撥一個洞。

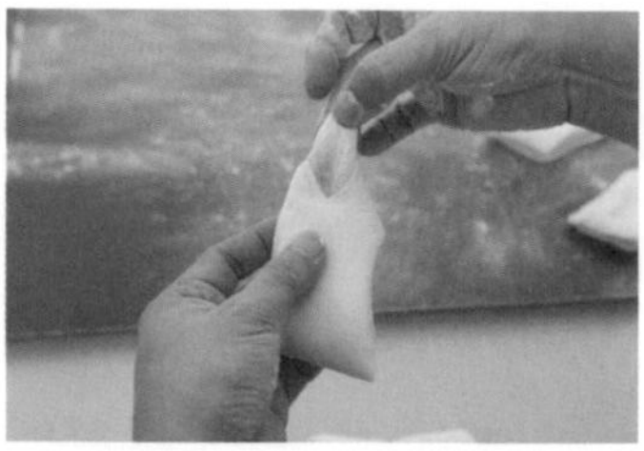

用手指將上方尖端往洞穿入後挖出，鬆弛20分鐘以上。

3 油炸

放入160～170℃油鍋，炸至表面呈金黃色。

POINT

- 兩相好是用兩片麵片用糖餡作為夾心，夾心糖餡會黏住麵片，油炸時會慢慢溶化散開，延長麵糰裡面硬化，而使產生的氣體由裡面麵糰膨脹，迅速翻轉時，熱油不會馬上接觸到兩麵片的黏合處，使黏合處的麵片處於柔軟的糊精狀態，並會不斷膨脹而愈來愈大，才會形成60度以上膨脹度。
- 麵糰攪拌或用手揉的作用會有利麵筋的形成，產品表面才會光滑細緻，保氣性佳，脹力大。
- 麵糰硬鬆弛時間要延長（視麵糰鬆弛而定，約需多30～60分鐘），否則切塊後，容易回縮，脹力不大；麵糰太軟易黏手而變形，操作困難；理想的軟硬度是不黏手，不變形，不會回縮。
- 整形時，麵糰不可再揉，直接擀薄，操作中要預防結皮，否則糖餡沾不上，會影響操作。切塊後的麵片用指尖壓洞反摺，邊緣不要太小，容易斷，太大時，膨脹角度不足，不易炸熟。
- 油炸時，麵糰脹力會增大，下鍋時需預留膨脹空間，不可滿鍋；數量少，油炸時油溫易升高，容易炸黑，要注意調整油溫，可以用關火或轉小火調控。油炸過程中，需用筷子翻動，使受熱均勻，才會膨脹的大，又有足夠的角度，色澤也會達到一致性。
- 油溫過高時，容易炸焦，反摺處不易熟，但產品鬆軟；油溫過低，油脂會很快浸透麵糰，會使其膨脹度降低，產品較硬，但色澤漂亮。
- 糖餡太硬不易沾黏麵片，油炸時，糖餡會整片脫落；糖餡太軟會流散，麵片會滑動，濕黏不好操作；適度的軟硬度，糖餡油炸時不會脫落，又不會滑動，產品夾餡面會產生甜酥粒狀，有酥脆口感。
- 殘麵（含糖餡）可放入冰箱，當作下次用的老麵，但最好2天內用完。
- 本產品不適合長期保存，冷卻後食用最佳，最好1～2天內食用完畢。
- 高筋麵粉脹力大，但韌性太大，整形後容易收縮，加點中筋麵粉可以降低韌性，又不易影響脹力，或者全部用中筋麵粉製作。另外，中筋麵粉中加點油條用麵粉也是一個方式。
- 碳酸氫銨（臭粉）可以在短時間內釋放大量氣體，體積大，孔洞多，容易油炸，產品較鬆軟，改用泡打粉或添加老麵糰，一樣可以幫助氣體大量釋放。

油炸麵食｜發粉類

脆麻花

脆麻花外觀金黃亮潤、股條細勻，口感香酥脆甜，質輕小巧，價格便宜，是隨處可見的小吃，小琉球出品的脆麻花更遠近馳名。當地漁民以麵糰揉搓，扭擰成繩子型油炸，是捕撈時必備的點心，經改良後發展出多種口味，可依個人口味多元選擇。

特點是酥、脆、微甜，先要製成繩子麻花，用雙手搓上勁，擰成繩子狀，接著下油鍋炸，這種方法名為繩子頭。麵糰最好添加化學膨大劑，製作成2～4股麻花。

產品需具此特性：色澤均勻、組織膨鬆、口感香脆、大小一致，不可炸焦或回軟。

製作

數量：8 條

生重：每條 20±2g
（雙股或四股）

長度：12 ～ 15cm

配料

麵糰（174g）

乾料：

- 中筋麵粉 100g
- 小蘇打粉 0.5g
- 碳酸氫銨 0.5g
- 細砂糖 10g
- 鹽 1g
- 液體油 12g

濕料：

- 水 50±5g

方法

1 麵糰

乾料加濕料，攪拌或用手揉成光滑麵糰，鬆弛30分鐘。

2 整形

麵糰擀成薄麵帶，用刀切條，鬆弛10分鐘。

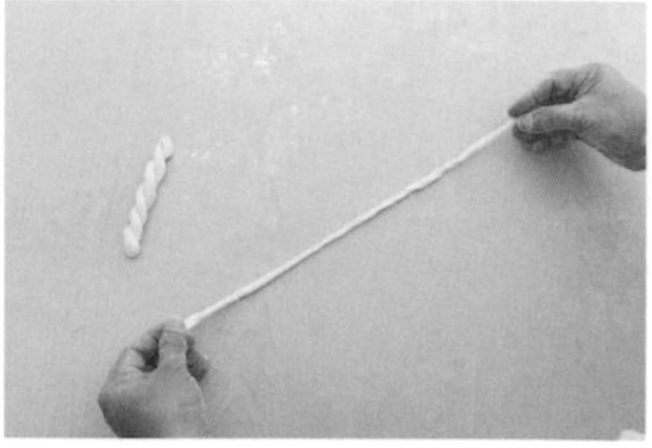

用手搓拉至50～60cm。

兩端反向搓捲後懸空提起自動擰成二股。

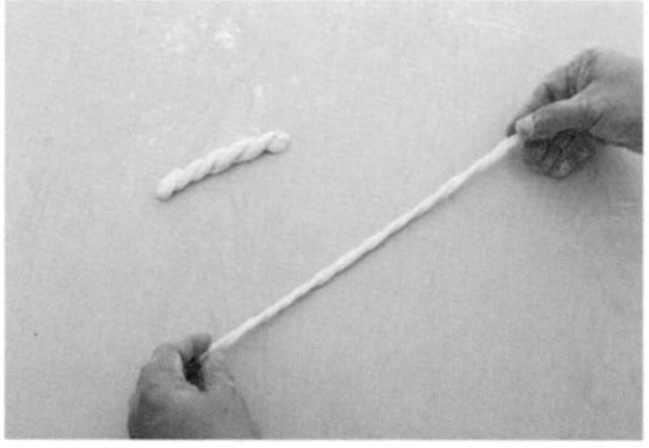

再用手搓拉至25～30cm。

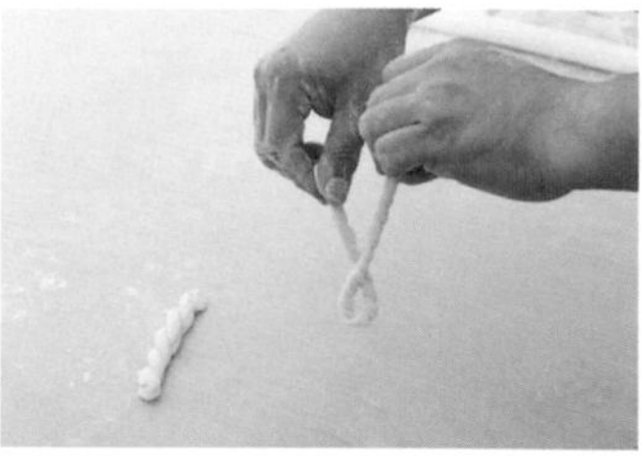

搓捲成四股麻花，約12～15cm。

用手指扣住轉捲。

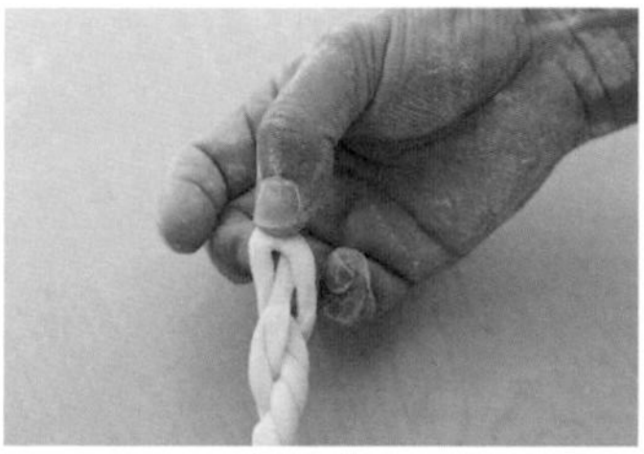

將尾端叉入圓環內。

3 鬆弛

鬆弛10分鐘，放入溫度150～170℃油鍋，炸至金黃色（脆硬）。

POINT

- 理想麵糰的硬度為用手搓，不收縮也不黏，拉搓合攏前可撒防黏粉，絞股明顯，又不會黏在一起。
- 麵糰操作中要預防結皮，整形後最好不要結皮，會影響外表的光澤。
- 油炸麻花時，會膨脹，下鍋時需預留膨脹的間隙，不可滿鍋。數量少，油炸時油溫易升高，要注意調整油溫，可用關火或轉小火調控。
- 高溫油炸不易炸透，會回軟或炸黑；低溫油炸易炸透，色淺，吸油多，體積小而硬。
- 使用防潮濕、防高溫的密封袋保存不容易回軟。保存期限會因油炸油的新鮮度而不同，建議1～2週。
- 中筋麵粉不易收縮，又有合適的體積及酥脆的口感；高筋麵粉易收縮不易整形，產品硬；低筋麵粉，搓長易斷，口感鬆酥。
- 碳酸氫銨（臭粉）可在短時間內釋放大量氣體，體積大，孔洞多易炸、產品較鬆脆，也可改用泡打粉。

油炸麵食｜發粉類

油條

油條是一種長條形油炸麵食，香脆可口，價格低廉，老少皆宜，是家喻戶曉的大眾食品。油條又稱為油炸鬼，歷史悠久，相傳是南宋時，百姓因憎恨秦檜，所以用麵製成人形下鍋油炸，以洩心頭之恨，稱為「油炸檜」。

油條麵糰需添加酸、鹼作為膨鬆劑，與水在高溫油炸下的化學反應，產生氣體，形成膨鬆而香脆的油條特性。油條可用發酵或發粉麵糰製作，經適當鬆弛或發酵，擀切成小麵片，再將兩片相疊中間壓緊，用手拉長，下鍋油炸後成形。製作時，需要準備的工具有桿麵棍、長筷、鐵絲（細筷子）、菜刀與膠袋等。

產品需具此特性：外觀需兩端平整、長短粗細一致、畢直不彎曲、兩條相連不可分開、色澤均勻、呈金黃色、不可炸黑、不可滲油，膨發後內部需呈空心狀、冷卻後鬆脆不可回軟、口感良好無異味。

製作

數量：4 條
生重：每條 40±2g
長度：30 ～ 35cm

配料

① 無鋁麵糰（170g）

乾料：

- 油條麵粉 100g
- 碳酸氫銨 2g
- 鹽 2g
- 液體油 2g

濕料：

- 水 62±5g

② 傳統麵糰（171g）

乾料：

- 油條麵粉 100g
- 碳酸氫銨 2g
- 燒明礬 1g
- 小蘇打粉 1g
- 鹽 2g

濕料：

- 水 62±5g

> **中點小百科 油條用麵粉**
> 小麥接近外皮的部分，因含的灰分（礦物質）較高，色澤較深，比較不適合製作需彈性的麵點，但麵筋的延展（伸）性較佳，蛋白質含量高保留氣體較多，比較適合油條所需的特性，可拉長又很好的保氣性，多用於炸油條用，因此稱之為油條用麵粉或油炸專用粉。

方法

1 麵糰

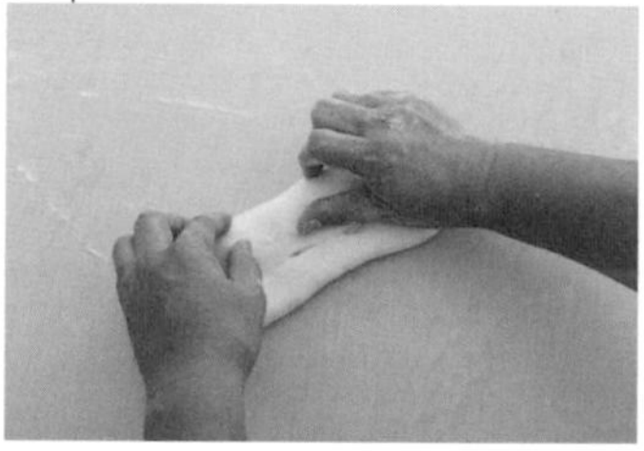

乾料加濕料，攪拌或用手揉成光滑麵糰。

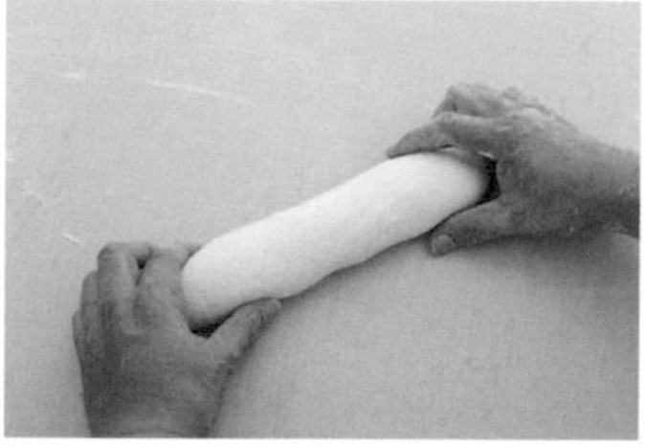

整成圓柱狀。

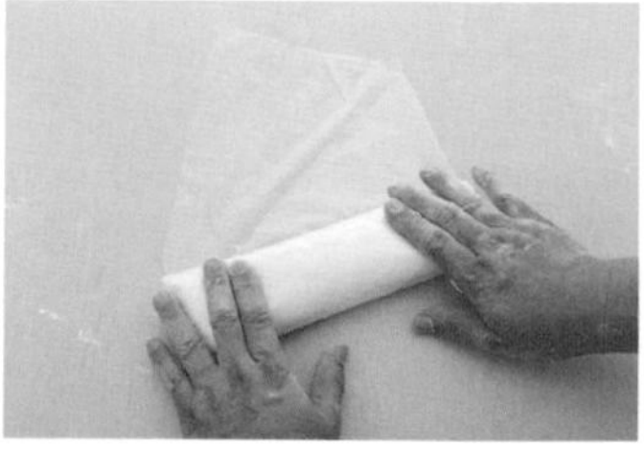

表面撒粉、用無油膠袋包妥。

2 鬆弛

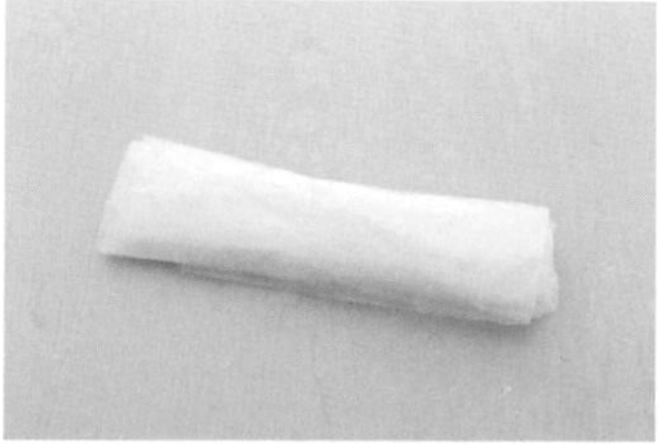

室溫下鬆弛60～120分鐘。

3 整形

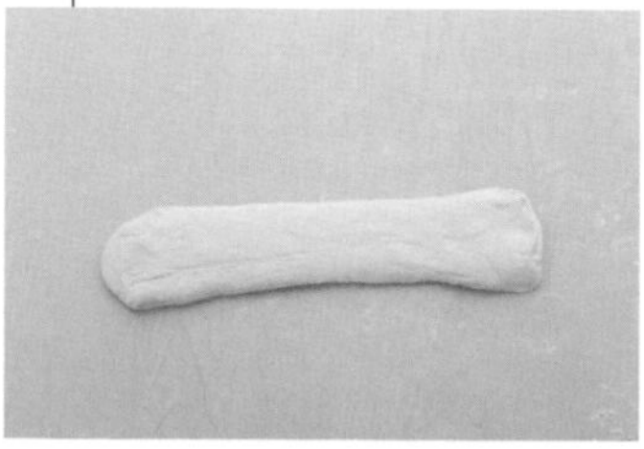

工作台撒防黏粉，麵糰取出，用手攤拉成長條（約四指寬）。

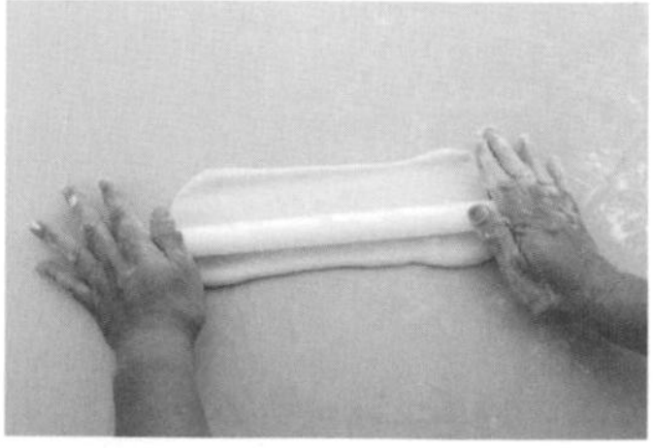

表面撒粉，擀成10cm寬之麵帶。

刷掉多餘的粉，用刀切割成寬2cm。

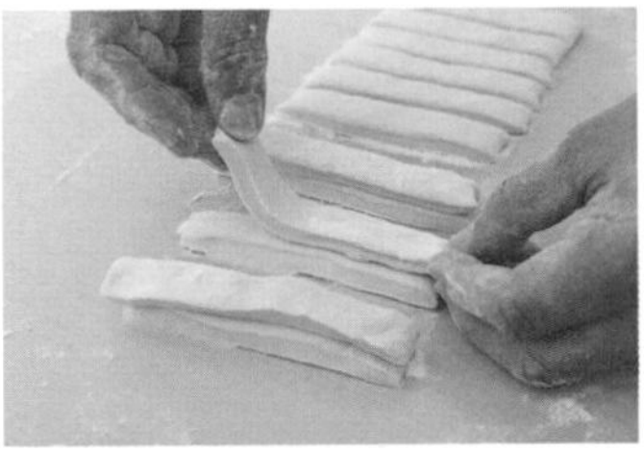

兩條麵片面對面相疊。

中央用細鐵絲用力壓一下。

4 油炸

用手拉長至35cm～40cm、放入180℃±10℃油鍋。

先用筷子拉直。

再迅速翻轉，油炸至金黃色（脆硬）即可。

POINT

- 油條膨脹的原理與技巧是兩條麵片相疊，用竹筷或細鐵絲在中間壓一下，這是關鍵重點，只有中間壓的部分要相連，其他部分不能黏住，膨脹是靠麵片之間的水蒸氣和麵片內產生的氣體，不斷溢出而脹大。迅速翻轉時，熱油不能馬上接觸到兩麵片的結合處，使結合處的麵片處於柔軟的糊精狀態，麵片不斷膨脹，炸出來的油條就會愈來愈大。
- 麵糰攪拌或揉得光滑，目的是有利麵筋的形成，產品表面才會光滑細緻，保氣性佳脹的大。
- 麵糰硬，鬆弛時間要長，否則拉長時易回縮，油條膨脹不大；麵糰太軟，易黏手而變形，拉長時易黏手，操作困難；理想的軟硬度是不黏手，好拉長，不會嚴重回縮。
- 油條整形時麵糰不可再揉，操作中或鬆弛要預防結皮，否則會影響操作。用手拉扯油條麵片時，用力要輕，用力過大會拉斷。
- 油條油炸時的膨脹力大，下鍋時需預留膨脹空間，不可滿鍋；數量少，油炸時油溫易升高，要注意調整油溫，可以關火或轉小火。油炸過程中，需用筷子翻動，使受熱均勻，油條會膨脹得大，色澤均勻一致。
- 油溫過高時，容易將油條炸焦，回軟速度快；油溫過低，油脂會很快浸透麵糰，會使其膨脹度降低。
- 油條不適合長期保存，不可密封保存。建議1～2小時內食用口感最佳。
- 油條麵粉因延展性好，鬆弛後易軟化不易收縮，脹力大體積大，有酥脆的口感；高筋麵粉易收縮不易整形，產品易回軟；中低筋麵粉，拉長易斷，脹力小口感硬實。
- 碳酸氫銨（臭粉）可在短時間內釋放大量氣體，體積大，孔洞多易炸，產品較鬆脆，也可以改用泡打粉製作。

油炸麵食｜發粉類

開口笑

開口笑經油炸後，表面會裂開，又稱笑口棗或麻球，有笑口常開，好運到的意思，是新年常吃的甜點之一。

表面有白芝麻黏附著，口感香甜、酥鬆，芝麻香四溢。用麵粉、糖、蛋及油等製作成發粉麵糰，經分割後，搓成圓球，沾裹白芝麻。油炸時，油溫不可過高，要用較低的油溫，輕輕攪動至浮起來，炸至熟透。

產品需具此特性：表面色澤均勻、呈金黃色、不可以炸焦、大小一致、白芝麻需均勻不可以脫落、有適當裂口、組織鬆酥、有芝麻香氣。

製作

數量：10 個

生重：每個 20±2g

配料

① 麵糰（200g）

乾料：

- 低筋麵粉 100g
- 泡打粉 2g
- 細砂糖 50g
- 素白油 8g

濕料：

- 蛋 40±5g

② 外飾

- 白芝麻 50±5g

方法

1 麵糰

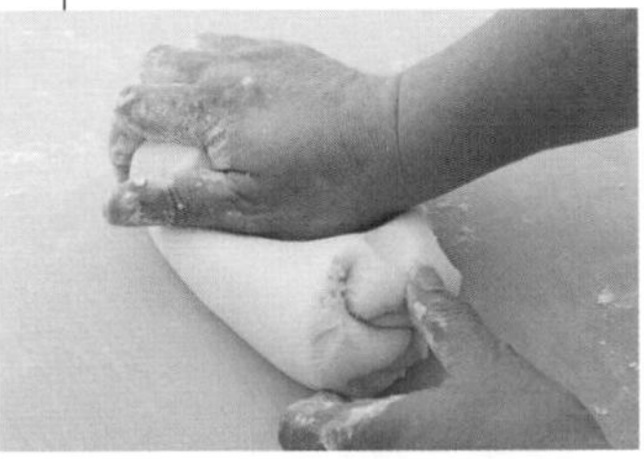

乾料加濕料，攪拌或用手揉成光滑麵糰，鬆弛10分鐘。

2 整形

麵糰再揉光滑，分割成所需大小。

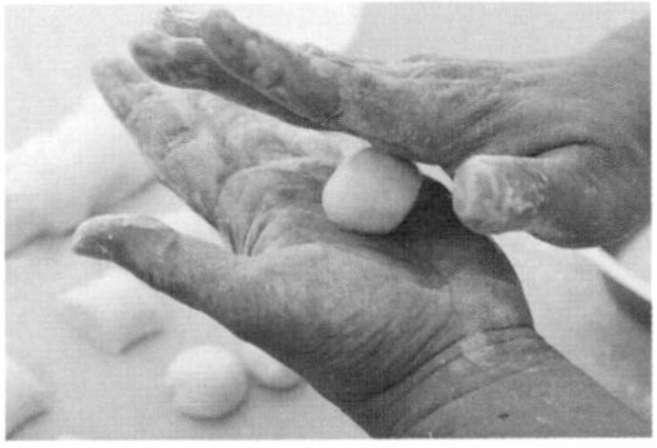

麵糰沾水、再用手搓至有黏性。

沾白芝麻。

用手搓緊。

3 油炸

放入150～160℃油鍋中，炸至金黃色。

POINT

- 麵糰要攪拌或揉的光滑產品內部組織才會細緻，裂口均勻。
- 麵糰硬麵筋強，整形時容易收縮，油炸後較會起泡，體積小，可延長鬆弛時間；麵糰太軟，容易黏手變形。
- 理想的硬度是麵糰不需撒防黏粉，不會黏在一起，容易炸酥，不回軟。
- 開口笑麵糰搓圓時要沾水搓到黏手，沾白芝麻，再搓緊；麵糰要大小一致，油炸後才會整齊。
- 油炸時會膨脹，下鍋時需預留膨脹的間隙，不可滿鍋。數量少，油炸時油溫易升高，要注意調整油溫（關火或用小火）。
- 油溫高，開口笑中心不易炸透，又易炸黑（糖高）；油溫低，易炸透，色淺，吸油量高，口感油膩。
- 產品使用防潮濕、防高溫的密封袋保存，不容易回軟。保存期限會因油炸油的新鮮度而不同，建議1～2週口感最佳。
- 用低筋麵粉製作麵糰，才會有合適體積及鬆酥口感；高、中筋麵粉體積比較小，脹力比較差，產品口感硬酥。
- 開口笑需要有膨脹的體積，且要產生裂口，因此需添加泡打粉。添加碳酸氫銨，在短時間內釋放大量氣體，體積快速脹大，產品較鬆碎。
- 添加蛋不加水用意是，可使開口笑有蛋香與鬆酥的特性。
- 開口笑外表沾裹白芝麻，除了香味以外，也可增加外表的美觀。

油炸麵食｜發粉類

薩其馬

薩其馬、沙其馬、沙琪瑪是一種滿語漢譯的滿州甜點，源於清代關外滿族的祭祀食物。

原本是用麵條炸熟後，混合糖漿冷卻後再切成塊，現階段已改成利用加蛋的麵糰製成麵條，細切後油炸，之後混入糖、麥芽糖等製成的糖漿，再切成塊狀，口感鬆軟、色澤金黃、甜而不膩、味香濃、鬆酥可口。薩其馬可用發粉麵糰，經攪拌或揉壓成麵糰，經擀薄切條油炸後，拌糖漿黏合，冷卻後，再切成塊。

產品需具此特性：產品需膨鬆、色澤均勻、切塊後大小一致、不可鬆散、不可黏牙、不得有其他異味。

製作

數量：8 塊

熟量：每個 40±5g（含糖漿）

比例：麵 1（20g）

糖 1（20g）

配料

① 麵糰（172g）

乾料：

- 高筋麵粉 100g
- 碳酸氫銨 2g

濕料：

- 蛋 70±5g

② 糖漿（181g）

乾料：

- 細砂糖 100g
- 鹽 1g

濕料：

- 冷水 30±5g
- 麥芽糖 50g

方法

1 麵糰

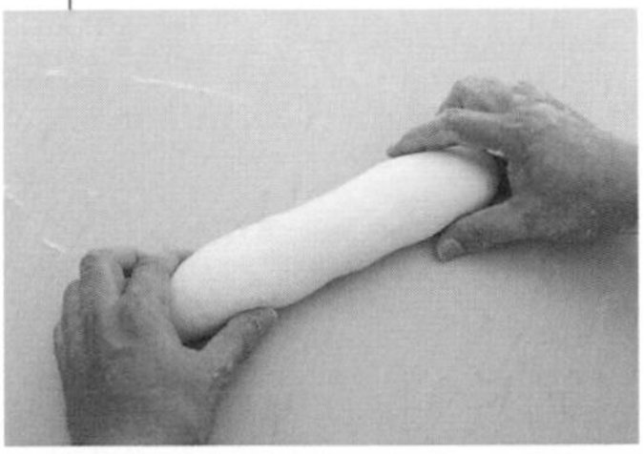

乾料加濕料，攪拌或用手揉成光滑麵糰搓長，鬆弛30～60分鐘。

2 整形

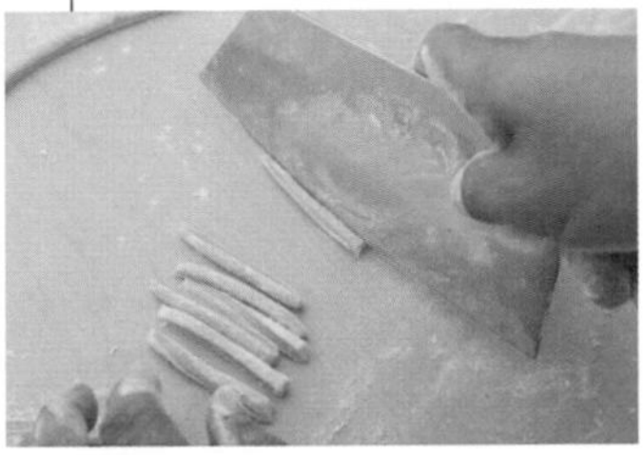

麵糰表面撒防黏粉，擀成0.3cm薄麵片，用刀切割成5cm長之小麵條。

篩除沾粉。

3 油炸

放入190～200℃油鍋，炸至金黃色（用手摸有脆硬感）。

4 裹漿

糖漿乾濕原料混合，煮至115～117℃。拌鍋內放入炸好的麵條，加入熱糖漿迅速拌勻。

5 切塊

趁熱裝盤，壓緊，冷卻倒出切塊。

POINT

- 膨脹原理及技巧是靠麵糰水蒸氣或化學膨大劑產生的氣體，油炸時不斷攪動會膨脹得較均勻。
- 麵糰攪拌或揉的光滑，有利於麵筋形成，產品表面光滑細緻，保氣性較佳，產品脹力大。
- 麵糰硬，鬆弛時間要長，否則彈性強，不易脹大；麵糰太軟，易黏手而變形，操作困難，外形會彎曲、粗細不一，沾粉多，油易變黑；理想的軟硬度是不黏手，不會太硬或擀薄時嚴重回縮。
- 整形時麵糰不可再揉，操作中或鬆弛要預防結皮，否則會影響操作，用利刀切較易脹大；麵條機切的麵條脹力小。
- 油炸脹力大，下鍋時需預留膨脹空間，不可滿鍋；數量少，油炸時油溫易升高，要注意調整油溫（關火或用小火）。油炸過程中，需用筷子翻動，使受熱均勻，脹的大又色澤一致。油溫過高時，容易炸焦，回軟快；油溫過低，油脂會很快浸透麵糰，會使膨脹力降低。
- 糖漿溫度約在115～117℃，呈軟糖現象，拌入時，糖漿剛好可以黏住油炸麵條，不會散開、軟化，又有光澤。溫度太高，會返砂無黏性，無法成糰；溫度太低時，黏性差，稀軟無法成糰會鬆散。
- 拌糖漿要注意安全，不要沾到手；攪拌時，動作要快，糖漿冷卻後黏性強，會有拌不均勻現象。
- 使用防潮濕、防高溫的密封袋保存不容易回軟。保存期限因油炸油新鮮度而不同，建議3～4週。
- 使用高筋麵粉，因氣體保留性好，脹力與體積較大，口感酥脆；使用中低筋麵粉，氣體保留性差，脹力與體積較小，口感較硬實；使用油條麵粉是不錯的選項，脹力比較大。
- 加蛋後的薩其馬，口感較鬆酥，脹大後因蛋白質凝固不易回軟。為了節省成本，可增加碳酸氫銨或泡打粉，香味與鬆酥度較差，但短時間內會釋放大量氣體，體積較大。

油炸麵食｜發粉類

巧果

巧果是七夕應節食品，有「笑靨兒」、「果食花樣」之稱，傳統習俗將七夕定為少女「乞巧節」，待字閨中的少女會供奉針線、水果，祈求手巧、心巧，所以七夕吃的「巧果」，又名「乞巧果子」，是希望從事女紅的手巧，宋朝時期，巧果已是市井販售的一種點心。巧果的主要原料是油、麵、糖、蜜，早期是將糖煮成糖漿，再加入麵粉、芝麻，拌勻後擀薄，用刀切為長方塊，折為梭形油炸至金黃。現代是以揉或攪拌麵糰，經壓延成薄的麵帶，再切成小麵片，經油炸之產品。

產品需具此特性：色澤均勻、不可鬆散或無法成糰、不可炸焦或回軟、內部組織鬆脆、口感香酥。

製作

數量：一批

生重：190±2g

規格：每片 2×5cm

配料

麵糰（200g）

乾料：

- 中筋麵粉 100g
- 細砂糖 30g
- 鹽 1g
- 黑芝麻 9g

濕料：

- 傳統豆腐 40±5g
- 蛋 20±5g

方法

1 麵糰

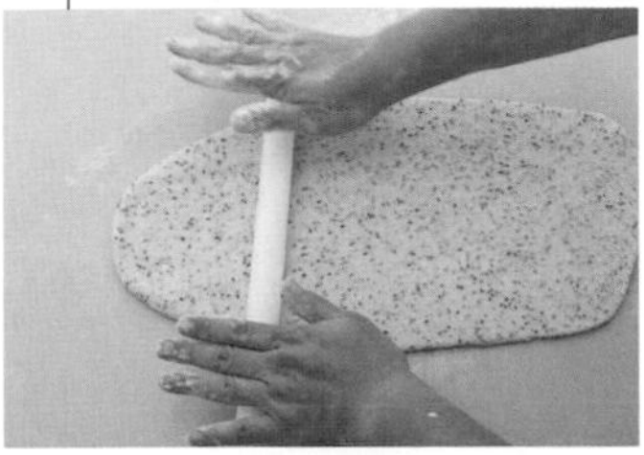

乾料加濕料，攪拌或用手揉成光滑麵糰，鬆弛30分鐘，擀薄。

2 整形

麵糰表面撒防黏粉，擀成薄麵帶。

要擀與黑芝麻同厚，0.1～0.12mm。用刀切割成2cm×5cm小麵片。

用手抖開。

3 油炸

篩除多餘的撒粉。

放入170～180℃油鍋，炸至8分程度，呈金黃色撈出，瀝油。

POINT

- 麵糰要攪拌或揉得光滑，產品表面才會光滑細緻，擀薄時不會破裂，產品會較膨鬆。
- 麵糰硬，麵筋強，整形易收縮，油炸後較會起泡，可延長鬆弛時間，才能擀薄一點；麵糰太軟，易黏手而變形，沾粉又多，油易髒黑。
- 麵糰擀薄時，只要少許防沾粉，即不縮不黏，不會黏在一起，容易炸乾不回軟。
- 麵糰要充分鬆弛，擀前不可再揉，擀薄不會破，操作中要預防結皮；擀太厚，油炸時中間會起泡。
- 油炸時會膨脹，巧果下鍋時需預留膨脹的間隙，不可滿鍋。數量少，油炸時油溫易升高，要注意調整油溫，可關火或轉小火。高溫不易炸透，會回軟又容易炸黑（糖高）；低溫易炸透，色淺，吸油多。麵片薄，宜用較低油溫，炸至淺黃色，即可撈出油鍋。
- 用防潮濕、防高溫的密封袋保存，不容易回軟。保存期限因油炸油新鮮度而不同，建議3～4週。
- 中筋麵粉不易收縮，又有合適的體積及酥脆的口感；高筋麵粉易收縮不易整形，產品硬；低筋麵粉，擀薄易破裂，口感鬆酥。
- 巧果不需膨脹的體積，所以不需要添加碳酸氫銨（臭粉）；加碳酸氫銨，在短時間內釋放大量氣體，體積膨大，產品較鬆脆易破碎；若不加豆腐和蛋，則需添加少量化學膨鬆劑，如泡打粉。
- 巧果添加豆腐與蛋的目的是因豆腐的主成分是黃豆，可使產品較酥脆，最好用傳統豆腐，炸的色澤比較漂亮，產品較酥脆。加蛋的話，可使巧果有蛋香而鬆酥，不加也可以，可用水替代，口感較硬脆。
- 添加芝麻的目的是因味香，除了香味，還可使外表美觀。

油炸麵食｜酥油類

千層酥

千層酥外皮層次分明，呈層層圈圈狀，酥鬆香脆，內餡包豆沙餡，又稱油炸翻毛酥，熱食風味佳，淵源是為了祭奠亡牛與犒勞勝利之餅，再加以變化而來。

整形手法比較特殊，製作時需準備一把利刀，加上軟硬適度的酥油皮。將二個重的酥油皮，擀捲二次後，用利刀將圓柱體切斷，形成兩個圓柱體，可見到層層的圓圈層次，經擀成薄皮後，將切面朝外，包豆沙餡，形成有圓圈紋路的圓球，稍壓扁，入鍋油炸至金黃色。

產品需具此特性：外表呈螺形花紋明顯、金黃色澤、大小一致、完整、不露餡或爆餡、底部不可炸焦，皮酥脆、口感良好。

製作

數量：8 個

生重：每個 52±3g

比例：皮 2（26g）

酥 1（13g）

餡 1（13g）

配料

① 水油皮（205g）

乾料：

- 中筋麵粉 100g
- 細砂糖 10g
- 豬油或素白油 40g

濕料：

- 水 55±5g

② 油酥（105g）

- 低筋麵粉 70g
- 豬油或素白油 35±5g

③ 餡料（105g）

- 奶油豆沙 105g

方法

1 水油皮、油酥

酥油皮製作方法，參考P.378。

2 整形

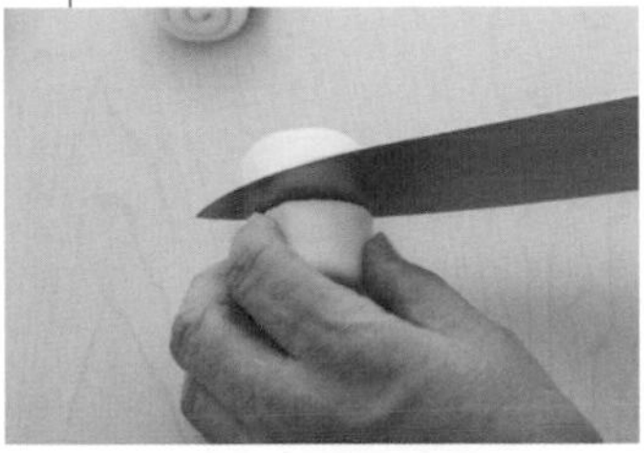

酥油皮由中間切開成二段。

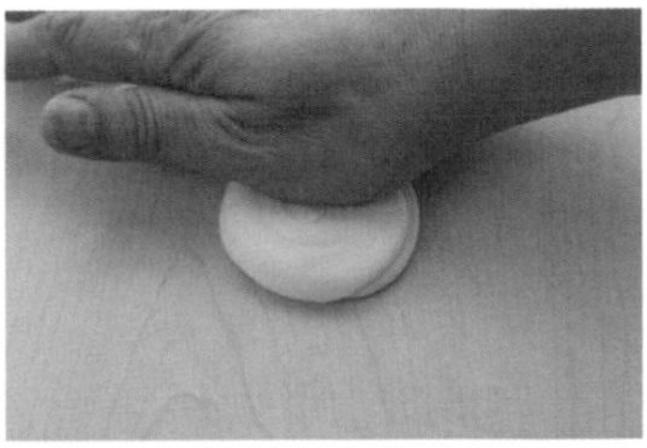

用手壓平。

擀成圓皮。

紋路朝外，包入豆沙餡，整成圓球形。

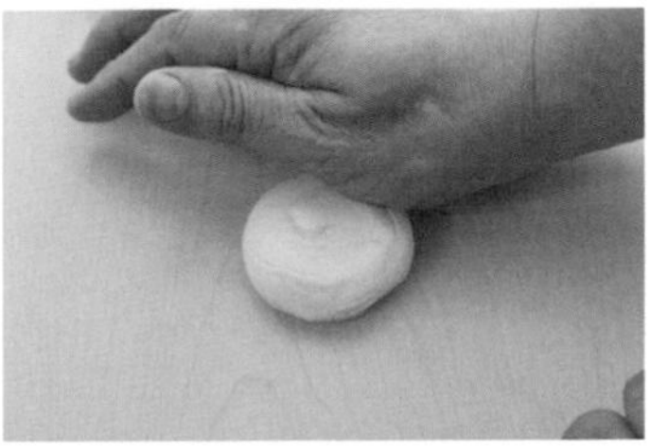

用手稍壓扁，鬆弛10分鐘。

3 油炸

放入漏勺用120～150℃油鍋，上下拉提炸至定形後，再炸到黃色（脆硬）。

POINT

- 酥油皮在第二次擀捲後切成兩個麵糰，可使捲擀後的紋路外露，擀薄後，以切面作外表，包餡後可看到螺旋紋路，油炸時，油酥會溶化，形成明顯的絲紋。
- 預防表面結皮（可用塑膠袋蓋住），結皮後，擀捲時不易延伸，易破皮；包餡時皮的厚薄度要一致，底部不可有厚麵糰，包餡時皮不會有不均現象，油炸時不易爆餡。
- 整形後的麵糰放入漏勺，油炸時往上稍為拉高數次，油酥會溶化，形成明顯的螺絲紋，至定形為止。
- 油炸時絲紋會膨脹，下鍋時，需預留膨脹的間隙，不可太多或滿鍋。數量少，油炸時油溫易升高，要注意調整油溫，可以關火或轉小火。
- 高溫不容易炸透，千層酥會回軟或炸焦；低溫容易炸透，色淺，吸油多，體積小而硬。
- 趁熱食用，密封袋保存會潮濕。
- 酥油皮使用純豬油，口感最酥，外皮最白；若要酥硬感，可用精製或素食白油；沙拉油膨脹性差較，口感脆酥。
- 奶油豆沙的含水量少，比較不會爆餡，容易整形。
- 油皮加糖量的多少，會影響麵糰的柔軟性、產品的脆性及油炸色澤，但油炸麵食加的糖量不可太多，容易炸黑，若不加糖，則外表顏色不佳，產品硬而不會酥脆。

油炸麵食｜酥油類

蓮花酥

蓮花酥是以形態命名，油炸後酷似一朵盛開蓮花，型態優美，製作手法細膩，是精緻傳統甜點。

蓮花酥的酥油皮是以小包酥方式，油皮包入油酥，以手工捲摺成多層次，包入含油豆沙，整成圓球形，用利刀在表面切8～12刀，不可切到餡，入鍋油炸呈花紋8～12瓣的金黃色。

產品需具此特性：外表花瓣明顯、大小一致、金黃色澤、完整、不露餡或爆餡、底部不可炸焦，皮酥脆、口感良好。

製作

數量：7 個

生重：每個 52±3g

比例：皮 2（26g）
酥 1（13g）
餡 1（13g）

配料

① 水油皮（190g）

乾料：

- 中筋麵粉 100g
- 細砂糖 10g
- 豬油或素白油 30g

濕料：

- 水 55±5g

② 油酥（92g）

- 低筋麵粉 62±5g
- 豬油或素白油 30g

③ 餡料（92g）

- 奶油豆沙 92g

方法

1 水油皮、油酥

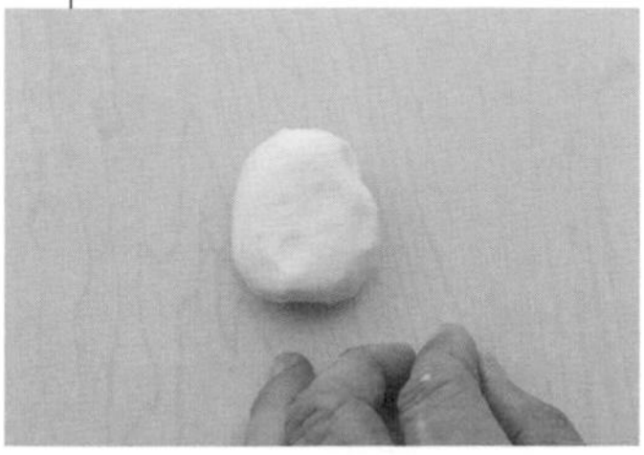

酥油皮製作方法，參考P.378。

2 整形

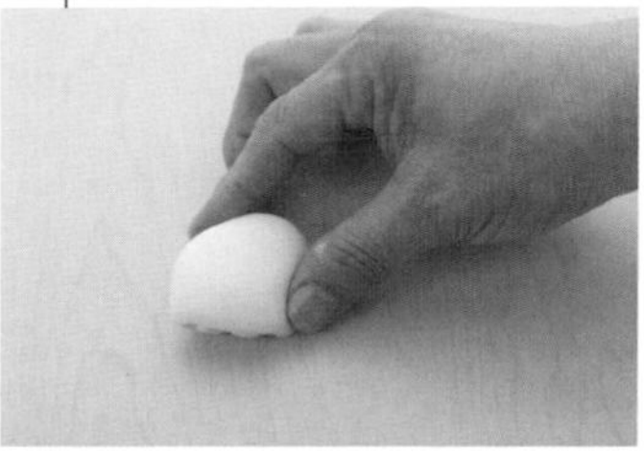

收口朝下。

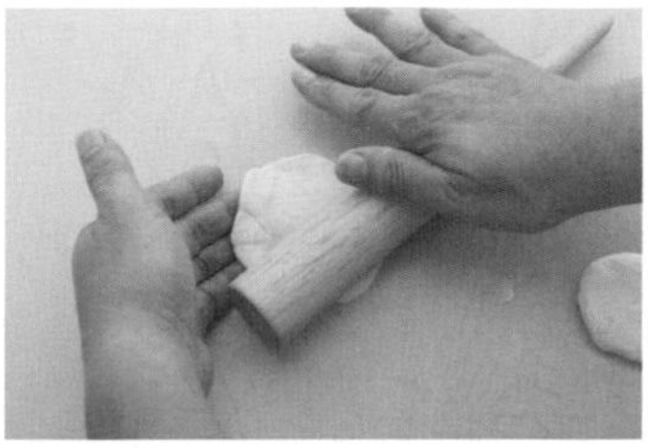

擀成中間厚旁邊薄的圓皮。

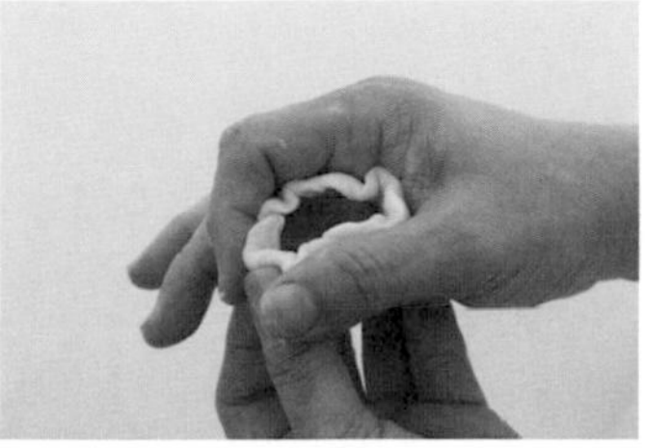

接口朝上，包餡。

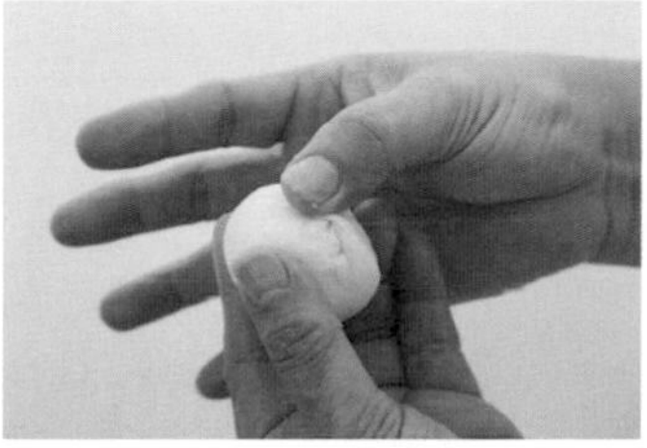

整成圓球形。

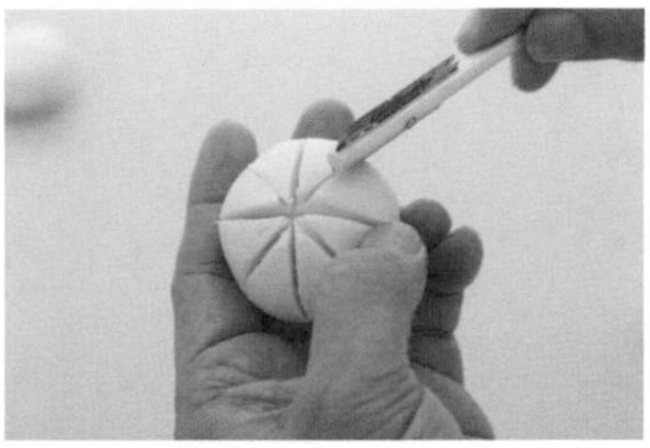

用刀切在表面劃切「＊」字形8～12刀。

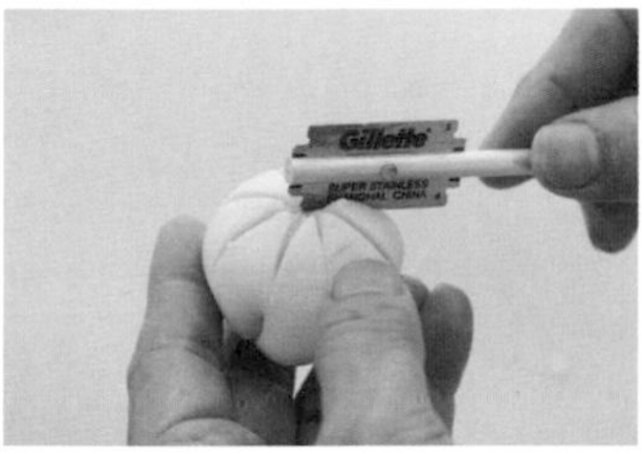

不可切到見餡，鬆弛10分鐘。

3 油炸

放入漏勺用120～150℃油鍋，上下拉提。炸至蓮花狀定形、再炸到金黃色（脆硬）。

POINT

- 酥油皮在表面劃切「＊」字形8～12刀的用意是使捲擀後的層次外露，油炸時油酥會溶化，形成明顯的蓮花瓣。
- 酥油皮預防表面結皮（可用塑膠袋蓋住），結皮後，擀捲時不易延伸，易破皮；包餡時皮的厚薄度要一致，底部不可有厚麵糰，包餡時外皮稍厚，劃切「＊」字形時比較不會切到餡，油炸時不易爆餡。
- 整形後的麵糰放入漏勺，油炸時用手往上稍為拉高數次，油酥會溶化，可增加花瓣的立體感，形成明顯的絲紋，至外形散開定形為止。

油炸麵食｜酥油類

金絲酥

金絲酥外皮層次分明，呈直絲狀外露，酥鬆香脆，內餡為蘿蔔絲餡，又稱油炸蘿蔔絲餅，熱食風味特佳。

金絲酥整形手法較特殊，製作時需準備一把利刀，加上軟硬適度的酥油皮，將二個重的酥油皮，擀捲二次後，用利刀將圓柱體對半切剖開，形成兩個半圓柱體，可見到直絲層次，經擀成薄皮後，將切面朝外，包餡，形成有直紋的圓球或橢圓球，再入鍋油炸至金黃色。

產品需具此特性：外表直紋明顯、大小一致、呈均勻金黃色澤、外形完整不露餡或爆餡、底部不可炸焦，皮酥脆、口感良好。

製作

數量：8 個

生重：每個 52±3g

比例：皮 2（26g）
酥 1（13g）
餡 1（13g）

配料

① 水油皮（205g）

乾料：

- 中筋麵粉 100g
- 細砂糖 10g
- 豬油或素白油 40g

濕料：

- 水 55±5g

② 油酥（105g）

- 低筋麵粉 70±5g
- 豬油或素白油 35g

③ 餡料（120g）

- 碎蝦米 10g
- 調味料 5g
- 白蘿蔔絲 100g
- 調味料 5g

TIPS

1. 白蘿蔔絲 200g＋鹽 1g＝拌勻脫水後剩 100g。
2. 調味料 5g，含鹽 1g、糖 1g、香麻油 2g、白胡椒粉 1g。

方法

1 水油皮、油酥

酥油皮製作方法，參考P.378的步驟1～4。

2 整形

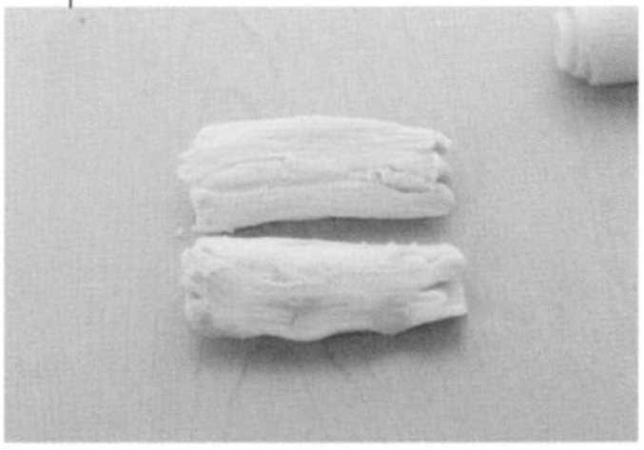

酥油皮由中間直剖成二片。

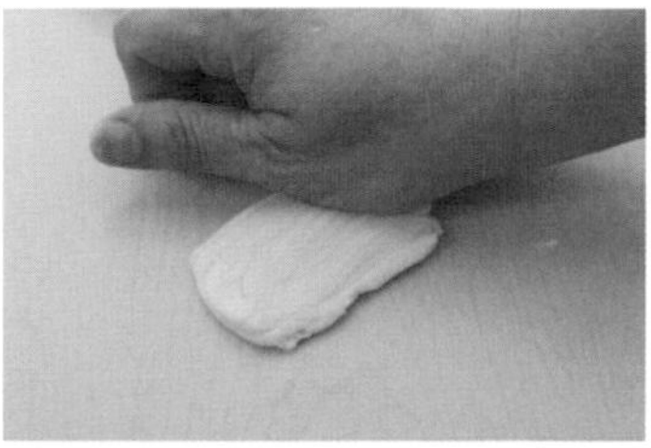

直紋條朝上壓一下。

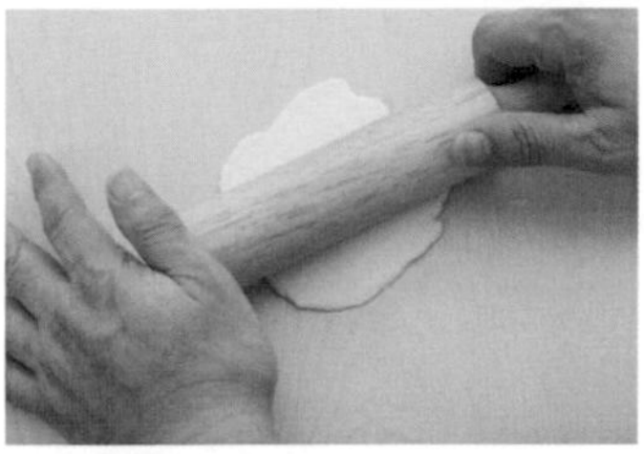

稍擀微圓。

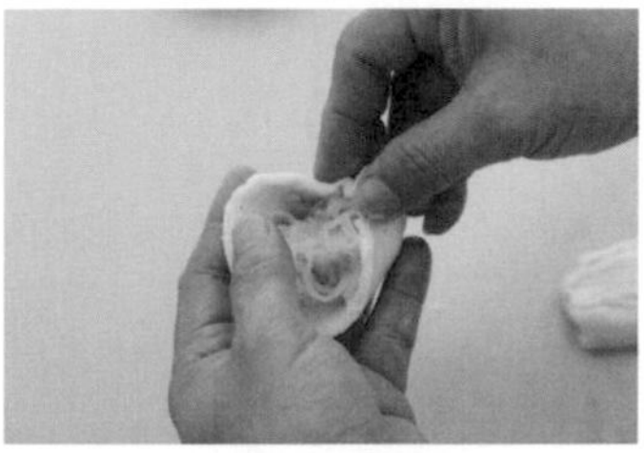

餡料拌勻，絲紋朝外包餡。

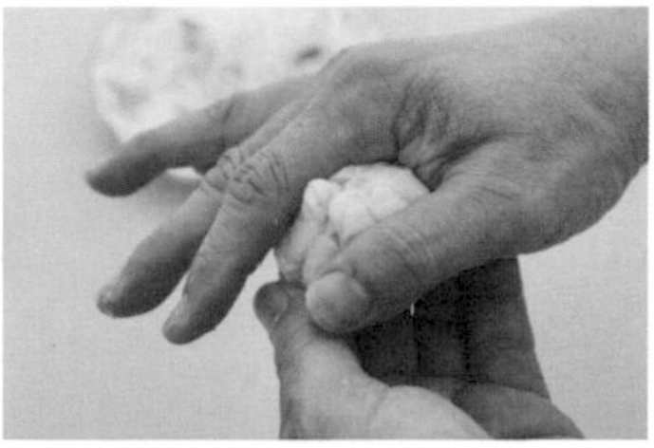

整成圓形或橢圓形。

外表可見到紋路，鬆弛10分鐘。

3 油炸

放入漏勺用120～150℃油鍋上下拉提，炸至定形後，再炸到金黃色（脆硬）。

POINT

- 酥油皮在第二次擀捲後直切成兩個麵糰用意是使捲摺後的紋路外露，擀薄後，以切面作外表，包餡後可看到直絲紋路，油炸時，油酥會溶化，形成明顯的絲紋。
- 預防酥油皮表面結皮（可用塑膠袋蓋住），結皮後，擀捲時不易延伸，易破皮；包餡時皮的厚薄度要一致，底部不可有厚麵糰，包餡時，皮不會有不均現象，油炸時不易爆餡。
- 整形後的麵糰放入漏勺，油炸時用手往上稍為拉高數次，油酥會溶化，形成明顯的絲紋，至外形定形為止。
- 含水量多的材料要加點鹽，拌至出水再將水擠出，水分多，不易整形。

第8章

燒餅類製作

01

燒餅麵食

燒餅是早餐最主要的麵食，有發麵、油酥、軟式、香脆的口感，有長、圓、橢圓或菱形等外形，各具特色，種類繁多，像夾油條外脆內軟有層次的芝麻燒餅、夾肉的香酥燒餅及抹芝麻醬的燒餅，另外，還有包餡的糖鼓燒餅、蔥脂燒餅、蘿蔔絲餅、蟹殼黃等類型燒餅。

製作燒餅的麵糰有冷水麵、燙麵與發酵麵，使麵皮酥香或產生層次的油酥有奶油、豬油、沙拉油，或使用炸油條的老油，不同的麵糰，搭配各式油酥，就會烘烤出各具風味的燒餅。

發展

燒餅起源於何時？從燒餅表面沾滿芝麻，可見是在發明火以後的熟食製品，自從燧人氏鑽木取火之後，熟食取代生食，雖然小麥進入熟食的記載不可考，但從形大、扁圓的鍋餅、燒餅、烙餅做推測，原始時代已有燒餅，到了漢代以後，成為民間流行的麵食，當時稱為胡餅，由於燒餅上沾有胡麻（芝麻），而胡麻是由西域傳入中國，因此以胡麻命名。

《續漢書》有「靈帝好胡餅，京師皆食胡餅」記載、唐代不少詩詞中，胡餅的名稱反覆出現、宋朝《事物紀原》則有載「『石勒』諱『胡』，故胡餅改名為『摶鑪』，其子『石虎』又改為『麻餅』」、《名義考》有「以火坑曰爐餅，即今燒餅」，意思是說，胡餅或麻餅用火直接燒烤，所以稱為燒餅。

分類

燒餅麵食			
麵糰性質	水調麵	冷水麵糰	香酥燒餅
		燙麵麵糰	芝麻燒餅
	發　麵	酵母麵糰	發麵燒餅
		老麵麵糰	芝麻烙餅
整形方法	單層皮	單一麵皮	蘿蔔絲酥餅
	小包酥	單個包酥	蟹殼黃燒餅
	大包酥	整片塗抹	芝麻燒餅
整形方法	包餡類	甜、鹹	蘿蔔絲餅
	無餡類	不包餡	肉末燒餅
	夾心類	蔥油餡	發麵燒餅
熟製工具	烤　箱	電、瓦斯烤箱	所有燒餅
	鐵板爐	雙層平板	芝麻燒餅
	缸　爐	陶缸	發麵燒餅

燒餅製作在《齊民要術》有詳細記載，當時因原料、配方與製法、爐具的不同，出現各式不一的燒餅，如麻醬燒餅、糖鼓燒餅、缸爐燒餅、香酥燒餅、發麵燒餅、蘿蔔絲酥餅等，不容易分類，前表是依麵糰性質、麵皮製作、整形方法、熟製工具等等方式歸納整理後的燒餅分類。

本章係以麵糰性質作分類，因為麵糰性質會影響燒餅的風味與口感，尤其水溫影響甚大，冷水麵較硬脆香酥，燙麵則外酥脆內柔軟，發麵鬆軟而有韌性。

製作

原理

燒餅大多含油酥，油酥是麵粉與油調製而成，麵粉沒親油性，不會形成麵糰，油會與麵粉顆粒互相黏結形成油酥糰。油酥無水，無法形成麵筋，沒有延展與彈韌性，因此不能單獨製作產品，但麵粉與油調製而成的油酥麵糰柔軟，可塑性強，烤熟後，還有很強的酥性，這是因為麵粉顆粒被油酥包圍無法形成麵筋，油酥遇熱後，又會使麵粉顆粒散開形成層次，因此產生鬆酥特性。

製作

包酥類燒餅是以冷水、燙麵或發酵麵作為麵皮，包入油酥，再經摺擀捲或壓，使麵皮與油酥形成層次，油酥包的好壞會影響到產品品質，因此製作時要了解糖、油、水及油酥對產品的影響。

糖分比例不足，麵糰韌性強，可塑性差，糖分比例過度，麵糰黏，烘烤後，外表顏色深；油分比例不足，燒餅不酥，油分比例過度，燒餅又會太酥。

油酥的比例會影響鬆酥脆或硬的特性，一般而言，口感與組織是製作的重點，因此油酥的比例、烘烤時火力的大小，需要留意以及調節。

包酥

包酥時，麵皮與油酥的比例一樣會直接影響產品的特色與品質，像油酥多，包酥不易，摺捲時容易破皮或漏酥；麵皮太多時，麵皮較硬，層次不清，酥性不佳，因此麵皮與油酥的比例一定要依產品特性進行調配。

燒餅油酥的調製，只要油與麵粉混勻即可，沒有油香味，需較濃的油香味，傳統是用炸油條的老油與麵粉拌勻用小火慢燉，直至香味、色澤適當，有鑑老油衛生與安全問題，可改用新油加熱，再加麵粉拌勻。

方法

1. **麵皮**：乾料加濕料攪拌或用手揉光滑，鬆弛20±10分鐘，分割大小。
2. **油酥**：乾料拌勻成糰（或使用燒餅油酥），分割大小。
3. **餡料**：拌勻，調整鹹淡，分割大小。
4. **整形**：分A、B兩部分。
   - A①：麵皮擀成長方形，均勻塗抹油酥，捲成圓柱形。
   - A②：用手揪成所需重量，每個擀開成長：寬＝3：2，再三摺變成1：2，共兩次。
   - A③：表面沾白芝麻，鬆弛15±10分鐘，擀成所需大小。
   - A④：白芝麻向下放入烤盤。
   - B①：麵皮包油酥，擀捲二次，擀成圓皮。
   - B②：包餡整成圓形。
   - B③：上表抹濕或刷蛋液，沾白芝麻。
5. **烤焙**：鬆弛後用所需的溫度，烤至芝麻著色，翻面再烤至金黃（邊酥硬）。
6. **成品**：趁熱、冷卻或冷藏後，加熱食用。

熟製

烙

烙是指將成形或發酵後的燒餅，放入熱平底鍋，使用乾烙、刷油烙、加水烙將燒餅熟製，原理是將鍋底加熱，當燒餅接觸鍋底時，麵糰開始熱滲透，經兩面反覆接觸使之熟製。一般烙製溫度約在180±20℃左右，但也有高達250℃以上，因此烙製的燒餅，具有皮香脆、內柔軟、呈金黃色等特點。

烙製燒餅時，有以下注意事項：

1. 烙鍋要乾淨。
2. 火候要控制，麵糰表面受熱要均勻。
3. 烙製時要移動鍋位或麵糰位置，使受熱均勻，一起達到熟製效果，也可以用「翻轉」方式控制產品色澤。

烤

烤又稱烘，是利用烤爐、缸爐或烤箱的高溫，使生麵糰熟製的一種方法，主要是靠烤爐內的熱能傳導給麵糰，使燒餅烤熟。一般烘烤的溫度約180±20℃，也有高達250℃以上，因此烘烤的燒餅具有皮香脆、內柔軟、呈金黃色等特點。

Q&A

***1.* 燒餅用的麵粉有無特定規格？可否用高筋或低筋麵粉？**

A 最適合做燒餅的麵粉是中筋麵粉；可以用高筋麵粉，但因麵筋強，膨脹大，Q

性較強；低筋麵粉筋太弱，容易破皮，口感不佳。

2. 可以用老麵製作嗎？

A 可以，發麵類燒餅製作時，最好添加少許酵母，可以增強發酵力以及縮短發酵時間。

3. 油酥的麵粉是否有特定規格？

A 最合適的麵粉是低筋麵粉，因為不需要麵筋。

4. 燒餅油酥應如何貯存？是否有期限？

A 宜在室溫或冷藏保存，使用之前，先行回溫，貯存2～3天最佳，時間太長，易產生油耗味。

5. 為什麼麵皮要攪拌或揉得光滑？

A 將麵皮攪拌或揉的光滑，作用是保留氣體，攪拌得愈光滑，麵筋擴張，保氣性較強，產品表皮均勻細緻；另外麵皮的軟硬度，要配合室溫與產品特性調節，製作前要充分鬆弛。燒餅麵皮可以加油較鬆軟，不加油口感較Q。

6. 為什麼麵皮包酥後不可鬆弛太久？

A 油酥沒有水，不會產生麵筋，與含水的麵皮接觸後會吸收水分，形成乾的麵皮，鬆弛愈久，吸水愈多，麵皮愈乾。包餡時，麵皮沒黏性，不易包緊，因此，包酥後不要鬆弛太久，比較不易漏餡。

7. 燒餅的麵皮、油酥的比例要如何製定？

A 不同燒餅有不同的比例，油酥的比例一般用20～50%或更高；軟油酥用於塗抹類的麵皮（大包酥），比例較低約20～30%即可，因為油酥太多，容易漏酥；較硬的油酥多用於小包酥，用量約50%～70%，產品較酥。

8. 燒餅操作時，有那些事項需要注意？

A 整形與操作中，需預防結皮，麵皮厚薄度要有一致性，底部不可有厚麵糰；表面先刷濕再沾或撒上芝麻，比較不會脫落；切塊前要鬆弛，但要預防麵糰黏住工作台。

9. 烙或烤時，要如何注意溫度控制與操作手法？

A 不同燒餅有不同的烙或烘烤方式，溫度控制與操作手法也有不同，需先行了解及學習。

10. 餡料應如何處理，要用何種餡料？

A 用蔥油餡，包餡前再加鹽，蔥比較不會出水。蔥油餡要分布均勻，且要注意麵皮的厚度。

11. 燒餅應如何保存？

A 冷卻食用，可冷藏保存，食用時高溫回熱。建議1～2天口感最佳。

水調麵類

麵皮是由水、油和麵粉等混合攪拌而成的麵糰，具有水調麵的筋性、韌性和氣體保留性，包油酥後會形成層次，使產品產生鬆酥特性。製作時，需要注意以下事項，如防止乾皮、手粉少用、包酥要勻、收口不可太厚、擀酥要輕而均勻。

燒餅麵食｜燒餅油酥

燒餅油酥

燒餅的層次，是麵皮中間夾入油酥形成，油酥可以使燒餅產生層次與香酥，因此油酥的品質會直接影響燒餅風味。

油酥製法很容易，只要將油與麵粉混勻即可，但沒有香味，燒餅用的油酥則需要有較濃的麵香味。傳統作法是用炸油條的油與麵粉拌勻，並用小火保溫直至香味、色澤適當後，再行使用。

產品需具此特性：需呈現金黃麵香、外形呈軟糊狀、可塗抹於麵皮上、使用於小包酥產品，則需再加入部分麵粉調成硬油酥。

製作

數量：160g

配料

油酥（170g）

乾料：

- 低筋麵粉 100g
- 沙拉油 70±10g

方法

1 攪拌

沙拉油加熱至210±10℃，慢慢加入過篩的麵粉。

→

用鏟子攪拌。

2 調整

一直拌至均勻細緻。

3 成品

冷卻後，適用所有燒餅的油酥。

POINT

- 油酥用的麵粉任何規格均可使用，但以低筋麵粉最適用。
- 用炸過油條的油或加熱至200℃以上的油，再與麵粉拌勻就會產生香味，不一定要炒至金黃色。
- 油酥以用沒有味道的液體油最佳，炸過葷食的油風味不良，炸過油條的老油味道最香，顏色最深但對健康有影響。也可用低筋麵粉加豬油或素白油調製成硬油酥。
- 油溫高低會影響油酥顏色的深淺、油酥軟硬度及麵香味，油色愈深或油溫愈高，香味愈濃。
- 使用前，需視產品調整軟硬度。麵粉慢慢加入熱油攪拌，比較均勻細緻，又容易調整軟硬度。若用熱油加入麵粉，攪拌時會有粉粒不易拌勻的狀況。
- 油酥在常溫、短時間內使用完畢最好；在良好衛生環境下，可保存2～3天。

燒餅麵食｜水調麵類

芝麻燒餅

芝麻出自胡地，又稱胡麻，用胡麻製作的餅稱胡餅，由於胡餅要使用火燒烤，所以稱為燒餅。

芝麻燒餅的麵糰是以燙麵製成，用整片麵糰塗抹油酥捲起，分割後經數次摺捲，表面沾白芝麻，整形成長方形麵片，經高溫烤焙成具層次的產品。

產品需具此特性：外表呈長方形、色澤均勻、鼓起不變形、表面白芝麻分布均勻不脫落、接縫處不爆裂、表面鬆酥、呈金黃色、外酥脆，內部柔軟、風味口感良好、橫切後斷面層次清晰均勻，可夾油條、沙拉或蔬果、肉食一起食用。

製作

數量：3 個

生重：每個約 80±2g

比例：皮 3（60g）

酥 1（20g）

配料

① 麵皮（181g）

乾料：

- 中筋麵粉 100g
- 鹽 1g

濕料：

- 沸水 40±5g
- 冷水 40±5g

② 油酥（65g）

- 低筋麵粉 40±5g
- 液體油 25g

（或用燒餅油酥 65g）

③ 外飾

- 白芝麻 15g

方法

1 麵皮

乾料加濕料，拌成麵糰（或用商業法攪拌）鬆弛25±5分鐘。

2 油酥

材料拌勻或使用燒餅油酥。

3 整形

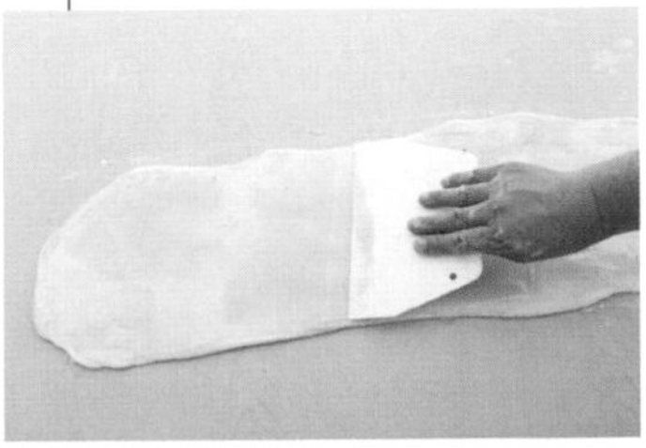

麵皮擀成薄片，將油酥均勻塗抹在表面。

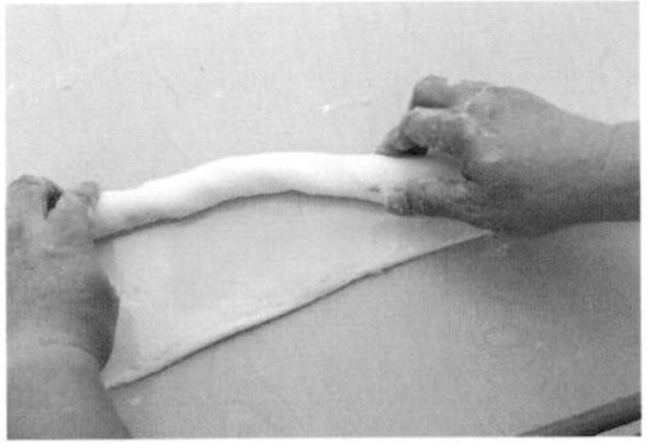

捲成圓柱形。

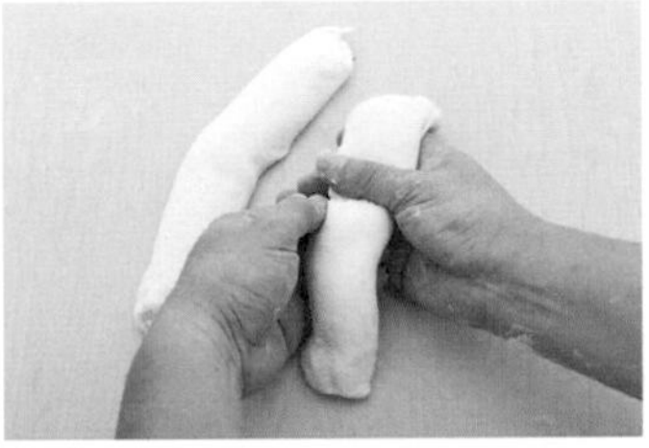

用手揪成3段。

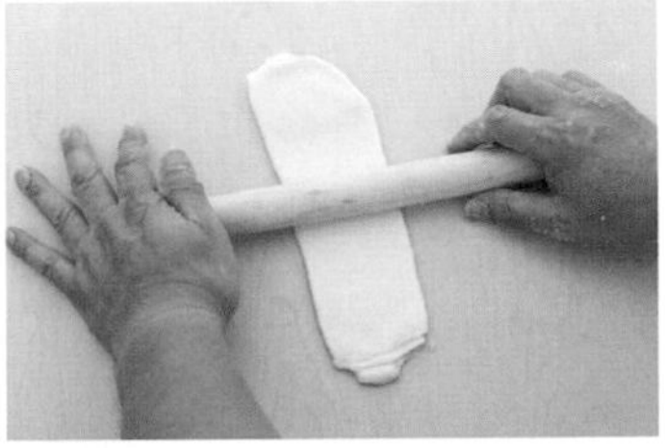

每段擀開成長：寬＝3：1。

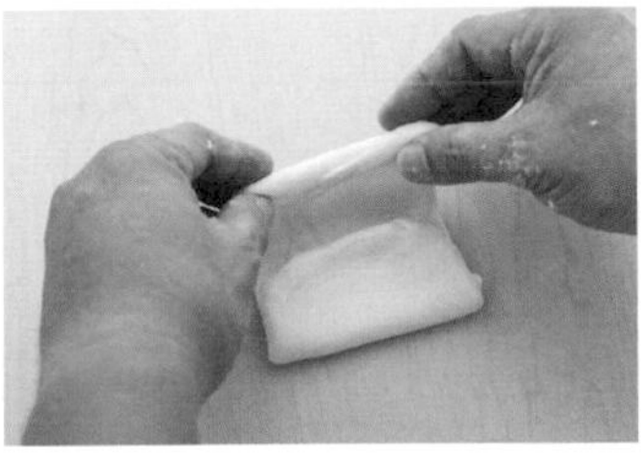

三摺兩次。

表面沾白芝麻，鬆弛15±5分鐘。

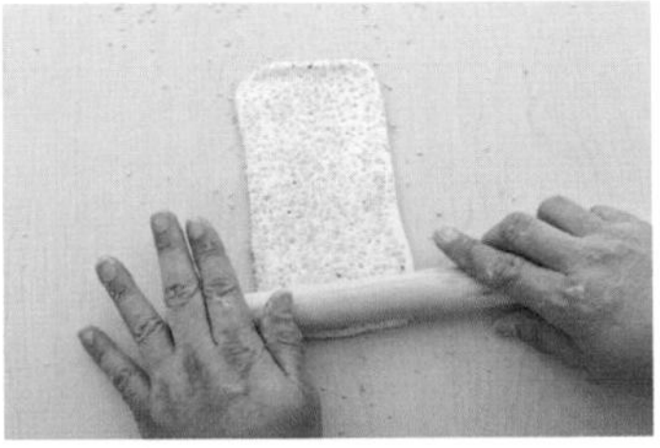

擀成8×16cm，白芝麻向下放入烤盤。

4 烤焙

用250±10℃，上下火全開約6±2分鐘，烤至芝麻著色，翻面再烤至金黃。

POINT

- 燙麵糰冷卻後，內部組織較軟，會使芝麻燒餅外脆內軟，適合包入酥脆的油條。
- 製作芝麻燒餅時，麵皮太硬、油酥太軟，摺擀時易漏酥；麵皮太軟、油酥太硬，摺擀時易破皮且皮酥易分離。層次不要擀太多，以免乾皮且不易擀開。
- 本類燒餅三摺兩次用意是油酥較軟，摺捲太多次易漏酥，層次太多無法外脆內軟，夾油條較困難。
- 烤焙芝麻燒餅時，需注意烤溫控制，高溫、短時間，芝麻燒餅外脆內軟；低溫、長時間，則會乾硬。

燒餅麵食｜水調麵類

香酥燒餅

香酥燒餅是用冷水麵包油酥，經適當摺捲後，製成有層次的油酥麵皮，表面沾白芝麻，整成長方形麵片，用中火烘烤，使燒餅產生膨鬆層次與酥脆外皮。

產品需具此特性：外表呈長方形、色澤均勻、鼓起不變形、表面白芝麻分布均勻不脫落、接縫處不爆裂、皮鬆脆呈金黃色，內部酥脆、風味口感良好、斷面層次清晰均勻，可夾蔬果或肉食一起食用。

製作

數量：4 個

生重：每個約 63±2g

比例：皮 5（45g）

酥 2（18g）

配料

① 麵皮（186g）

乾料：

- 中筋麵粉 100g
- 豬油或素白油 25g
- 細砂糖 10g
- 鹽 1 g

濕料：

- 冷水 50±5g

② 油酥（80g）

- 低筋麵粉 50±5g
- 豬油或素白油 30g

（或用燒餅油酥 80g）

③ 外飾

- 白芝麻 15g

方法

1 麵皮

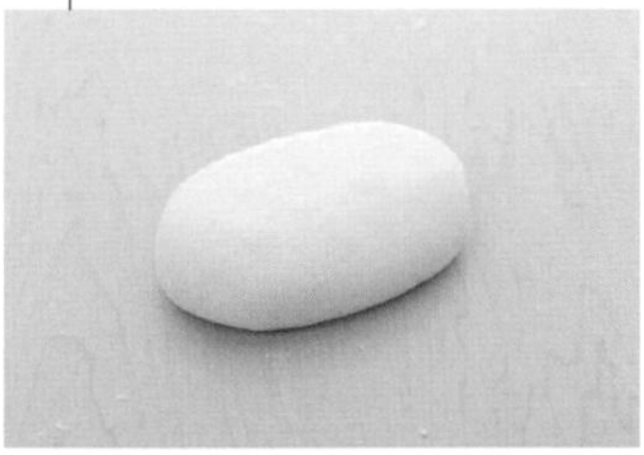

乾料加濕料，攪拌或用手揉成光滑麵糰，鬆弛25±5分鐘。

2 油酥

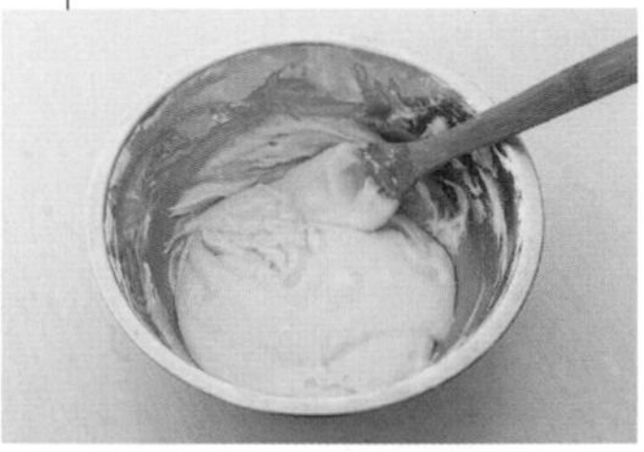

原料拌勻或使用燒餅油酥。

3 整形

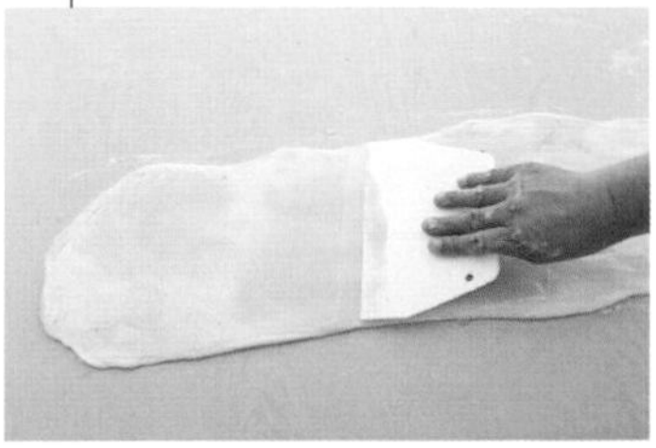

麵皮擀成薄片，將油酥均勻塗抹在表面。

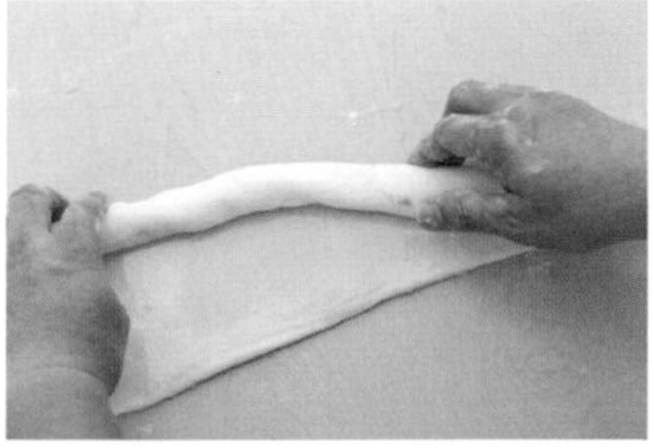

捲成圓柱形。

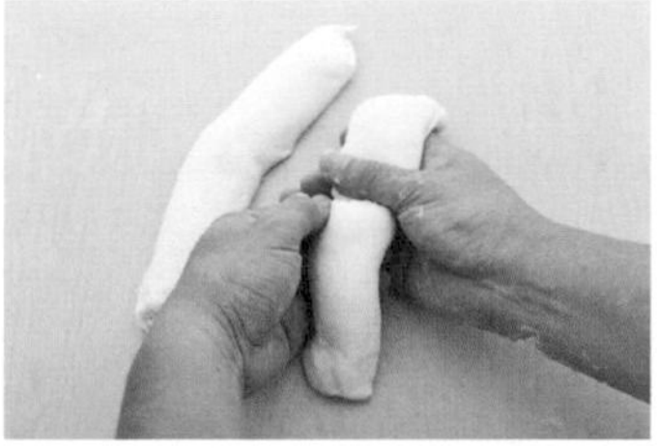

用手揪成4段。

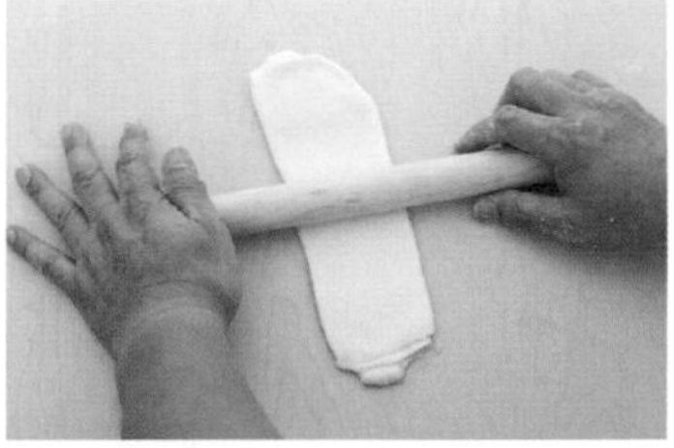

每段擀開成長：寬＝3：1。

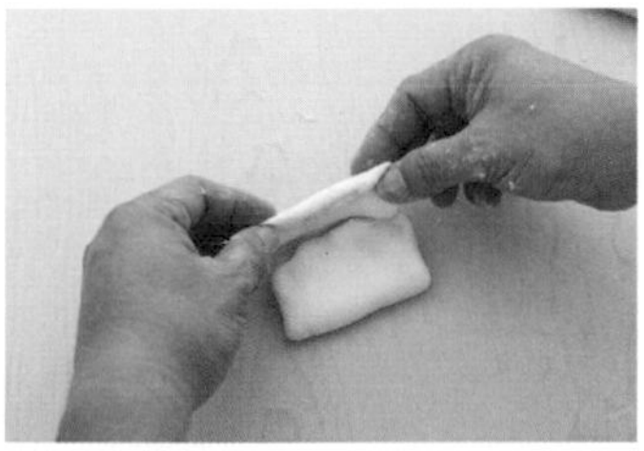

三摺兩次。

表面沾白芝麻，鬆弛15±5分鐘。

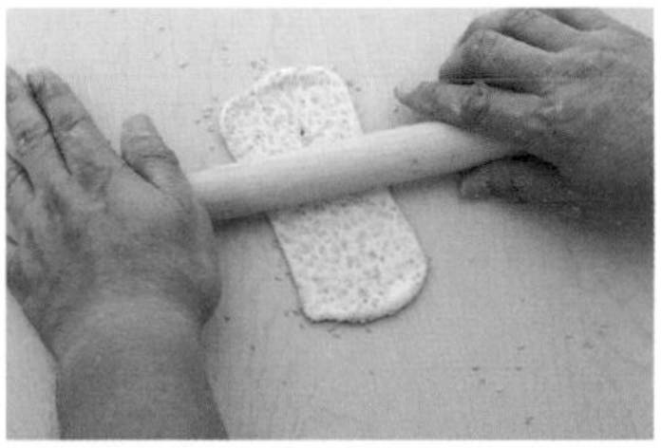

擀成5x10cm。

4 烤焙

白芝麻向上放入烤盤，用200±10℃，上火小下火大烤12±2分鐘，至芝麻面呈金黃。

POINT

- 香酥燒餅的麵糰使用冷水麵的用意是冷卻後，內部組織較乾硬，會使燒餅較酥脆，夾肉食用時回軟較慢。
- 製作香酥燒餅時，麵皮太硬、油酥太軟，摺擀時易漏酥；麵皮太軟、油酥太硬，摺擀時易破皮，且皮酥易分離；麵皮軟、油酥軟時，層次擀的多，會比較酥脆。
- 烤焙香酥燒餅時，要注意烤溫的控制，高溫、短時間會外脆內軟；低溫、長時間則酥脆。

燒餅麵食｜水調麵類

芝麻醬燒餅

芝麻醬燒餅是以芝麻醬為主要調味的燒餅，產品特色需軟且有勁，一般使用燙麵糰，並以大包酥方式，包入有花椒鹽提味的芝麻醬，經整形成扁圓形狀，表面沾白芝麻，用中大火烘烤成有層次，且有韌性的產品。

產品需具此特性：呈扁圓形、表面芝麻均勻不脫落、捏合或接縫處不得有嚴重爆裂、表面不破皮，內部切開需具均勻熟透之氣室及芝麻醬夾心層次、組織緊密外香內軟、層次清晰而均勻，具花椒風味、口感良好，通常夾肉吃。

製作

數量：4 個

生重：每個約 55±2g

比例：皮 4（44g）

酥 1（11g）

配料

① 麵皮（181g）

乾料：

- 中筋麵粉 100g
- 鹽 1g

濕料：

- 沸水 40±5g
- 冷水 40±5g

② 油酥（50g）

乾料：

- 低筋麵粉 20±5g
- 液體油 10g

（或燒餅油酥 30g）

調味：

- 芝麻醬 20g
- 花椒粉 0.2g
- 鹽 0.2g

③ 外飾

- 白芝麻 15g

方法

1 麵皮

乾料加濕料，拌成麵糰（或用商業法攪拌）鬆弛25±5分鐘。

2 油酥

油酥原料拌勻或是使用燒餅油酥。

3 整形

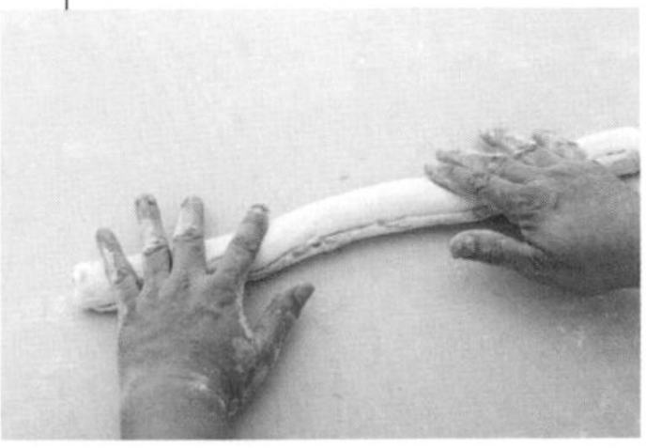

麵皮擀成薄片，將油酥均勻塗抹在表面，捲成圓柱。

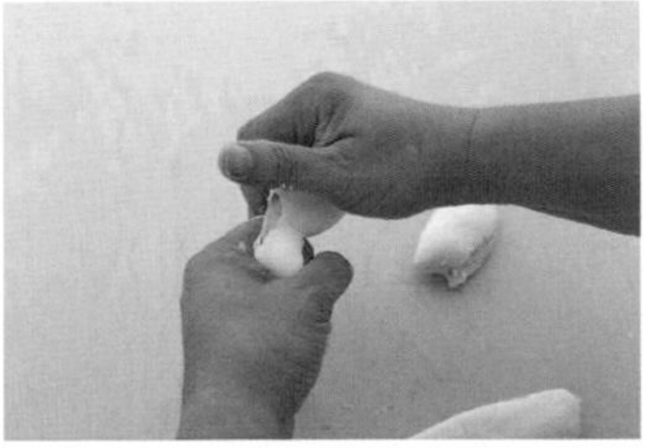

分割。

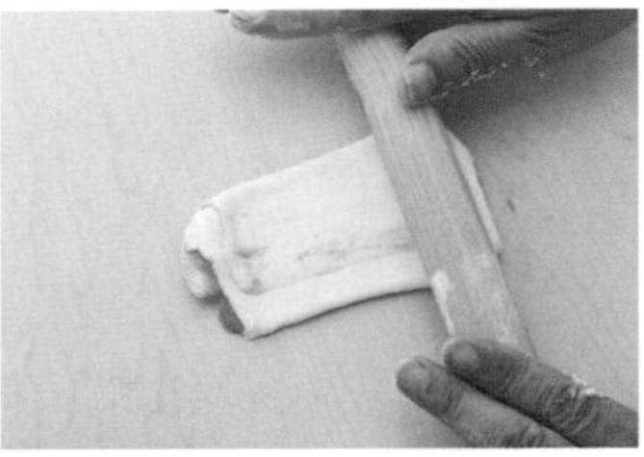

接縫處朝上，四摺一次。

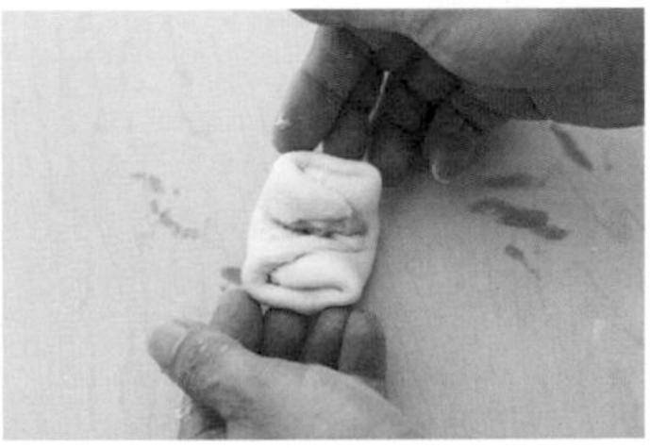

捏合。

搓圓。

表面刷水。

表面沾白芝麻、壓扁。

4 烤焙

白芝麻朝上放入烤盤，用240±10℃，上下火全開約6±2分鐘，至芝麻著色，翻面再烤至金黃。

POINT

- 芝麻醬燒餅的麵糰使用燙麵的用意是燙麵冷卻後，內部組織柔軟，夾肉食用口感較佳，軟而不硬。
- 製作芝麻醬燒餅時，麵皮太硬，油酥太軟，搓圓時易漏酥；麵皮太軟，油酥太硬，搓圓時易破皮，且皮酥易分離；麵皮軟，油酥軟時，外形會比較完整。
- 烤焙芝麻醬燒餅時，要注意烤溫控制，高溫、短時間才會內軟，低溫、長時間則乾硬。

蘿蔔絲餅

蘿蔔絲餅是用麵皮包油酥，經適當摺捲後，以生蘿蔔絲為內餡，表面沾白芝麻，經烤焙後之產品。

產品需具此特性：需呈微扁的圓形、色澤均一、大小一致、膨鬆具層次、表面芝麻均勻不脫落、底部不得有硬殼、捏合或接縫處不得有開口、餡不外露或汁液滲漏，內部切開、酥皮與蘿蔔絲餡均需熟透、口感良好。

製作

數量：9 個

生重：每個約 50±2g

比例：皮 2（20g）
酥 1（10g）
餡 2（20g）

配料

① 麵皮（191g）

乾料：

- 中筋麵粉 100g
- 鹽 1g
- 豬油或素白油 40g

濕料：

- 水 50±5g

② 油酥（90g）

- 低筋麵粉 60±5g
- 豬油或素白油 30g

③ **餡料**（207g）

主料：

- 脫水白蘿蔔絲 180g
- 鹽 1g
- 碎蝦米 10g

配料：

- 蔥花 10g

調味：

- 味精 1g
- 鹽 1g
- 香麻油 4g
- 白胡椒粉少許

④ **外飾**

- 蛋水 20g
- 白芝麻 30g

方法

1 水油皮、油酥

酥油皮製作方法，參考P.378。

2 餡料

拌勻，調整鹹淡味。

3 整形

用手輕壓，擀成圓皮，光滑面朝下，接縫面朝上。

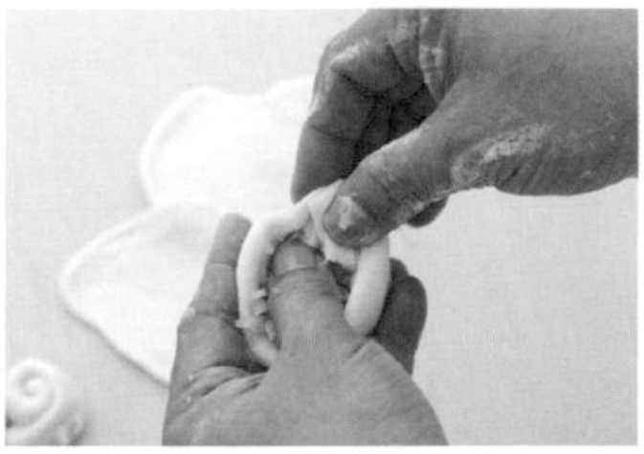

包餡。

→

整成圓形，表面抹濕或刷蛋水。

→

沾白芝麻，芝麻面朝上放入烤盤，鬆弛15±5分鐘。

4 烤焙

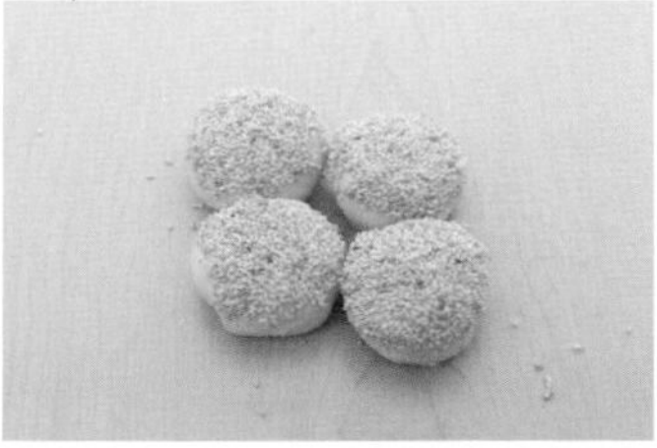

用190±10℃，烤至金黃（邊酥硬）。

POINT

- 製作蘿蔔絲餅時使用冷水麵製作麵皮，不易破皮且容易包緊；用小包酥製作，外形整齊，大小一致；製作時麵皮不可結皮，麵皮要軟，好整形，不易漏餡漏汁。
- 蘿蔔絲先用1%鹽醃10分鐘再脫水，脫水後剩下50±5%，才不易出水。
- 烤焙蘿蔔絲餅時，要注意烤溫控制，高溫、短時間會外脆內軟；低溫、長時間則酥脆，但容易漏汁。

蘿蔔絲酥餅

蘿蔔絲酥餅是用冷水麵擀薄後抹油（不包油酥）方式，以生蘿蔔絲為內餡，包捲成有層次的圓球，經烤或煎烙的產品。

產品需具此特性：呈扁圓形、色澤大小一致、底部不得有硬殼、捏合或接縫處不得開口、餡無外露或汁液滲漏、表面硬脆，內部切開、組織有層次、風味口感良好、麵皮與蘿蔔絲餡需熟透。

製作

數量：4 個
生重：每個約 80±2g
比例：皮 1（40g）　餡 1（40g）

配料

① 麵皮（163g）

乾料：

- 中筋麵粉 100g
- 鹽 1g
- 豬油或素白油 2g

濕料：

- 冷水 60±5g

② 餡料（184g）

主料：

- 脫水白蘿蔔絲 150g
- 鹽 1g

配料：

- 蔥花 15g
- 火腿絲 15g

調味：

- 鹽 1g
- 香麻油 2g
- 白胡椒粉少許

③ 抹油

- 液體油 40g

方法

1 麵皮

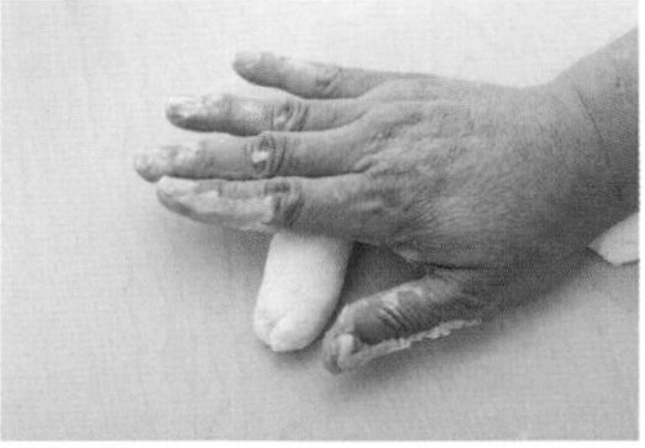

乾料加濕料，攪拌或用手揉光滑，分成所需大小，搓成10cm長條，鬆弛20±5分鐘。

2 餡料

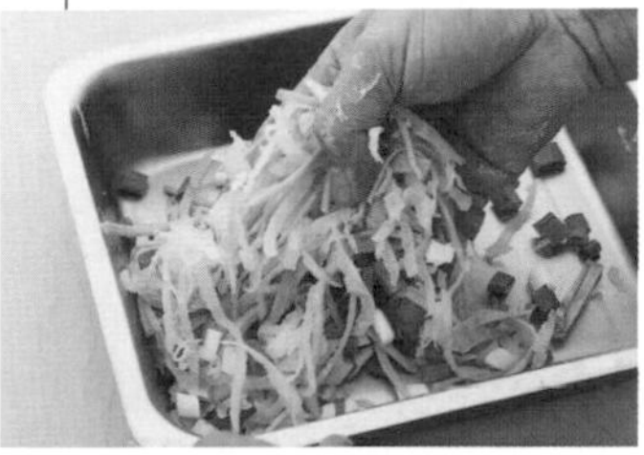

拌勻，調整鹹淡味。

3 整形

酥油皮擀成10±2cm寬。

抹油。

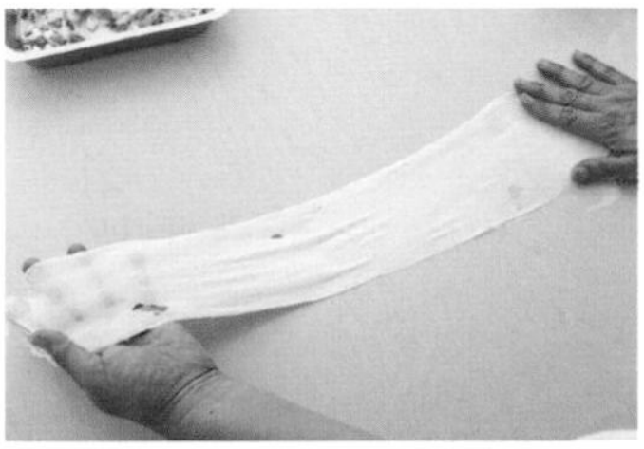

用手拉成長45±5cm。

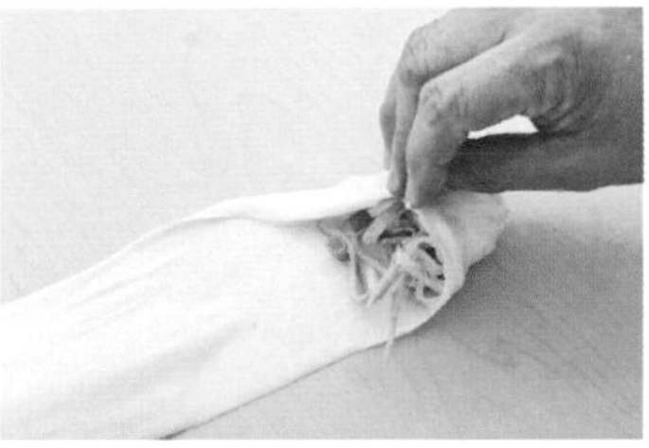

一端放餡。

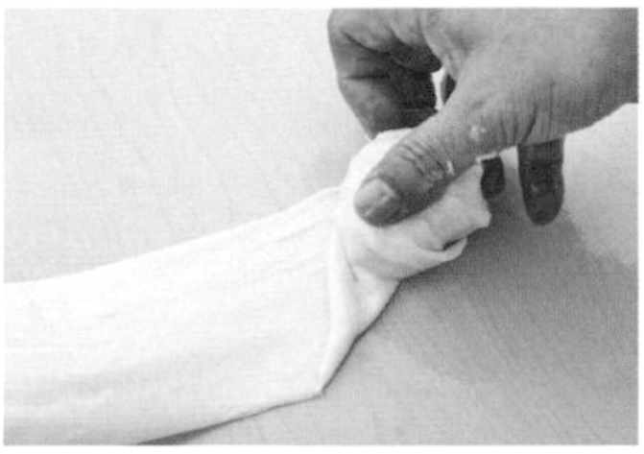

滾捲成圓形，鬆弛10±5分鐘。

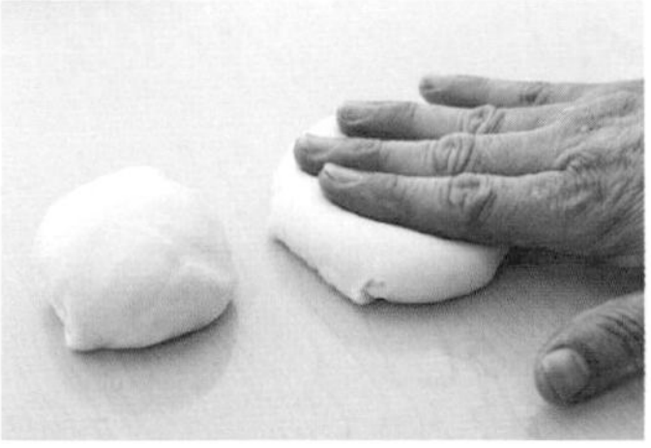

用手稍壓扁。

4 熟製

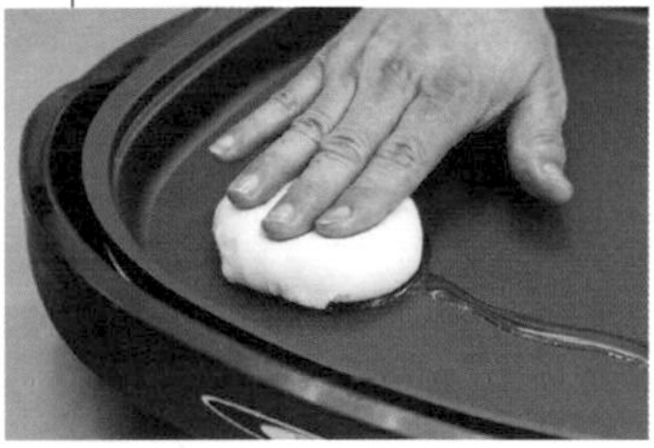

煎盤熱鍋後加油。

用小火煎至兩面呈金黃。

POINT

- 製作蘿蔔絲酥餅時，使用冷水麵製作，麵皮不易破，容易包緊；用滾捲方式包餡製作外形，麵皮軟，好整形，不易漏餡漏汁。
- 蘿蔔絲先用1%鹽醃過再脫水，脫水後剩下50±5%；調製時注意鹽的添加，太鹹容易出水。
- 煎烙蘿蔔絲酥餅時，要注意煎盤溫度控制，高溫、短時間，會外焦脆內軟而不熟，低溫、長時間則表皮酥脆。

發麵類

前文提到，水調麵加入酵母或老麵，就可製作發酵燒餅，再配合麵糰發酵程度，即可製作出各種發麵燒餅。發麵的麵糰有包酥、無酥或包餡、無餡之分，如包餡的蔥脂燒餅、糖鼓燒餅、蟹殼黃、蔥燒餅等，不包餡的老麵燒餅、發麵燒餅、肉末燒餅等。發麵燒餅會受麵糰、油酥軟硬及比例影響，因此製作燒餅油酥要特別注意。

燒餅麵食｜發麵類

瓜肉燒餅

瓜肉燒餅是用醬瓜作餡料，以包油酥的發酵燙麵製作外皮，經摺擀成有層次的酥油皮，包餡整成圓形，表面沾白芝麻點綴，經烤熟的產品。

產品需具此特性：外表需呈現均勻的金黃色澤、外形完整、不可露或爆餡、底部不可烤焦或未包緊、更不可有硬厚麵糰皮、皮酥，需有明顯而完全熟透的層次、風味良好。

製作

數量：6 個
長度：每個約 60±2g
比例：皮 2（30g）　酥 1（15g）　餡 1（15g）

配料

① **麵皮**（183g）

乾料：
- 中筋麵粉 100g
- 鹽 1g
- 速溶酵母粉 2g

濕料：
- 沸水 40±5g
- 冷水 40±5g

② **油酥**（90g）

- 低筋麵粉 60±5g
- 豬油或素白油 30g

（或用調硬的燒餅油酥 90g）

③ **餡料**（90g）

主料：

- 豬肥肉粒 30g
- 泡水蝦米 4g
- 碎醬瓜 20g

配料：

- 粗粒蔥花 30g

調味：

- 酒 3g
- 香麻油 3g

④ **外飾**

- 蛋水 10g
- 白芝麻 20g

方法

1 水油皮、油酥

酥油皮製作方法，參考P.378。

2 餡料

拌勻。

3 整形

酥油皮擀薄、包餡。

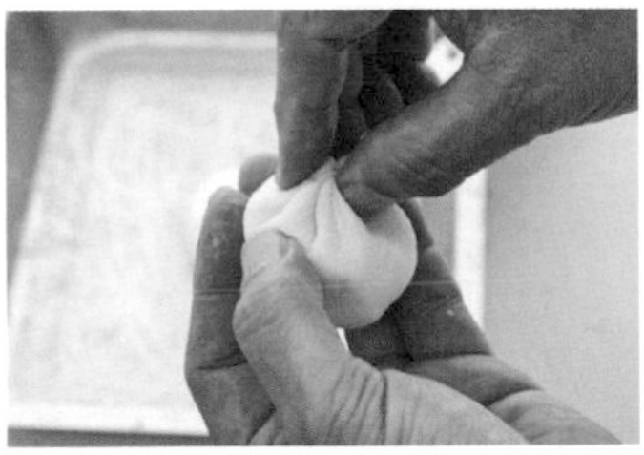

整成圓形。

表面刷蛋水。

4 熟製

沾白芝麻、用手稍壓扁，鬆弛12±2分鐘。用190±10℃，上火大下火小，烤至金黃色。

POINT

- 瓜肉燒餅使用發酵燙麵製作麵糰的用意是，外皮較脆，內部組織更加鬆軟，口感較甜。
- 製作瓜肉燒餅時，麵皮不可太硬、油酥不可太軟，摺擀時，容易漏酥、破皮、皮酥易分離。摺擀時層次不要擀得太多，容易造成麵皮太乾，包餡時接口不易黏合，易漏汁。
- 烤焙時，要注意溫度控制，高溫、短時間會外脆內軟，低溫、長時間則硬酥。

蟹殼黃燒餅

蟹殼黃因為外形圓黃，類似螃蟹殼而得名，有鹹、甜兩種餡料，鹹味餡料有蔥油或蔥脂、鮮肉餡，甜味餡料有豆沙、棗泥等。用發酵麵，包油酥，摺擀成有層次的酥油皮，包餡整成圓形，表面沾白芝麻點綴，經烤熟的產品。

產品需具此特性：表面需具均勻的金黃色澤、外形完整、不可露或爆餡、底部不可烤焦或未包緊、底部不可以有硬厚麵糰，皮需有明顯而完全熟透的層次、口感獨特、風味良好。

製作

數量：9 個

生重：每個約 50±2g

比例：皮 2（20g）
酥 1（10g）
餡 2（20g）

配料

① 麵皮（185g）

乾料：

- 中筋麵粉 100g
- 速溶酵母粉 2g
- 鹽 1g
- 細砂糖 2g
- 豬油或素白油 20g

濕料：

- 水 60±5g

② 油酥（90g）

- 低筋麵粉 60±5g
- 豬油或素白油 30g

（或用調硬的油酥 90g）

③ 餡料（192g）

主料：

- 粗粒蔥花 160g

調味：

- 鹽 2g
- 豬油或素白油 30g
- 白胡椒粉少許

④ 外飾

- 蛋水 20g
- 白芝麻 40g

方法

1 水油皮、油酥

酥油皮製作方法，參考P.378。

2 餡料

拌勻，調整鹹淡味。

3 整形

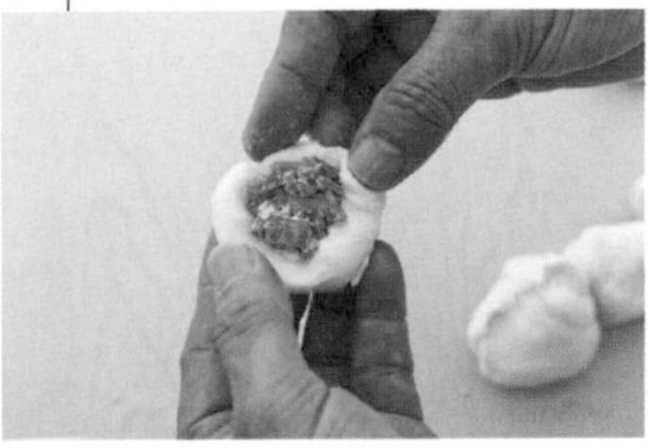

酥油皮擀薄、包餡。

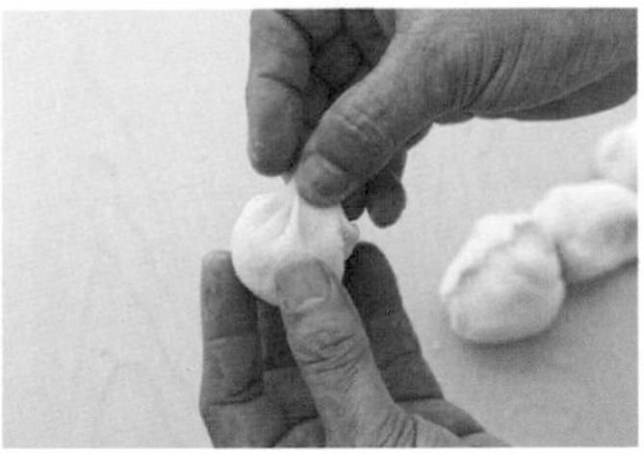

整成圓形。

→

表面刷蛋水。

→

沾白芝麻，鬆弛15±5分鐘，用190±10℃烤至金黃（邊酥硬）。

POINT

- 蟹殼黃燒餅使用發酵麵糰，可使外皮脆，內部鬆軟的組織可吸收蔥汁，口感更好。
- 製作蟹殼黃燒餅時，麵皮不可太硬，油酥不可太軟，否則摺擀時容易漏酥、破皮、皮酥易分離；摺擀時層次不要擀得太多，否則麵皮易乾，包餡時接口不易捏合易漏汁。
- 烤焙時，要注意溫度控制，高溫烤焙，芝麻容易烤焦，回軟快，外皮不酥；低溫烘焙，產品硬酥。

燒餅麵食｜發麵類

糖鼓燒餅

糖鼓燒餅具酥脆及發酵特性，一般以發酵麵糰或老麵製作外皮，包入油酥，製成有層次的麵皮，經適當摺擀後包入糖餡，表面沾白芝麻，擀成長13±1cm之扁長牛舌狀。

產品需具此特性：色澤均一、中間呈膨鬆的空心狀、餡不可外露、底部不得有硬殼，捏合或接縫處不得開口、表面酥脆呈金黃色，內餡柔軟、切開後麵皮需有層次、風味口感良好。

製作

數量：4 個

生重：每個約 80±2g

比例：皮 2（40g）　酥 1（20g）　餡 1（20g）

配料

① 麵皮（172g）

乾料：

- 中筋麵粉 100g
- 速溶酵母粉 1g
- 鹽 1g
- 細砂糖 6g
- 豬油或素白油 4g

濕料：

- 水 60±5g

② 油酥（90g）

- 低筋麵粉 60±5g
- 豬油或素白油 30g

（或用調硬的油酥 90g）

③ 餡料（90g）

- 綿白糖 80g
- 熟白芝麻 5g
- 奶油 5g

④ 外飾

- 蛋水 20g
- 白芝麻 20g

方法

1 水油皮、油酥

酥油皮製作方法，參考P.378。

2 餡料

拌勻。

3 整形

酥油皮擀成圓皮。

包餡，整成橢圓形。

→

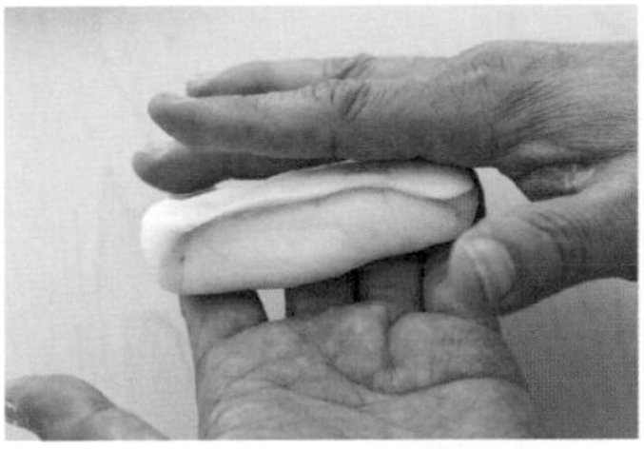

按壓接縫處，壓平，鬆弛10～20分鐘。

→

表面刷蛋水，沾白芝麻，鬆弛20±5分鐘。

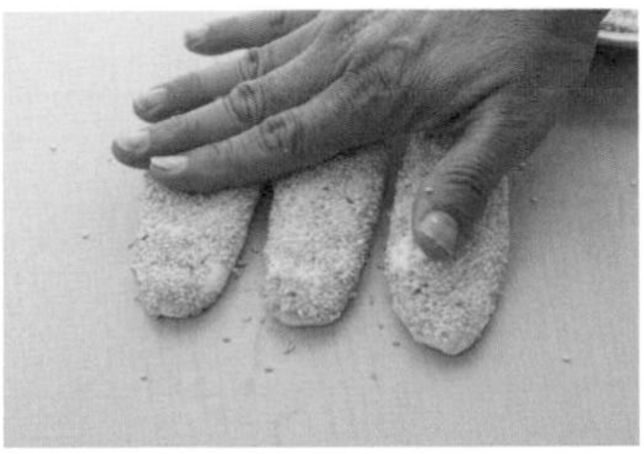

按壓成牛舌型，用190±10℃烤至金黃（邊酥硬）。

POINT

- 使用發酵麵糰製作糖鼓燒餅，外皮酥脆，內餡柔軟，與糖餡接觸的底部，不易變硬，口感更好。
- 糖鼓燒餅的糖餡（用綿白糖最佳，因為糖會入口而化）為主，烘烤時糖溶化後產生的水蒸氣，會使燒餅產生鼓漲特性。
- 製作糖鼓燒餅時，要特別注意麵皮不可太硬，油酥不能太軟，否則摺擀時容易漏酥、破皮、皮酥易分離；摺擀時層次不要擀太多，麵皮乾，包餡時接口不易捏合。
- 烘烤時底火要足夠，產品才會鼓漲，溫度太低易爆餡，因此製作時，要注意烤溫控制。

燒餅麵食｜發麵類

蔥脂燒餅

蔥脂燒餅具有酥脆及發酵特性，一般以發酵麵糰或老麵製作外皮，包入油酥，製成有層次的麵皮，經適當摺擀後，包入蔥脂餡，表面沾白芝麻，壓成直徑9±1cm之扁圓形。蔥脂燒餅不需鼓脹，可用中、大火烤焙。

產品需具此特性：外表需色澤均一、餡不可外露、底部不得有硬殼、捏合或接縫處不得開口、表面鬆酥呈金黃色，內餡柔軟、切開後麵皮需有層次、風味口感良好、蔥的香味特濃。

製作

數量：4 個

生重：每個約 80±3g

比例：皮 2（40g）

酥 1（20g）

餡 1（20g）

配料

① 麵皮（172g）

乾料：

- 中筋麵粉 100g
- 速溶酵母粉 1g
- 鹽 1g
- 細砂糖 6g
- 豬油或素白油 4g

濕料：

- 水 60±5g

② 油酥（90g）

- 低筋麵粉 60±5g
- 豬油或素白油 30g

（或用調硬的油酥 90g）

③ 餡料（94g）

主料：

- 粗粒蔥花 50g
- 豬肥肉粒 40g

調味：

- 香麻油 1g
- 鹽 2g
- 白胡椒粉 1g

④ 外飾

- 蛋水 20g
- 白芝麻 20g

方法

1 水油皮、油酥

酥油皮製作方法，參考P.378。

2 餡料

拌勻。

3 整形

酥油皮擀成圓皮，包餡。

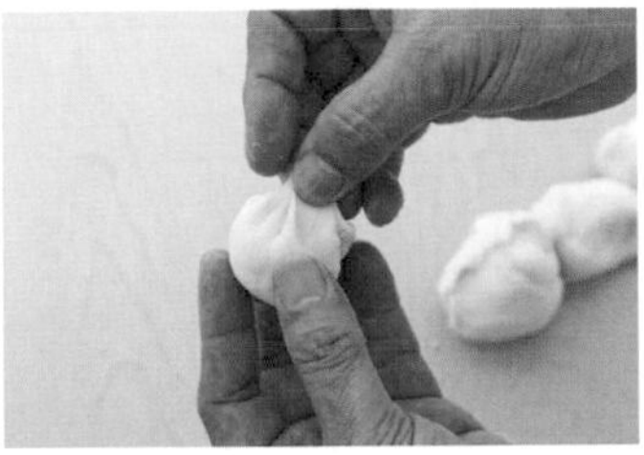

整成圓形。

→

表面抹濕或刷蛋水。

→

沾白芝麻，鬆弛15±5分鐘，用190±10℃烤至金黃（邊酥硬）。

POINT

- 蔥脂燒餅使用發酵麵糰可使其發酵麵糰外脆內鬆軟，鬆軟的組織可吸收蔥汁，口感更好。
- 蔥脂燒餅的餡料以蔥餡為主，可加入肥肉或固體油脂（素白油）增加香氣與口感，烘烤時，肥肉的油脂會與蔥產生香氣。
- 製作蔥脂燒餅時，麵皮不可太硬或油酥不能太軟，否則摺擀時容易漏酥、破皮、皮酥易分離；摺擀時，層次不要擀的太多，麵皮易乾，包餡時接口不易捏合易漏餡汁。
- 烘烤蔥脂燒餅時，溫度太低或太高易爆餡，因此製作時要注意烤溫控制。

燒餅麵食｜發麵類

蔥燒餅

蔥燒餅是蔥油餅改良的燒餅，一般以發酵麵糰或老麵製作麵皮，包入蔥油餡，表面沾白芝麻，壓成直徑15±1cm之扁圓形，先用小火煎烙後，再用烘烤方式將產品烤熟。

產品需具此特性：外表需具有均勻金黃色澤、外形完整、不可露或爆餡、底部不可烤焦或硬厚、外皮酥脆，內餡呈現青蔥的鮮香、風味口感良好、蔥香味特濃。

製作

數量：2 個
生重：每個約 120±5g
比例：皮 2（80g）
餡 1（40g）

配料

① 麵皮（169g）

乾料：

- 中筋麵粉 100g
- 速溶酵母粉 2g
- 鹽 1g
- 細砂糖 2g
- 液體油 4g

濕料：

- 水 60±5g

② 餡料（92g）

主料：

- 蔥花 80g

調味：

- 液體油 10g
- 鹽 1g
- 白胡椒粉 1g

方法

1 麵皮

乾料加濕料，攪拌或用手揉光滑，鬆弛10±2分鐘，分成所需大小。

2 餡料

拌勻，調整鹹淡。

3 整形

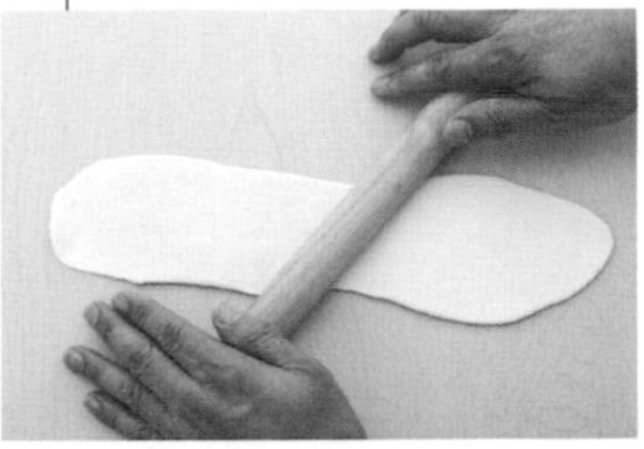

麵糰擀或壓成薄長方形。

放入蔥油餡。

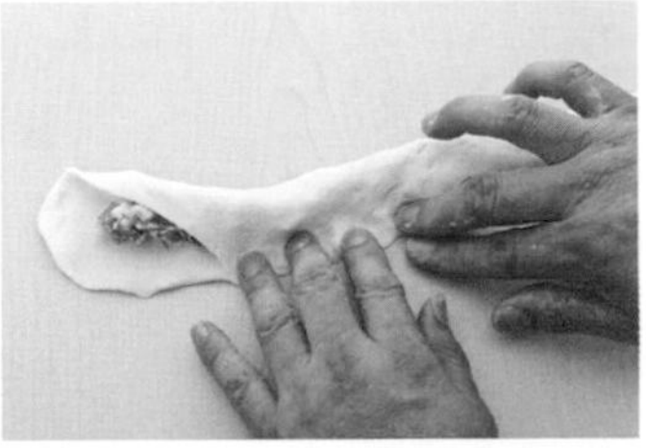

用麵皮包住餡料，兩端用手捏緊拉長成70±10cm。

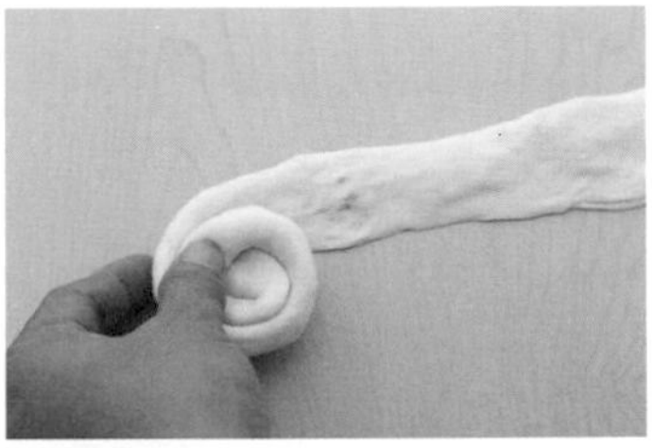

盤旋成圓形。

尾端壓平墊底。

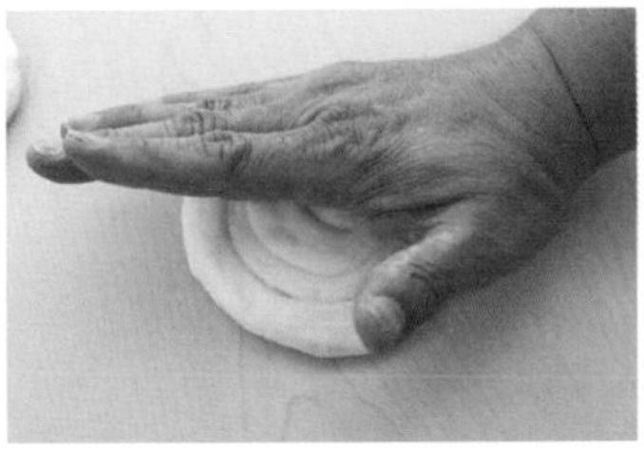

壓扁，鬆弛20±5分鐘。

4 熟製

用手攤壓成直徑15±1cm。

放入已加熱抹油的煎盤，兩面用小火直接煎烙至熟透，或放入烤盤，用200±10℃，上火小下火大，至兩面呈金黃。

POINT

- 蔥燒餅可添加老麵，最好再加點酵母，增強發酵力。可以全部使用老麵，但需調節軟硬度。
- 製作蔥燒餅時，麵糰要預防表面結皮，厚薄度要一致，不可有上薄下厚的麵糰。太乾或結皮包餡時，接口不易捏合，容易漏蔥汁。
- 煎烙時要注意煎盤溫度控制，高溫外皮易蔥燒餅烙焦；烤溫太高，內軟而不熟，因此宜用中低溫長時間煎烙或烤焙。
- 先將蔥燒餅兩面煎烙有定形作用，又可增加煎烙的油香味。可再移入烤爐烘烤，目的是要烘烤至熟。

發麵燒餅

發麵燒餅就是最傳統的老麵發酵產品，使用這種老麵製作的老麵燒餅，較有咬勁，入口後會有特殊的發酵香味。一般用發酵麵糰擀成麵帶，以蔥油餡作夾心，經三層摺疊後，表面刷糖水或蛋水、撒上白芝麻，切成適當大小的菱形、方形或長條形後，經發酵烤焙之產品。

產品需具此特性：外表具均勻的金黃色澤、外形完整、底部不可烤焦、捏合或接縫處不得開口、三層麵皮不會相連，內餡呈現青蔥的鮮香、風味口感良好。

製作

數量：2 個
生重：每個約 85±5g
比例：皮 5（80g）
餡 1（16g）

配料

① 麵皮（164g）

乾料：
- 中筋麵粉 100g
- 速溶酵母粉 2g
- 細砂糖 2g

濕料：
- 冷水 60±5g

② 餡料（31g）

主料：
- 蔥花 30g

調味：
- 鹽 1g
- 白胡椒粉少許
- 液體油少許

③ 外飾

- 白芝麻 10g
- 糖水或蛋水 10g

方法

1 麵糰

乾料加濕料，攪拌或用手揉光滑，鬆弛20±5分鐘。

2 整形

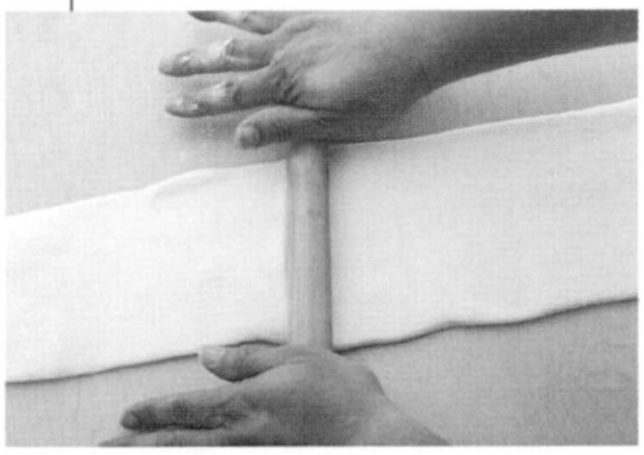

麵糰擀成薄皮。

刷油。

抹鹽、撒蔥花。

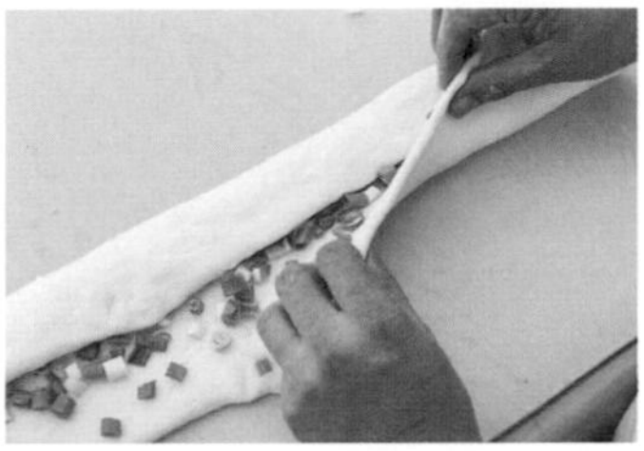

摺成三層。

摺口朝下，表面刷糖水或蛋水。

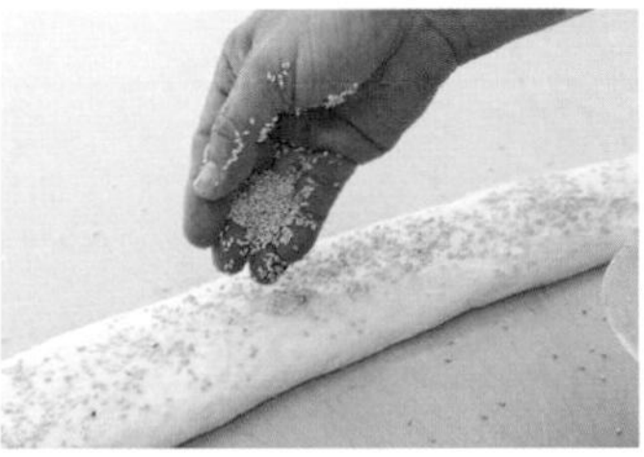

撒白芝麻。

切成菱形或長條形，室溫發酵25±5分鐘。用250±10℃，上下火全開，約9±2分鐘烤至熟。

TIPS

可用平底鍋熟製，不用放油，兩面以小火烙熟。

POINT

- 可以用稀油酥代替刷油，但蔥味比較不會呈現。
- 發麵燒餅可以添加老麵，會使麵香味濃郁，最好再加點酵母，可增強發酵力，也可以全部用老麵製作，但需再用麵粉調節軟硬度。
- 製作發麵燒餅時，麵糰要預防表面結皮，擀麵時厚薄度要一致，不可有上薄下厚的麵糰；蔥花有鹽易出水，最好風乾後使用；麵糰愈軟或發酵較久，孔洞愈大組織愈鬆軟。
- 烤溫愈高，烤的時間較短，發麵燒餅才會外香脆、內鬆軟。
- 本燒餅趁熱食用，亦可冷藏或冷凍保存5～7天，食用時用高溫加熱。

燒餅麵食｜發麵類

老麵燒餅

老麵燒餅是用前一天製作剩下的麵糰，加入麵粉製作的燒餅。是最傳統的發酵方式，由於發酵時間較久，製作的燒餅，具特殊的發酵香味。

老麵先用麵粉調至成軟硬適中的發酵麵糰，再用平底鍋兩面煎烙；煎烙時，在表面撒白芝麻，底部著色後，翻面再煎烙至芝麻面呈金黃色，有蔥油、芝麻與發酵的特殊香味，代表燒餅烙熟。

產品需具此特性：外表具均勻的金黃色澤、外形完整、底部不可烤焦，風味口感良好，呈現青蔥的鮮香味。

製作

數量：1 個

生重：每個約 600±60g

比例：皮 5（500g）
餡 1（100g）

配料

① 麵皮（562g）

乾料：

- 中筋麵粉 100g
- 速溶酵母粉 4g
- 泡打粉 3g
- 細砂糖 25g

濕料：

- 老麵 400±10g
- 冷水 30±5g

② 餡料（100g）

主料：

- 蔥花 60g
- 豬油或素白油 35g

調味：

- 鹽 5g
- 白胡椒粉少許

③ 外飾

- 白芝麻 10g

方法

1 麵糰

乾料加濕料，攪拌或用手揉光滑，滾圓鬆弛10±2分鐘。

2 餡料

拌勻，調整鹹淡味。

3 整形

麵糰用手將中央壓扁，包入餡料，整成圓形。

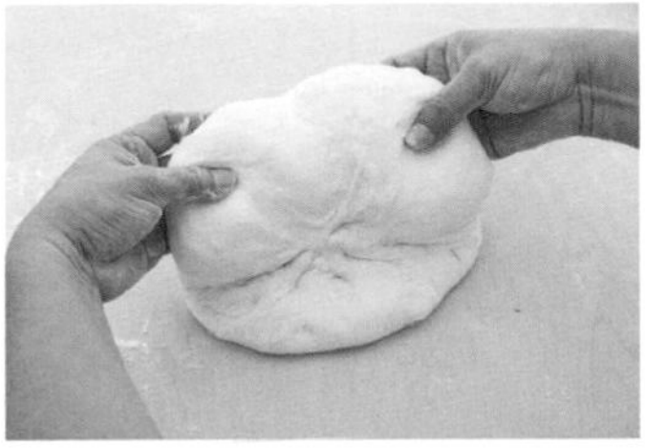

鬆弛15±5分鐘，壓成直徑25±3cm之扁圓形，發酵25±5分鐘。

→

表面刷水。

→

撒白芝麻。

4 熟製

放入鍋中，著色後翻面，用小火多次翻轉，煎至兩面金黃熟透。

POINT

- 麵糰軟硬適中，外形會挺立，發酵足夠時，產生的氣體容易保留，麵糰體積大；麵糰太軟，外形扁平，下鍋易變形，氣體保留性差，製品扁平，體小較硬。麵糰太硬，包餡容易破皮，產品乾硬。
- 操作中，麵糰要預防表面結皮，厚薄度要一致，不可有上薄下厚的麵糰。
- 煎盤先預熱至100℃±20℃，抹油放入發酵好的麵糰，表面刷水，撒白芝麻可蓋鍋蓋，用均勻的小火煎烙至底部著色，翻面再煎烙至兩面金黃熟透（可反覆數次）。煎烙溫高時，時間較短，產品柔軟，但容易烙焦，要注意烙鍋火力的調整。
- 老麵香味濃郁，發酵時，最好再加點酵母，可增強發酵力。製作老麵燒餅，可以全部用老麵，再用麵粉調節軟硬度。
- 可冷藏3～5天，常溫保存1～2天。

肉末燒餅

肉末燒餅俗稱空心燒餅，用發酵或老麵製成麵糰。製作時，用大麵糰包沾油的小麵糰，製成圓形，表面用白芝麻裝飾，經發酵烤熟後，邊緣剖開取出小麵糰，可夾入任何餡料食用。

產品需具此特性：外表挺立、白芝麻散布均勻、呈金黃色澤、底部不可烤焦，切開中間空心、組織鬆軟、有勁、口感良好。

製作

數量：3 個

生重：每個麵糰約 60±3g

麵糰：皮 3（45g）

心 1（15g）

配料

① **麵皮**（183g）

乾料：

- 中筋麵粉 100g
- 速溶酵母粉 2g
- 細砂糖 10g
- 鹽 1g
- 豬油或素白油 10g

濕料：

- 冷水 60±5g

② **外飾**

- 蛋水 10g
- 白芝麻 10g

方法

1 麵糰

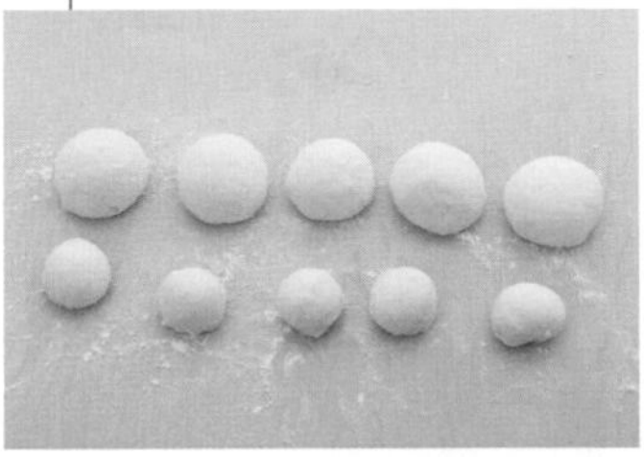

乾料加濕料，攪拌或用手揉光滑，鬆弛20±5分鐘，分割成所需大小。

2 整形

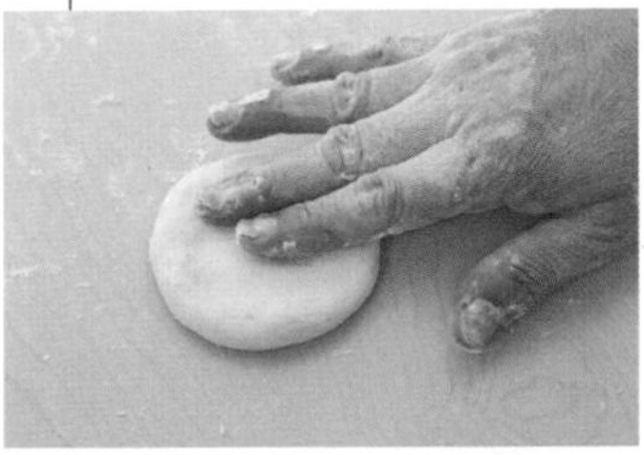

大麵糰（皮）用手稍微壓扁。

小麵糰（心）沾油。

沾麵粉。

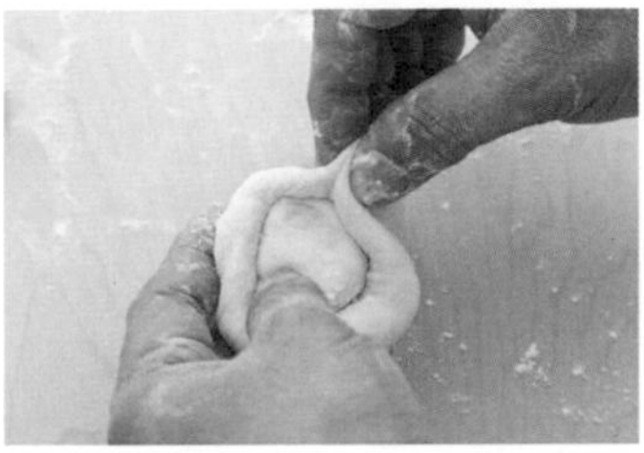

用大麵糰包成圓形、鬆弛15±5分鐘。

刷蛋水。

擀成直徑7±1cm之扁圓形、沾白芝麻，發酵45±5分鐘。

3 熟製、成品

用240±10℃，上火大下火小，烤至金黃色。冷卻後，邊剖開，取出小麵糰，塞入想吃的餡料，即可食用。

POINT

- 大麵糰（皮）包入沾油再沾麵粉的小麵糰（心），熟製後，小麵糰不會黏住大麵糰，容易取出；若包油酥，烤熱後油酥會溶化，被大麵糰吸收，麵糰的底部會滲油，口感不佳。
- 麵糰分割後，要預防表面結皮，包小麵糰時，麵皮的厚薄度要一致，底部不可有厚麵糰，放入餡料後才不會破皮。
- 烤溫愈高，烤的時間較短，產品才會鬆軟有勁。
- 肉末燒餅的麵糰可以加油，加油較鬆軟，口感像麵包；不加油的麵糰，口感較Q有勁。
- 它是中式漢堡，任何餡料均可夾入，但以炒或燒烤的餡料或滷味口感最佳。

第9章

酥油類製作

01

酥油皮麵食

酥油皮是由水油皮與油酥兩種不同性質的麵糰組合而成，將油酥包入水油皮內，再經擀、捲、壓或摺等方法，使水油皮與油酥形成層層隔離的層次，又稱層酥皮、油皮、酥皮、麵皮、酥油皮或起酥皮等。水油皮調製時，需加水形成麵筋，才有能力包住油酥，兩種麵糰需先組合，經擀捲包餡成形後，用烤、炸、煎或烙方式熟製，產品會產生層次與鬆酥特性，若包入各種不同餡料，就是各種酥油皮麵食。

發展

酥油皮麵食發展自唐宋，當時麵點繁多、富於變化，且製作技術完善，這和炒鍋、煎板、蒸籠、烤爐的蓬勃發展有著密不可分的關係。到了宋元時期，酥油皮麵食發展更為成熟，蘇東坡詩句「小餅如嚼月，中有酥和飴」即可得到印證。北宋後，《武林舊事》有「千層糕、月餅、油酥餅」等記載，進入這個時期以後，酥油皮麵食開始出現專業性作坊，可見當時的盛況。明清時期，由於朝廷有將民間點心選入宮廷成為御點的需求，發展日益活絡，是最鼎盛時期。

酥油皮麵食的精緻及富變化的口味，有甜鹹、酥脆、軟硬，各具風味，是我國飲食文化的菁華，不論是形、色、味均很獨特，共同特色是糖、油含量較重，因此大多數的酥油皮麵食，均以糖或油決定其產品特色。如蛋黃酥、方塊酥、太陽餅、月餅、菊花酥等。

分類

酥油皮麵食種類繁多，口味又多元，不易分類，目前是依產品、麵糰、製作方式等分類。

產品分類

點心類	厚形、薄形	應用於層酥與餡酥麵食
月餅類	單面烤、兩面烤	應用於層酥麵食

製作分類

包酥法	大包酥、小包酥	應用於層酥與燒餅麵食
擀捲法	暗酥、明酥、半暗酥、餡酥、起酥	應用於層酥與燒餅麵食
		應用於層酥麵食

麵糰分類

冷水麵	水油皮＋油酥或餡酥	應用於層酥與燒餅麵食
燙麵	燙麵＋油酥	應用於燒餅麵食
發麵	發麵＋油酥	

製作酥油皮麵食過程中，包酥的方法、油酥的軟硬、油酥的百分比或包酥的鬆緊，都會影響下一步流程的擀捲操作，因此包酥時，要特別留意每一個細節。包酥分大包酥、小包酥，大包酥的速度快、效率高、可大量生產，缺點是層次較少、酥層不易均勻、層片較大、產品較酥脆；小包酥層次分明、不易破酥、大小一致、品質較佳，缺點是速度慢、效率低、無法大量生產。

擀捲操作會讓產品有層次、口感鬆酥、外形有膨脹感。不同的酥油皮產品對於層次、酥鬆、膨脹有不同的需求，如外表層次是否要外露、內餡是否要外露、層次的多寡、層次的產生、剖開後層次是否分明等，都會影響產品的鬆酥、外形或口感。

製作

- **水油皮**

水油皮是由水、油和麵粉混合的麵糰，特性是冷水麵加油脂，具有彈、韌性和氣體的保留性，又可使麵糰有潤滑性及起酥性，用於包油酥或單獨使用。水油皮含有水與油，所以攪拌或用手搓揉時，必須要光滑，產生彈韌性，油皮才會薄而不碎。水油皮的作用是，包裹油酥後會形成層次，產生鬆酥特性，另外烤焙時，油酥不致潰散，麵筋可保留產生的氣體，使得麵糰膨鬆體積增大。

➡

- **油酥**

油酥是麵粉與油脂調製的麵糰，由於麵粉沒有親油性，主要是靠油脂具有的黏性，使麵粉顆粒黏結後形成麵糰，但麵糰沒有水，無法形成麵筋，因此油酥不能單獨製作產品，不過油酥麵糰可塑性強，與任何麵糰組合熟製後會產生層次或酥性。油酥是麵粉顆粒被油包圍隔開，使得麵粉的顆粒無法形成麵筋，但是遇熱後，麵粉顆粒會散開，產生間隙，因而形成層次與酥性，同時麵粉顆粒之間有空隙，會充滿空氣，受熱時會膨脹，使產品膨脹而鬆酥。

➡

- **酥油皮**

酥油皮是水油皮包油酥形成的麵皮，兩者的比例會直接影響產品的特色與品質。油酥太多，不易操作，擀捲時容易發生破皮或漏酥；水油皮太多，層次不清，鬆酥性也不佳，因此兩者比例需調配適當，一般以油酥占水油皮的比例制定，常用的比例有66%、60%、50%，但也有高至100%，或降低至20～30%，視產品的需求而改變。「糖油麵、隨手變」是製作酥油皮的口訣，含義就是比例只供參考，還需根據產品需求而定。

方法

1. **水油皮**：乾料加濕料，攪拌或用手揉光滑，鬆弛20±5分鐘，分成所需大小。

2. **油酥**：乾料拌勻成糰，分成所需大小。
3. **餡料**：拌勻或揉勻，分成所需大小。
4. **整形**：

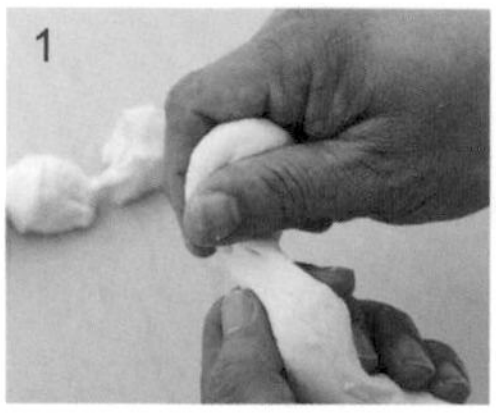

水油皮。

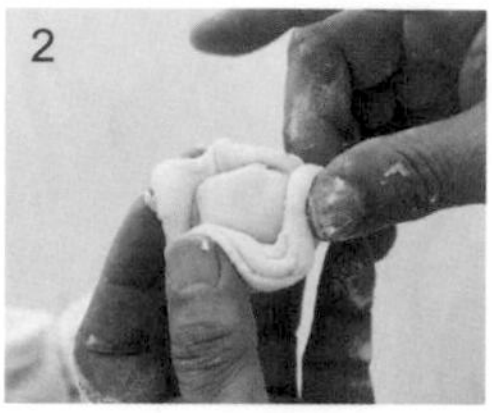

包油酥。

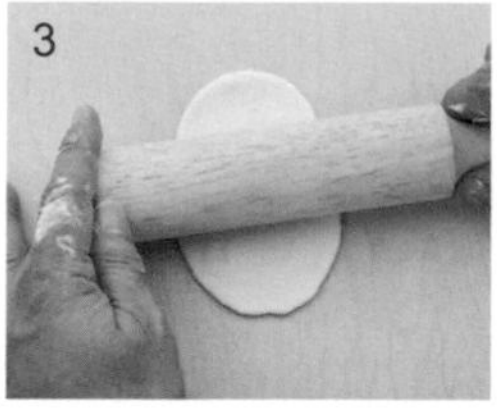

擀一次。

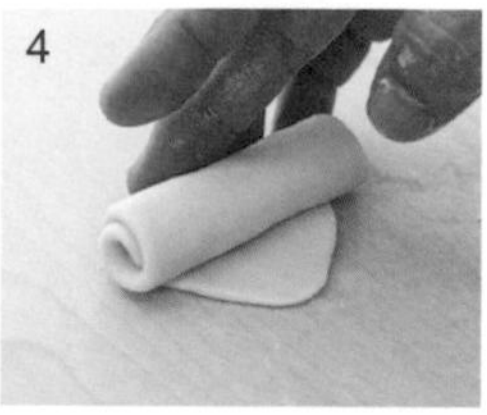

捲一次。（3、4 動作共重複兩次）

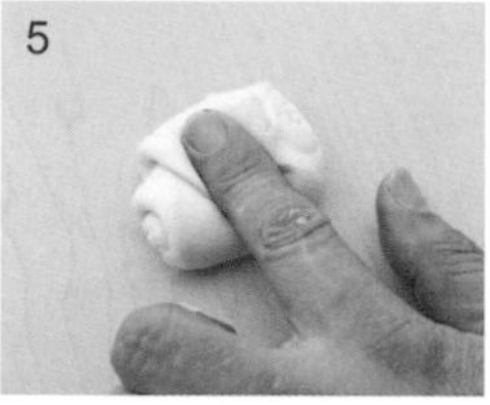

手放麵皮中間往下壓。

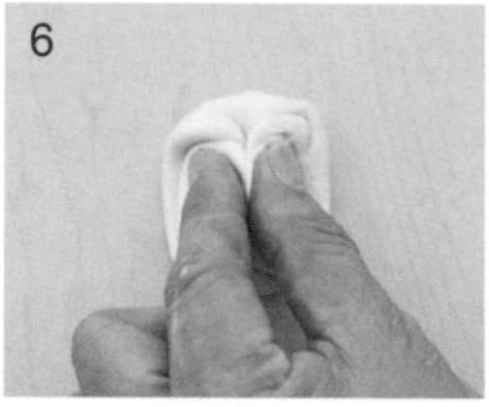

將麵皮兩邊往中間壓。

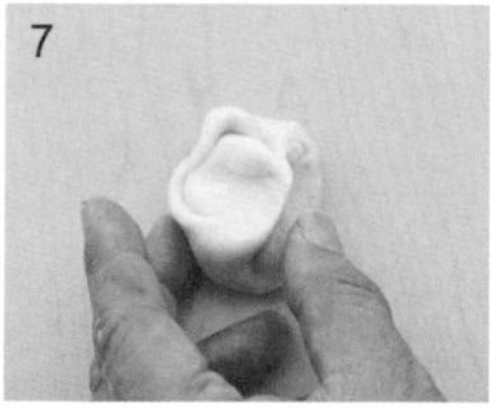

翻轉。

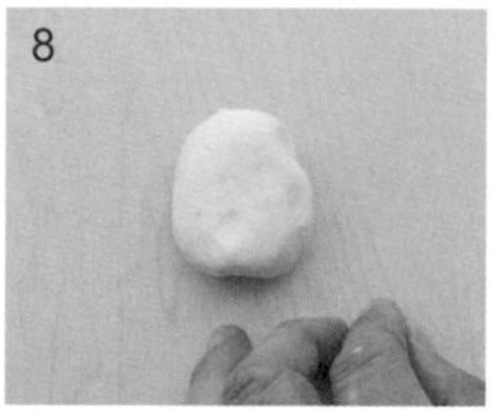

整成圓形（此為酥油皮）。

5. **烤焙**：用190±20℃，上下火視產品調節，約烤20±5分鐘，至外表金黃邊緣酥硬。
6. **成品**：冷卻後包裝或冷藏。

TIPS

- 表面刷蛋液則上火大，未刷蛋液則下火大。
- 兩面烤的產品，表面先朝下（下火大），著色後翻面再烤，爐火不變。
- 邊緣酥硬即可出爐，時間需視產品而定。

Q&A

1. 水油皮為什麼要用中筋麵粉？

A 高筋麵粉麵筋太強，易收縮變形；低筋麵粉麵筋太弱，易破損；可用高、低筋麵粉各一半混合；高糖高油產品或需保氣性好的水油皮，可添加部分高筋麵粉。

2. 油酥為什麼要用低筋麵粉？

A 油酥用麵粉的目的不是麵筋，只是調整油脂的軟硬度，因此不需用麵筋高的中筋麵粉或高筋麵粉。

3. 酥油皮麵食最適合使用何種油脂？

A 最佳的油脂是純豬油，融合性好，產品酥而白；精製豬油或白油較硬，融合性、酥性與香味稍差，也可使用；奶油的軟硬度與豬油略同，可替代使用；沙拉油膨脹性差，皮較脆；素食白油最好加入15±5%沙拉油調整油性與軟硬度。

4. 為什麼水油皮要加糖，目的是什麼？

A 糖量是依產品性質不同而添加，水油皮的糖量可從0～20%進行調整，也可以更高，但需注意水量調整，糖多麵糰黏，需水較少。糖量會影響麵糰的柔軟性、黏性及產品的脆性和烤焙色澤。

5. 水油皮是否需加鹽？

A 鹽量是依產品性質不同而添加，水油皮的鹽量可由0%～2%，因為鹽量會影響麵糰彈韌性與產品風味，是否添加，需視產品特色而定。

6. 水油皮為什麼要攪拌或揉光滑？

A 是保留氣體，不可破皮，故攪拌或揉得愈光滑，麵筋的薄膜擴張愈好，保氣性愈強，會使產品的表皮均勻細緻。

7. 油酥應如何貯存？是否有期限？

A 宜在室溫或冷藏保存，使用前先行回溫，貯存2～3天最佳，時間長易產生油耗味。

8. 水油皮加的水量應如何調整？

A 水量是依水油皮的性質而添加，水油皮的水量可由40%～60%或更高，但需要注意是否會影響麵糰的柔軟度（軟硬）、包酥、包餡與產品的回軟或濕水線的產生（皮與餡間的品質）。

9. 為何油酥攪拌成糰即可？

A 油酥沒加水，麵粉不會出筋，沒有必要攪拌或揉得太久，只要均勻成糰即可。

10. 水油皮或油酥的軟硬度，為何要配合室溫、油性調節？

A 室溫高或使用軟油時，麵糰會出油變軟，因此水量要減少。室溫低或使用硬油時，麵糰會變硬，水要多加。

11. 酥油皮第二次擀捲的圈數愈多，皮為何會愈乾硬？

A 酥油皮擀捲的次數，會影響產品特性，因為沒加水的油酥與加水的水油皮組合擀薄後，油酥會吸收水油皮的水，而使酥油皮變硬，鬆弛愈久愈硬，水油皮軟一點可以預防。

12. 酥油皮操作時，有那些注意事項？

A

- 擀捲中要預防表面結皮，結皮後，擀捲不易，易破皮。
- 水油皮包酥前要鬆弛，可預防擀皮時收縮。
- 擀皮用力不當或不均易破皮或漏餡。
- 操作時可用塑膠袋蓋住較不會結皮。
- 油酥不可太軟，會漏酥而破皮。不可太硬，會皮酥分離而破皮。
- 酥油皮擀捲時用力要輕，厚薄要均勻一致。
- 水油皮與油酥的軟硬度要一致。
- 少用防黏粉（桌上之撒粉）。
- 包餡的收口，不可太厚，底部才不會有厚麵糰。
- 整形後的半成品，可冷藏或冷凍。

13. 熟製時，要如何預防餡爆漏？

A

- 酥油皮擀捲的圈數不要太多，愈多會愈乾硬，收口不易包緊，易破皮或餡爆漏。
- 預防表面結皮，結皮後擀捲時不易延伸，易破皮而使餡爆漏。
- 包酥後不要鬆弛太久，鬆弛愈久酥油皮會愈硬，收口不易包緊較易漏餡。
- 水油皮攪拌要光滑而柔軟，增加麵筋的延展性，餡比較不會爆漏。

14. 理想的烤溫與條件要如何制定？

A 要配合產品特性調節。一般以烤爐內的平均溫度190±10℃最理想。扁薄或有刷蛋液的產品需加強上火，厚或不刷蛋液或表面不需著色的產品需加強下火。

酥油皮麵食｜點心類｜薄型

菊花酥

菊花酥是以盛開菊花的形態命名。

水油皮包油酥後以小包酥方式，擀捲成多層次之酥油皮，包入含油豆沙餡，整成扁圓形，用剪刀或利刀在表面剪或切12刀，再用手將切開的瓣90度反轉，會形成露餡的花瓣，中心刷蛋黃，沾白芝麻點綴，烤熟。

產品需具此特性：表面需色澤均勻、大小一致、外形完整、底部不可烤焦、表面能看到明顯而熟透的層次、不可有異物、口感良好。

製作

數量：10 個

生重：每個 50±3g

直徑：8±1cm

外表：12 瓣

比例：皮 2（20g）
酥 1（10g）
餡 2（20g）

配料

① 水油皮（200g）

乾料：

- 中筋麵粉 100g
- 細砂糖 10g
- 豬油或素白油 40g

濕料：

- 水 50±5g

② 油酥（100g）

- 豬油或素白油 30g
- 低筋麵粉 70±5g

③ 餡料（200g）

- 奶油豆沙 200g

④ 表飾

- 蛋黃 10g
- 白芝麻 10g

方法

1 水油皮、油酥

酥油皮製作方法，參考P.378。

2 整形

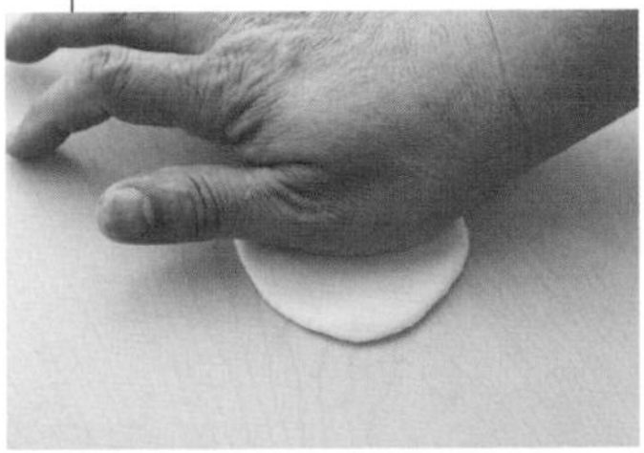

酥油皮用手壓平或擀成圓皮。

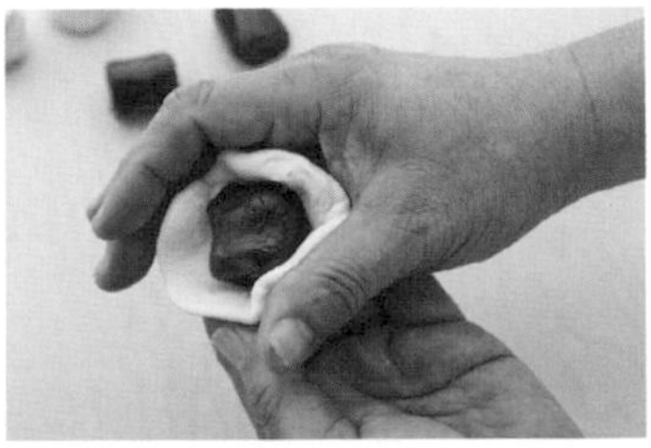

包餡、整成圓形。

壓成直徑8±1cm之扁圓形。中心用桿麵棍按壓。

外圈平均剪（切）12刀。

切面轉90度，豆沙餡會朝上露出成12瓣。

或兩瓣往內轉成一組，形成心的造形。

放入烤盤，中心沾蛋黃。

用白芝麻點綴，鬆弛15±5分鐘。

3 烤焙

用190±10℃，上火大下火小，烤至表面金黃，邊緣酥硬，約20±2分鐘。

POINT

- 包餡時酥油皮的厚薄度要一致，壓扁剪切花瓣時，才不會有皮餡不均而影響外形。
- 花瓣剪切12刀時，注意距離，要大小一致，反轉後用手壓平，可控制厚度。
- 餡料最好選用含油豆沙餡，因含水量多或含油低的豆沙餡，容易膨脹，不適合使用。
- 出爐後的產品，冷卻後包裝，可用常溫或冷藏貯存。保存期限會因條件不同而異，建議1～2週。

酥油皮麵食｜點心類｜厚型

椰蓉酥

椰蓉酥又名貴妃酥或香妃酥。水油皮包油酥後以小包酥方式，擀捲成多層次之酥油皮，包入椰蓉餡擀長，摺成三摺，整成四方形，表面沾椰子粉，烤熟。

產品需具此特性：表面需具均勻的微黃色澤、椰子粉不可烤焦或脫落、大小一致、外形完整、餡不可爆露、餡料鬆軟、底部不可烤焦或硬厚，切開後有明顯而熟透的層次、椰子風味與口感良好。

製作

數量：10 個

生重：每個 50±3g

比例：皮 2(20g)　酥 1(10g)　餡 2(20g)

配料

① 水油皮（200g）

乾料：

- 中筋麵粉 100g
- 細砂糖 10g
- 豬油或素白油 40g

濕料：

- 水 50±5g

② 油酥（100g）

- 豬油或素白油 33g
- 低筋麵粉 67±5g

③ 餡料（206g）

乾料：

- 低筋麵粉 65g
- 奶油 30g
- 糖粉 50g
- 鹽 1g
- 椰子粉 30g

濕料：

- 蛋 30±5g

④ 表飾

- 椰子粉 40g

方法

1 水油皮、油酥

酥油皮製作方法，參考P.378。

2 整形

酥油皮用手壓平。

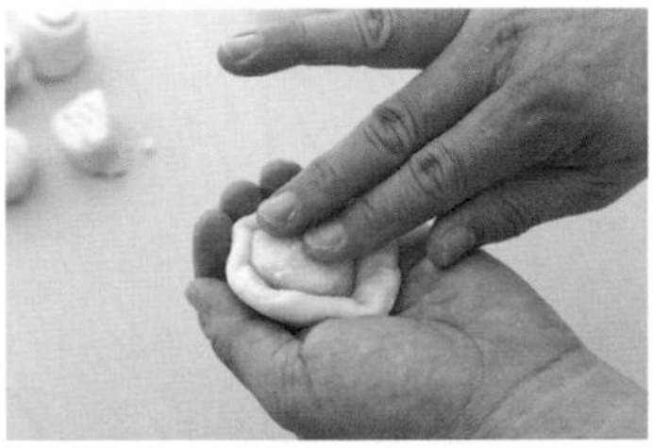

包餡，整形橢圓形。

擀成長條形。

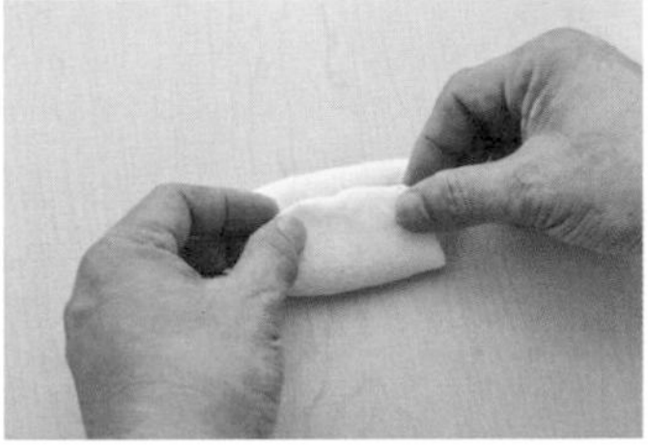

摺成三摺。

表面沾椰子粉，放入烤盤，鬆弛15±5分鐘。

3 烤焙

用190±10℃，上火小下火大，烤至表面微黃，邊緣酥硬，約20±2分鐘。

中點小百科 濕水線

水油皮與油酥擀捲時，若捲的圈數少，水油皮會較厚，烤焙時水分不易烤透，會形成透明的厚麵片，就是濕水線，並不是不熟。

POINT

- 包餡後盡快操作，擀成長條形，厚薄要一致。摺成三摺時，不可壓緊，可預防濕水線產生。餡料乾，比較好操作。餡太濕，產品皮餡處會有濕水線。
- 烤焙時，上火要小或不開火，預防表面椰子粉烤焦。烤焙至熟透，比較不會有濕水線產生。
- 冷卻後包裝，可用常溫或冷藏貯存。保存期限會因條件不同而異，建議5~7天。

酥油皮麵食｜點心類｜厚型

蒜蓉酥

蒜蓉酥又名「柴梳餅」，是因外形像半圓形髮梳，最大特色是餡料帶點蒜味，因蒜頭會影響膨脹，整形後即需烘烤，不宜放置太久。水油皮與油酥，以小包酥方式，擀捲成多層次之酥油皮，包入蒜蓉餡之後，整形成對摺的半圓形（刈包形），表面刷上蛋液，烤熟。

產品需具此特性：表面需具均勻的金黃色澤、大小一致而完整、餡料鬆軟、餡不可爆露、不可烤焦，切開後需有明顯的層次、不可有異物、蒜香味與口感良好。

製作

數量：10 個

生重：每個 50±3g

比例：皮 2（20g）

酥 1（10g）

餡 2（20g）

配料

① 水油皮（200g）

乾料：

- 中筋麵粉 100g
- 細砂糖 10g
- 豬油或素白油 40g

濕料：

- 水 50±5g

② 油酥（100g）

- 豬油或素白油 33g
- 低筋麵粉 67±5g

③ **餡料**（201g）

主料：

- 低筋麵粉 80±5g
- 細砂糖 40g
- 麥芽糖 15g
- 鹽 1g
- 樹薯澱粉 5g
- 炒白芝麻 10g
- 奶油 20g

調味：

- 蛋 25±5g
- 碎蒜蓉 5g

④ **表飾**

- 蛋黃 20g
- 白芝麻（或香菜葉）10g

方法

1 水油皮、油酥

酥油皮製作方法，參考P.378。

2 整形

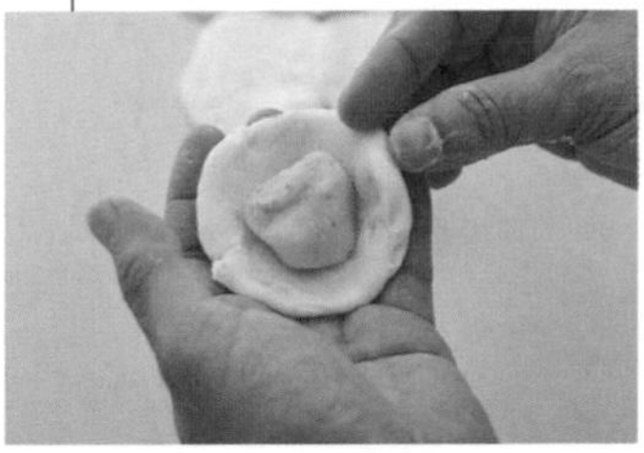

酥油皮用手壓平，包餡。

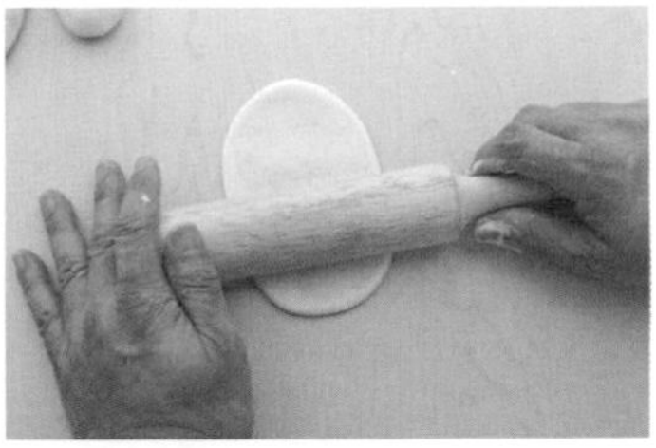

用手壓扁，擀成橢圓形。

對摺成刈包式樣。

放入烤盤，表面刷蛋黃。

表面撒芝麻，鬆弛15±5分鐘。

3 烤焙

用190±10℃，上火大下火小，烤至表面金黃，邊緣酥硬，約20±2分鐘。

POINT

- 包餡後盡快操作，整形厚薄要一致，摺成對摺時，不可壓緊，可預防濕水線產生。餡料不可太濕，容易爆餡，皮餡處比較容易有濕水線。包餡後放太久會嚴重影響膨脹性。
- 烤焙時上火要大，表面著色後關火，可預防表面烤焦；烤焙至邊緣酥硬而熟透，比較不容易產生濕水線。
- 冷卻後包裝，可用常溫或冷藏貯存。保存期限會因條件不同而異，建議5～7天。

酥油皮麵食｜點心類｜厚型

咖哩餃

咖哩餃是用水油皮與油酥，以小包酥方式，擀捲成多層次之酥油皮，包入咖哩餡後，整形成對摺的半圓形（餃子形），接合處需捏絞紋，表面刷蛋液後以白芝麻點綴烤熟。

產品需具此特性：表面需具均勻的金黃色澤、大小一致而完整、餡不可爆露、不可烤焦，切開後需有明顯的層次、不可有異物、咖哩風味與口感良好。

製作

數量：10 個

生重：每個 50±3g

比例：皮 2（20g）　酥 1（10g）　餡 2（20g）

配料

① 水油皮（200g）

乾料：

- 中筋麵粉 100g
- 細砂糖 10g
- 豬油或素白油 40g

濕料：

- 水 50±5g

② 油酥（100g）

- 豬油或素白油 33g
- 低筋麵粉 67±5g

③ 餡料（206g）

主料：

- 液體油 10g
- 碎洋蔥 70g
- 絞碎豬肉 120g

調味：

- 鹽 1g
- 咖哩粉 2g
- 細砂糖 1g
- 玉米澱粉 2g

④ 表飾

- 蛋黃 20g
- 白芝麻 10g

方法

1 | 水油皮、油酥

酥油皮製作方法，參考P.378。

2 | 餡料

主料爆香炒熟，加入調味料試味，冷卻。

3 | 整形

酥油皮擀成橢圓形，包餡。

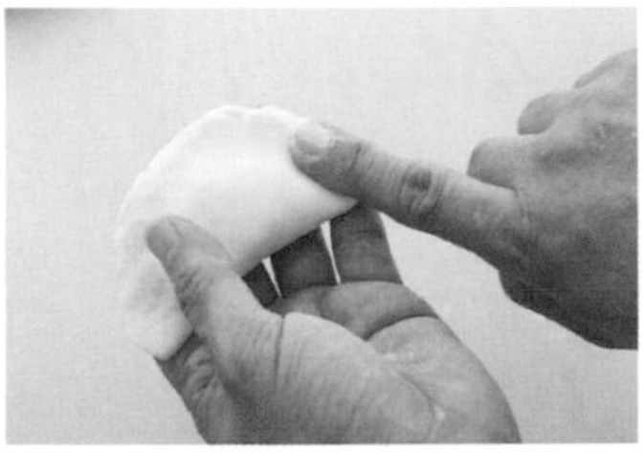

對摺成半圓形，接合處約一隻食指寬。

用手捏絞紋，成為有絞邊的餃子。

放入烤盤，表面刷蛋黃。

表面扎洞。

撒白芝麻，鬆弛15±5分鐘。

4 | 烤焙

用190±10℃，上火大下火小，烤至表面金黃，邊緣酥硬，約20±2分鐘。

POINT

- 包餡後盡快操作，整形厚薄要一致；餃子形的接合處捏絞紋時，要粗大、不可細小，否則烤焙時，體積膨脹會失去絞紋；表面可扎小洞透氣，可防爆餡。餡料要調製乾一點，餡太濕，容易爆餡，皮餡接觸的部分會有濕水線。
- 烤焙時上火要大，表面著色後關火，預防表面烤焦，邊緣要烤到酥硬，熟透，才不會有濕水線。
- 冷卻後包裝，可用常溫或冷藏貯存。保存期限會因條件不同而異，建議1～2天。

酥油皮麵食｜點心類｜厚型

鮮肉酥餅

鮮肉酥餅是用小籠包的鮮肉餡，以烙或烤的方式熟製，香氣逼人，甜中帶鹹，再加上外皮的鬆酥，令人吮指回味。它是用水油皮與油酥，以小包酥方式，擀捲成多層次之酥油皮，包入鮮肉餡，整形成圓柱形，放入烤盤，緊靠成排，用烙或烤的方式，一面著色後再轉另一面，直至四面均呈金黃色，邊緣酥硬。

產品需具此特性：四面需有均勻的金黃色澤、大小一致而完整、餡不可爆露、不可烙或烤焦，切開後需有明顯的層次、不可有異物、口感良好。

製作

數量：10 個

生重：每個 50±3g

長度：10±2cm

比例：皮 2（20g）
酥 1（10g）
餡 2（20g）

配料

① 水油皮（200g）

乾料：

- 中筋麵粉 100g
- 細砂糖 10g
- 豬油或素白油 40g

濕料：

- 水 50±5g

② 油酥（100g）

- 豬油或素白油 33g
- 低筋麵粉 67±5g

③ 餡料（208g）

主料：

- 絞碎豬肉 150g

配料：

- 蔥花 30g
- 薑末 10g

調味：

- 鹽 2g
- 細砂糖 3g
- 白胡椒粉 1g
- 香麻油 8g
- 醬油 4g

方法

1 水油皮、油酥

酥油皮製作方法，參考P.378。

2 餡料

主料攪拌至有黏性，加配料，加調味料拌勻。

3 整形

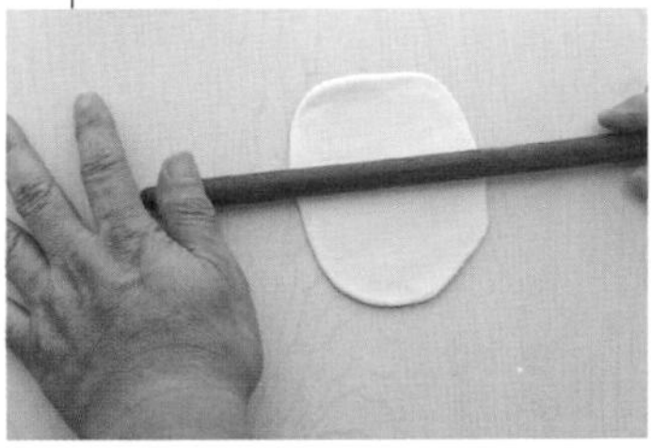

酥油皮擀成橢圓皮。

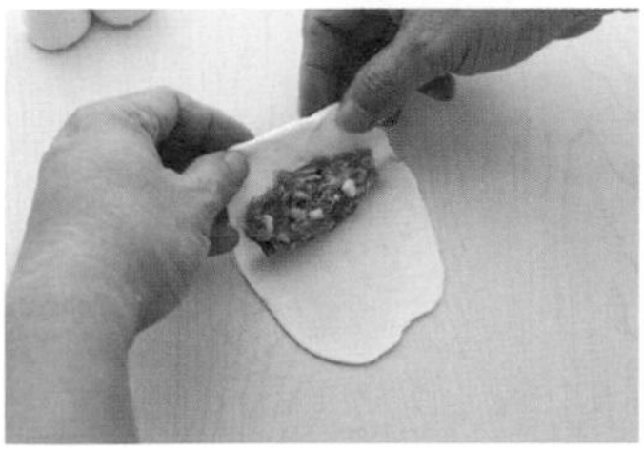

包餡。

→

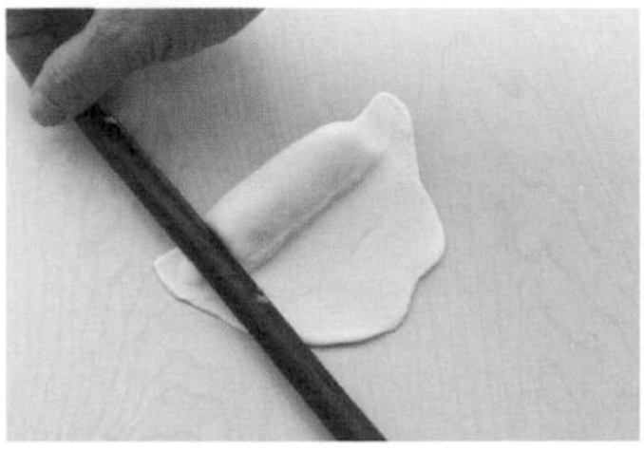

兩端擀薄包住。

→

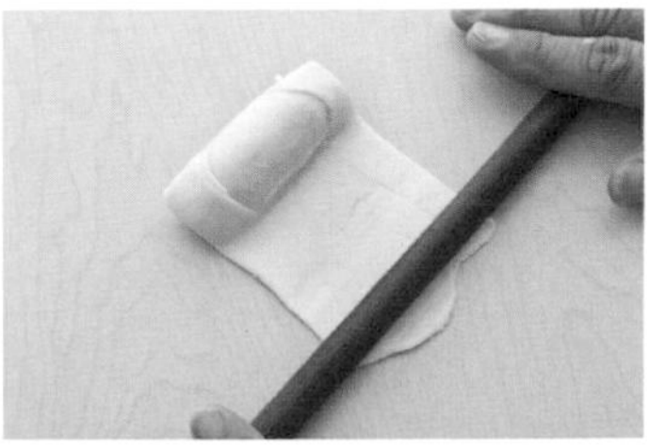

前端麵皮擀薄。

麵皮捲起。

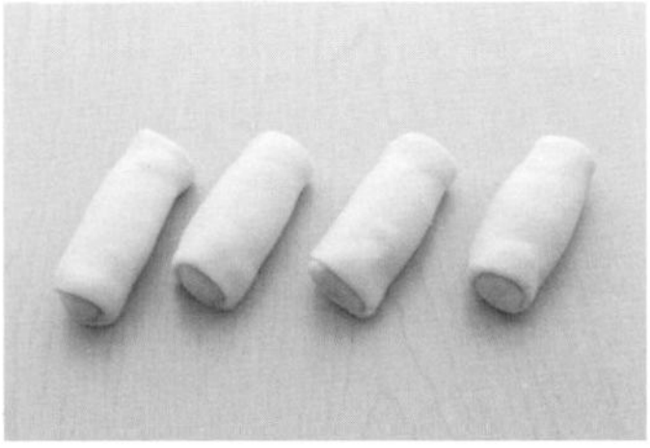

整成圓柱形，鬆弛15±5分鐘。

4 烤焙

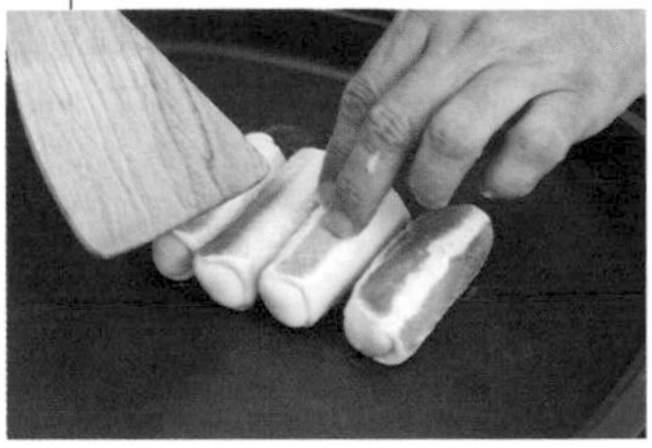

放入平底鍋或煎盤用小火，煎或烙至著色，翻面，直至四面均呈金黃色，外皮酥硬，約20±2分鐘。

POINT

- 肉餡熟時會有肉汁，若打水，含水量高，容易爆餡，皮餡接合處會有濕水線。
- 鮮肉酥餅可用烤箱烤焙，但每一面都要翻轉，直到四面都烤著色，產品較酥脆，皮乾肉汁容易漏出。
- 趁熱食用或冷卻後包裝，冷藏食用時需再加熱。保存期限會因條件不同而異，建議保存1～2天就好。

酥油皮麵食｜點心類｜厚型

油皮蛋塔

油皮蛋塔是用水油皮與油酥，以小包酥方式，擀捲成多層次之酥油皮，擀薄後放入塔模內，邊緣摺絞紋，刷蛋黃液後，填入蛋液，烤熟。

產品需具此特性：表面需具均勻的色澤、大小一致、外形完整不可破損、中央不可有未熟的蛋液、不可嚴重凹陷或表面縮皺、底部不可烤焦、表面光滑不可有裂紋，切開後塔皮需有明顯熟透的層次、餡料需柔軟、底部熟透、不可有異味、口感良好。

製作

數量：10 個

生重：每個 50±3g

規格：內徑 7cm× 高 3cm 鋁箔盒

比例：皮 2（20g）
酥 1（10g）
餡 4（40g）

配料

① 水油皮（200g）

乾料：

- 中筋麵粉 100g
- 細砂糖 10g
- 豬油或素白油 40g

濕料：

- 水 50±5g

② 油酥（100g）

- 豬油或素白油 33g
- 低筋麵粉 67±5g

③ 餡料（491g）

乾料：

- 細砂糖 90g
- 奶粉 20g
- 鹽 1g

濕料：

- 全蛋 150±5g
- 蛋黃 50g
- 水 180±5g

④ 表飾

- 蛋液 20g

方法

1 水油皮、油酥

酥油皮製作方法，參考P.378。

2 餡料

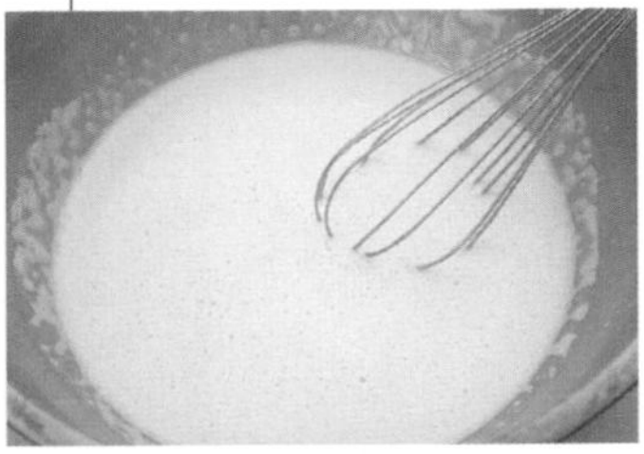

乾料拌勻，加濕料拌散，過濾，放置20分鐘，去除泡沫。

3 整形

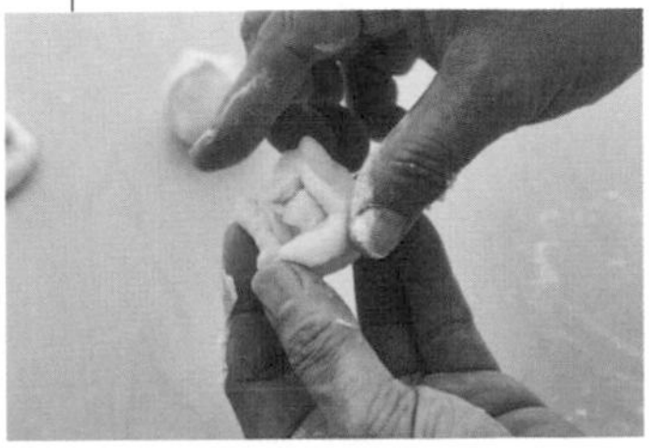

酥油皮包油酥。

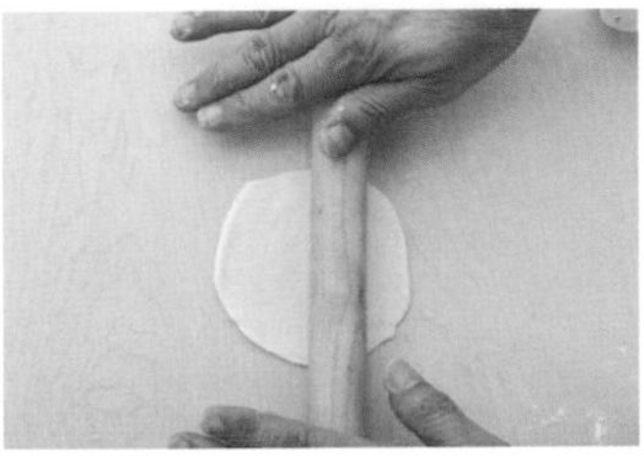

擀成圓皮。

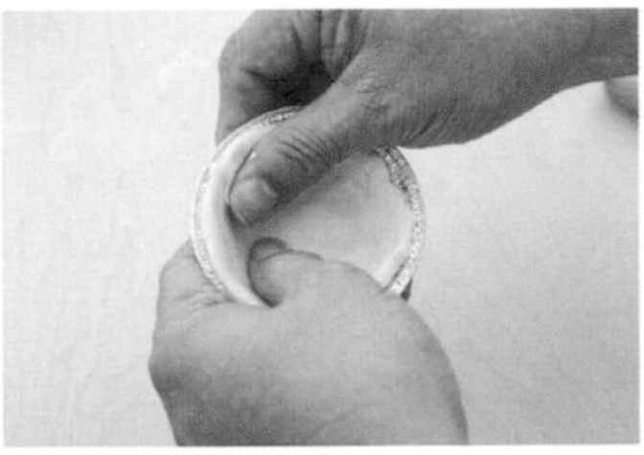

放入模型內，用手壓緊。

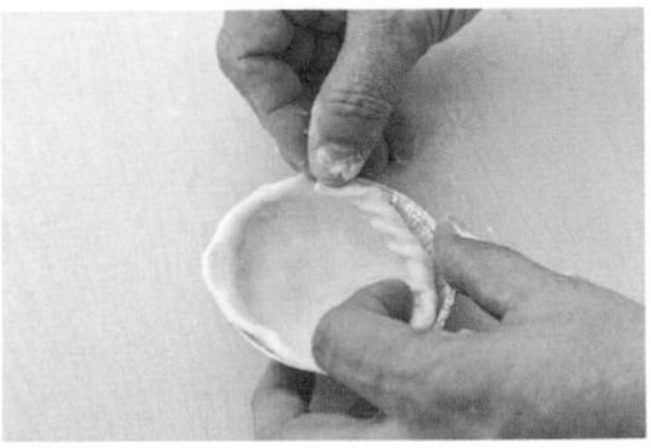

用手摺紋邊。

刷蛋液。

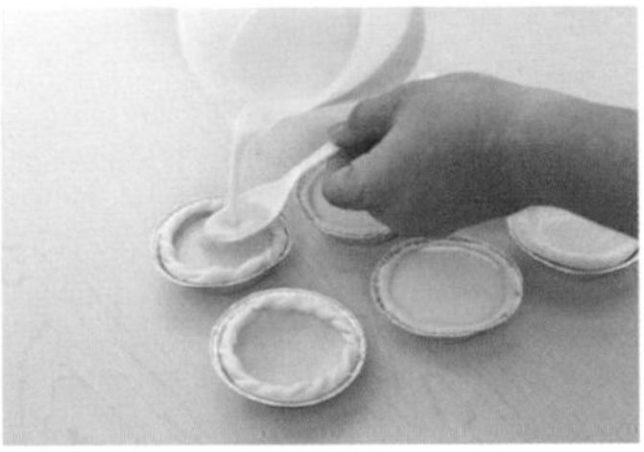

填入餡料。

4 烤焙

用165±10℃，上火小下火大，烤至蛋液凝結，邊緣酥硬，大約20±2分鐘。

POINT

- 酥油皮整形時，用手壓入模型內，會產生彈性而向內收縮，待全部整形後，再用手拉高調整高度，使蛋液均勻而等量的填入塔內。
- 蛋塔表面最好用透明紙蓋住，可防止表面失水裂開又衛生，冷藏保存最佳。保存期限會因條件不同而異，建議1～2天。
- 乾濕原料混合後，拌散拌勻，不可打發產生氣泡，靜置一段時間，操作時產生的氣泡會往上浮。使用前，在表面蓋一層塑膠袋吸附氣泡（如右圖），倒出的蛋液光亮，烤熟後表面就會細緻光澤。

酥油皮麵食｜點心類｜厚型

葡式蛋塔

葡式蛋塔是用水油皮與油酥，以大包酥方式，用西式鬆餅的三摺方式摺疊，擀薄後捲成圓柱，切小段，放入塔模內整形，邊緣可見到有層次的紋路，再填入含油的蛋液，烤熟。亦可用小包酥方式，用明酥方法製作蛋塔皮。

產品需具此特性：外表酥脆、大小一致、外形完整不可破損、表面光滑、不可有裂紋、需具不規則的焦點、不可有未熟的蛋液、表面不可嚴重凹陷與縮皺、底部不可烤焦，切開後塔皮需有明顯熟透的層次、餡料需柔軟、底部需熟透、不可有異味、口感良好。

製作

數量：10 個

生重：每個 80±5g

規格：內徑 7cm× 高 3cm 鋁箔盒

比例：皮 2（20g）
酥 1（10g）
餡 5（50g）

配料

① 水油皮（200g）

乾料：
- 中筋麵粉 100g
- 細砂糖 10g
- 豬油或素白油 40g

濕料：
- 水 50±5g

② 油酥（100g）

- 豬油或素白油 33g
- 低筋麵粉 67±5g

③ 餡料（501g）

乾料：
- 細砂糖 70g
- 奶粉 20g
- 鹽 1g

濕料：
- 蛋黃 100g
- 鮮奶 210±5g
- 鮮奶油 100g

方法

1 水油皮、油酥

酥油皮製作方法，參考P.378。

2 餡料

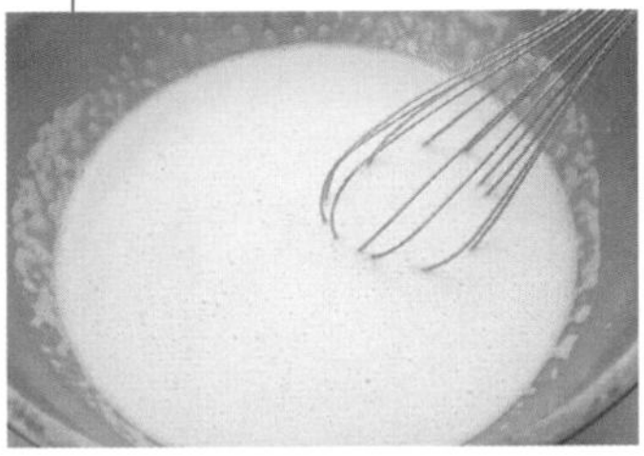

乾料拌勻，加濕料拌散，過濾，放20分鐘，去除泡沫。

3 整形

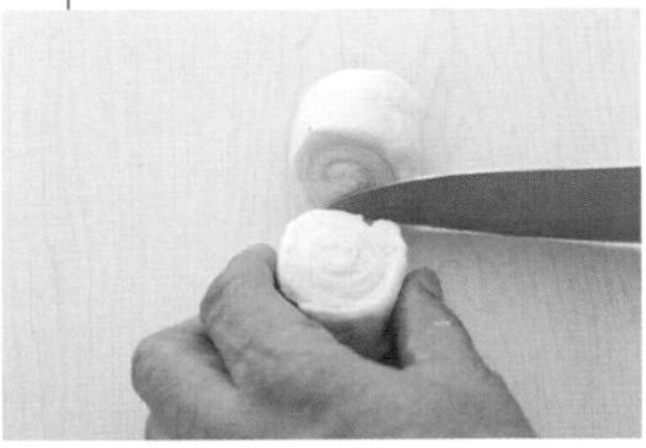

擀捲後的酥油皮，由中間切成兩段。

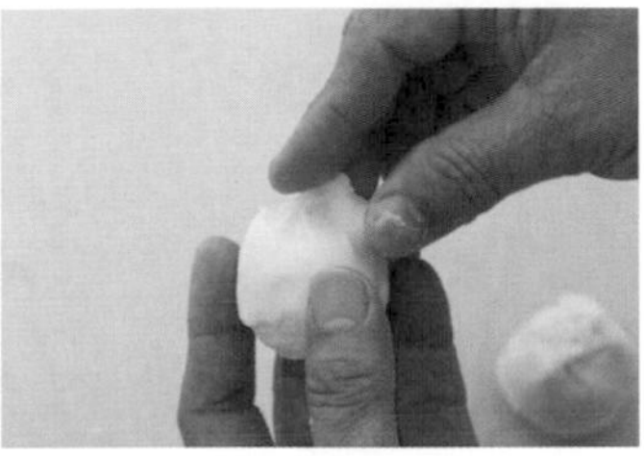

紋路向下，底部捏緊。

放入模型內。

紋路向上，用手將邊緣壓齊。

填入蛋液。

4 烤焙

用210±10℃，上火大下火小，烤至蛋液凝結表面有焦點，塔皮酥硬，約20±2分鐘。

POINT

- 材料拌散、拌勻後，要靜置一段時間，產生的氣泡會往上浮，使用前上面蓋一層塑膠袋或保鮮膜吸附氣泡，倒出的蛋液光亮，就會產生細緻的光澤。烤焙時因餡含油，會有沸騰的氣泡，又含蛋與糖，在高溫下氣泡會產生烤焦的褐點。
- 用三摺兩次製作塔皮的用意除了可以量產外，主要原因是蛋塔邊緣需要有多層次的紋路，使用三摺法製作會產生多層次酥油皮。由於橫斷面向上，用手壓至模型邊緣，烤焙時塔皮向內膨脹而產生層次。商業化是用西式三摺法，捲成長條後冷凍販售。
- 蛋塔表面有焦點，適合新鮮食用。需冷藏時，最好用透明紙蓋住表面，可防止表面失水、裂開。保存期限會因條件不同而異，建議1～2天。

酥油皮麵食｜點心類｜薄型

太陽餅

太陽餅原名麥芽酥餅，因形似太陽，因此有太陽餅之稱。用水油皮與油酥，以小包酥方式，擀捲成多層次之酥油皮，包入麥芽糖餡，整成扁圓形，表面可刷或不刷蛋黃液，烤熟。

產品需具此特性：表面需有均勻色澤、大小一致、外形完整不可破損、餡不可爆露、底部不可烤焦，切開後需有明顯熟透的層次、餡料柔軟、不可有異味、口感良好。

製作

數量：6 個

生重：每個 60±3g

直徑：8±1cm

比例：皮 2（30g）
酥 1（15g）
餡 1（15g）

配料

① 水油皮（190g）

乾料：

- 高筋麵粉 40g
- 低筋麵粉 60g
- 糖粉 5g
- 豬油或素白油 30g
- 液體油 5g

濕料：

- 水 50±5g

② 油酥（90g）

- 豬油或素白油 30g
- 低筋麵粉 60±5g

③ 餡料（89g）

- 低筋麵粉 30±5g
- 糖粉 40g
- 麥芽糖 10g
- 奶油 5g
- 樹薯澱粉 3g
- 鹽 1g

④ 表飾

- 蛋黃 30g（可選用）

方法

1 水油皮、油酥

酥油皮製作方法，參考P.378。

2 餡料

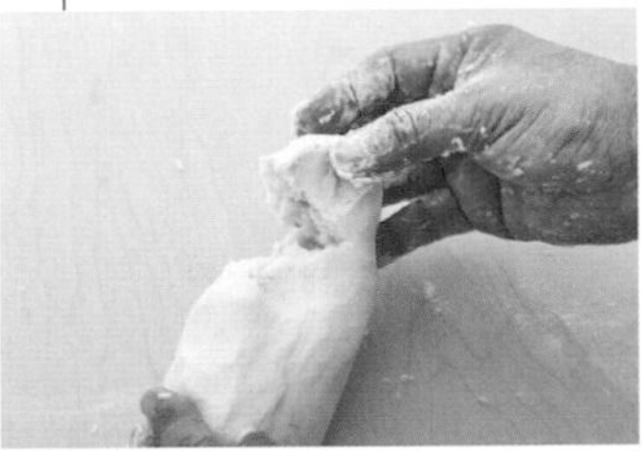

拌勻或揉勻。

3 整形

酥油皮底部朝上，擀成圓皮後，包餡。

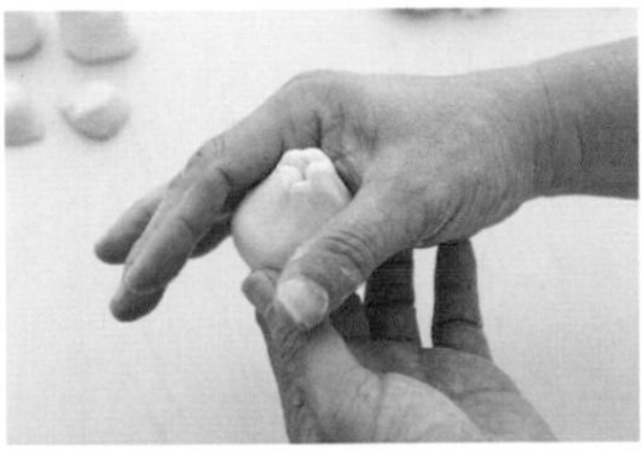

整成圓形，底部捏尖。

→

包餡後底部要稍厚，再用手指旋轉，可防餡暴露。

→

底部向上壓成直徑8±1cm之扁圓形。

底部接縫朝上，放入烤盤（可刷蛋黃），鬆弛15±5分鐘。

4 烤焙

用190±10℃，上火小下火大，烤至表面微黃，邊緣酥硬，大約20±2分鐘。

POINT

- 壓扁擀薄時，會有皮餡不均現象，容易爆餡，影響外形。
- 餡料要含水少，水多易爆餡，餡太濕，皮餡處會有濕水線。
- 冷卻後包裝，可用常溫或冷藏貯存。保存期限會因條件不同而異，建議1～2週。

酥油皮麵食｜點心類｜薄型

牛舌餅

牛舌餅是形狀似牛舌而得名，有薄脆型與酥軟型，兩種餅整形略同，卻各具特色。本配方為酥軟型，是用水油皮與油酥，以小包酥方式，擀捲成多層次之酥油皮，包入麥芽糖餡，整成長橢圓形（牛舌狀），兩面烤或烙熟。

產品需具此特性：兩面需有均勻色澤、大小一致、外形完整不可破損、餡不可爆露、不可烤或烙焦，切開後有熟透的層次、餡料柔軟、不可有異味、口感良好。

製作

數量：6 個

生重：每個 75±3g

長度：14±1cm

比例：皮 2（30g）
酥 1（15g）
餡 2（30g）

配料

① 水油皮（195g）

乾料：

- 中筋麵粉 100g
- 細砂糖 10g
- 奶油 35g

濕料：

- 水 50±5g

② 油酥（100g）

- 奶油 33g
- 低筋麵粉 67±5g

③ 餡料（191g）

乾料：

- 低筋麵粉 60g
- 糖粉 60g
- 麥芽糖 30g
- 奶油 15g
- 樹薯澱粉 10g
- 糕仔粉 5g
- 鹽 1g

濕料：

- 水 10±5g

方法

1 水油皮、油酥

酥油皮製作方法，參考P.378。

2 餡料

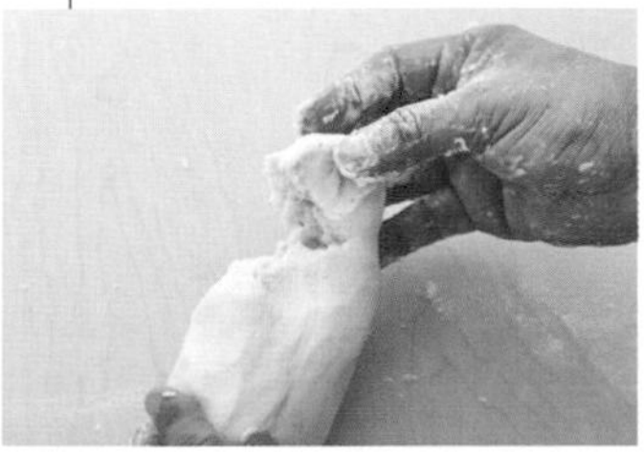

拌勻或揉勻。

3 整形

擀成圓皮。

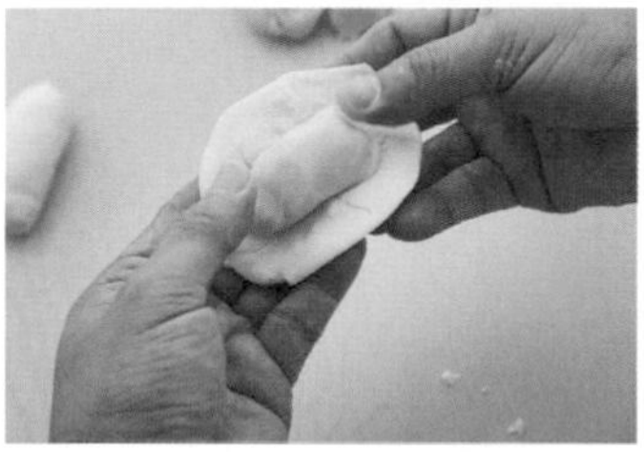

接縫面朝上，包餡，鬆弛約15±5分鐘。

包成橢圓形。

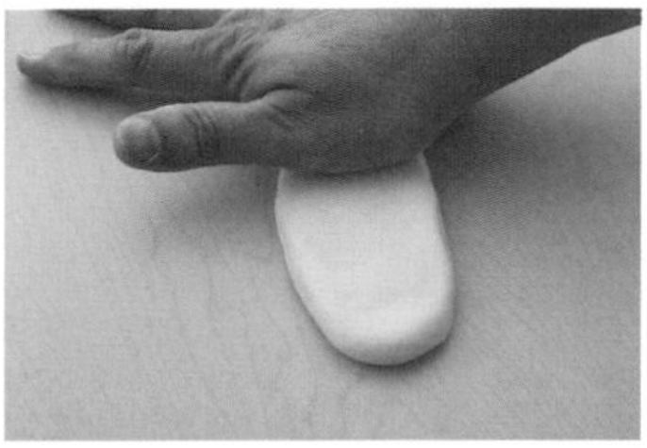

按壓。

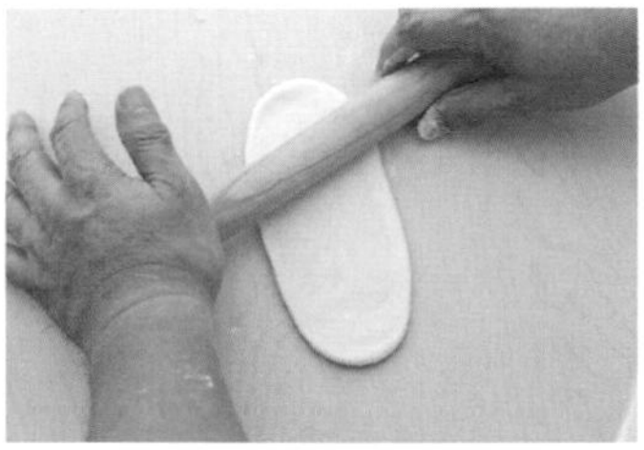

擀成長橢圓形（牛舌狀）。

表面朝下，放入煎盤。

4 烤焙

底部著色後翻面，再煎至兩面金黃色，邊緣酥硬，約20±2分鐘。

POINT

- 壓扁擀薄時，會有皮餡不均現象，烤盤壓住後，容易爆餡而影響外形。
- 餡料含水要少，水多易爆餡，餡太濕，皮餡處會有濕水線。
- 可用烤箱烤，需注意爐火控制，烤熟的牛舌餅比較硬。烤時需用另一個烤盤將表面壓住，才會平坦。
- 冷卻後包裝，可用常溫或冷藏貯存。保存期限會因條件不同而異，建議1～2週。

酥油皮麵食｜點心類｜薄型

老婆餅

老婆餅起源於一對賣餅的夫妻，妻子將圓餅包入冬瓜餡，交由丈夫販賣，結果大受歡迎，丈夫便將該餅命名為「老婆餅」。用水油皮與油酥，以小包酥方式，擀捲成多層次之酥油皮，包入冬瓜餡，壓薄後，表面扎洞，刷蛋黃液，烤熟。

產品需具此特性：表面需有均勻的金黃色澤、大小一致、外形完整不可破損、餡不可爆露、底部不可烤焦，切開後有熟透的層次、餡料柔軟、底部不可有硬厚麵糰、不可有異味、良好的口感。

製作

數量：10 個

生重：每個 70±3g

直徑：8±1cm

比例：皮 2（20g）

酥 1（10g）

餡 4（40g）

配料

① 水油皮（200g）

乾料：

- 中筋麵粉 100g
- 細砂糖 10g
- 豬油或素白油 40g

濕料：

- 水 50±5g

② 油酥（100g）

- 豬油或素白油 33g
- 低筋麵粉 67±5g

③ **餡料**（408g）

乾料：

- 糕仔粉 50±5g
- 豬油或素白油 30g
- 綿白糖 150g
- 碎冬瓜 120g
- 鹽 3g
- 炒白芝麻 15g
- 碎肥肉 30g

濕料：

- 水 10±5g

④ **表飾**

- 蛋黃 30g
- 水 10g

方法

1 水油皮、油酥

酥油皮製作方法，參考P.378。

2 餡料

拌勻或揉勻。

3 整形

接縫面朝上，擀成圓皮，包餡。

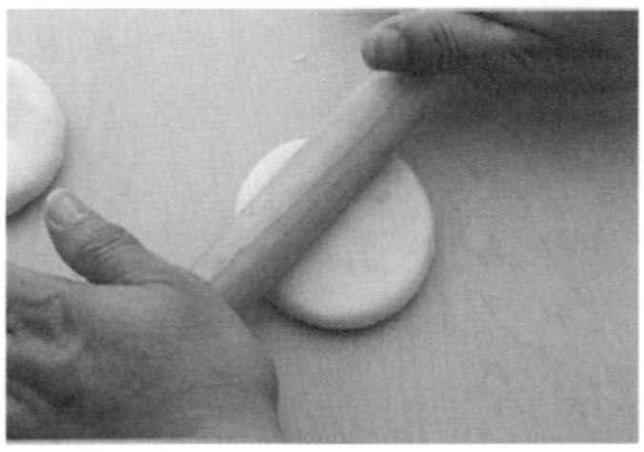

整成圓形，壓成直徑8±1cm之扁圓形。

接縫面朝下，放入烤盤，刷上蛋黃水。

表面扎洞，鬆弛15±5分鐘。

4 烤焙

用190±10℃，上火大下火小，烤至表面金黃，邊緣酥硬，大約20±2分鐘。

POINT

- 壓扁擀薄時，會有皮餡不均現象，餡容易爆漏或破皮，影響外形。
- 餡料不要太甜、太濕或餡料顆粒太粗都易爆餡。餡料切細，總含水量少，比較不易爆餡，餡太濕，皮餡處會有濕水線。
- 冷卻後包裝，可用常溫或冷藏貯存。保存期限會因條件不同而異，建議1～2週。

酥油皮麵食｜點心類｜薄型

椪（泡）餅

椪餅是空心餅，又稱「凸餅」，是配合花生湯浸泡的傳統小吃，故又稱泡餅，與台南做月子用的椪餅不同。椪餅是用水油皮與油酥，以小包酥方式，擀捲成多層次之酥油皮，包入糖餡，整成扁圓形，烤熟。

產品需具此特性：表面需有均勻色澤、大小一致、外形完整不可破損、餡不可爆露、膨大呈空心狀、底部不可烤焦或有硬厚麵糰，切開後需有明顯熟透的層次與空心、餡料柔軟，不可有異味，口感良好。

製作

數量：5 個
生重：每個 80±5g
直徑：11±1cm
比例：皮 2（40g）
酥 1（20g）
餡 1（20g）

配料

① 水油皮（200g）

乾料：

- 中筋麵粉 100g
- 細砂糖 4g
- 豬油或素白油 35g
- 鹽 1g

濕料：

- 水 60±5g

② 油酥（100g）

- 豬油或素白油 33g
- 低筋麵粉 67±5g

③ 餡料（101g）

乾料：

- 低筋麵粉 25±5g
- 糖粉 45g
- 豬油或素白油 30g
- 碳酸氫氨 1g

方法

1 水油皮、油酥

酥油皮製作方法，參考P.378。

2 餡料

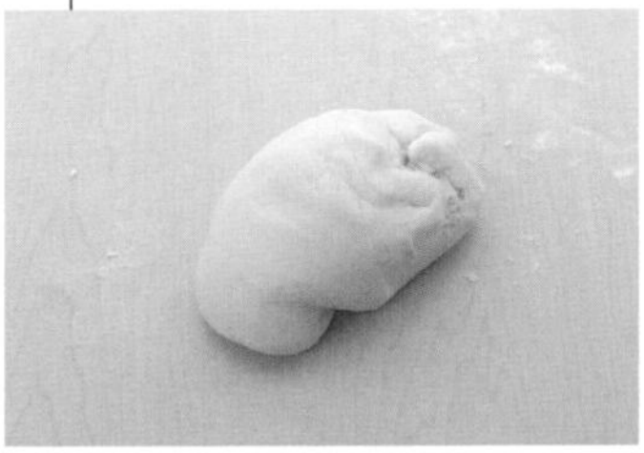

拌勻或揉勻，分成小塊。

3 整形

擀成圓皮。

接縫面朝上，包餡。

整成圓形。

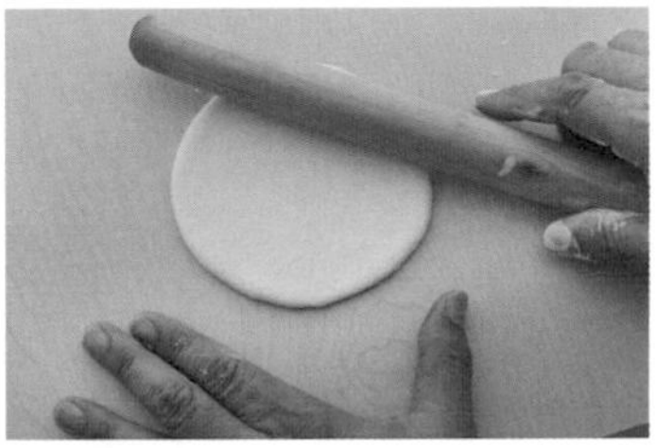

擀成扁圓形。

接縫朝下，放入烤盤，鬆弛15±5分鐘。

4 烤焙

用200±10℃，上火大下火小，烤至表面微黃，邊緣酥硬，大約20±2分鐘。

POINT

- 包餡時，皮的厚薄度要一致，底部不可有厚麵糰，不然壓扁擀薄時，會有皮餡分布不均現象，容易破皮爆餡，影響外形。
- 酥油皮擀捲的圈數不要太多，包酥後不要鬆弛太久；餡料不要太甜、太濕可防止爆餡或漏餡。餡料含糖或水要少，水多易爆餡，餡太濕，皮餡處會有濕水線。
- 出爐後的產品待冷卻後包裝，可用常溫或冷藏貯存。保存期限會因條件不同而異，建議1～2週。

酥油皮麵食｜點心類｜薄型

芝麻喜餅

芝麻喜餅又稱肉餅、禮餅或大餅，是傳統訂婚禮品。因各地習俗不同，因此喜餅的外皮有糕漿皮、油皮或酥油皮之分，內餡則有烏豆沙、鳳梨、魯肉蛋黃、鴛鴦（烏豆沙加麻糬）或冬瓜肉餅等。芝麻喜餅是用水油皮，包入用熟麵粉、肥肉粒、冬瓜糖、熟芝麻、綿白糖、桔餅等混拌而成的餡料，整成扁圓形，一面沾濕再沾白芝麻，另一面不作任何裝飾但可蓋印，兩面烘烤，翻面時，芝麻面可扎小洞，烤熟。

產品需具此特性：表面需具均勻金黃色澤、不可烤焦、大小一致、外形完整不可破損、餡不可爆露、芝麻不可嚴重脫落，切開後餡料居中、鬆軟、不可有異味、口感。

製作

數量：5 個

生重：每個 160±5g

直徑：13±1cm

比例：皮 1（40g）

餡 3（120g）

配料

① 水油皮（200g）

乾料：

- 中筋麵粉 100g
- 細砂糖 10g
- 豬油或素白油 40g

濕料：

- 水 50±5g

② 餡料（606g）

- 蒸熟麵粉 150±5g
- 奶油 40g
- 細砂糖 100g
- 麥芽糖 25g
- 鹽 1g
- 乳酪粉 10g
- 奶粉 20g
- 碎冬瓜糖 150g
- 碎豬肥肉 70g
- 葡萄乾 20g
- 炒白芝麻 20g

③ 表飾

- 白芝麻 75g

方法

1 水油皮

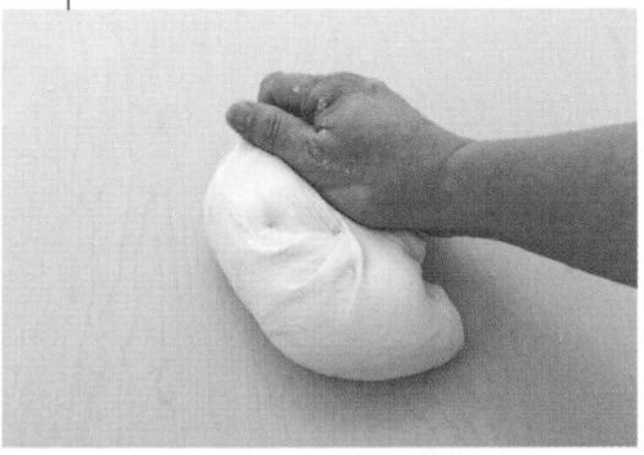

乾料加濕料，攪拌或用手揉光滑，鬆弛20±5分鐘。

2 餡料

拌勻或揉勻。

3 整形

水油皮包餡。

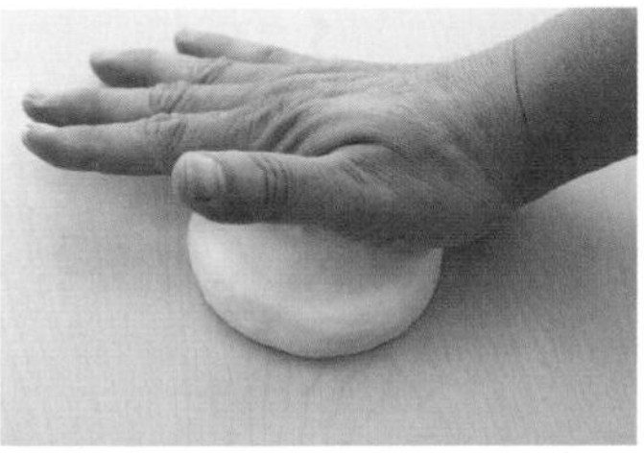

整成圓形，壓平。

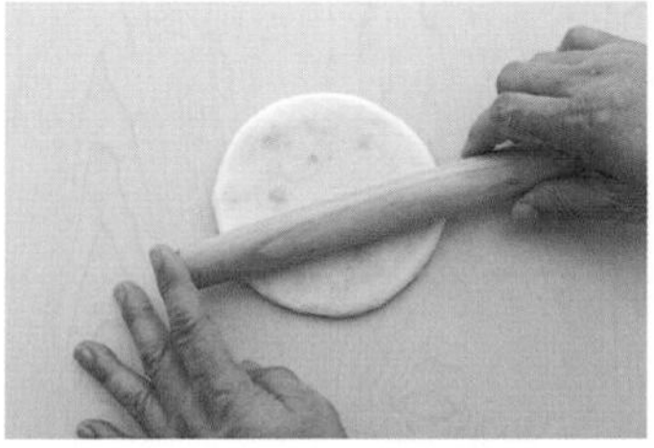

擀成直徑13±1cm之扁圓形。

接縫面沾水沾芝麻。

芝麻朝下，放入烤盤，鬆弛15±5分鐘。

4 烤焙

用190±10℃，上火小下火大，烤至芝麻面微黃，翻面。

在中間扎小洞，再烤至金黃色，邊緣酥硬，約20±2分鐘。

POINT

- 包餡時，皮的厚薄度要一致，底部不可有厚麵糰，不然壓扁擀薄時，會有皮餡不均現象，容易爆餡，影響外形。
- 餡料不要太甜、太濕或餡料太粗，芝麻面翻面朝上後，扎小洞，使餡的水氣溢出，外形較平整又不易爆餡。餡料含水要少，水多餡軟，易爆餡。餡太濕，皮餡處會有濕水線，太乾或材料顆粒太粗，容易爆餡。
- 出爐後的產品待冷卻後包裝，可用常溫或冷藏貯存。保存期限會因條件不同而異，建議1～2週。

酥油皮麵食｜點心類｜薄型

方塊酥

方塊酥的由來，各有不同說法，最常見的說法是將酥油皮改為方形。

綜合各種不同說法，得到的結論是用酥油皮燒餅變化而來，外皮是用冷水麵，餡料是用加糖的油酥，以大包酥方式，擀摺成多層次之麵皮，表面撒白芝麻，壓薄後切成小方塊，烤熟。

產品需具此特性：表面需有均勻的金黃色澤、有糖粒的褐色焦點、不可烤焦、大小一致、外形完整不可破損，不可有異味、具香脆酥的口感。

製作

數量：48 片

生重：每個 15±2g

大小：5×5cm

比例：皮 1（180g）

餡 3（540g）

配料

① 水油皮（183g）

乾料：

- 中筋麵粉 100g
- 細砂糖 10g
- 鹽 1g
- 豬油或素白油 2g

濕料：

- 水 70±5g

② 餡酥（541g）

- 低筋麵粉 260±20g
- 豬油或素白油 160g
- 粗粒砂糖（或二砂糖）120g
- 鹽 1g

③ 表飾

- 白芝麻 50g

方法

1｜水油皮

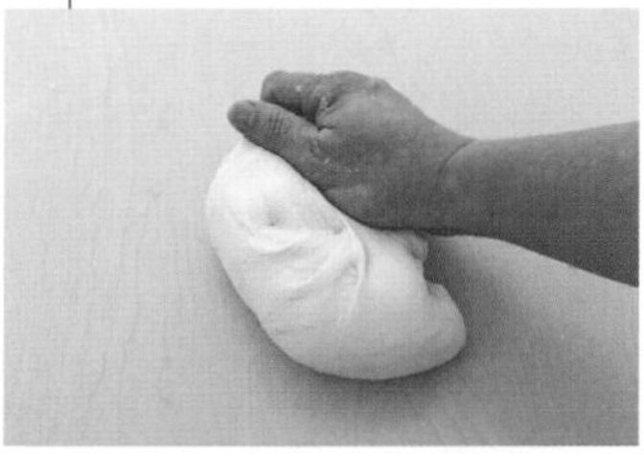

乾料加濕料，攪拌或用手揉光滑鬆弛20±5分鐘。

2｜餡酥

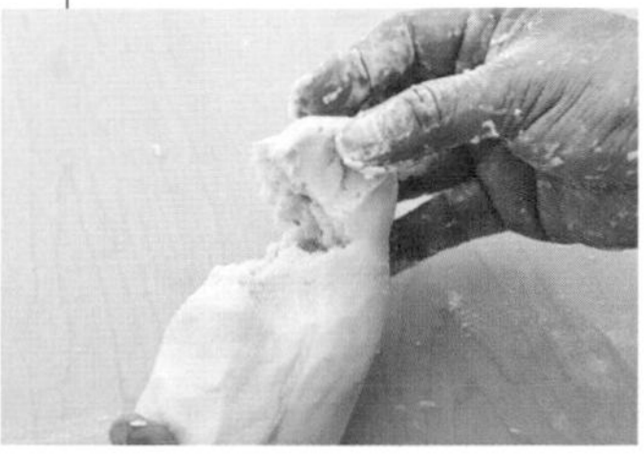

乾料拌勻成糰。

3｜整形

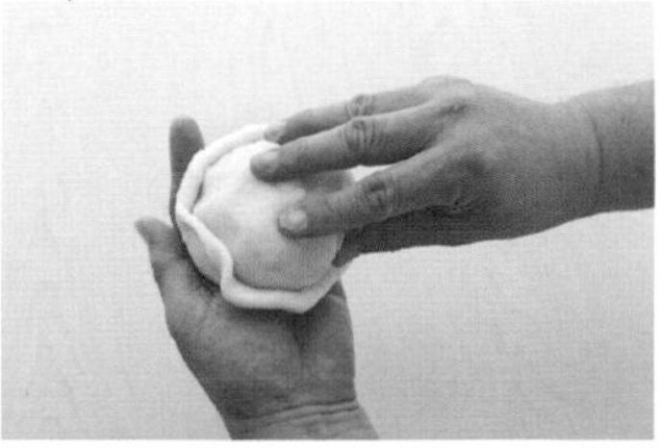

水油皮包餡酥。

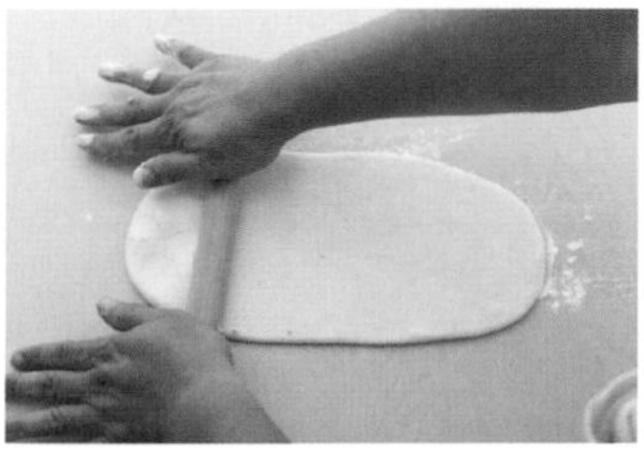

擀平。

三摺後再擀平，再三摺，共四次。

最後一次表面撒白芝麻。

芝麻面朝下，擀成0.5±1mm厚。

切成5cm正方形。

芝麻面向下，放入烤盤，鬆弛15±5分鐘。

4｜烤焙

用190±10℃，上火小下火大，烤至芝麻面微黃，翻面，再烤至金黃色，酥硬，約20±2分鐘。

POINT

- 西式摺疊方式製作除了可大量生產外，又可用摺疊次數控制膨脹與層次，需注意摺疊次數，三摺兩次或三次，膨脹力較大，三摺五或六次，膨脹力較差，主要原因是油皮太薄，無法形成層次。最理想摺疊次數是三摺四次。
- 方塊酥是用油酥（酥性）加入砂糖（脆性），組成餡料麵糰，可加入不同堅果粉調味。
- 出爐後的產品待冷卻後要密封包裝，防止受潮。保存期限會因條件不同而異，建議1～2個月。

酥油皮麵食｜月餅類｜單面烤

蛋黃酥

蛋黃酥是用水油皮與油酥，以小包酥方式，擀捲成多層次之酥油皮，包入含油豆沙餡與鹹蛋黃，整成圓球形，表面刷蛋黃液，用芝麻點綴，烤熟。

產品需具此特性：表面需有均勻的金黃色澤、大小一致、外形完整不可破損、餡不可爆露或未包緊、底部不可烤焦或有硬厚麵糰，切開後，需有明顯熟透的層次、餡料居中、不可有異味、口感良好。

製作

數量：10 個

生重：每個 55±2g

比例：皮 3（15g）

酥 2（10g）

餡 6（30g）

（半個鹹蛋黃重量不計）

配料

① 水油皮（190g）

乾料：

- 中筋麵粉 100g
- 細砂糖 10g
- 豬油或素白油 30g

濕料：

- 水 50±5g

② 油酥（105g）

- 低筋麵粉 70±5g
- 豬油或素白油 35g

③ 餡料（300g）

- 含油豆沙餡 300g
- 鹹蛋黃 5 個

④ 表飾

- 蛋黃 40g
- 水 10g

方法

1 水油皮、油酥

酥油皮製作方法，參考P.378。

2 餡料

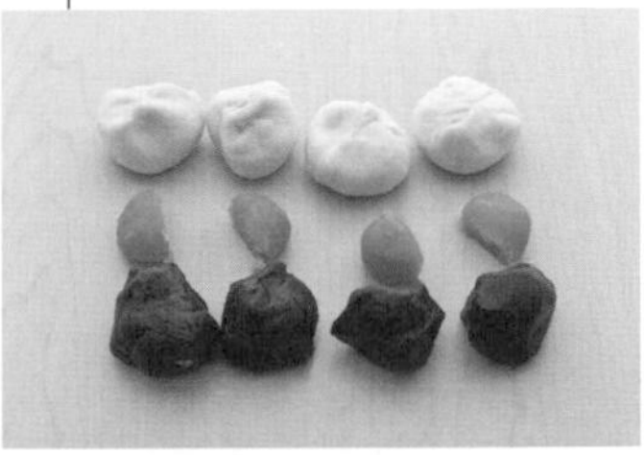

豆沙餡拌勻，各分成所需大小。

3 整形

酥油皮擀成圓皮。

包餡（含鹹蛋黃）。

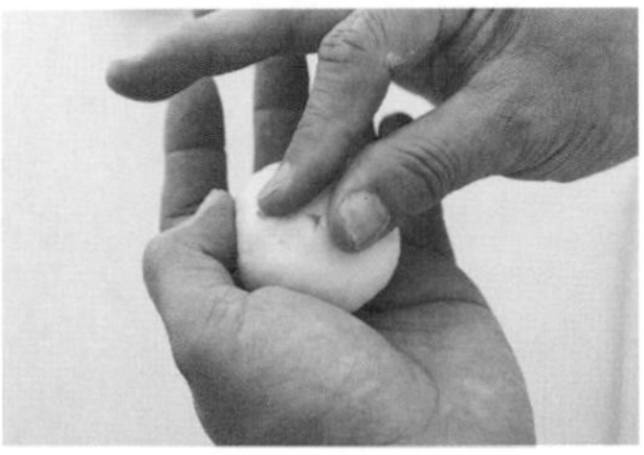

整成圓形。

放入烤盤，表面刷蛋黃水。

沾芝麻，鬆弛15±5分鐘。

4 烤焙、成品

用190±10℃，上火大下火小，烤至表面金黃，邊緣酥硬，大約20±2分鐘。

POINT

- 鹹蛋黃是蛋黃酥的主角，需採用新鮮蛋黃，顏色偏紅，油潤有光澤，質地有彈性，有蛋香，尤其是鹹度及油脂更要掌握得宜，才能製作出香酥的蛋黃酥，但因鹹蛋黃的腥味較濃，最好先以180±10℃烘烤8±2分鐘，烤熟後噴少許酒，去除腥味，鹹蛋黃才會香而油潤，散發特有的香氣。
- 餡料一般可搭配含油的豆沙、棗泥、蓮蓉或綠豆沙製作。蛋黃可用挖球的起士替代。
- 表面刷的蛋黃水濃度要高，可以全部使用蛋黃，每次刷完後，風乾再刷，共刷2～4次，即可有光亮色澤，另外蛋黃的色澤也會影響表皮亮度，所以選購蛋黃時，要注意顏色的深淺。
- 可用挖球的起士替代。可將鹹蛋黃烤焙後，打散拌入綠豆沙內，製成綠豆沙蛋黃餡。
- 出爐後的產品待冷卻後包裝，常溫或冷藏貯存。保存期限會因條件不同而異，建議5～7天。

酥油皮麵食｜月餅類｜單面烤

綠豆凸月餅

綠豆凸又稱綠豆椪或豐原月餅，餅皮雪白膨鬆，極為薄細。用水油皮與油酥，以小包酥方式，擀捲成多層次之酥油皮，包入綠豆沙與肉燥，整形後，烤熟。

產品需具此特性：表面具均勻的雪白色、大小一致、外形完整不破損、餡不可爆露、底部餡可微露、不可烤焦或有硬麵塊、外皮不可嚴重脫皮，切開後有明顯熟透的層次、餡料居中、風味口感良好，內外均不可有異物。

製作

數量：8 個

直徑：8±1cm

生重：每個 110±5g

比例：皮 5（25g）
酥 3（15g）
餡 12（60g）
肉 2（10g）

配料

① 水油皮（200g）

乾料：

- 中筋麵粉 100g
- 細砂糖 5g
- 豬油或素白油 40g

濕料：

- 水 55±5g

② 油酥（120g）

- 低筋麵粉 80±5g
- 豬油或素白油 40g

③ 餡料（480g）

- 綠豆沙餡 480g

④ 肉燥（96g）

主料：

- 絞碎豬肉 60g

配料：

- 白芝麻 6g
- 油蔥酥 30g

調味：

- 調味料（鹽、醬油、香麻油）適量
- 少許開水（調節乾濕用）

⑤ 表飾

- 食用紅色素（蓋印用）

方法

1 水油皮、油酥

酥油皮製作方法，參考P.378。

2 餡料

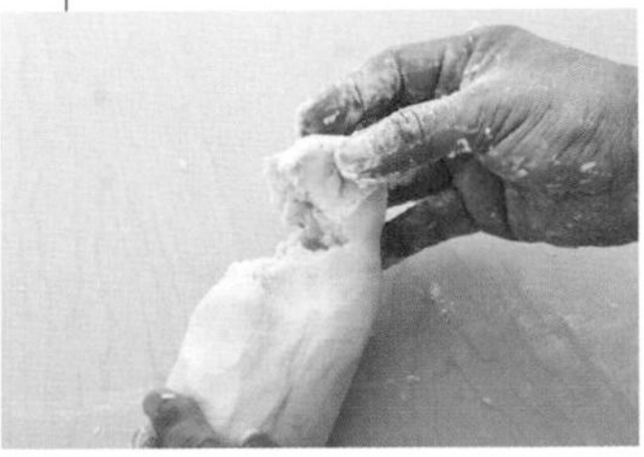

拌鬆，分成小塊。

3 肉燥

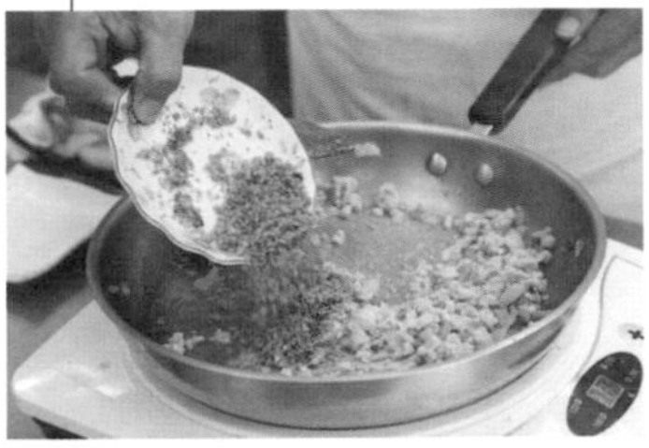

主料炒熟，加入配料炒香，加調味料，冷卻備用。

4 整形

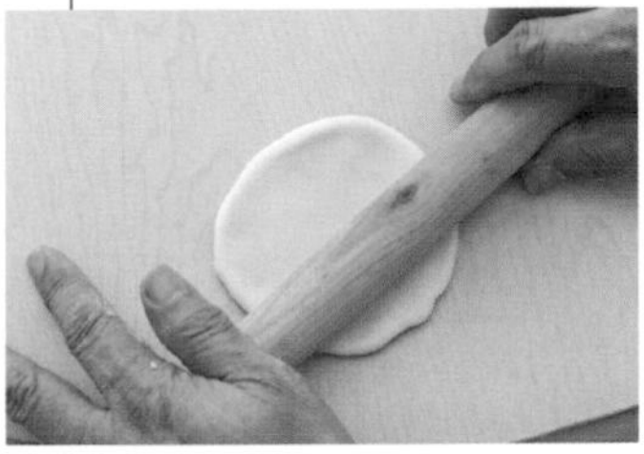

酥油皮擀成圓皮。

→

包餡，收口時包入肉燥。

→

整成圓形。

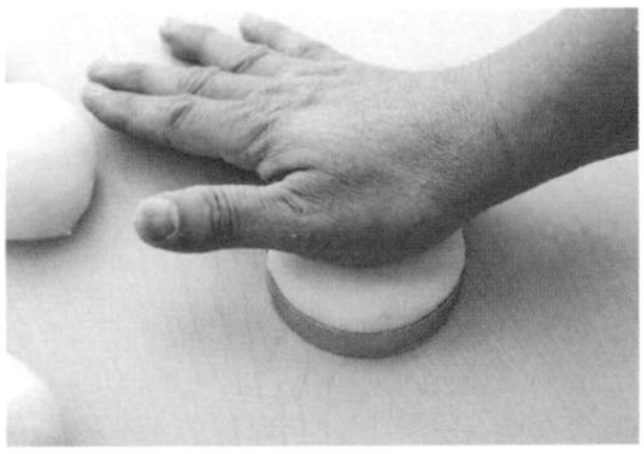

用直徑8±1cm空心圓模（或用手壓扁），壓成扁圓。

→

放入烤盤，表面蓋印，鬆弛15±5分鐘。

5 烤焙

用180±10℃，上火小下火大，烤至邊緣酥硬，約20±3分鐘。

POINT

- 雪白的表皮是用單面烤焙的方式製作，上火要小，油皮的糖量不可太高，一般約3±1%即可，糖多或上火太大，都無法烤成雪白的表皮。油皮用純豬油製作，色澤更白。
- 脫皮綠豆仁浸泡1～2小時，撈出蒸熟，擀壓成細沙狀，加糖炒至乾散，若能加入10～20%白豆沙，口感更加綿密。綠豆沙包餡前要拌鬆，增加空氣含量，才會鬆軟好吃。
- 用上火小下火大烤至邊緣酥硬，理想的爐內溫度約180±10℃，烤溫太高，表面易烤焦，烤溫低於170℃以下時膨脹力差，上火小、單面烤，表面才會雪白。
- 出爐後的產品待冷卻後密封包裝，常溫或冷藏貯存，因為綠豆沙糖度低，水活性高又有肉燥，不耐久存，保存期限會因條件不同而異，建議3～5天。

酥油皮麵食｜月餅類｜兩面烤

白豆沙月餅

白豆沙月餅又稱冰沙月餅，用水油皮與油酥，以小包酥方式，擀捲成多層次之酥油皮，包入無油白豆沙餡，整成扁圓形，表面中心稍凹陷，兩面烘烤後，表面會微凸，有一圈較深的烤焙色澤。

產品需具此特性：大小一致、外形完整不可破損、餡不可爆露或未包緊、中央微凸、表面外圍有一圈較深的烤焙色澤、底部不可烤焦或有硬厚麵糰，切開後需有明顯熟透的層次、不可有異味、具良好口感。

製作

數量：20 個
直徑：5±1cm
生重：每個 60±2g
比例：皮 5（10g）
酥 4（8g）
餡 21（42g）

配料

① 水油皮（205g）

乾料：

- 中筋麵粉 80g
- 低筋麵粉 20g
- 糖粉 20g
- 豬油或素白油 40g

濕料：

- 水 45±5g

② 油酥（165g）

- 低筋麵粉 110±10g
- 豬油或素白油 55g

③ 餡料（850g）

- 綠豆沙餡 100g
- 白豆沙餡 750g

方法

1 水油皮、油酥

酥油皮製作方法，參考P.378。

2 餡料

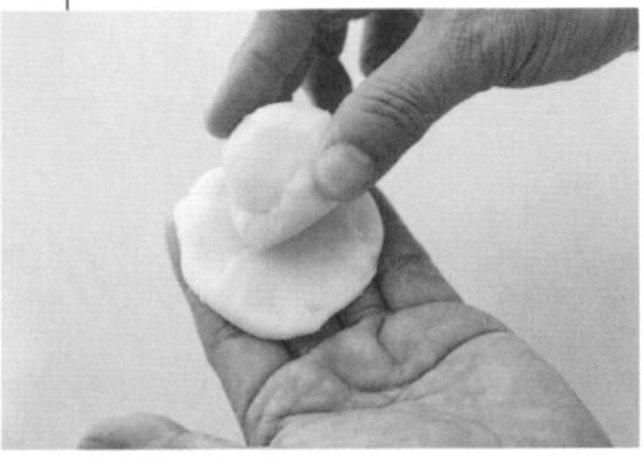

拌勻後，分成小塊。

3 整形

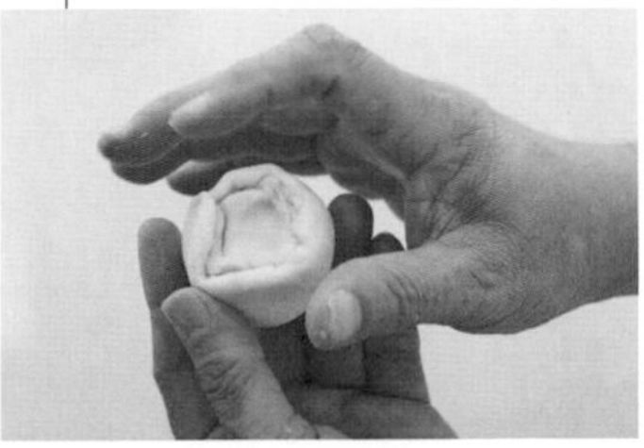

酥油皮擀成圓皮，接縫面朝上，包餡。

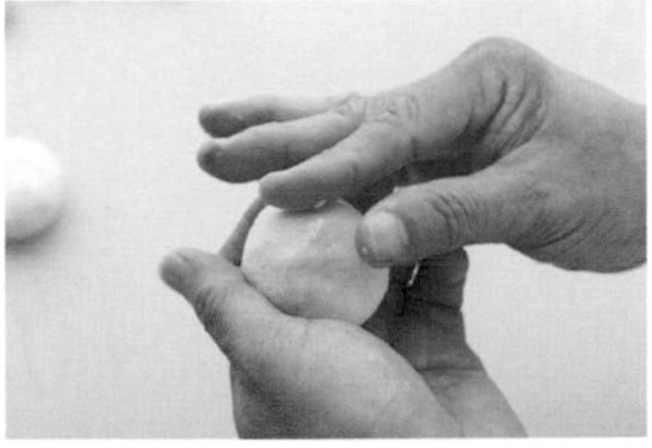

整成圓形。

→

用手（或直徑6cm空心圓模）壓成扁圓。

→

放入烤盤，中間用圓底器具壓凹，鬆弛10±5分鐘。

4 烤焙

將凹面朝下。用200±10℃，上火小、下火大，先烤到凹面外圈著色，翻面，再烤至邊緣硬酥，約20±2分鐘。

POINT

- 白豆沙是用白鳳豆煮熟取沙，祕訣在於白豆取沙後，需經冷水漂洗、過濾、沉澱4～5次後，取得白豆沙，再炒製而成。由於豆膠及異味已完全去除，製得完全無味的白豆沙，入口而化，呈細緻冰晶狀，因此有「冰沙」之稱。使用前要拌鬆，可添加少許綠豆沙，增加口感與膨鬆度。
- 白豆沙月餅中間壓凹（不要壓緊），凹面朝下，邊緣與烤盤接觸，在高溫下，會烤出金黃色的圈圈，趁著凹面中央未鼓起，還是生麵皮時翻面，此時中央麵皮會往上鼓脹，形成輪廓分明的表面，這是表現製作技術的關鍵手法。
- 入爐時，下火最好能高於200±10℃，要在最短時間內使表面烙出一圈金黃色，翻面後用185±5℃，上火小、下火大，再烤至邊緣硬酥。
- 出爐後的產品待冷卻後包裝，可用常溫或冷藏貯存。保存期限會因條件不同而異，建議7～10天。

酥油皮麵食｜月餅類｜兩面烤

兩面煎月餅

兩面煎月餅就是民間流行的台式漢餅作法，透過兩面烤焙，成了半甜鹹又不油不膩的香醇月餅。用水油皮與油酥，以小包酥方式，擀捲成多層次之酥油皮，包入綠豆沙與肉燥，整形後，兩面烤熟。

產品需具此特性：兩面需有均勻的金黃色澤、大小一致、外形完整不破損、餡不可爆露或未包緊、兩面不可烤焦，切開後有明顯熟透的層次、餡料居中、風味口感良好、內外均不可有異物。

製作

數量：8 個
直徑：8±1cm
生重：每個 110±5g
比例：皮 5（25g）
酥 3（15g）
餡 12（60g）
肉 2（10g）

配料

① 水油皮（200g）

乾料：
- 中筋麵粉 100g
- 糖粉 10g
- 豬油或素白油 40g

濕料：
- 水 50±5g

② 油酥（120g）

- 低筋麵粉 80±5g
- 豬油或素白油 40g

③ 餡料（480g）

- 綠豆沙餡 480g

④ 肉燥（100g）

主料：
- 絞碎豬肉 60g

配料：
- 蝦米 10g
- 白芝麻 5g
- 油蔥酥 25g

調味：

- 調味料（鹽、醬油、香麻油）適量
- 開水少許（調節乾濕）

⑤ 裝飾

- 食用紅色素（蓋印用）

方法

1 水油皮、油酥

酥油皮製作方法，參考P.378。

2 餡料

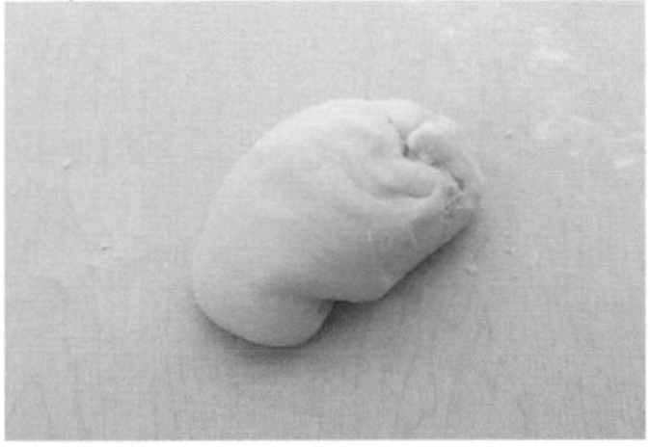

拌勻，分成小塊。

3 肉燥

主料炒熟，加入配料炒香，加調味料，冷卻備用。

4 整形

將酥油皮擀成圓皮，包餡，收口時包入肉燥。

→

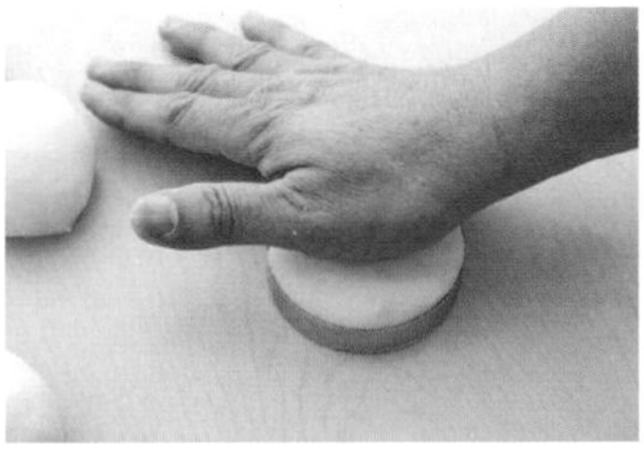

用直徑8±1cm空心圓模（或用手壓扁），壓成扁圓。

→

放入烤盤，表面蓋印。再翻面使蓋印表面朝下。

5 烤焙

用180±10℃，上火小下火大，烤至表面著色，翻面，再烤至邊緣酥硬，約20±3分鐘。

POINT

- 傳統綠豆椪，表面太白不會香脆，因此流行兩面烤的做法，所擔心的問題就一併解決。因為表面為金黃色，坊間稱紅面月餅，由於需要兩面烘烤，因此下火要大，烤至著色後，翻面，再烤至著色均勻。
- 兩面煎月餅（紅面綠豆椪）的肉燥調製，除了添加紅蔥酥之外，還需加入蝦米調味。
- 出爐後的產品待冷卻後包裝，可用常溫或冷藏貯存。保存期限會因條件不同而異，建議3～5天。

酥油皮麵食｜月餅類｜兩面烤

蘇式棗泥月餅

蘇式月餅外觀扁平，層次分明而酥脆，內餡是棗泥、核桃融合的果仁香，與酥脆的餅皮結合，口味獨特。月餅的重點在餅皮，用水油皮與油酥，以大包酥方式，擀捲成多層次之酥油皮，分割成小塊，包入餡料，整成扁圓形，兩面烤熟。

產品需具此特性：兩面需有均勻的色澤、外形完整、餡不可爆露或未包緊、不可烤焦，切開後有明顯熟透的層次、無異味、口感良好。

製作

數量：13 個

直徑：8±1cm

生重：每個 75±3g

比例：皮 1（15g）

酥 1（15g）

餡 3（45g）

配料

① 水油皮（200g）

乾料：

- 高筋麵粉 60g
- 低筋麵粉 40g
- 糖粉 10g
- 豬油或素白油 40g

濕料：

- 水 50±5g

② 油酥（195g）

- 低筋麵粉 130±5g
- 豬油或素白油 65g

③ 餡料（585g）

- 碎核桃仁 55g
- 廣式棗泥 530g

④ 裝飾

- 食用紅色素（蓋印用）

方法

1 水油皮、油酥

酥油皮製作方法，參考P.378。

2 餡料

拌勻後，分成小塊。

3 整形

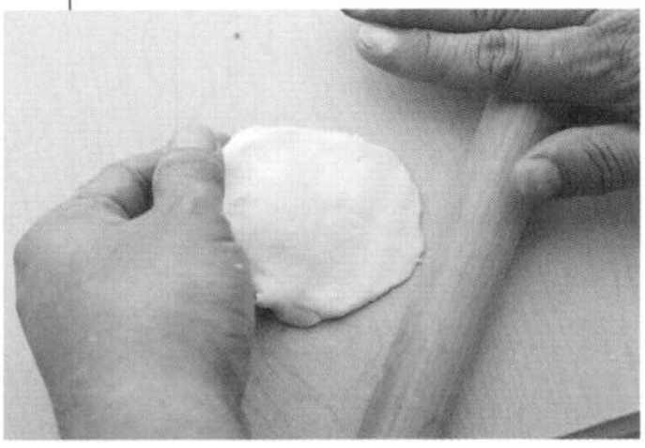

擀成圓皮。

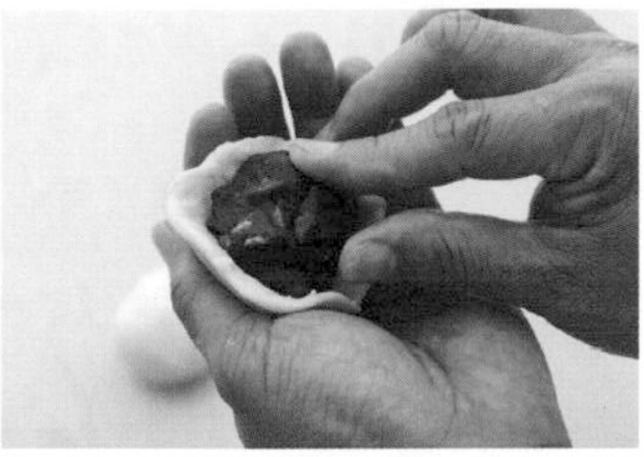

接縫面朝上，包餡，整成圓形。

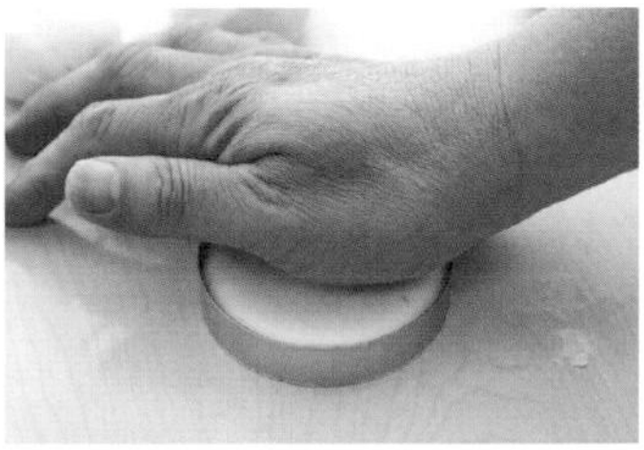

用直徑8±1cm空心圓模（或用手壓扁），壓成扁圓。

放入烤盤，表面蓋印，鬆弛15±5分鐘。

反轉使表面朝下。

4 烤焙

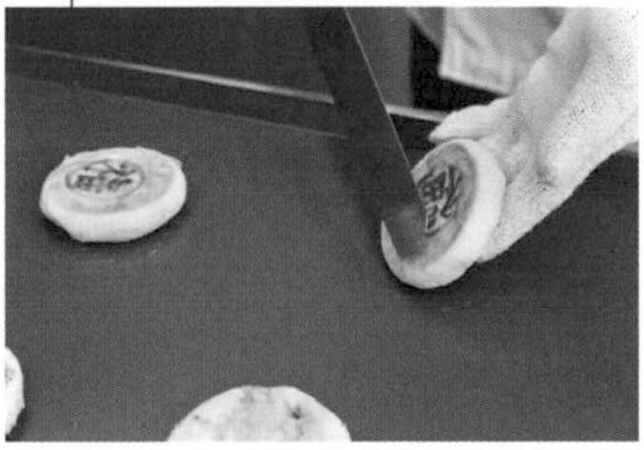

用185±10℃，上火小下火大，烤至表面著色，翻面再烤至邊緣酥硬，約25±5分鐘。

POINT

- 油皮、油酥比例1：1的用意是，油酥比例高，摺捲時，可以不必摺捲太多圈，產品同樣鬆酥。
- 蘇式棗泥月餅因需兩面烤焙，因此下火要大，烤至底部著色，翻面再烤至著色均勻。
- 出爐後的產品待冷卻後包裝，可用常溫或冷藏貯存。保存期限會因條件不同而異，建議1～2週。

酥油皮麵食｜月餅類｜兩面烤

蘇式椒鹽月餅

椒鹽是蘇式月餅中最具特色的口味，除了乾果內餡外，還多了花椒鹽與黑芝麻粉的香氣，甜中帶鹹，口味獨特。是用水油皮與油酥，以大包酥方式，擀捲成多層次之酥油皮，分割成小塊，包入椒鹽餡，整成扁圓形，表面刷水沾黑芝麻點綴，兩面烤熟。

產品需具此特性：兩面需有均勻的色澤、外形完整、黑芝麻不可嚴重脫落、餡不可爆露或未包緊、不可烤焦，切開後有明顯熟透的層次、無異味、口感良好。

製作

數量：13 個

直徑：8±1cm

生重：每個 75±3g

比例：皮 1（15g）
酥 1（15g）
餡 3（45g）

配料

① 水油皮（200g）

乾料：

- 高筋麵粉 60g
- 低筋麵粉 40g
- 糖粉 10g
- 豬油或素白油 40g

濕料：

- 水 50±5g

② 油酥（195g）

- 低筋麵粉 130±5g
- 豬油或素白油 65g

③ 餡料（593g）

- 蒸熟麵粉 180±10g
- 糖粉 110g
- 黑芝麻粉 120g
- 碎桔餅 20g
- 瓜子仁 20g
- 橄欖仁 20g
- 花椒鹽 3g
- 豬油或素白油 120g

方法

1 水油皮、油酥

酥油皮製作方法，參考P.378。

2 餡料

拌勻後，分成小塊。

3 整形

擀成圓皮，接縫面朝上，包餡，整成圓形。

整成圓形。

用直徑8±1cm空心圓模（或用手壓扁），壓成扁圓。

表面抹水，沾黑芝麻。

芝麻面朝下放入烤盤，蓋印，鬆弛15±5分鐘。

4 烤焙

用185±10℃，上火小、下火大，烤至芝麻面著色，翻面再烤至邊緣酥硬，約25±5分鐘。

POINT

- 花椒鹽調製方法為，花椒粒10g、鹽100g，用小火炒香，此時鹽會變成褐色，冷卻後，碾成細粉使用，也可以用花椒粉加鹽拌勻代替。可以不加花椒鹽，改用細鹽取代。
- 壓扁後，底部朝上排列刷水，用手抹至有漿糊狀，再沾黑芝麻，芝麻不易脫落。芝麻朝下先烤，不易沾黏烤盤，又不易脫麻。
- 可以不加瓜子仁、橄欖仁，或改用其他不易受潮的堅果替代，如核桃、杏仁、南瓜子。
- 低筋麵粉篩入鋪蒸布的蒸籠內，用大火蒸30±5分鐘，取少許麵粉加水揉成麵糰，沒有麵筋表示已經蒸熟，熟的麵粉無法產生麵筋。
- 出爐後的產品待冷卻後包裝，可用常溫或冷藏貯存。保存期限會因條件不同而異，建議1～2週。

第10章

糕漿皮麵食製作

01

糕漿皮麵食

糕漿皮麵食的名稱很多，無論是糕皮、漿皮、蛋皮，或清仔皮、酥皮的說法，皆屬於糕漿皮麵食的範疇。雖然麵糰是由糖、油、麵粉的乾料與水或蛋的濕料調製而成，但濕料比例很少，並不會形成很強的麵筋，產品鬆酥或酥脆，麵皮（單層）直接包入不同風味的餡料即可成形，再以烤或炸，製作出形形色色的糕漿皮麵食。

發展

糕漿皮麵食歷史悠久，從唐、宋、元、明一路延續發展，已臻高水準的製作技術，再經清朝御廚精雕細琢成宮廷御點，將糕漿皮類麵食推向高峰，為我國麵點製作技術奠定良好基礎。

大體上來講，糕漿皮麵食是用單層皮直接包餡製作的麵點，產品因油糖比例較高，較耐貯存，由於製作簡易，目前已是日常或節慶送禮的首選麵點。比如中秋節才有的廣式月餅、台式月餅，婚禮習俗要送給親朋好友的龍鳳喜餅（和生餅）、桃酥、蓮蓉酥、六色喜餅等，以及自用送禮兩相宜的鳳梨酥，都是大家熟稔的糕漿皮麵食。

分類

糕漿皮麵食製作簡單，單層皮直接包餡，經熟製後的產品，目前可以從麵糰性質、熟製方法、產品類別、產品性質以及產品外形來分類。

糕漿皮麵食		
麵糰性質	糕皮	糖、固體油、蛋
	漿皮	糖漿、液體油
熟製方法	烤	糕皮、漿皮
	炸	糕皮
產品類別	點心	糕皮、漿皮
	月餅	糕皮、漿皮
產品性質	鬆酥類	糖、油蛋較高
	酥脆類	糖、水較高
	硬酥類	糖漿、油蛋較低
	鬆軟類	糖漿、油較低
產品外形	膨脹形	加化學膨大劑
	薄脆形	糖、油較高
	印酥形	糖、油、蛋較高

製作

製作糕漿皮麵食需要了解糖、油或蛋對產品的影響，糖少或不足，麵糰容易出筋、韌性

強、可塑性差、花紋不清；糖多或過度，麵糰易流散、顏色深、花紋不清。油少或不足，麵糰易出筋、韌性強、可塑性差、花紋不清、不酥；油多或過度，麵糰鬆散無韌性、易散爛、花紋不清。蛋少或不足，膨脹小、口感色澤差、韌性強；蛋多或過度，麵糰鬆散無韌性、易散、花紋不清、太鬆酥。

糕皮類

糕皮是由糖、固體油脂、麵粉和水或蛋調製的麵糰，軟硬度用水或蛋調節，由於麵糰含糖、油和蛋的比例較高，產品鬆酥，可塑性較差，麵糰直接包餡成形，烤熟時，產品花紋不易保留，因此製作糕皮時，需特別注意糖與油脂比例，糖、油比例過高，會影響操作，糖顆粒太粗，會膨脹變形，蛋多會濕黏，蛋少皮太硬，糕皮若有少許麵筋，產品比較不會流散變形。

糕皮製作時，只要將乾料（麵粉除外）先攪拌均勻或打發，再加濕料拌勻，最後加入麵粉拌勻，經充分鬆弛後，即可包餡整形。糕皮的膨鬆性，是靠糖、固體油及蛋打發，用麵粉調節軟硬度，攪拌至有光澤，再經充分鬆弛即可。

糕皮有良好的可塑及膨鬆性，包餡壓模成形後，能夠將餡包住，受熱後，外形或花紋可能會變形，又因蛋的鬆酥性，因此產品外皮鬆酥無光澤。

漿皮類

漿皮是由糖漿、液體油和麵粉混合的麵糰，沒有水調麵的韌性，但有鬆軟性，可塑性大，麵糰直接包餡成形烤熟，產品花紋容易保留。

製作時，要特別注意糖漿濃度與油脂比例，糖漿比例過高，黏度太黏會影響操作，需用油來調整，糖漿濃度不足，水分含量較高，容易形成麵筋，產品會較硬；糖漿濃度太高，水分不足，會影響麵筋形成，有流散現象。轉化糖漿糖度在75～82 Brix，一般使用的範圍約60～80%。需選用液體油，比較容易攪拌均勻，一般使用的範圍約20～40%。

漿皮製作簡單，只要乾料加濕料拌勻，經充分鬆弛後，即可包餡整形。漿皮不需再加水或蛋，是靠糖漿內的水分調節軟硬度，只需攪拌均勻有光澤，再經充分鬆弛即可。漿皮有良好的可塑性，包餡後容易壓模成形，又能將餡包住，受熱後有良好的外形或花紋，又因糖漿有吸濕性，因此產品外皮鬆軟，而且有光澤。

糕皮類製作方法

1. **麵皮**：乾料（麵粉除外）加濕料，攪拌或打發，加入麵粉，攪拌至麵糰光滑，鬆弛，分割。
2. **餡料**：攪拌或揉光滑，分割。
3. **整形**：麵皮，包餡，整形，放入烤盤。
4. **烤焙**：刷蛋液（或不刷），入爐烘烤，至邊緣有彈性，著色均勻，出爐。
5. **成品**：冷卻後包裝。

漿皮類製作方法

1. **麵皮**：乾料加濕料，攪拌均勻，鬆弛，再分割。
2. **餡料**：攪拌或揉光滑，分割。
3. **整形**：麵皮，包餡，整形，放入烤盤。
4. **烤焙**：刷蛋液（刷或不刷），入爐烘烤，至邊緣有彈性，著色均勻，出爐。
5. **成品**：冷卻後包裝。

Q&A

1. 糕皮是否需要添加化學膨大劑？

A 要不要添加化學膨大劑，是依照產品性質不同而定，油、糖比例高，打發性好，可不需添加，油、糖比例低，打發性差，才需要添加，畢竟化學膨大劑會影響麵糰柔韌性與產品風味，必須謹慎添加。

2. 糕漿皮為什麼用低筋麵粉，是否可用高筋麵粉或中筋麵粉？

A 高筋或中筋麵粉麵筋太強，易收縮變形，產品硬而不鬆軟；低筋麵粉麵筋弱，產品鬆軟，但易變形或破損，糖油高的麵糰，可以添加少部分的高、中筋麵粉，以調節軟硬度之用。

3. 如何分辨別糕皮與漿皮？

A 用糖、固體油與蛋製作而成的麵糰是糕皮；用糖漿、液體油製作而成的麵糰則為漿皮。

4. 糕皮加糖、蛋的作用是什麼？

A 使產品具有良好的鬆酥性，不易回軟，可耐貯存，口感風味佳。

5. 漿皮加糖漿的作用是什麼？

A 使麵糰具有良好的可塑性，成形時柔軟不裂，烘烤容易著色，產品會回軟。

6. 漿皮為什麼需要加鹼水？

A 漿皮攪拌時，無法打入空氣，麵皮硬口感差，因此需添加入鹼水，以中和轉化糖漿的酸，可以產生少許的膨脹性，同時鹼水pH值高，會使漿皮的色澤加深，產生自然褐色，使外皮美觀。

7. 糕漿皮為什麼要攪拌或揉得光滑？

A 防止破皮，攪拌或揉得愈光滑，麵筋的彈性愈強，表皮較均勻，細緻有光澤。

8. 糕漿皮操作時，有什麼應注意的事項？

A

- 包餡前，麵糰一定要鬆弛，使用前再揉光滑，比較不易變形，表面才會有光澤。
- 麵皮與餡料都不可以太軟，容易流散變形。
- 麵皮包餡之厚薄度要一致，收口不可太厚，不可有麵糰混入餡內。
- 皮餡硬度要一致。
- 包餡用力要輕而均勻。
- 可用防黏粉。
- 整形後的半成品不要冷凍。

9. 本類產品應使用那一種烤溫最理想？

A

- 熟製時的溫度與條件，要配合烤爐及產品特性。
- 爐內平均溫度230±10℃，產品皮薄餡多，只要用高溫烤熟外皮即可，若有刷蛋液，則需注意上火烤溫之調整。
- 低溫長時間烤，餅皮會因內餡水分而膨脹，產生裂紋或爆餡。

10. 出爐後的產品應要如何保存？

A 防潮濕、防高溫、可冷藏、也可用密封袋保存。

糕漿皮麵食｜糕皮類｜點心

桃酥

桃酥有萊陽桃酥、廣東桃酥，特色不同，外表、風味與口感也各異，但都具有酥脆特性。相傳唐元時的製陶工人有吃桃仁止咳的習慣，陶工製作點心時，會加入碎桃仁，因此有陶酥稱號，又因烘出來的酥餅含核桃，又稱桃酥，後經加入的內容物不同，演變成不同口味，如芝麻、花生、杏仁、椒鹽、核桃、蔥香等，桃酥表面或中央可鑲上杏仁或核桃。

產品需具此特性：外形扁圓、厚薄均勻、表面有不規則的雞爪形裂紋、呈金黃色澤、不可烤焦，組織鬆而酥脆、不可有異味、口感良好。

製作

數量：5 個

生重：每個 45±2g

配料

麵糰（228g）

乾料：

- 低筋麵粉 100g
- 泡打粉 1g
- 綿白糖 20g
- 細砂糖 30g
- 鹽 1g
- 豬油或素白油 50g
- 碳酸氫銨 1g
- 碎核桃 15g

濕料：

- 蛋 10±5g

方法

1 麵糰

乾料（碎核桃除外）加濕料攪拌或用手揉勻。

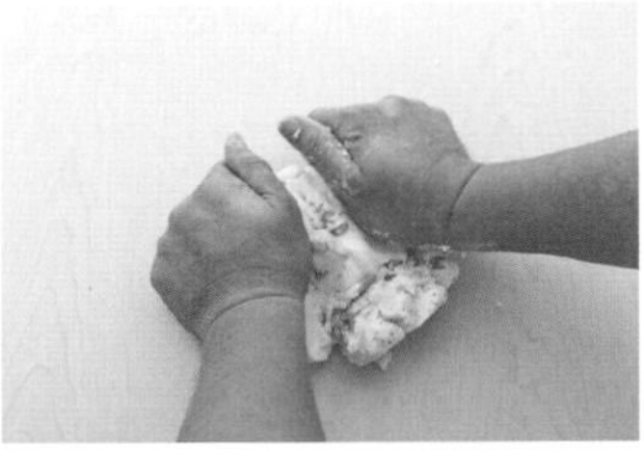

再加入碎核桃拌勻，鬆弛約10±5分鐘。

2 整形

麵糰分成所需大小，用手抓緊後，搓成圓球。

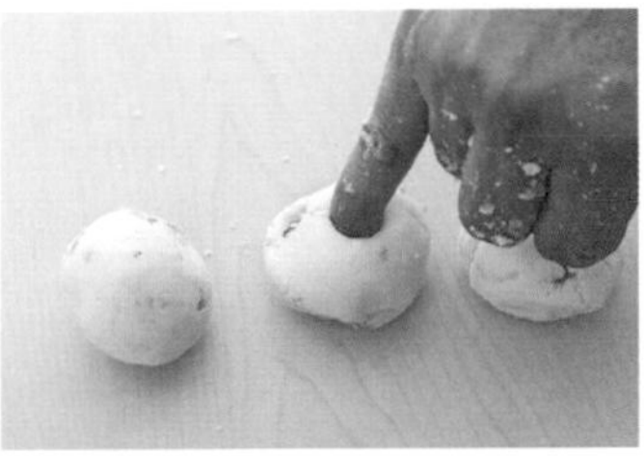

表面用小手指戳洞約1/2深（也可以使用桿麵棍戳洞）。

放置烤盤，鬆弛10±5分鐘。

3 烤焙

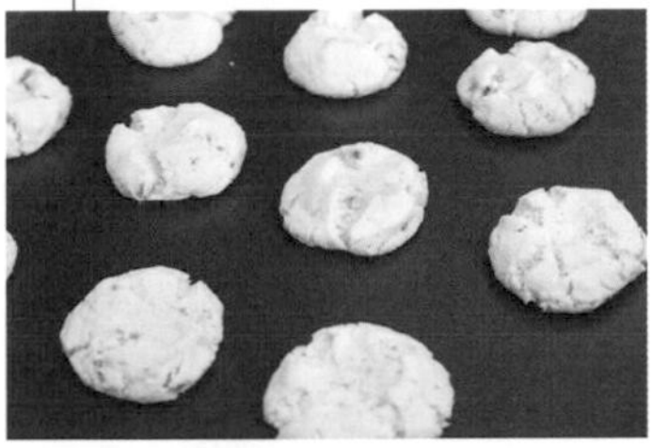

用180±10℃，上火大下火小，烤至底部擴大一倍，約8±2分鐘，調整溫度（關下火或墊烤盤、爐門微開），再烤至金黃色，中間有彈性，共約15±3分鐘。

POINT

- 用低筋麵粉的用意是，低筋麵粉鬆酥，入口易化，雞爪形裂紋較多，用高筋麵粉或中筋麵粉，口感硬酥，雞爪形裂紋大而少。
- 桃酥使用豬油最酥最適合，沙拉油較脆，體積較小，使用奶油或素白油也可以，但酥度較差。
- 糖的顆粒在烤焙溶化時，會產生推向周邊的膨脹力。砂糖顆粒粗，膨脹大，組織較粗，孔洞大，產品酥脆。糖粉顆粒細，膨脹小，組織細，孔洞小，產品酥硬。綿白糖遇水溶化快，可調節組織粗細，可用純糖粉替代。
- 碳酸氫銨（臭粉）可在短時間內釋放大量氣體，使桃酥的表面出現裂紋，產品較鬆脆，可以不用，改用泡打粉。
- 麵糰要攪拌或揉的用意是讓桃酥表面光滑細緻，裂紋佳的作法。
- 麵糰的軟硬度會影響外形。麵糰用手抓實，搓圓後，用手壓扁，旁邊不會裂開。麵糰硬，外形厚，旁邊會有大的裂紋。麵糰軟，外形扁薄，裂紋不佳。
- 麵糰中間戳洞太深或太大，外形扁薄。戳洞太淺、太小或不戳洞，外形高而厚。以小指戳1/2深最佳。
- 桃酥入爐會膨脹2～3倍，因此需要預留膨脹的間隙。
- 熟製時，烤溫高，易烤焦，裂紋外形不佳。降低溫度後會定形，不會太薄，又不易烤焦。
- 產品要防潮濕、防高溫、密封袋保存，可保存3～5週。

糕漿皮麵食｜糕皮類｜點心

鳳梨酥

糕餅界公認鳳梨酥是由龍鳳餅的鳳餅（鳳梨餅）改形而來，使用糕皮包鳳梨餡，用模形打印或用空心模連模，兩面烤熟之產品。

產品需具此特性：外表色澤均勻、不可烤焦、不可破損、不可凹陷或嚴重裂紋、餡不可爆露，皮鬆酥、餡柔軟、不可有異味，口感良好。

製作

數量：12 個

生重：每個 30±2g

比例：皮 3（18g）

酥 2（12g）

配料

① **麵皮**（221g）

乾料：

- 低筋麵粉 100g
- 奶粉 15g
- 糖粉 25g
- 鹽 1g
- 奶油 70g

濕料：

- 蛋 10±5g

② **餡料**（150g）

- 鳳梨醬 150g

方法

1 麵皮

乾料加濕料，攪拌或用手揉勻，鬆弛10±5分鐘。

2 整形

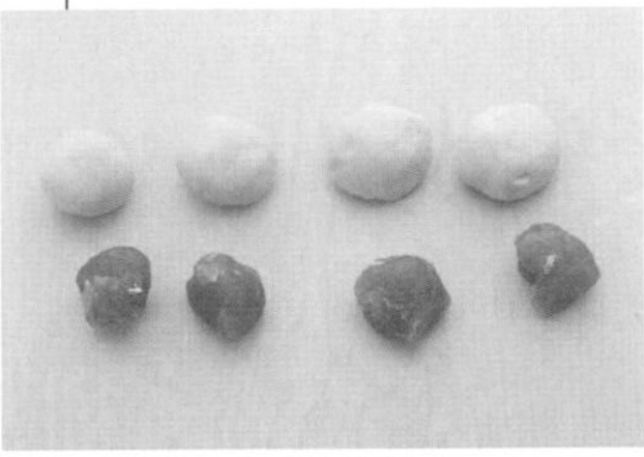

麵皮與餡粉，各分成所需大小。

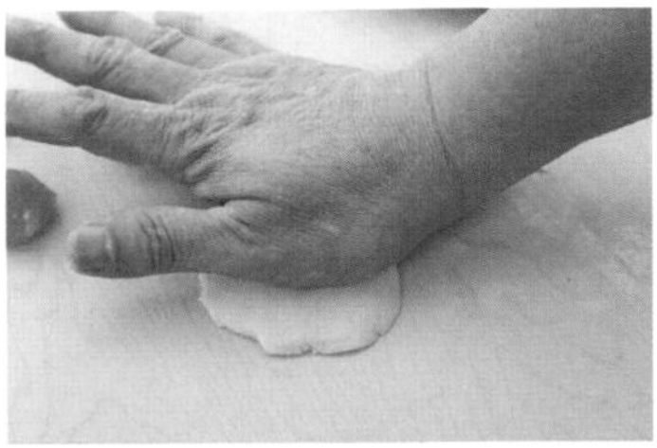

麵皮壓平。

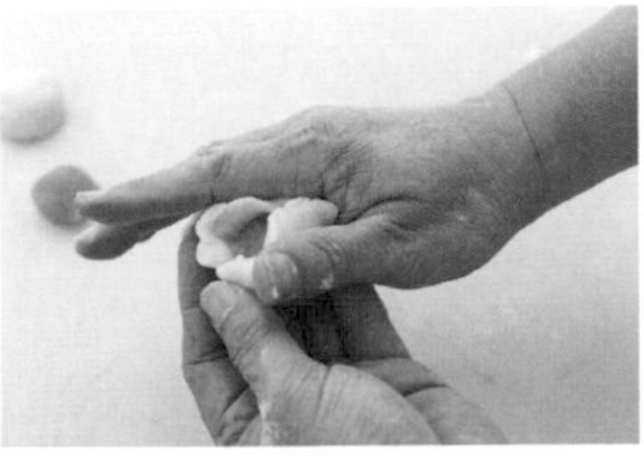

包餡。

搓成橢圓。

放入模型中。

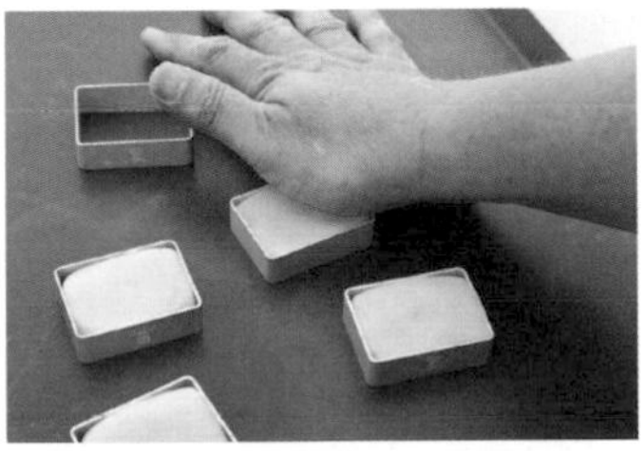

用手壓緊、壓平，鬆弛10±5分鐘。

3 烤焙

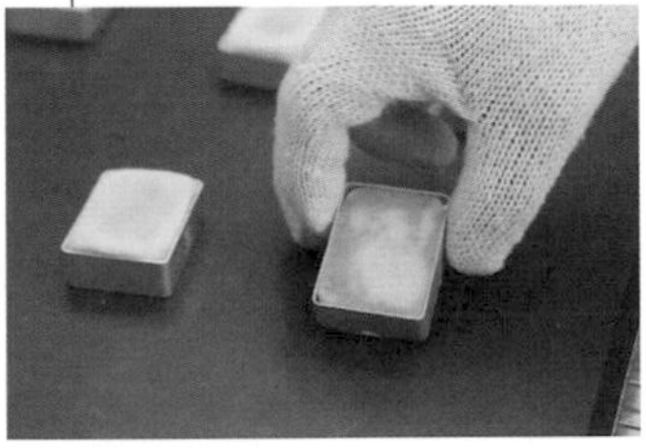

用180±10℃，上火小下火大，烤至底部著色，約8±2分鐘，翻面，再烤至金黃色，約10±2分鐘，出爐後除去模型。

POINT

- 鳳梨酥用低筋麵粉製成的口感鬆酥，入口易化；用高筋麵粉或中筋麵粉，口感硬酥。
- 具有奶油香味及鬆酥特性的奶油最適合鳳梨酥使用，沙拉油較脆，體積較小，傳統用豬油酥度較佳，但風味稍差。
- 糖的顆粒在烤焙溶化時，會產生推向周邊的膨脹力，砂糖顆粒粗，膨脹大，產品組織較粗，孔洞大；糖粉顆粒細，膨脹小推力大，產品組織細，孔洞小，最適合鳳梨酥的使用。
- 麵糰較硬時，可以添加少量泡打粉，以增加產品體積，使鳳梨酥較鬆脆；麵糰軟時，可省略不加，容易膨脹變形。
- 麵糰攪拌或揉光滑的用意是，讓鳳梨酥表面光滑細緻，組織較佳的作法。
- 因鳳梨酥入爐會膨脹流動，因此需要用模型框住，外形一致，包裝容易。
- 熟製時，翻面烤焙可以使兩面平坦，色澤均勻，脫模容易。
- 鳳梨酥產品要防潮濕、防高溫、密封袋保存，可保存3～5週。

糕漿皮麵食｜糕皮類｜點心

金露酥

金露酥又稱甘露酥，是因製作的麵皮呈現金黃色，因此美其名「金露」，金露酥的外皮是糕皮，以含油豆沙為餡，經包餡成形，表面刷蛋黃，烤熟之產品。

產品需具此特性：表面具金黃色澤、外形呈略下滑（底部較大）、餡不可爆露、不可烤焦、底不可太厚，皮酥脆、切開後皮餡間需完全熟透、不可有異味、良好的口感。

製作

數量：9 個

生重：每個 36±2g

比例：皮 2（24g）　酥 1（12g）

配料

① 麵皮（219g）

乾料：

- 低筋麵粉 100g
- 泡打粉 3g
- 奶粉 5g
- 綿白糖 50g
- 鹽 1g
- 花生油 35g

濕料：

- 蛋 25±5g

② 餡料（110g）

- 奶油豆沙 110g

③ 飾料

- 蛋黃 20g

方法

1 麵皮、餡料

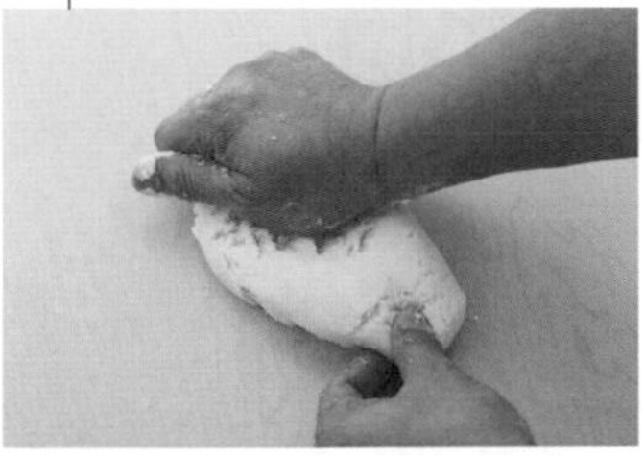

乾料加濕料，攪拌或用手揉勻，鬆弛17±3分鐘，與餡料一同分成所需大小。。

表面可以鑲核桃，放入烤盤，鬆弛10±5分鐘。

2 整形

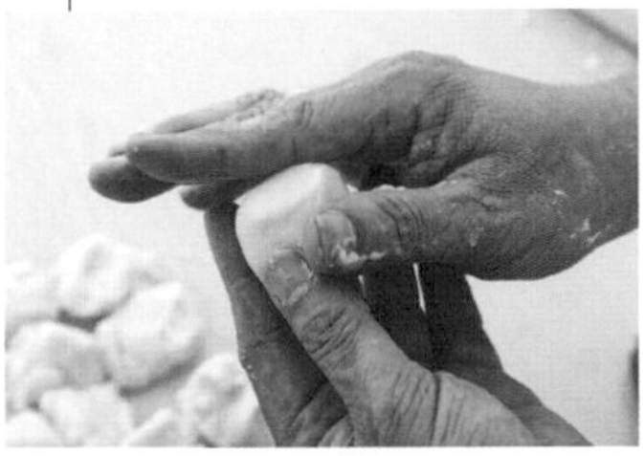

麵皮包餡，搓成圓球形。

表面刷蛋黃。

3 烤焙

用180±10℃，上火大下火小，烤至金黃色，邊緣有彈性，約18±3分鐘。

POINT

- 使用低筋麵粉的用意是，低筋製作的糕皮鬆酥，麵筋較高的中或高筋麵粉，皮硬易裂開，但外形較挺。
- 哪種油脂最適合金露酥使用？液體油較酥脆，花生油風味較佳。奶油也是可以使用，皮較鬆酥，色呈金黃。
- 糖的顆粒會影響烤焙，糖顆粒粗，組織粗，糖粉顆粒細，膨脹小，組織細。以金露酥的特性，砂糖顆粒粗的外形比較理想。
- 因含乳糖，著色漂亮，脫脂、全脂奶粉均可使用。
- 含油豆沙較佳，豆沙含的油可滲出到糕皮，皮較酥軟，而不會乾硬，最適合金露酥的使用。
- 麵糰攪拌或揉光滑的用意是讓金露酥表面光滑細緻，內部組織細的作法。
- 麵糰軟硬度會影響外形，麵糰用手搓圓後，放入烤盤會有微扁的現象。麵糰太硬，糕皮會裂開露餡，外形挺立，組織硬實。稍軟，外形會下滑，底部較大。
- 包餡時，糕皮要厚薄一致，不然餡偏上面時，底太厚，外形不佳；餡偏下時，會有出油現象，中間是最佳的位置。
- 金露酥入爐會膨脹，因此需預留膨脹的間隙。
- 刷蛋黃可使金露酥表面易著色，呈金黃而有明亮的光澤。
- 熟製時，先用上火烤至著色後，注意底部是否要墊底盤，或調整烤爐溫度。
- 金露酥要防潮濕、防高溫、密封袋保存，可保存3～5天。

酥皮椰塔

用糕皮製作塔皮，填入椰蓉餡，表面刷蛋黃液，烤熟之產品。

產品需具此特性：表面色澤均勻、外形不可破損、不可烤焦、不可有生餡，塔皮鬆酥、內餡鬆軟不潰散、底部需熟透、不可有異味、良好的口感。

製作

數量：8 個
生重：每個 70±5g
規格：內徑 7.5cm×高 2cm 之鋁箔盒
比例：皮 1（25g）　餡 2（50g）

配料

① 塔皮（216g）

乾料：

- 低筋麵粉 100g
- 糖粉 50g
- 鹽 1g
- 奶油 40g

濕料：

- 蛋 25g

② 餡料（411g）

乾料：

- 細砂糖 80g
- 鹽 1g
- 椰子粉 150g
- 奶油 40g

濕料：

- 蛋 60±5g
- 奶水 80±5g

③ 飾料

- 蛋黃 20g
- 水 10g

方法

1 塔皮、餡料

乾料加濕料，攪拌或用手揉光滑，鬆弛30±5分鐘。乾料加濕料，攪拌均勻，鬆弛10±5分鐘。

2 整形

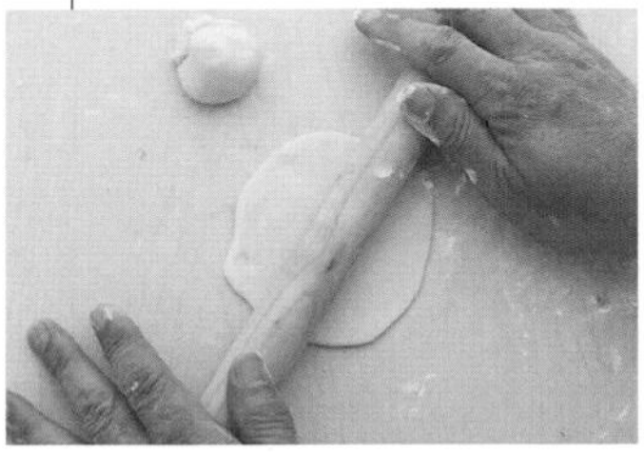

塔皮分割所需大小。

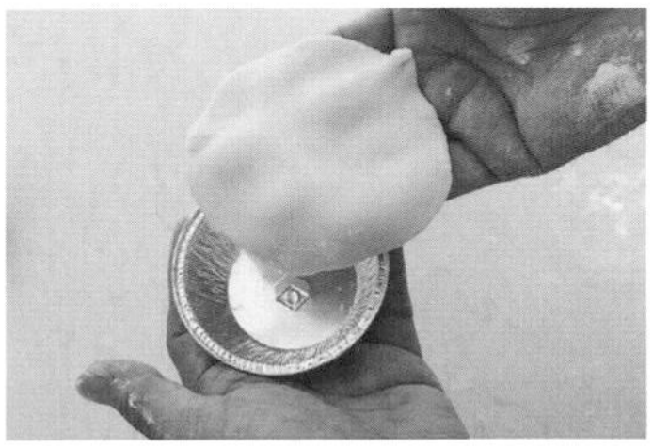

擀薄放入塔模內。

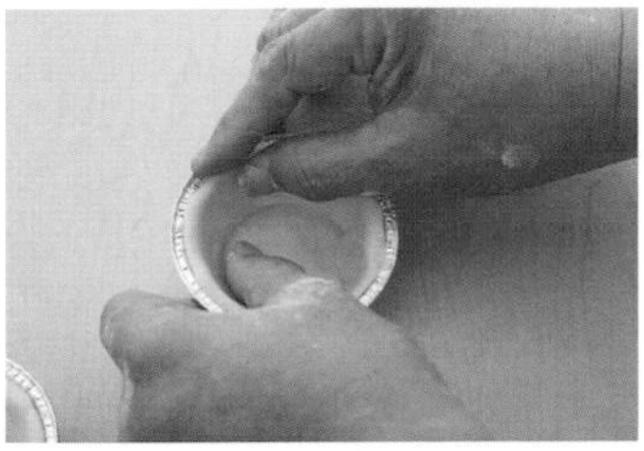

用手壓緊成形。

餡料拌勻後放入塔皮內。

用刮板輕輕抹平，表面壓花紋。

花紋如圖。

表面刷蛋液，放入烤盤。

3 烤焙

用180±10℃，上火小下火大，烤至表面硬化，中央有彈性，著色均勻。

POINT

- 可以使用高筋麵粉或中筋麵粉，烤出來的皮較脆硬，而低筋製作的糕皮較鬆酥。
- 具有奶油香味及鬆酥特性的奶油最適合塔皮使用，沙拉油及豬油的風味稍差。
- 糖的顆粒會影響烤焙，糖顆粒粗，體積組織也會粗。糖粉顆粒細，膨脹小，產品組織細，孔洞小，最適合塔皮使用。
- 塔皮裝餡要注意椰餡容易烤焦，表面要刷蛋黃抹平；餡不要壓太緊，烤熟後會太硬。
- 熟製時，用下火烤至著色後，注意底部是否要墊底盤，上火烤出色澤即可。
- 酥皮椰塔要防潮濕，以密封袋封存可保存3～5天。

糕漿皮麵食｜糕皮類｜點心

酥皮蛋塔

蛋塔又名蛋撻，是用糕皮製作塔皮，填入生蛋液（雞蛋布丁餡），烤熟之產品。

產品需具此特性：表面色澤均勻、外形不可破損、中央不可有生餡、不可嚴重凹陷或漲大後縮皺、底部不可烤焦，塔皮鬆酥、餡料柔軟、表面光滑、不可有裂紋、塔皮要熟透、不可有異味，口感良好。

製作

數量：10 個
生重：每個 60±3g
規格：內徑 7.5cm×高 2cm 之鋁箔盒
比例：皮 1（20g）　餡 2（40g）

配料

① 塔皮（216g）

乾料：

- 低筋麵粉 100g
- 糖粉 50g
- 鹽 1g
- 奶油 40g

濕料：

- 蛋 25±5g

② 餡料（431g）

乾料：

- 細砂糖 90g
- 鹽 1g
- 奶粉 20g

濕料：

- 全蛋 120±5g
- 蛋黃 50g
- 水 150g

TIPS 全蛋色澤較淡，要加蛋黃，顏色會比較漂亮。

方法

1 塔皮

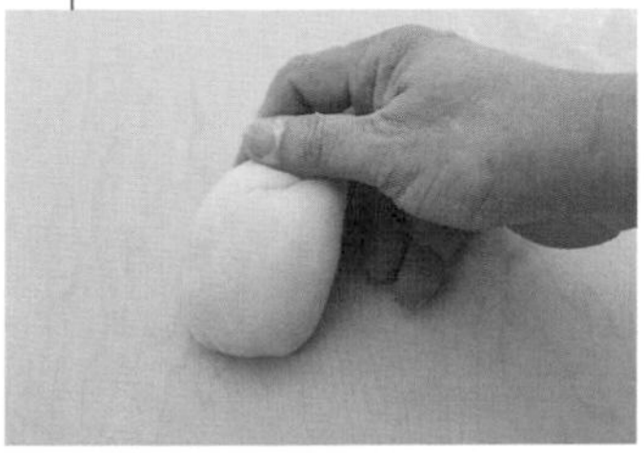

乾料加濕料，攪拌或用手揉光滑，鬆弛30±5分鐘。

2 餡料

乾料拌勻，加濕料拌散，過濾，放20分鐘。

表面加上塑膠袋，去除泡沫。

3 整形

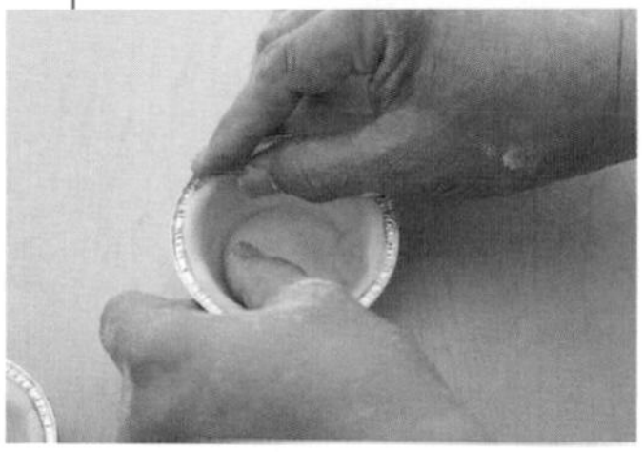

塔皮用手壓緊成形。

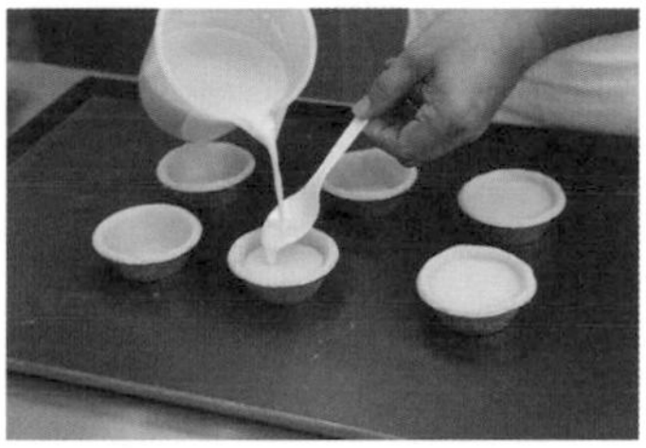

放入烤盤，排好，注入餡料。

4 烤焙

用165±10℃，上火小下火大，烤至蛋餡凝結，塔皮邊緣酥硬，約20±2分鐘。

POINT

- 使用高筋麵粉或中筋麵粉，皮較脆硬，不易破皮，低筋麵粉製作的糕皮，比較鬆酥。
- 具有奶油香味及鬆酥特性的奶油最適合製作塔皮，沙拉油及豬油風味稍差。
- 糖的顆粒會影響烤焙，糖顆粒粗，體積組織也會粗。糖粉顆粒細，膨脹小，產品組織細孔洞小，最適合酥皮蛋塔的使用。
- 塔皮操作中，要預防出油，厚薄度要一致，底部不可太薄，塔皮不可烤熟再注入蛋液。
- 熟製時下火烤至底部塔皮著色，注意底部是否要墊底盤，上火烤至蛋液凝結即可。
- 酥皮蛋塔貼透明紙防表面乾裂，冷藏保存1～2天。

糕漿皮麵食｜糕皮類｜月餅

台式月餅

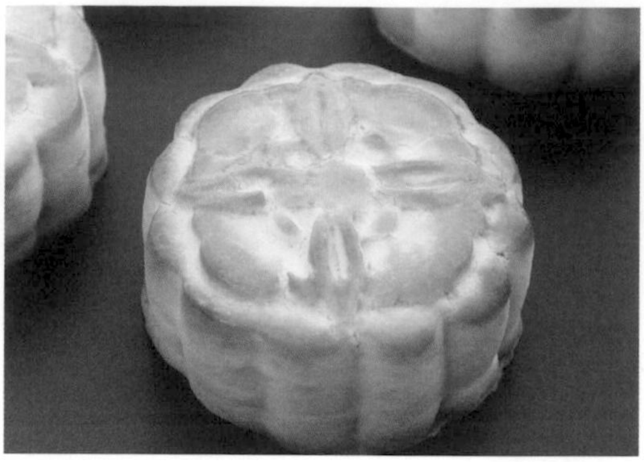

月餅是傳統美食，種類也因地區不同而千變萬化，台式月餅曾經是年節、送禮的熱門糕餅，採用糕皮製作外皮，以豆沙為餡，經包餡壓模成形，烤焙之產品。

產品需具此特性：外形挺立、色澤均勻、大小一致、紋路清晰而完整、不可有裂紋、餡不可爆漏、不可烤焦、表面不可有異物或防黏粉，切開後皮餡需完全熟透、無脫殼和空心現象、不可有異味、口感良好。

製作

數量：10 個

生重：每個 93±5g

比例：皮 1（23g）

餡 3（70g）

配料

① 餅皮（230.5g）

乾料：

- 低筋麵粉 100g
- 糖粉 45g
- 鹽 1g
- 奶粉 6g
- 小蘇打粉 0.5g
- 奶油 20g

濕料：

- 麥芽糖 20g
- 蛋 28±5g

② 奶油豆沙餡（700g）

- 奶油豆沙餡 700g

③ 椰蓉餡（702g）

乾料：

- 蒸熟麵粉 220g
- 鹽 2g
- 糖粉 110g
- 奶油 75g
- 椰子粉 180g

濕料：

- 蛋 70±5g
- 奶水 45±5g

④ 飾料

- 蛋黃 20g
- 水 10g

方法

1 餅皮、餡料

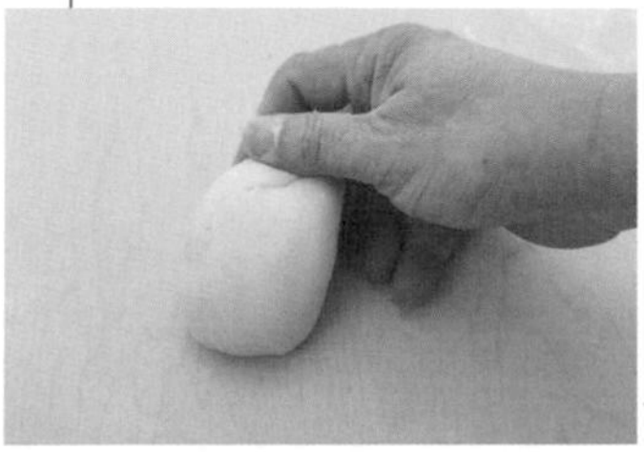

餅皮乾料加濕料，攪拌或用手揉光滑，鬆弛30±5分鐘。餡料攪拌或揉光滑，與餅皮一同分成所需大小。

2 整形

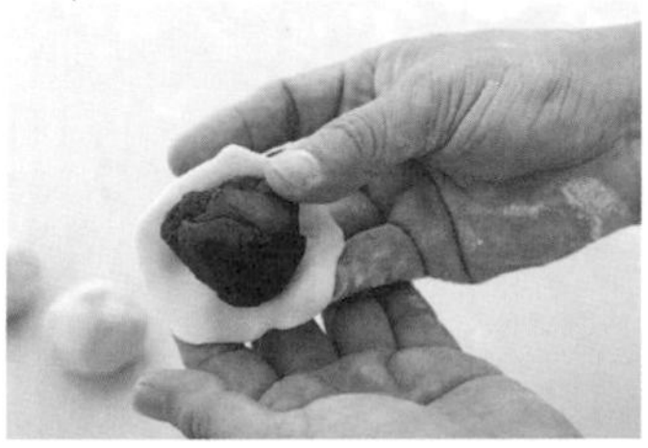

包餡。

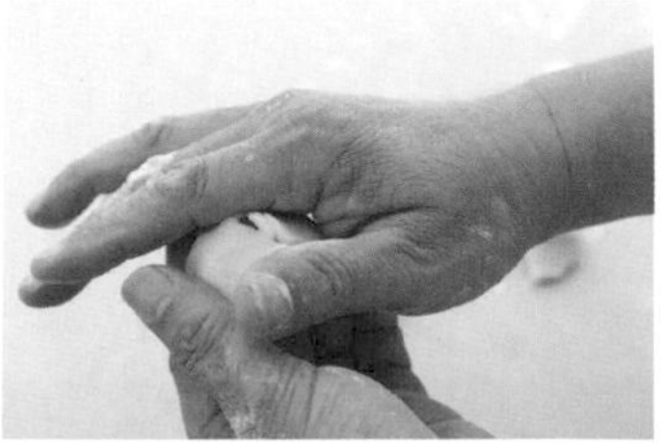

整成圓形。

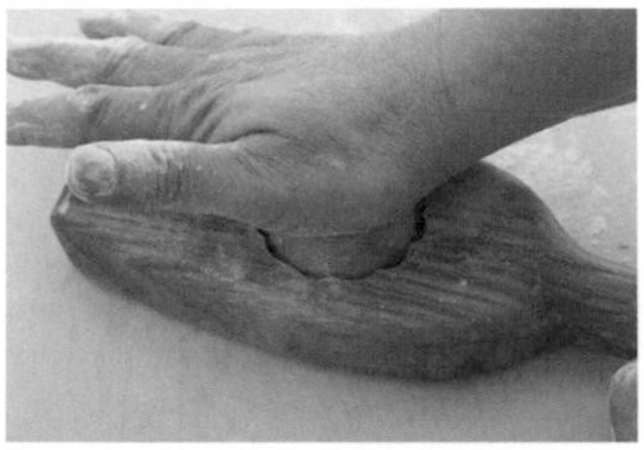

放入烤盤，用模具壓緊包餡後的麵糰，輕輕地敲出。

3 烤焙

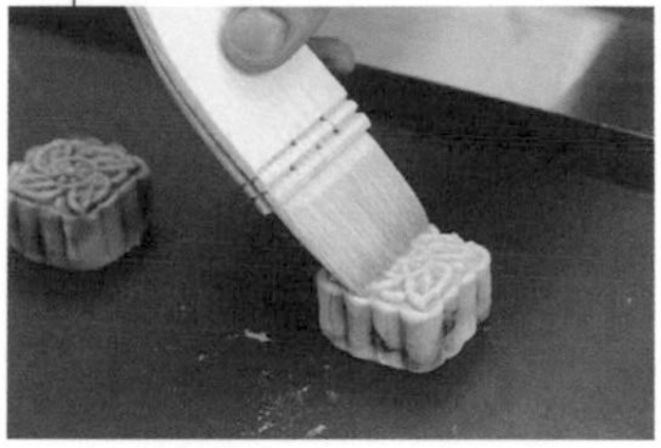

用240±10℃，上火大下火小，烤5±2分鐘，至表面硬化，取出刷二次蛋水，再入爐烤10±2分鐘，至邊緣有彈性，著色均勻。

POINT

- 餅皮攪拌或用手揉得愈光滑，產品的皮愈細緻，外形挺立，紋路清晰。使用低筋製作的餅皮，較鬆酥，易變形，因此可以添加少量高筋麵粉或中筋麵粉，外形較佳。
- 具有奶油香味及鬆酥特性的奶油最適合台式月餅，固體油較佳，最好不要用液體油。
- 糖的顆粒會影響烤焙，糖顆粒粗，體積組織比較粗，易變形而影響表面紋路；糖粉顆粒細，膨脹小，產品組織細，孔洞小，最適合台式月餅使用。
- 餅皮操作中，要預防出油，包餡時，餅皮厚薄度要一致，不可露餡，餅皮太軟或包餡時餅皮不均，底部容易塌下，外表紋路不佳。
- 含油或不含油的豆沙餡，如紅豆餡、可可亞、烏豆沙、鳳梨餡、百果餡、椰蓉餡、伍仁餡、蜂蜜餡及桂圓餡均可使用。但使用豆沙餡時，要注意貯存期及糖度。
- 熟製時，烤溫要高，因為皮薄餡多（熟餡），只需烤熟外皮即可。低溫烤焙，時間較久，內餡膨脹，外皮會破裂而爆餡。
- 蛋水太濃，著色會不均，蛋水稀則需刷兩次，著色較佳。外表先烤乾，再刷蛋液，紋路較清晰。
- 台式月餅可冷藏保存7～10天。

廣式月餅

廣式月餅因源自廣東而得名，月餅用料講究、皮薄餡多、重糖重油、美味可口、不易破碎、易於保藏，廣式月餅種類繁多，都用餅餡命名，如伍仁金腿、松子蓮蓉、玫瑰豆沙、核桃棗泥、椰蓉、冬蓉等。

用漿皮製作外皮，以含油豆沙為餡，經包餡壓模成形，烤熟之產品。

產品需具此特性：外形挺立、色澤均勻、大小一致、印紋清晰而完整、不可有裂紋或皺縮、不可烤焦、餡不可爆漏、表面不可有異物或防黏粉，切開後皮餡需完全熟透、無脫殼和空心現象、不可有異味、口感良好。

製作

數量：10 個

生重：每個 90±3g

比例：皮 1（18g）

餡 4（72g）

配料

① 餅皮（205g）

乾料：

- 低筋麵粉 100g
- 鹽 1g

濕料：

- 轉化糖漿 70g
- 花生油 30g
- 鹼水 4g

② 餡料（720g）

- 含油豆沙餡
- 蓮蓉餡
- 棗泥餡
- 伍仁餡等

（擇一使用）

③ 飾料

- 蛋黃 20g
- 水 10g

方法

1 餅皮

乾料加濕料，攪拌均勻，鬆弛30±5分鐘。再攪拌或用手揉光滑，分成所需大小。

2 餡料

餡料攪拌或揉光滑，與餅皮一同分成所需大小。

3 整形

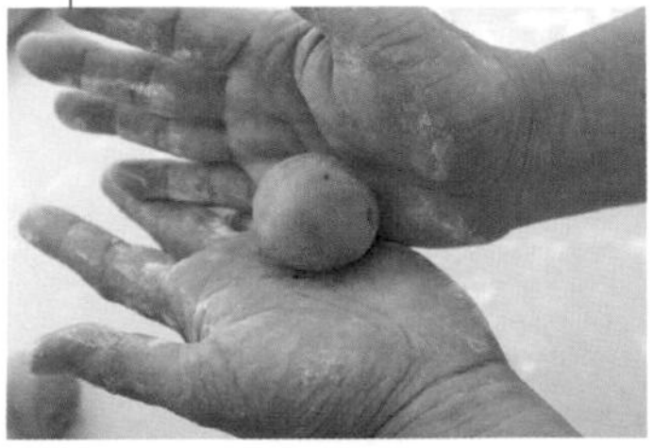

餅皮底部沾一點防黏粉。包餡，用手搓成圓形放在烤盤上。

手法①：月餅模具用高筋麵粉作防黏粉，壓緊包餡後的麵糰，輕輕地彈出。

手法②：餅模用高筋麵粉防黏，放入包餡後的麵糰，用手壓實輕輕敲出。

4 烤焙

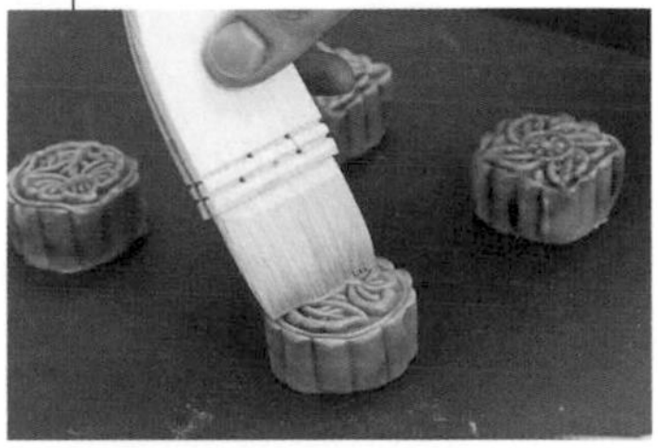

放入烤盤用240±10℃，上火大下火小，烘烤5±2分鐘，至表面硬化，取出刷兩次蛋黃水，再入爐烤10±2分鐘，至邊緣有彈性，著色均勻。

POINT

- 餅皮攪拌或用手揉得愈光滑，產品的皮愈細緻，外形挺立，紋路清晰。低筋製作的麵皮較鬆酥，容易變形，因此調節餅皮軟硬度時，最好用少許高筋麵粉，外形較佳。
- 花生風味的液體油最適合製作餅皮，可使外皮柔軟油亮。表皮需要硬，可以使用軟性奶油代替液體油。
- 糖的顆粒會影響餅皮的細緻度都不適合使用，所以餅皮要用糖漿製作。
- 餅皮操作中，要預防出油，包餡時，厚薄度要一致，不可露餡，餅皮太多或太軟，底部易塌下，外表紋路不佳。廣式月餅皮餡比為1：4～5，皮薄，餅較挺立。
- 廣式月餅冷藏保存5～10天最佳。

中點小百科 **伍仁餡**

配料（514g）

- 乾料：綿白糖 100g、鹽 1g、鳳片粉 40g、蒸熟麵粉 30g、花生油 15g、香麻油 3g、伍仁（瓜子仁 40g、松子仁 40g、杏仁 40g、白芝麻 10g）、蜜餞（糖蓮子 40g、冬瓜糖 80g、金棗乾 10g、桔餅 10g）
- 濕料：高粱酒 5g、水 10±10g、鳳梨醬 40g

方法：

① 處理：伍仁洗淨後烘香、蜜餞泡軟濾乾後，切成細粒。

② 調製：乾料加濕料，全部混勻，拌至有黏性，鬆弛 35±5 分鐘，再充分拌至光滑，用熟麵粉調節軟硬度。

糕漿皮麵食｜糕皮類｜月餅

龍鳳喜餅

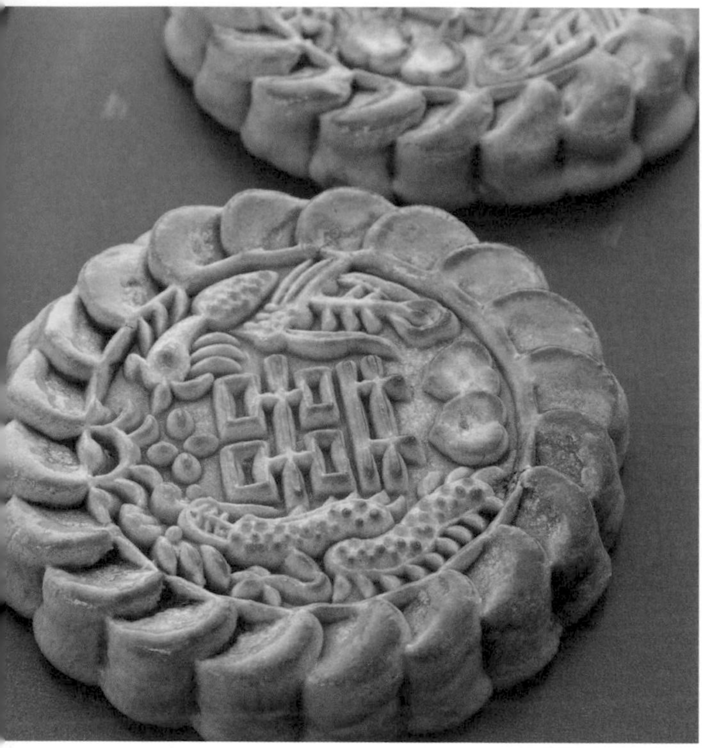

龍鳳喜餅形大如月，每個重八兩至一斤，餅面有各種不同圖案，玉兔圖騰為月餅，龍鳳圖騰為龍鳳喜餅，是婚嫁喜慶的喜餅。

用漿皮製作餅皮，包入各種不同餡料，再壓模成形，表面刷蛋黃液，烤熟之產品。

產品需具此特性：外形挺立、具均勻色澤、大小一致、外表印紋清晰而完整、不可有裂紋、或皺縮、餡不可爆露、不可烤焦、表面不可有異物或防黏粉，切開後皮餡需完全熟透、不可有異味、口感良好。

製作

數量：2 個

生重：每個 400±10g

比例：皮 1（100g）

餡 3（300g）

配料

① 餅皮（205g）

乾料：

- 低筋麵粉 100g
- 鹽 1g

濕料：

- 轉化糖漿 65g
- 花生油 30g
- 鹼水 4g

② 餡料（600g）

- 含油豆沙餡
- 蓮蓉餡
- 棗泥餡

（擇一使用）

③ 飾料

- 蛋黃 20g
- 水 10g

方法

1 餅皮、餡料

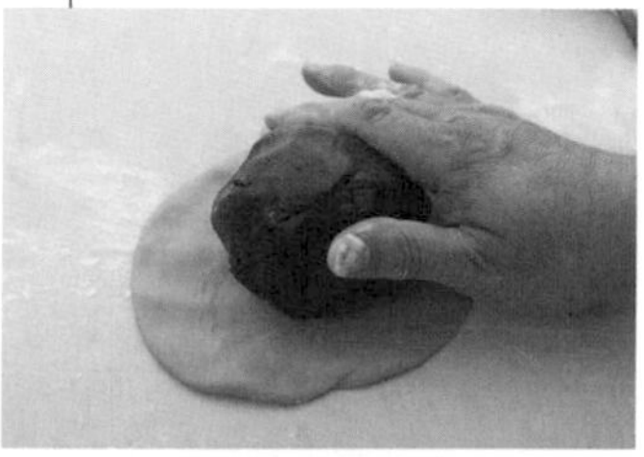

乾料加濕料，攪拌均勻，鬆弛30±5分鐘，餡料攪拌或揉光滑，與餅皮一同分成所需大小。

2 整形

餅皮包餡，用手整成圓形，表面沾一點高筋麵粉防黏，用手搓一下。

餅模先用高筋麵粉作防黏，放入包餡後的麵糰，用手壓實。

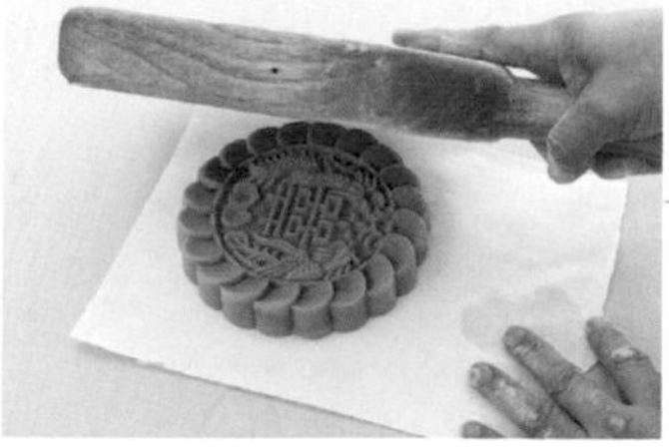

輕輕地將餅敲出。放入不擦油的烤盤內（可墊防沾紙），排列整齊準備放入烤箱。

TIPS

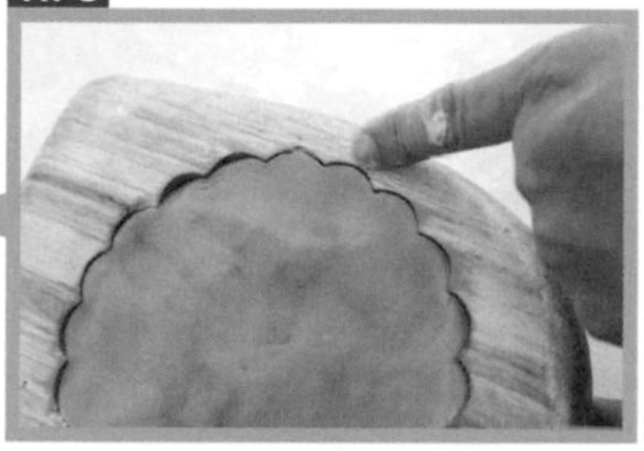

敲到餅和模具之間出現空隙。

3 烤焙

用230±10℃，上火大下火小，烘烤5±2分鐘，至表面硬化，取出刷兩次蛋液，再入爐烤10±2分鐘，至邊緣有彈性，著色均勻。

POINT

- 龍鳳喜餅底部較大，操作時，要注意托餅手指的指印。
- 含油的豆沙餡，如紅豆餡、烏豆沙、鳳梨餡均適合使用。
- 熟製時，烤溫要高，因為皮薄餡多（熟餡），只需烤熟外皮即可，低溫烤焙，時間較久，內餡膨脹，外皮會破裂而爆餡。
- 蛋水太濃，著色會不均，蛋水稀則需要刷兩次，著色較佳，外表先烤乾，再刷蛋液，紋路較清晰。
- 龍鳳喜餅冷藏保存5～10天最佳。
- 餅皮攪拌、操作與原料之影響同廣式月餅。

中點小百科 月餅轉化糖漿

生重：120g（製成率約 60%）

配方①（207g）
乾料：粗白砂糖 80g、綿白糖 20g
濕料：水 100±10g、醃漬梅 2g、新鮮檸檬 2g、白（酸）醋 3g

配方②（200g）
乾料：白砂糖 100g、檸檬酸 0.2g
濕料：清水 100±10g

方法：乾料加濕料混合放入煮鍋內，用大火煮至糖化，改微火（不沸，中心有小的氣泡），再煮至溫度 108℃，糖度 76～78 Brix，熄火冷卻（剩下糖液約 60%），放入器皿內儲存 15 天以上。若儲存 1 年以上，可成為老糖漿，下次煮糖漿時加入，風味更佳。

國家圖書館出版品預行編目資料

國寶級大師的中式麵食聖經 / 周清源著 .
- 臺北市 : 三采文化 , 2016.12
面；　公分 . -- (好日好食 ; 32)
ISBN 978-986-342-752-0(精裝)

1. 麵食食譜

427.38　　　　105020706

特別感謝：
僑泰興（嘉禾）麵粉廠提供烘焙試驗室、材料、設備。

suncolor
三采文化集團

好日好食 32

國寶級大師的中式麵食聖經：

日常到經典、基礎到專業，131 款麵食製作技巧傾囊相授

作者｜周清源
副總編輯｜鄭微宣　責任編輯｜藍尹君
美術主編｜藍秀婷　封面設計｜池婉珊　內頁排版｜陳育彤
插畫｜張惠綺　攝影｜林子茗
行銷經理｜張育珊　行銷企劃｜王思婕、江盈慧

發行人｜ 張輝明　總編輯｜ 曾雅青　發行所｜ 三采文化股份有限公司
地址｜ 台北市內湖區瑞光路 513 巷 33 號 8 樓
傳訊｜ TEL:8797-1234　FAX:8797-1688　網址｜ www.suncolor.com.tw
郵政劃撥｜ 帳號：14319060　戶名：三采文化股份有限公司
初版發行｜ 2017 年 4 月 5 日　定價｜ NT$650
5刷｜2021 年9月30日

老麵饅頭 P.280

鍋貼饅頭 P.282

老麵包子 P.284

三角烙餅 P.286

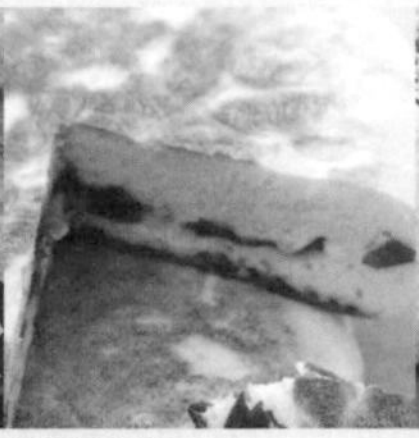
蔥油烙餅 P.288

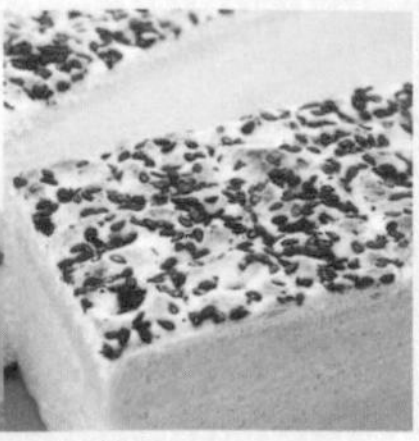
厚鍋餅 P.290

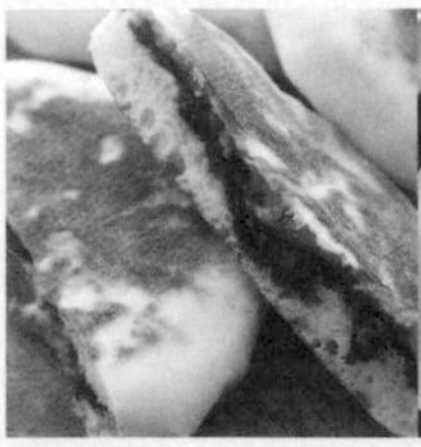
紅豆烙餅 P.292

鹹光餅 P.294

甜光餅 P.296

火燒 P.298

發糕 P.302

黑糖糕 P.304

馬拉糕 P.306

蒸蛋糕 P.308

夾心鹹蛋糕 P.310

糖麻花 P.317

兩相好 P.320

脆麻花 P.323

油條 P.325

開口笑 P.328

薩其馬 P.330

巧果 P.332

千層酥 P.334

蓮花酥 P.336

金絲酥 P.338

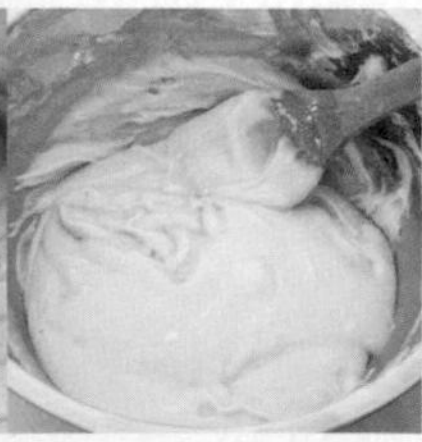
燒餅油酥 P.346

芝麻燒餅 P.348

香酥燒餅 P.350

芝麻醬燒餅 P.352

蘿蔔絲餅 P.354

蘿蔔絲酥餅 P.356

瓜肉燒餅 P.358

蟹殼黃燒餅 P.360

糖鼓燒餅 P.362

蔥脂燒餅 P.364

蔥燒餅 P.366